✦ 생물 1타강사 **노용관**

편입생물
비밀병기

출제되는 *생물*의 모든 것 **심화편 3권**

노용관 편저

도서
출판 **오스틴북스**

목차
CONTENTS

비밀병기

심화편 ❸

생명활동의 조절

23 면역(immunity)

1 림프기관(lymphoid organ)

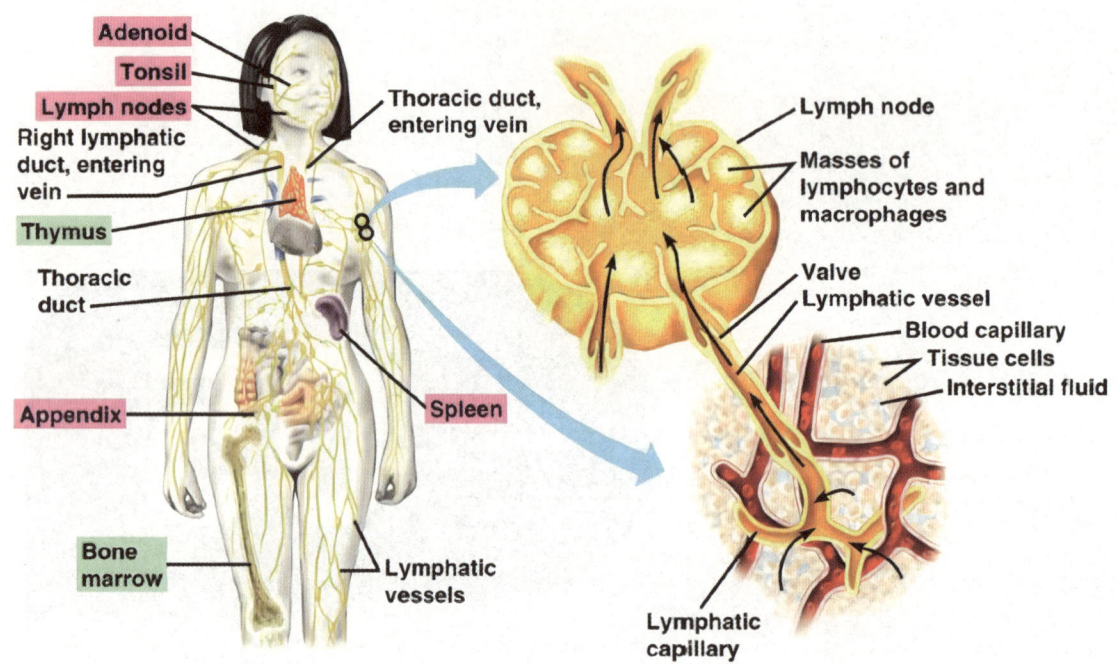

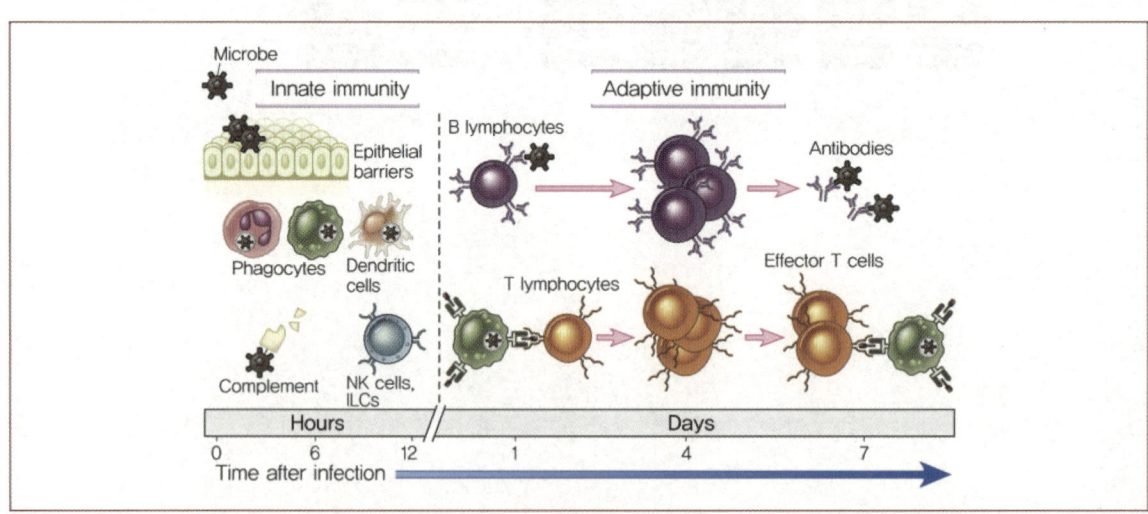

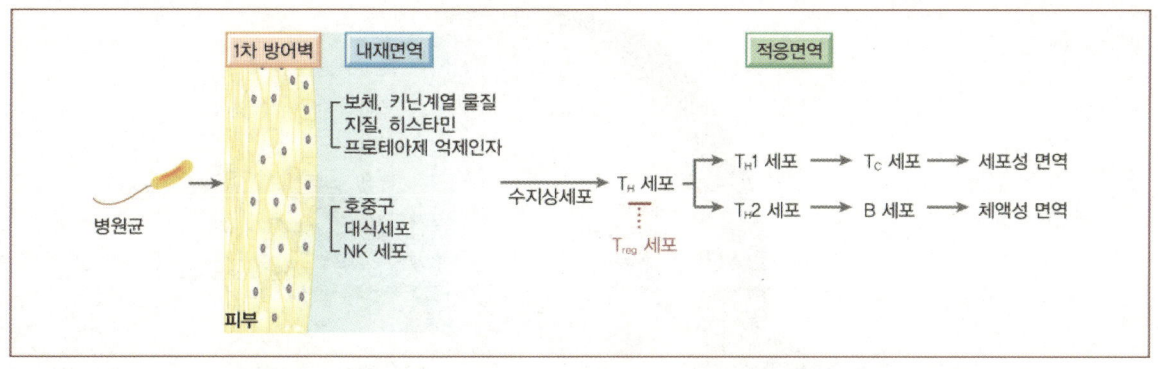

(1) 1차 림프기관(primary lymphoid organ)

림프구를 조혈모세포에서 생산하는 기관으로서 포유류에서는 골수와 흉선, 태아의 간 등이 여기에 해당함. 조혈모세포는 전구세포를 거쳐 분화와 증식을 하여 항원수용체 유전자의 재조합을 통해 항원과의 반응성을 획득함

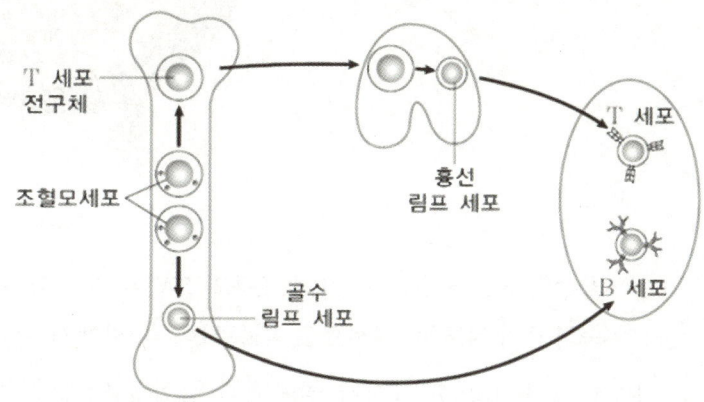

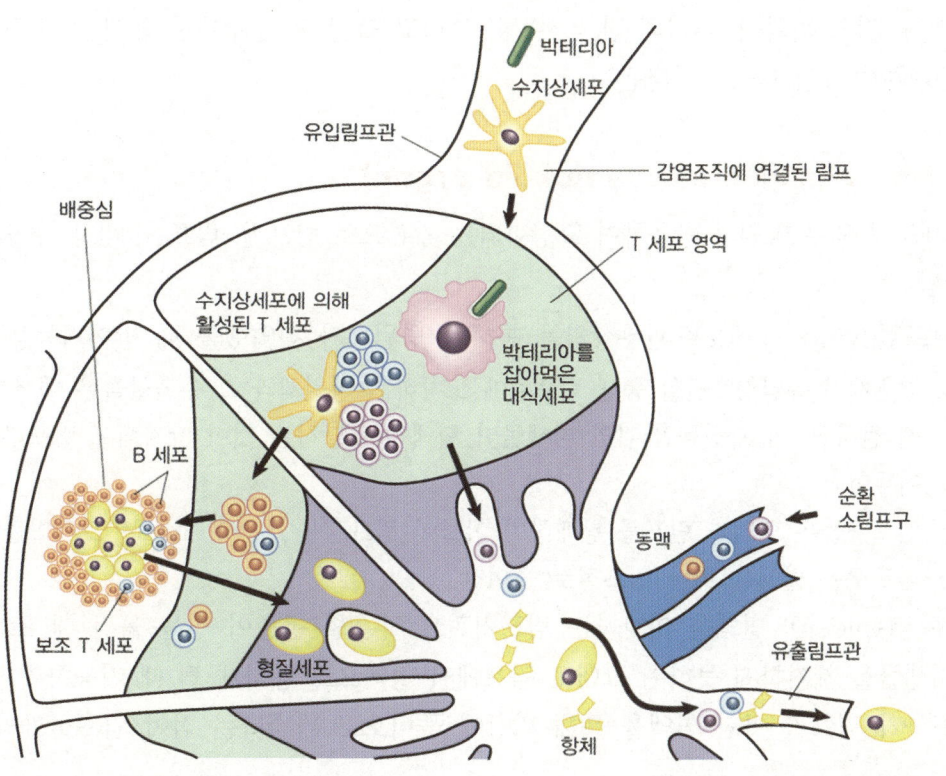

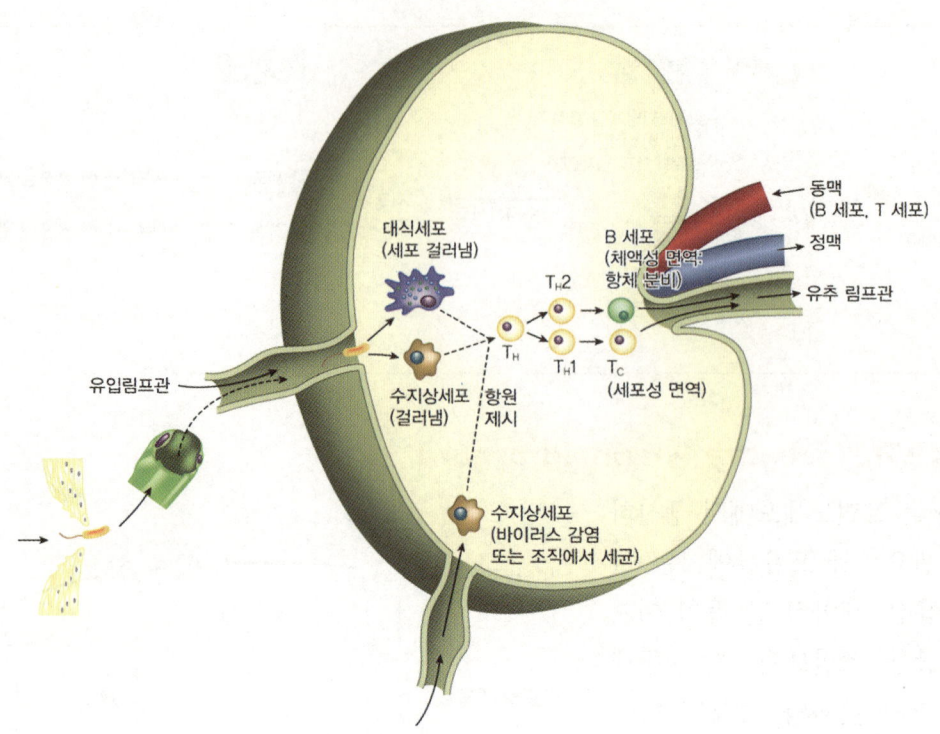

- ㉠ 골수(bone marrow): B림프구와 T림프구 모두 골수에서 형성되며 B세포는 골수에서 성숙하고 T세포는 흉선으로 이동하여 흉선에서 성숙함

- ㉡ 흉선(thymus): 흉강속 목부위의 갑상선 아래에 있는 기관으로 유년기에 성장하지만 사춘기 후 점차 퇴화됨. 태아의 간 및 비장, 그리고 출생 후 골수에서 유래한 림프구는 흉선에 정착하여 T림프구로 전환됨

(2) 2차 림프기관(secondary lymphoid organ)

면역세포가 외부 항원과 반응하여 활성화되는 기관으로 림프절, 림프관, 비장, 편도, 충수 등이 포함됨

- ㉠ 림프절(lymph node): 피부상처를 통하여 병원체가 침입했을 때 방어기능을 수행
  - ⓐ 병원체가 유입림프관을 통해 림프절에 도착하면 병원체와 그 추출물들은 대식세포 등에 의해 걸러짐. 이 과정동안 감염 미생물이 혈액에 도달하는 것이 방지되고 림프구의 활성화가 이루어짐
  - ⓑ 림프구들은 혈액과 림프를 왕래하며 이들이 림프절을 통하여 흐르는 모세혈관에 도달하면 림프구는 혈액을 떠나 림프절로 들어감

- ㉡ 비장(spleen): 혈액을 여과하는 림프기관으로 흡혈 곤충이 병을 옮길 때 또는 림프절이 미생물을 제거하지 못하여 그대로 림프에서 혈액으로 통하게 될 때 기능하며 병원체와 림프구가 림프가 아닌 혈액을 통해 비장에 들어오고 나간다는 점이 림프절과의 차이점임

ⓐ 여과를 통해 손상되거나 오래된 적혈구를 제거함
ⓑ 이차 림프 조직으로서 감염원을 제거하여 림프구를 활성화시킴

2 혈구의 형성과 종류 그리고 기능

(1) 혈구의 형성

초기 배아에서는 혈구세포들이 처음 난황낭에서 생산되며 나중에는 태아 간에서 만들어짐. 3~7개월 된 태아에서는 비장이 조혈의 주 기관임. 태아 성장의 4~5개월째에는 뼈가 발달하기 시작하면서 조혈이 골수로 이동하기 시작하여 출생 시에는 조혈 기능이 골수를 중심으로 이루어짐. 성인에서는 조혈이 주로 머리, 늑골, 흉골, 추골, 골반 그리고 대퇴골에서 이루어짐. 혈구세포는 중요하지만 수명이 짧아서 조혈은 일생동안 활발하게 일어남

(2) 백혈구의 종류와 기능

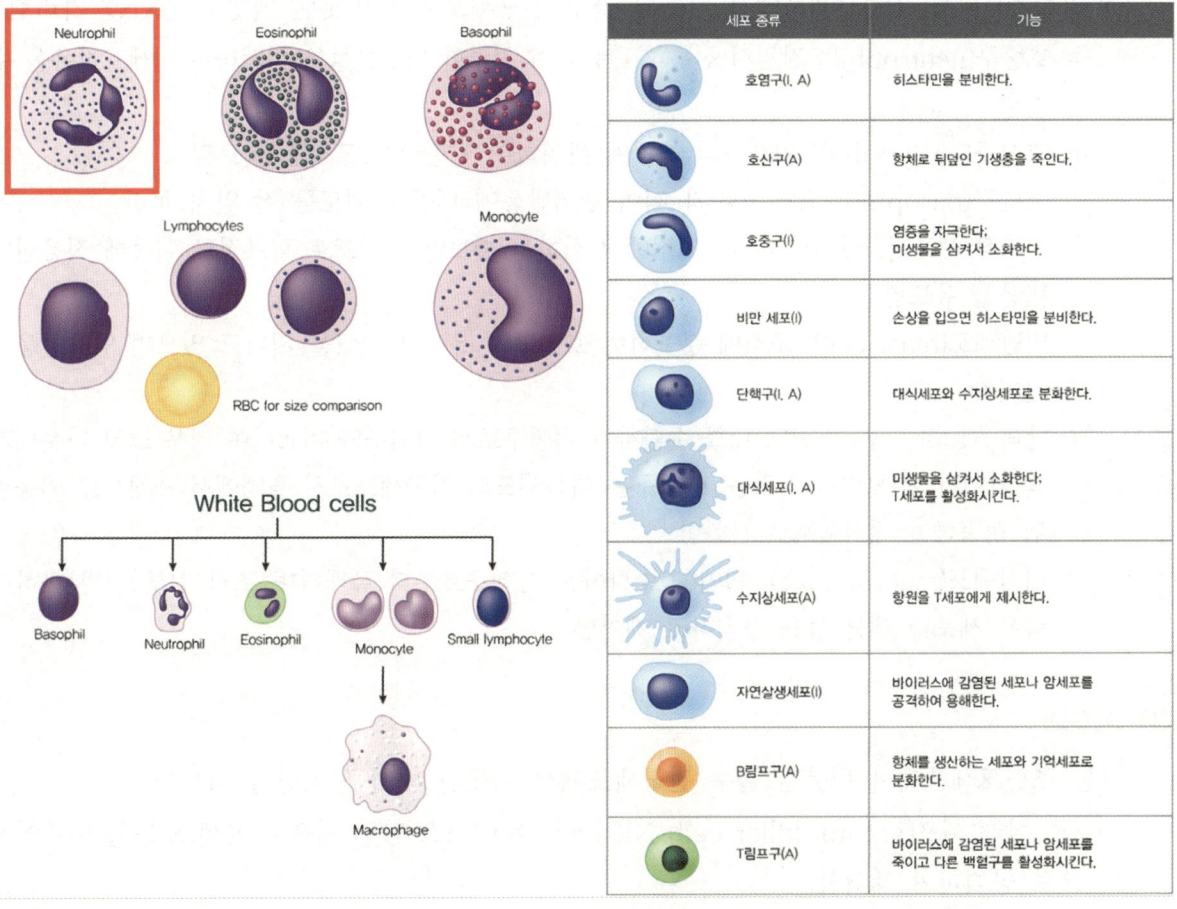

세포 종류	기능
호염구(I, A)	히스타민을 분비한다.
호산구(A)	항체로 뒤덮인 기생충을 죽인다.
호중구(I)	염증을 자극한다; 미생물을 삼켜서 소화한다.
비만 세포(I)	손상을 입으면 히스타민을 분비한다.
단핵구(I, A)	대식세포와 수지상세포로 분화한다.
대식세포(I, A)	미생물을 삼켜서 소화한다; T세포를 활성화시킨다.
수지상세포(A)	항원을 T세포에게 제시한다.
자연살생세포(I)	바이러스에 감염된 세포나 암세포를 공격하여 용해한다.
B림프구(A)	항체를 생산하는 세포와 기억세포로 분화한다.
T림프구(A)	바이러스에 감염된 세포나 암세포를 죽이고 다른 백혈구를 활성화시킨다.

세포의 종류	호염구 / 비만세포	호중구	호산구	단핵구 / 대식세포	림프구 / 형질세포	수지상세포
분류			식세포			
	과립세포					
			세포독성세포		세포독성세포 (일부 종류)	
				항원제시세포		
혈액 백혈구 중 퍼센트(%)	드물	50~70%	1~3%	1~6%	20~35%	없음
아형 및 다른 이름		'poly'또는 'segs'라 불림. 미성숙 형태는 'bends'또는 'stabs'라 불림.		단핵식세포계라 불림.	B 림프구 형질세포 기억세포 T 림프구 세포독성 T 세포 보조 T 세포 NK 세포	랑게르한스세포, 주름세포
주 기능	염증 및 알레르기 반응을 유발하는 화학물질	침입자의 섭취와 파괴	침입자의 파괴, 특이 항체로 코팅된 기생충들	침입자의 섭취와 파괴, 항원 제시	항체 생산을 포함하여 침입자에 대한 특이적 반응	병원체 인식, 림프절에서 항원을 제시하여 면역 세포들을 자극

㉠ 골수계: 다능 조혈모세포에서 비롯된 골수 전구세포에서 비롯된 백혈구 집단을 가리킴

 ⓐ 호중구(neutrophil): 감염시 신속히 반응하여 침투한 미생물들을 섭식하는 식세포작용을 수행함

 ⓑ 호산구(eosinophil): 기생충의 제거에 관여하며 약한 식세포작용을 보임

 ⓒ 호염구(basophil): 워낙 숫자가 적어 면역반응에 대한 기여도를 잘 알지 못함

 ⓓ 수지상 세포(dendritic cell): 조직에 서식하는 별모양의 세포로 림프절로 이동해 적응면역 반응을 유도함

 ⓔ 비만세포(mast cell): 조직에 분포하며 호염구와 유사한 과립을 지니고 있으며 염증반응에 관여함

 ⓕ 단핵구(monocyte): 혈액 내를 순환하는 백혈구로서 과립구와 비교하여 더욱 크고 가운데가 쑥 들어간 핵 모양을 가졌음. 단핵구는 대식세포의 전구세포로서 혈액에서 조직으로 이동한 뒤 성숙하여 대식세포로 분화함

 ⓖ 대식세포(macrophage): 혈액을 순환하는 단핵구로부터 유래하며 조직 침투 시 분화하여 죽은 세포나 세균 등을 포식하고 제거함

(3) 림프계

다능 조혈모세포에서 비롯된 골수 전구세포에서 비롯된 백혈구 집단을 가리킴

㉠ 자연살해 세포(natural killer cell; NK cell): 바이러스 감염 세포나 암세포 등을 비특이적으로 공격하여 제거함

ⓛ T림프구: T림프구가 활성화되어 분화되어 세포독성 T세포가 되면 바이러스 감염 세포나 암세포를 특이적으로 공격하고 보조 T세포가 되면 B세포, 대식세포, 세포독성 T세포의 활성화에 관여함

ⓒ B림프구: 항체를 생성분비하는 역할을 수행함

3 체내 방어 기작 개요

(1) 물리적, 화학적 장벽을 통한 병원균의 침입 제한

피부 및 소화기, 호흡기, 비뇨생식기 통로 내면의 점막이 등이 물리적 장벽을 형성함

ⓐ 피부를 통한 침입 제한: 물리적 장벽으로서 뿐만 아니라 피지샘, 땀샘에서 나오는 산성분비물을 통해 미생물의 성장을 억제함

ⓛ 점막을 통한 침입 제한: 점액, 침, 눈물은 외부에 직접 노출된 상피세포를 적셔주고 미생물을 씻어냄으로써 군락 형성을 막음

ⓐ 점액물질: 점액 분비세포에서 분비되며, 미생물이나 작은 입자를 가두는데, 특히 호흡관의 경우 점액 분비세포 주변의 섬모상피세포가 섬모를 움직여 점액에 잡혀 있는 미생물을 바깥으로 내보냄

ⓑ 위액: 농축된 염산과 단백질 분해효소에 의해 병원체를 파괴함

ⓒ 리소자임(lysozyme): 침, 눈물 등에 포함되어 있으며 세균 세포벽을 구성하는 펩티도글리칸 파괴

(2) 선천성 면역(innate immunity)를 통한 면역 반응

ⓐ 소수의 수용체군을 이용하여 특정 병원균 그룹에 공통적으로 존재하는 특징을 인식하는 비특이적인 면역반응임

ⓛ 병원체가 전에 침입하였던 적이 있었는지 없었는지를 구별하지 않고 감염 즉시 작동함

(3) 후천성 면역(acquired immunity)를 통한 면역 반응

ⓐ 엄청난 다양성을 가진 수용체를 이용하여 특정 병원균의 특이적 특성을 인식하는 특이적인 면역반응임

ⓛ 반응유도에 시간이 걸림

4 **선천성 면역반응**(innate immune response; nonspecific immune response)

(1) 세포에 의한 선천성 면역반응

㉠ 식세포 작용

ⓐ Toll-유사 수용체(Toll-like receptor; TLR): 특정 종류의 병원균의 특이적인 분자조각 인식에 의해 식세포 작용 유도하여 식포를 형성하도록 함 ex. TLR4(세균 세포벽의 지질다당제 인식), TLR3(바이러스 특이적인 핵산인 dsRNA 인식), TLR5(세균 편모의 성분인 플라젤린 인식)

ⓑ 형성된 식포 내의 미생물은 리소좀과 융합하여 리소좀 내의 HNO^{2-}을 포함하는 다양한 독성가스나 미생물 분해효소에 의해 파괴됨

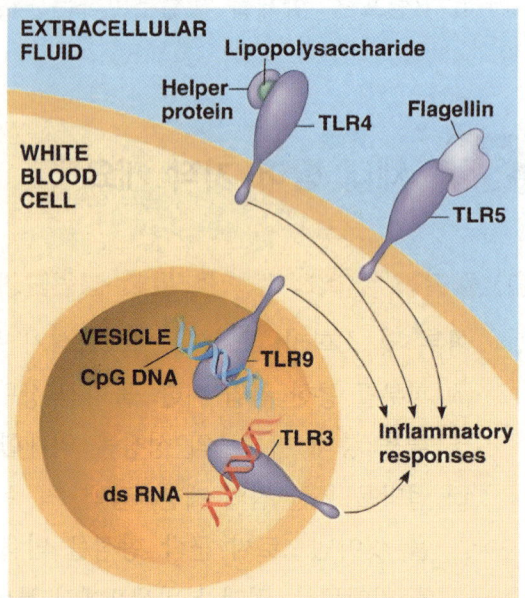

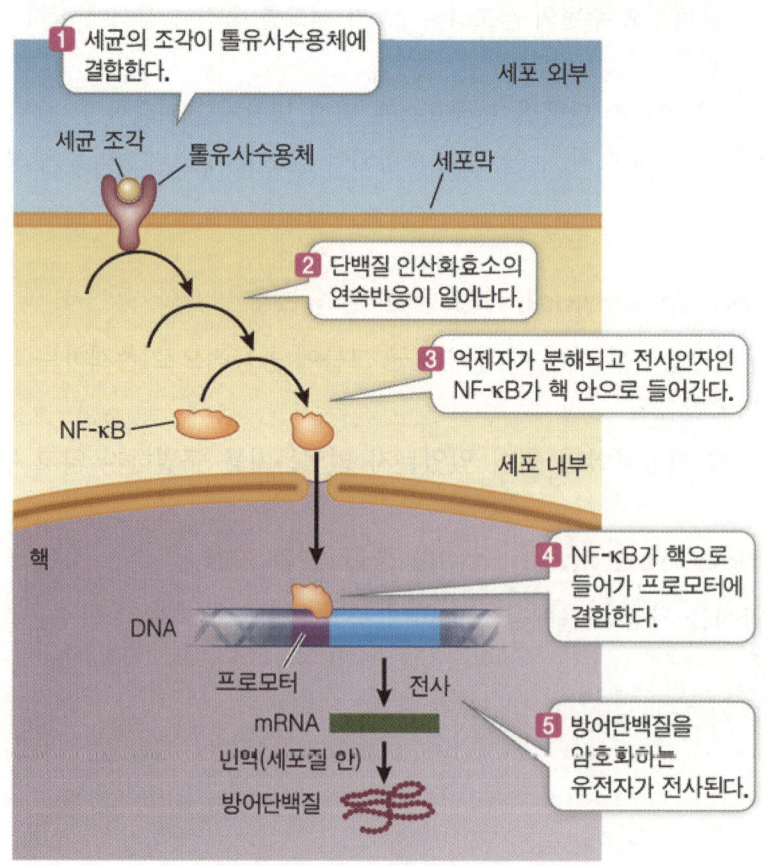

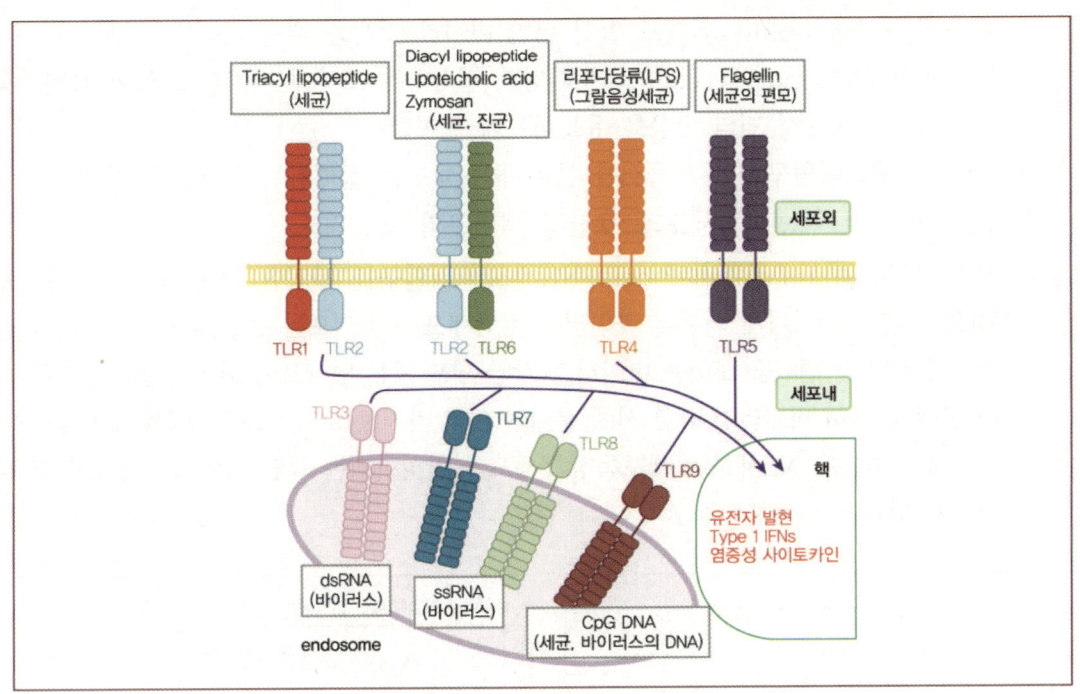

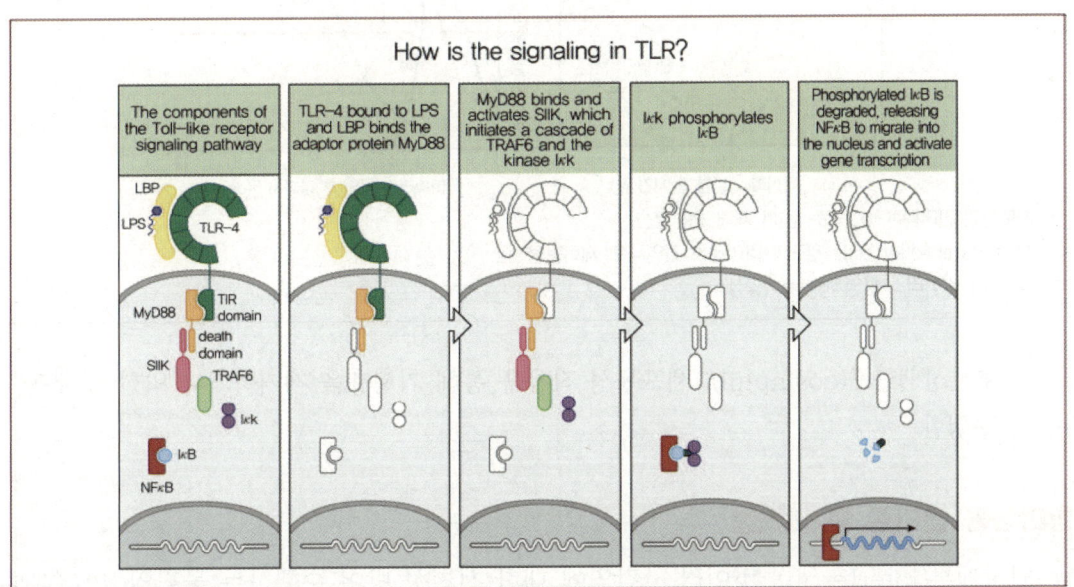

ⓒ 주요 선천성 식세포

1. 대식세포(macrophage): 일부는 전신으로 이동하거나 일부는 여러 체내기관이나 조직에 안착하는데 특히 비장 및 림프절 등 여러 림프조직에 자리잡음으로써 감염균을 효과적으로 인식하여 퇴치함. 혈액을 통하여 들어온 미생물은 비장의 그물망사조직에 내에 걸리고, 조직액에 들어온 미생물은 림프절에서 걸리게 되어 대식세포에 의해 인식됨

2. 호중구(neutrophil): 감염조직에서 나오는 화학적 신호에 의해 감염부위로 가장 빠르게 이동하여 식세포 작용을 수행함

3. 호산구(eosinophil): 식세포 활성 뿐만 아니라 기생충 제거 기능도 수행함

4. 수지상세포(dendritic cell): 외부환경과 접촉하는 조직에 자리잡고 있어 식세포작용을 수행하여 후천성 면역 반응을 유도하는데 관여함

ⓛ 세포독성 작용: 백혈구가 독성물질을 분비하여 세포를 살해하는 작용으로 주요 선천성 세포독성 세포에는 자연살해세포와 호산성 백혈구가 포함됨

ⓐ 자연살해세포(natural killer cell; NK세포): 적혈구를 제외한 체내 모든 세포는 표면에 MHC I 분자를 지니게 되는데 바이러스 감염세포나 암세포는 종종 MHC I 분자의 발현이 정지됨. 이러한 변이를 보이는 바이러스 감염 세포 또는 암세포에 화학물질을 분비하여 세포를 살해함. 특히 바이러스 감염 시에 분비된 여러 가지 시토카인들은 NK세포의 증식과 활성화를 유발하는데 NK세포는 세포독성 T세포가 활성화되는 동안 바이러스의 증식과 감염의 전파를 막음

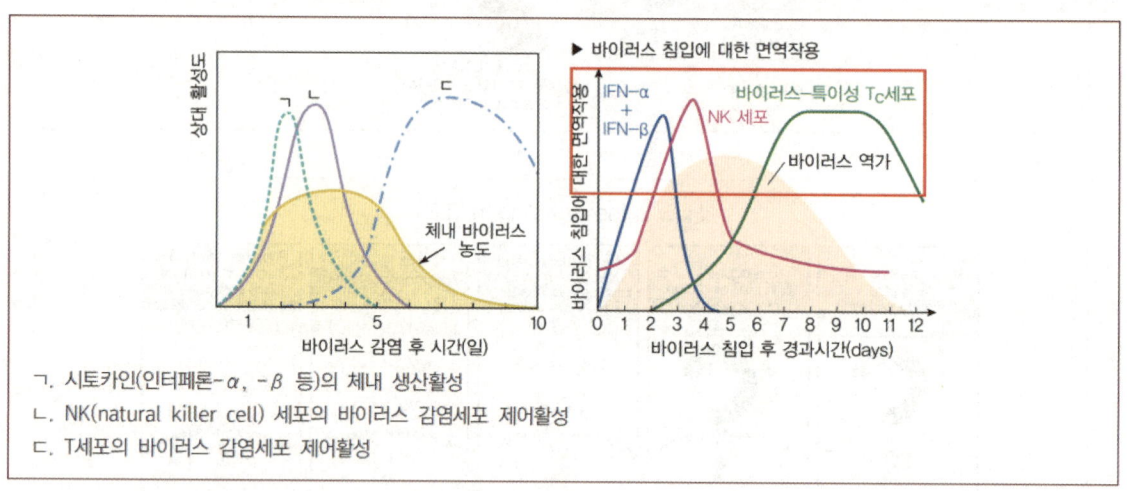

ㄱ. 시토카인(인터페론-α, -β 등)의 체내 생산활성
ㄴ. NK(natural killer cell) 세포의 바이러스 감염세포 제어활성
ㄷ. T세포의 바이러스 감염세포 제어활성

ⓑ 호산성백혈구(eosinphil): 세포독성 작용을 통해 기생충을 제거하거나 약한 식세포 작용도 수행함

(2) 항미생물 펩티드 및 단백질

㉠ 인터페론(interferon): 바이러스 감염에 대한 선천성 방어 수행하는 물질임. 인터페론은 체세포나 각종 백혈구 등에서 분비되어 아직 감염되지 않은 주변 세포에서의 바이러스 증식을 억제하거나 각종 백혈구의 활성화를 유도함

ⓐ 인터페론α: 백혈구에서 생산되며 바이러스의 증식을 억제함

ⓑ 인터페론β: 섬유아세포에서 생산되며 대식세포나 NK세포를 활성화시킴

ⓒ 인터페론γ: 면역림프구에서 생산되며 세포독성 T세포나 대식세포를 활성화시킴

㉡ 보체계(complement system): 30여 종의 혈청 단백질로 구성되며 미생물 표면에 존재하는 물질이나 항체에 의해 활성화되어 작용을 수행함

ⓐ 미생물을 옵소닌화하여 식세포에 의한 식세포 작용을 유도함

ⓑ 여러 백혈구에 대한 유인물질로 작용함

ⓒ 침입 미생물에 막공격 복합체(membrane attack complex)를 형성하여 각종 이온이나 물이 세포 내로 들어가 세포를 부풀게 하여 터뜨림

ⓒ 키닌(kinin): 혈장 단백질로, 혈액 순환을 증가시키고 모세혈관의 투과성을 촉진시켜 식세포를 유도하며 신경말단에 작용하여 통증을 유발하여 상처를 보호하도록 함

ⓔ 단백질 분해효소 억제제: 혈장 단백질의 10% 정도를 차지하며 대부분의 병원체들이 인체에 침입시 다양한 단백질 분해효소를 이용해 결합조직 등을 파괴하고 침투하는 것을 억제함

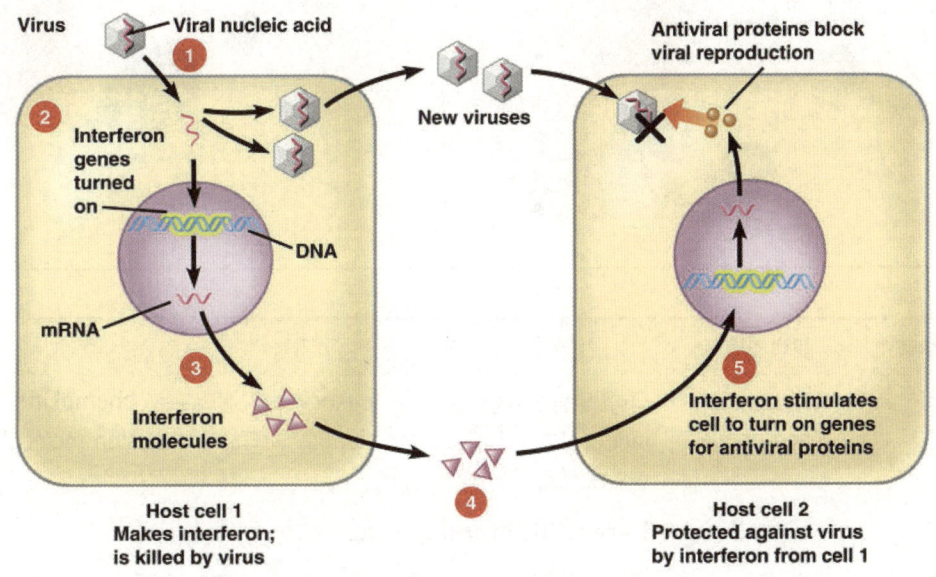

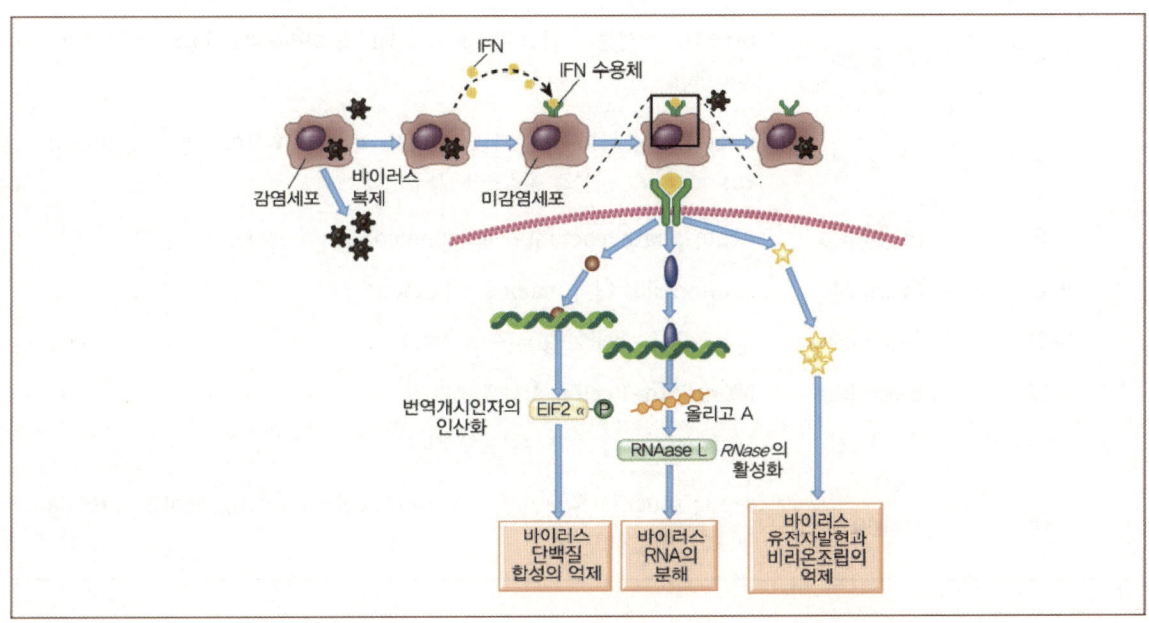

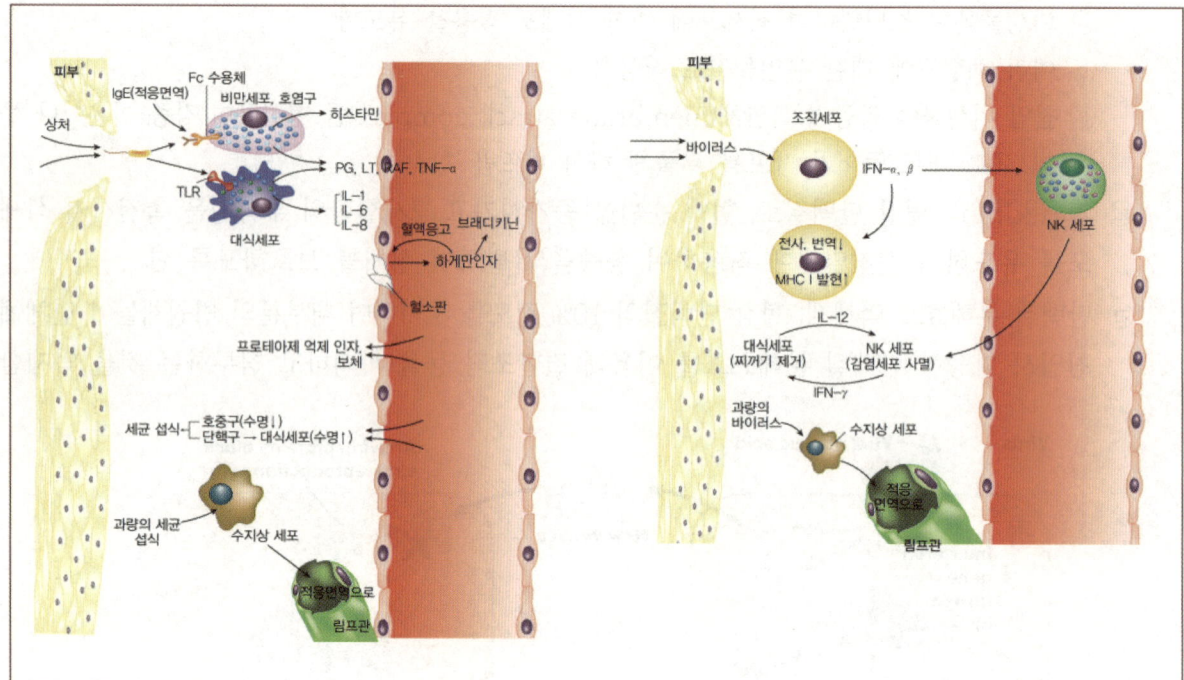

Cytokines	분비세포	기능
IL-1	Macrophage	급성 염증반응을 일으킴. leukocyte를 불러오는 chemokine 생산을 induce하고, 내피 (endothelium)를 자극하여 adhesion molecule이 발현되게 한다.
IL-2	Th cell	T - cell (CTL, Th cell)의 성장을 자극한다.
IL-3	active T - cell	골수의 줄기 세포 성장 및 분화를 돕는다. GM - CSF와 유사한 기능
IL-4	Th-2 cell	B-cell의 성장을 자극하고, IgE와 IgG로의 antibody class switching도 자극한다.
IL-5	Th-2 cell	B-cell의 분화를 돕는다. IgA로의 class switching을 담당하며, eosinophil의 생성과 활성화도 자극한다.
IL-6	Th cell, Mp	Acute-phase reactant와 Immunoglobulin의 생성을 자극한다.
IL-8	Th cell, Mp	neutrophil에 대한 major chemotactic 성분이다.
IL-10	T-reg cell	활성화된 T - cell의 활동을 억제한다.
IL-12	B-cell, Mp	NK cell, Th-1 cell을 활성화시킨다.
gamma-IFN	Th-1 cell	Macrophage를 자극, 활성화시킨다.
TNF	Mp	septic shock을 일으키게 하고, leukocyte의 recruitment와 vascular leak이 되게 한다.

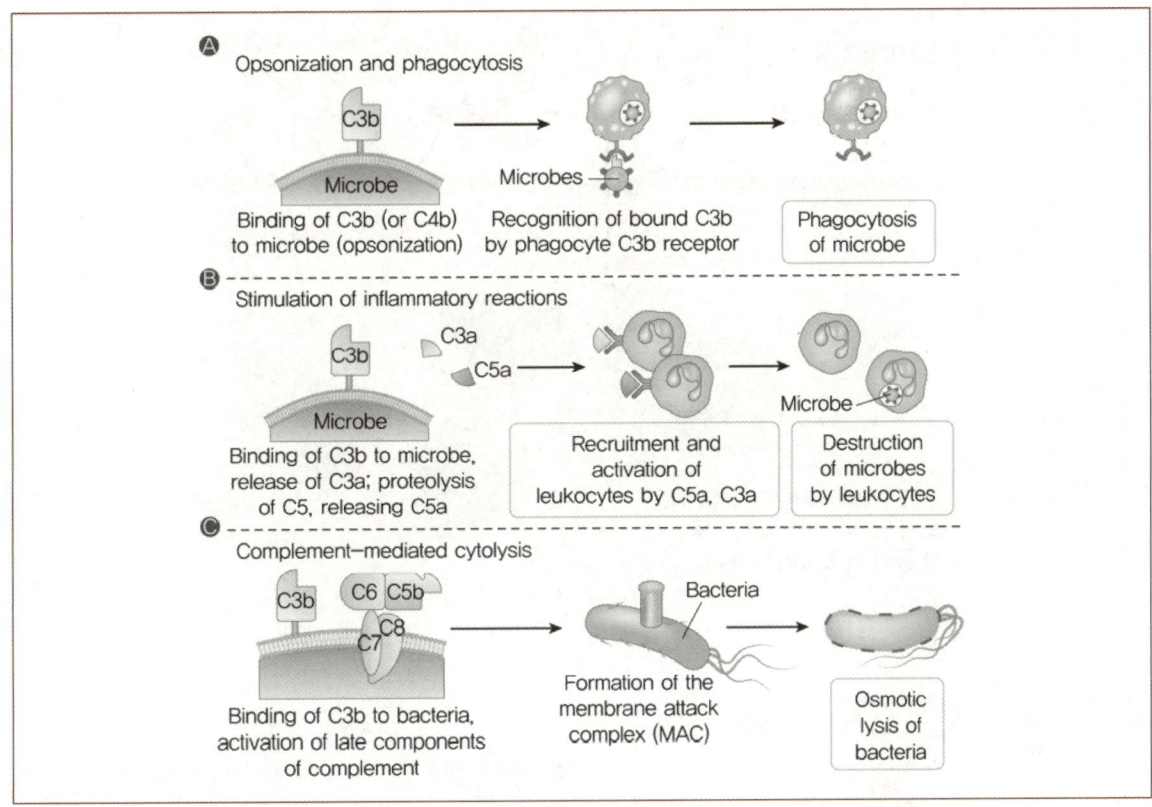

A Opsonization and phagocytosis

Binding of C3b (or C4b) to microbe (opsonization)　Recognition of bound C3b by phagocyte C3b receptor　Phagocytosis of microbe

B Stimulation of inflammatory reactions

Binding of C3b to microbe, release of C3a; proteolysis of C5, releasing C5a　Recruitment and activation of leukocytes by C5a, C3a　Destruction of microbes by leukocytes

C Complement-mediated cytolysis

Binding of C3b to bacteria, activation of late components of complement　Formation of the membrane attack complex (MAC)　Osmotic lysis of bacteria

(3) 염증반응(inflammatory response)

상처나 감염시 유리되는 화학신호 물질에 의한 변화로 인해 일어나는 면역반응으로 홍조, 발열, 부종 등의 특징이 나타남. 염증 반응은 국부적이거나 전신적일 수 있음

㉠ 염증반응의 일반적 특징

ⓐ 조직 손산 부위에서의 비만세포가 히스타민을 분비하는데 히스타민은 혈관의 확장, 모세혈관의 투과성 증가 등을 유도함. 혈관의 확장으로 인해 홍조를 띠고, 모세혈관의 투과성 증가로 인해 부종현상이 나타남

ⓑ 감염부위로 유입된 보체 단백질은 비만세포에 의한 히스타민 분비를 촉진하고 식세포들은 상처부위로 유인함. 주변 혈관의 내피세포 또한 신호물질을 분비하여 호중구나 대식세포를 유인하고 혈관의 투과성 증가를 유도함

ⓒ 결국 상처부위에는 백혈구, 죽은 미생물, 세포 잔해가 모여 있는 체액인 고름(pus)이 축적됨

㉡ 국소적 염증반응

ⓐ 상처 부위에서 대식세포와 비만세포는 근처 모세혈관에 영향을 주는 화학신호를 분비함

ⓑ 모세혈관이 확장되고 물질 투과성이 증진됨으로써 항미생물 펩티드를 포함하는 혈장액이 조직액으로 스며듦. 면역세포에서 나오는 신호물질이 식세포 유인을 한층 더 고조시킴

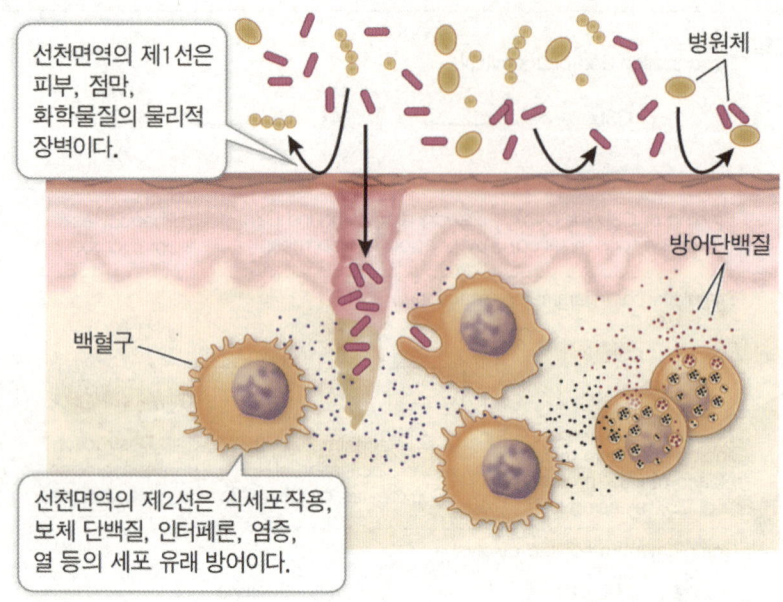

선천면역의 제1선은 피부, 점막, 화학물질의 물리적 장벽이다.

병원체

방어단백질

백혈구

선천면역의 제2선은 식세포작용, 보체 단백질, 인터페론, 염증, 열 등의 세포 유래 방어이다.

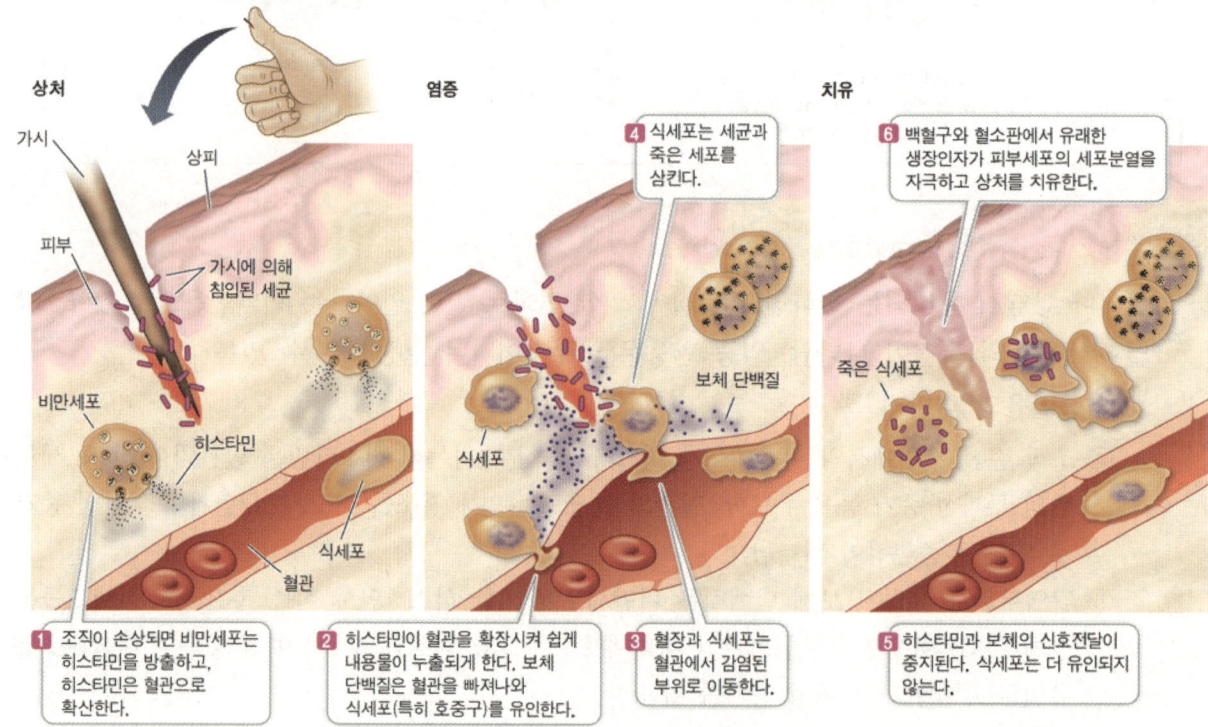

상처

가시

상피

피부

가시에 의해 침입된 세균

비만세포

히스타민

식세포

혈관

염증

4 식세포는 세균과 죽은 세포를 삼킨다.

식세포

보체 단백질

치유

6 백혈구와 혈소판에서 유래한 생장인자가 피부세포의 세포분열을 자극하고 상처를 치유한다.

죽은 식세포

1 조직이 손상되면 비만세포는 히스타민을 방출하고, 히스타민은 혈관으로 확산한다.

2 히스타민이 혈관을 확장시켜 쉽게 내용물이 누출되게 한다. 보체 단백질은 혈관을 빠져나와 식세포(특히 호중구)를 유인한다.

3 혈장과 식세포는 혈관에서 감염된 부위로 이동한다.

5 히스타민과 보체의 신호전달이 중지된다. 식세포는 더 유인되지 않는다.

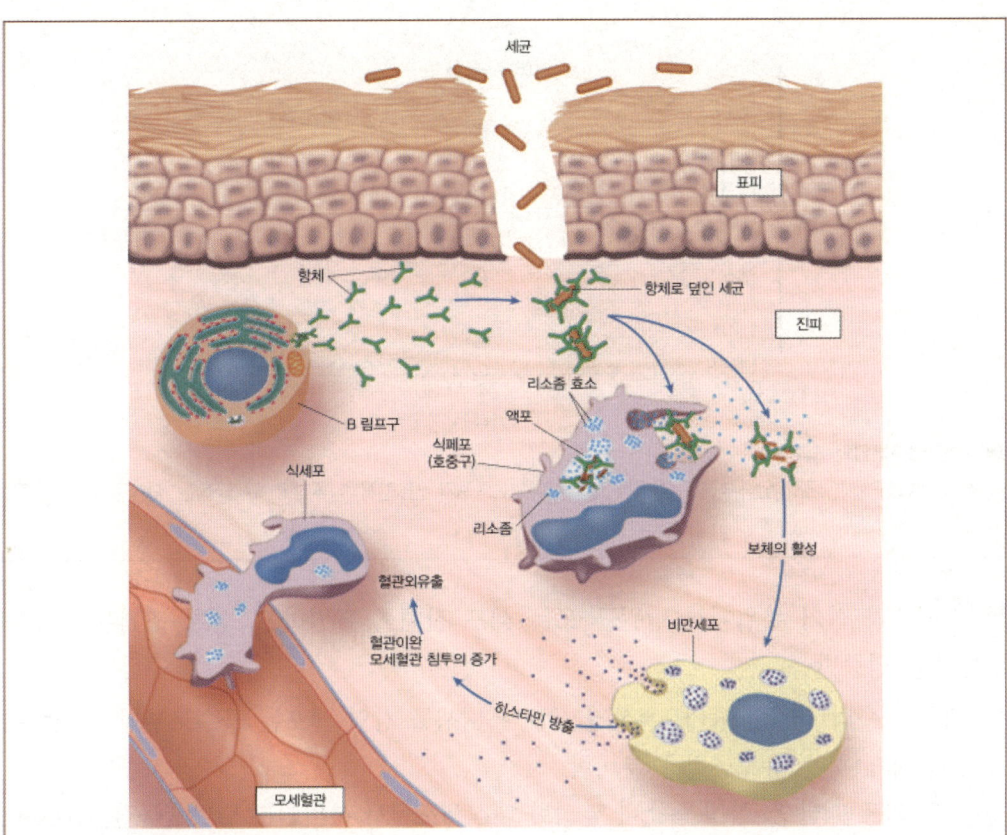

국소 염증의 과정
세균 표면에 있는 항원은 항체로 덮여 있고 식세포에 의해 섭취된다. 염증의 증상은 리소좀 효소의 방출과 히스타민 및 조직
비만세포의 화학물질 등의 분비에 의해 생성된다.

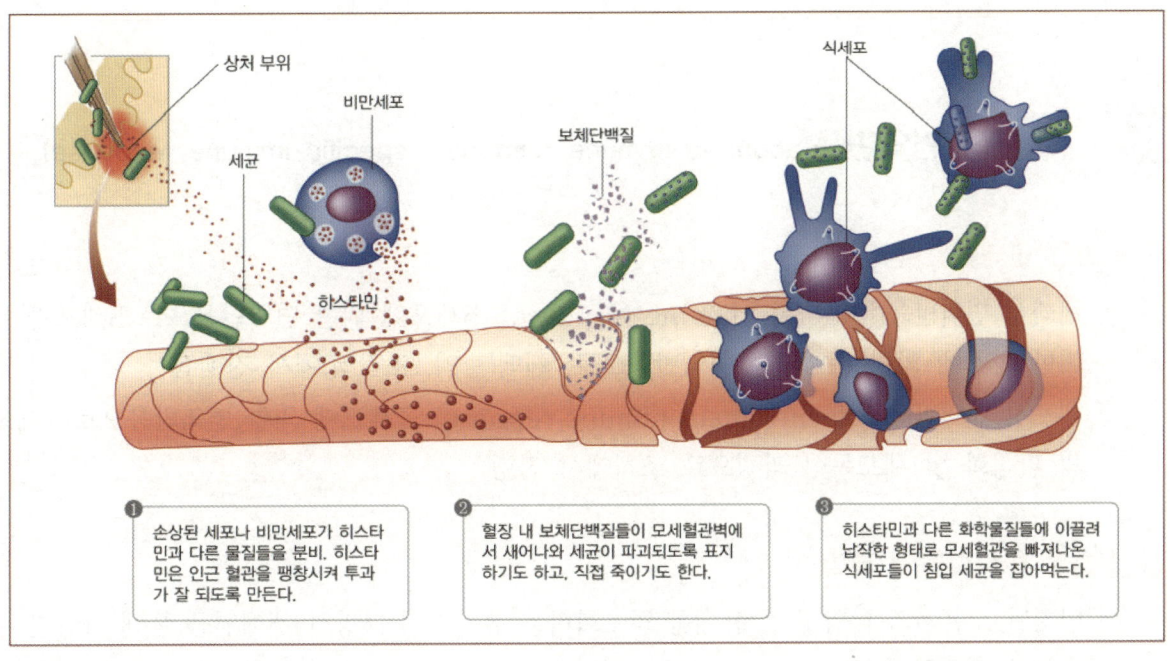

① 손상된 세포나 비만세포가 히스타 민과 다른 물질들을 분비. 히스타 민은 인근 혈관을 팽창시켜 투과 가 잘 되도록 만든다.

② 혈장 내 보체단백질들이 모세혈관벽에 서 새어나와 세균이 파괴되도록 표지 하기도 하고, 직접 죽이기도 한다.

③ 히스타민과 다른 화학물질들에 이끌려 납작한 형태로 모세혈관을 빠져나온 식세포들이 침입 세균을 잡아먹는다.

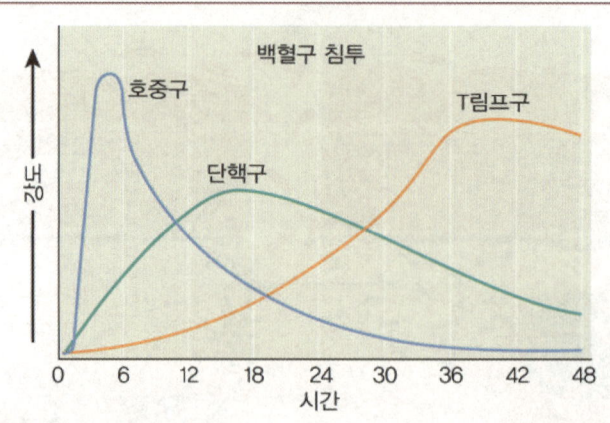

백혈구에 의한 염증부위의 침투
상이한 종류의 백혈구들이 국소 염증부위로 침투해 들어간다. 호중구가 맨 먼저 침투하고 그 다음은 단핵구와 T림프구 순서로 침투한다.

ⓒ 식세포가 상처 부위에서 병원균 또는 세포 잔재를 흡입하고, 상처 조직은 복구됨
ⓒ 전신성 염증반응
ⓐ 백혈구 수의 급격한 증가: 손상된 세포나 미생물 감염 세포는 골수로부터 더 많은 호중구를 생산하게 하는 유도물질을 분비함
ⓑ 열의 과도한 발생: 특정 독소나 활성화 대식세포에서 분비되는 열발생물질(pyrogen)이 시상하부의 체내 온도조절 장치의 설정점을 상향 조절함
ⓒ 패혈증(septic shock): 심한 고열과 저혈압 상태가 특징이며 나이가 많은 노인이나 영아에서 종종 발생함. 발생 사례의 1/3 이상이 죽음에 이름

5 후천성 면역반응(acquired immune response; specific immune response)

(1) 후천성 면역반응의 개요

㉠ 체액성 면역반응(himoral immune response): B세포에 의한 면역반응으로 B세포가 분비한 항체에 의해 수행되는 면역반응으로, 체액(혈액, 조직액)에서 진행됨
㉡ 세포성 면역반응(cell-mediated immune reponse): T세포에 의한 면역반응으로 T세포의 활성화 및 세포독성 과정으로 조직에서 진행

(2) 후천성 면역반응의 특징

㉠ 엄청난 수용체의 다양성: 수용체를 암호화하는 유전자의 다양한 재배열을 통해 다양한 수용체를 생성하게 됨

ⓛ 자기관용(self-tolerance): 자기자신의 세포나 조직을 구성하는 물질에는 면역반응을 보이지 않는 것으로서 면역계가 활성화되기 전인 태아의 발생 초기에 이식된 조직이나 세포는 자기항원으로 인식될 수 있으며 성인의 경우 장기 이식 등의 시술시 면역학적 관용을 유발할 필요가 있음

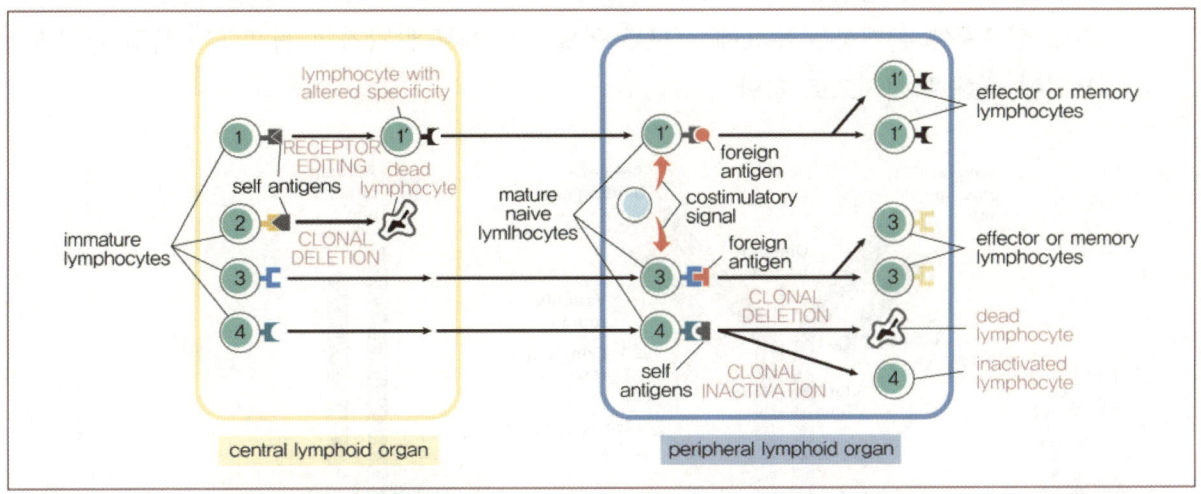

ⓐ 클론 제거(clonal deletion): B세포와 T세포의 분화를 진행하는 과정에서 자기항원을 인식하는 클론은 세포예정사를 통해 제거됨

ⓑ 클론 무감작(clonal anergy): 자기항원을 인식하는 면역세포의 면역반응이 억제되는 현상

ⓒ 면역학적 면제(immunological previlege): 인체의 안구, 고환, 뇌 등에서는 밀착연접을 통해 면역세포의 유입을 방지하거나, 세포예정사를 유발하는 리간드인 FasL을 발현하여 면역세포를 제거하여 자기세포를 보호함

ⓒ 면역학적 기억(immunological memory): 과거에 접하여 본 항원에 대한 반응이 처음 접할 때의 반응보다 훨씬 강하게 되는 이유는 과거에 접한 항원을 기억하는 기억세포(memory cell)이 형성되기 때문

(3) 림프구에 의한 항원 인식

㉠ 항원(anitigen): 림프구에 의해 특이적으로 인식되어 면역반응을 유도하는 외래분자로 단백질, 거대 탄수화물, 핵산 등 그 종류가 무수하며, 한 개의 항원에는 항체가 인식할 수 있는 다수의 항원 결정기(antigenic determinant; epitope)가 존재함. 크기가 크고 복잡할수록 비자기 물질의 종류가 많을수록 면역반응을 일으킬 가능성이 높아짐

ⓐ 면역원(immunogen): 면역원성이 있는 외래분자

ⓑ 합텐(hapten): 면역원성이 없는 작은 유기분자로 단백질 운반체에 결합시켜 투어하면 항체 생성을 유발하는 물질

ⓒ 보강제(adjuvant): 스스로는 항원성이 없고 항원과 함께 주입하여 면역력을 높여주는 모든
   물질
ⓛ 항원 수용체(antigen receptor): 하나의 B세포 또는 T세포는 대략 10000,000개의 항원
   수용체가 있음. B세포의 항원 수용체 및 분비형인 항체(antibody; immunoglobulin)는
   항원의 일부분인 항원결정 부위(antigenic determinant; epitope)를 인식하여 결합함.
   단일 림프구에 존재하는 수요에는 모두 동일하기 때문에 각각의 림프구는 특정 항원결정
   부위에 대해 특이적으로 결합

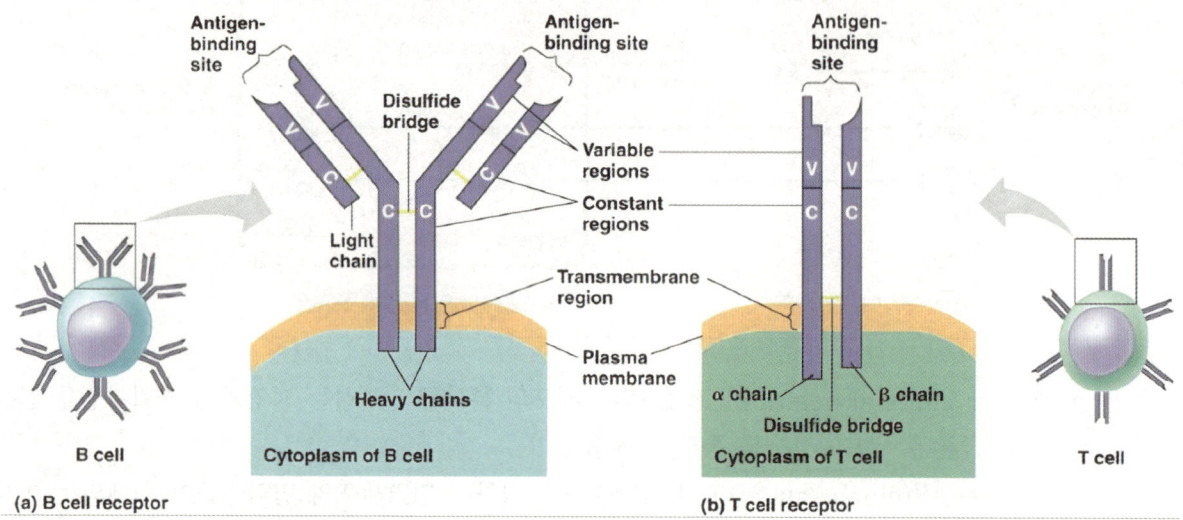

(4) B림프구의 발달

ⓐ B세포의 성숙 과정

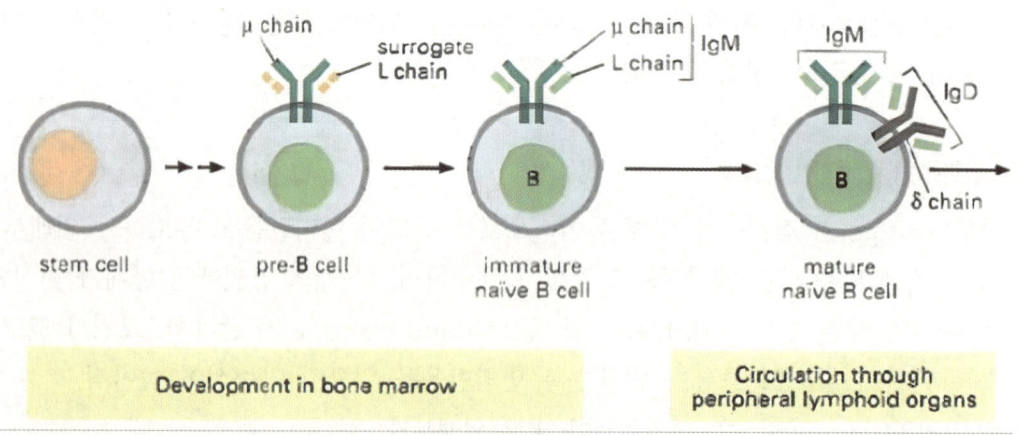

ⓐ 골수 줄기세포로부터 유래하며 평생동안 계속 분열해 체내에 B세포의 수를 일정하게 유지함
ⓑ 분열한 세포는 체성 재조합이 일어나며 표면에 중사슬과 대리 경사슬을 발현하게 됨

ⓒ 세포막에 IgM을 발현하기 시작한 세포를 미성숙 B세포(immature B cell)라 하며, 이 때 항체에 자기항원이 결합하게 되면 클론 제거가 일어나게 됨

ⓓ 세포는 곧 표면에 IgM, IgD를 세포막에 모두 발현하여 골수로부터 빠져나가는데 이를 처녀 B세포(naive B cell)라 하며 이 세포가 혈액에서 자기 항원과 결합하게 되면 클론 무감작이 발생하게 되어 무반응성의 세포 상태로 전환됨

ⓔ 2차 림프기관으로 이동하여 특정 항원과 만나게 되면 증식을 할 수 있지만 그렇지 않은 경우 수 주 내에 죽게됨

Ⓛ 항체의 구조와 특징: 항원 본연의 모양을 인식하여 결합함

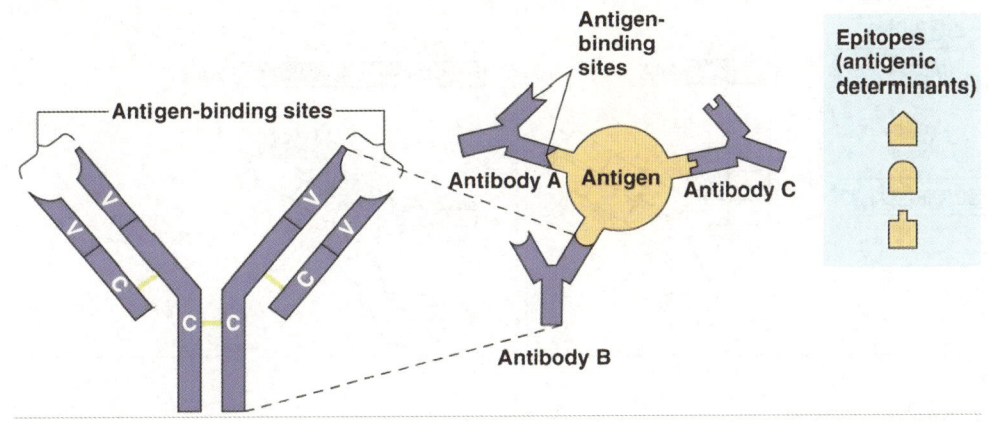

ⓐ 4개의 폴리펩티드로 구성된 Y자 모양의 분자로 이황화 결합으로 연결된 2개의 중쇄와 2개 의 경쇄로 구성됨. 중쇄 꼬리 부분에는 세포막 관통 부분과 세포질 내부에 위치할 부분이 위치하나, 분비형인 항체는 꼬리부분이 존재하지 않음

ⓑ 중쇄와 경쇄 각각은 불변영역(constant region)과 가변영역(variable region)으로 구성됨

ⓒ 항체의 항원결합 부위와 항원과의 상호작용은 비공유결합을 통해 안정화됨

Ⓒ 항체의 형성과정

ⓐ 체성 재조합(somatic recombination): 항체를 구성하는 중사슬과 경사슬을 발현하는 각각 의 유전자에는 동일 부위의 구조를 형성하는 DNA 절편들이 반복적으로 존재하며, 이들이 무작위적인 DNA 배열을 거쳐 B세포마다 서로 다른 유전자 서열을 갖게 됨

ⓑ 접합부 다양성(junctional diversity): 경사슬의 경우 V-J 절편 연결시 무작위적인 서열 결 실과 삽입이 일어나 가변부위의 다양성을 형성하게 됨

ⓒ 체성 과변이(somatic hypermutation): 형질세포로 활성화 된 후 이미 재배열된 항체유전 자에서 점돌연변이가 발생하여 항원결합력이 증가된 형질세포들이 빠르게 증가하는 과정으 로서 이러한 과정을 친화도 성숙(affinity maturation)이라고 함

ⓓ 대립 유전자 배제(allelic exclusion): 상동염색체 중에서 먼저 한 개의 항체 유전자 재배열 이 발생하면 반대 염색체의 항체 유전자 재배열을 억제하여 각B세포마다 단일 항원 특이성 항체만을 발현시키는 현상

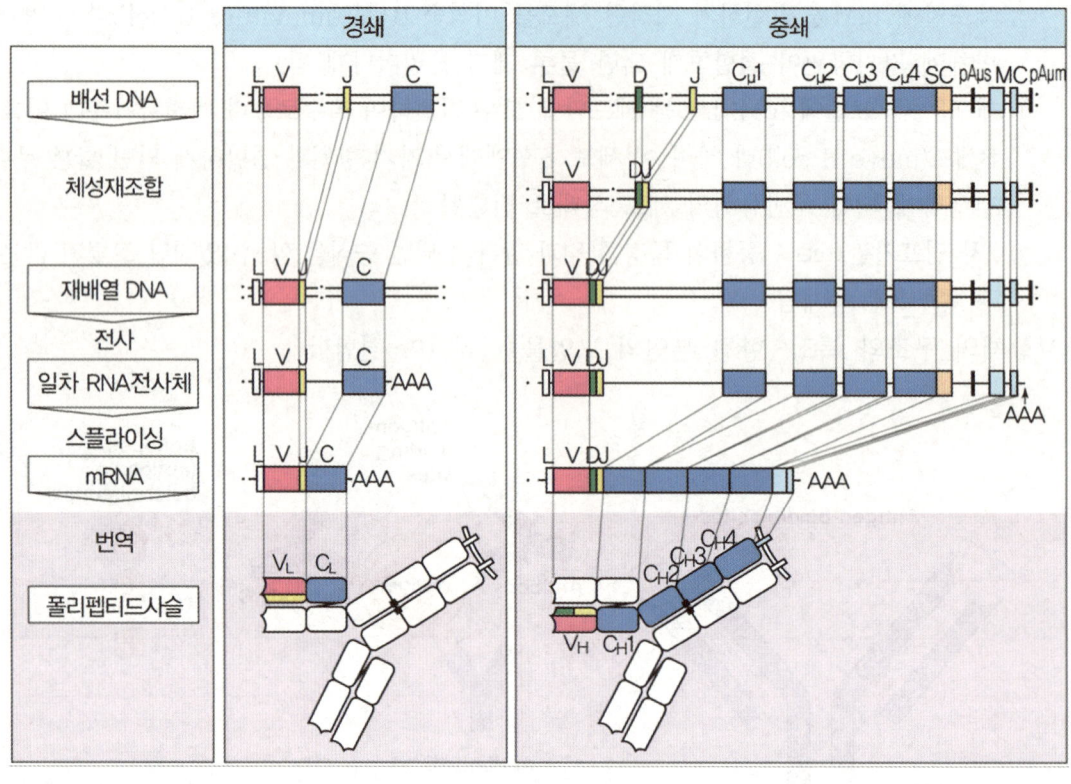

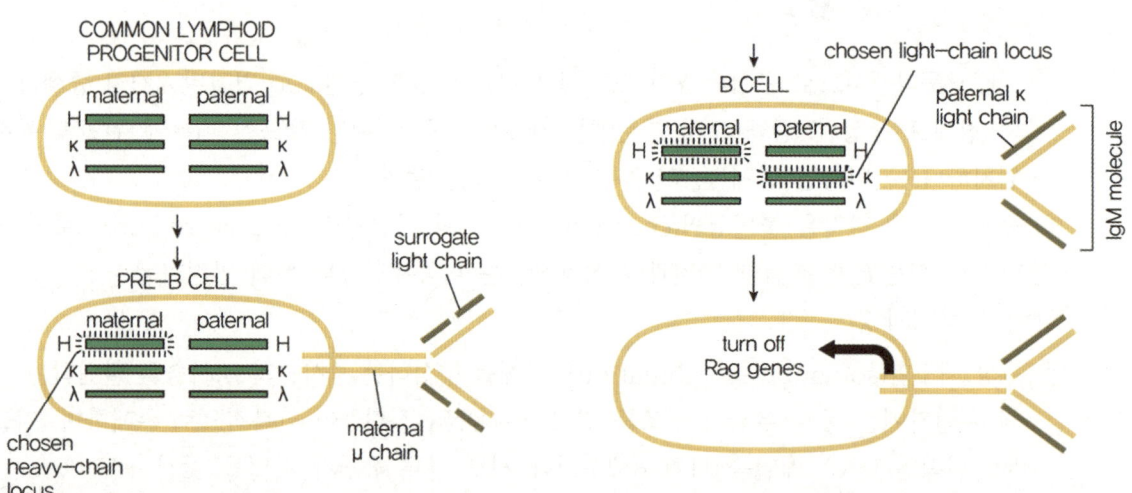

ⓔ 클래스 스위칭(class switching): 동일 B세포이 클론에서 Fc의 class의 전환되는 것. 막관통 수용체 형태(IgM, IgD)에서 분비형(IgG, IgA, IgE)으로 전환됨

면역글로불린의 종류	분포	기능
IgG(단량체)	혈액 중에 가장 많은 Ig형. 조직액에도 존재함	항원의 옵소닌 작용, 중화 및 응집 반응을 촉진, 보체를 활성화하는 능력에 있어서 IgM보다는 덜 효과적임. 태반을 통과하는 유일한 항체로서 태아에게 수동면역을 부여함
IgM(5량체) J chain	1차 면역 반응시 첫 번째로 만들어지는 Ig형. 그 후 혈액 내 농도가 떨어짐	항원의 중화 및 응집 반응을 촉진, 보체 활성화에 가장 효과적임
IgD(단량체) Trans- membrane region	항원에 노출된 적이 없는 미경험 B세포 표면에 존재	항원 자극에 의한 B세포의 증식 및 분화과정에서 항원 수용체로 작용
IgA(이량체) J chain Secretory component	눈물, 침, 점액 및 모유 등에 존재함	항원의 응집 및 중화를 통하여 점막의 국소 방어에 기여. 모유에 존재하기 때문에 유아에게 수동면역을 부여함
IgE(단량체)	혈액 내 낮은 농도로 존재	비만세포와 호염구로부터 알레르기 반응을 유발하는 히스타민을 포함한 다양한 화학물질을 분비하게 함

ㄹ 항체의 기능

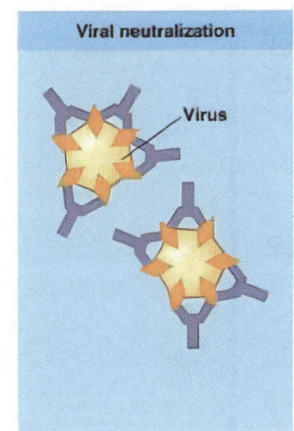
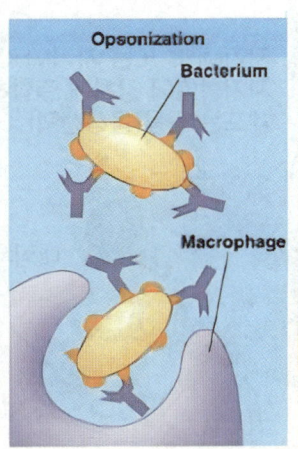
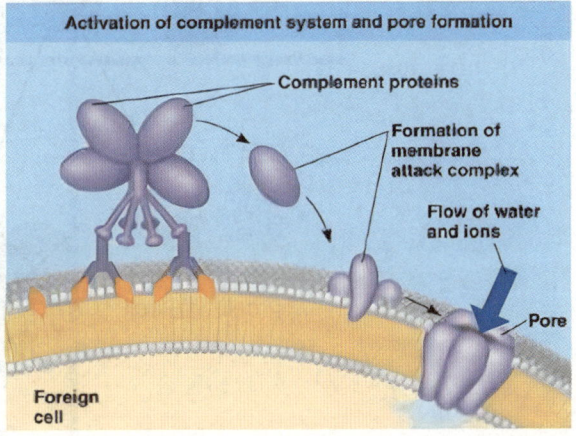

ⓐ 중화작용(neutralizetion): 하에가 바이러스나 세균 표면에 존재하는 단백질에 부착하여 숙주 세포로 침투하지 못하게 함

ⓑ 옵소닌화(opsonization): 항체가 병원성 세균에 결합하여 대식세포의 식세포작용을 촉진시킴

ⓒ 응집반응(agglutination): 미생물이나 기타 항원을 응집시킴

ⓓ 보체의 활성화: IgG, IgM 항체는 보체를 활성화시켜 염증반응과 식세포작용을 활성화시킴

(5) T림프구의 발달

㉠ T세포의 성숙 과정

▶ 양성 선택, 음성 선택

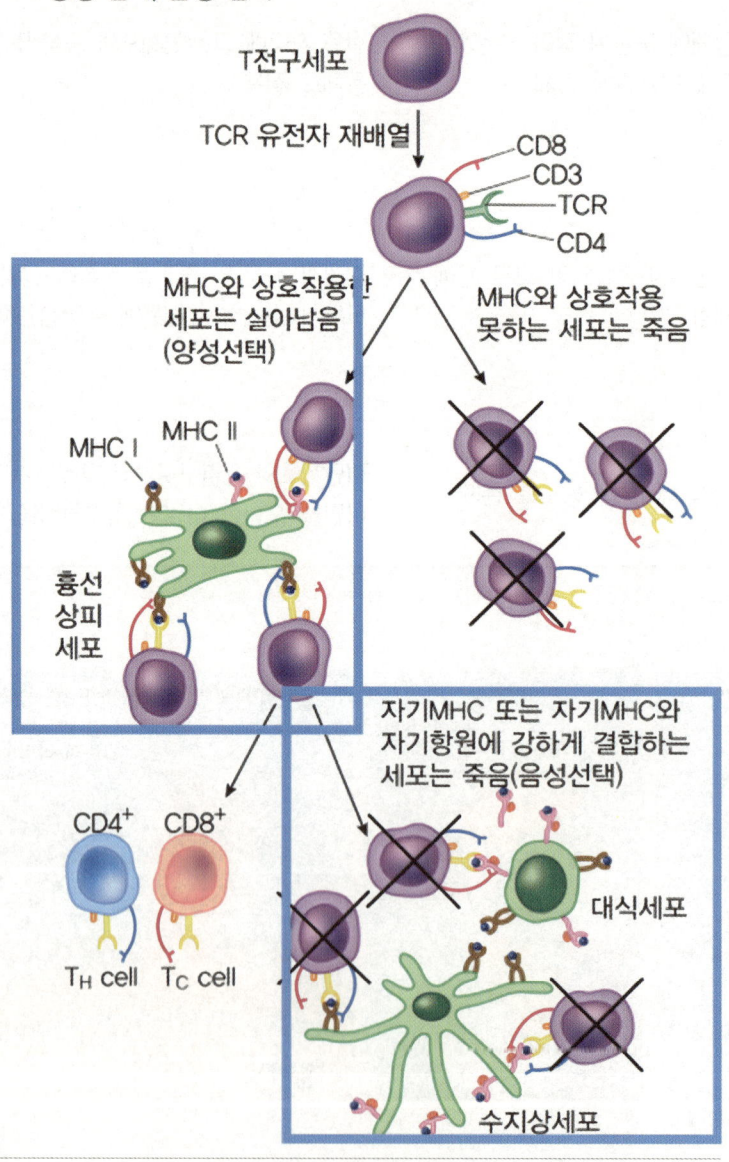

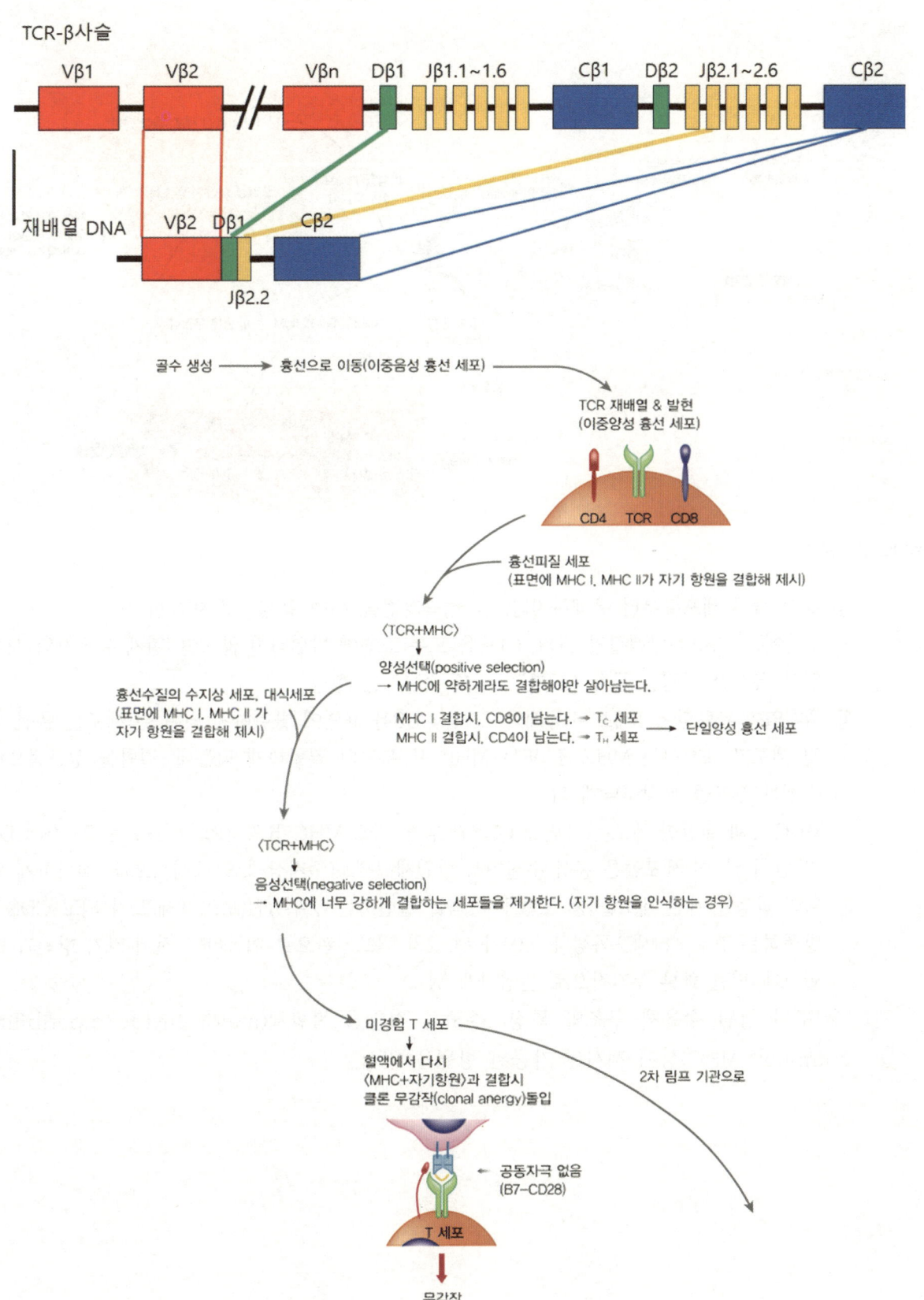

TCR-β사슬

Vβ1 Vβ2 Vβn Dβ1 Jβ1.1~1.6 Cβ1 Dβ2 Jβ2.1~2.6 Cβ2

재배열 DNA

Vβ2 Dβ1 Cβ2

Jβ2.2

골수 생성 ──→ 흉선으로 이동(이중음성 흉선 세포) ──→

TCR 재배열 & 발현
(이중양성 흉선 세포)

CD4 TCR CD8

흉선피질 세포
(표면에 MHC I, MHC II가 자기 항원을 결합해 제시)

〈TCR+MHC〉

양성선택(positive selection)
→ MHC에 약하게라도 결합해야만 살아남는다.

MHC I 결합시, CD8이 남는다. → Tc 세포
MHC II 결합시, CD4이 남는다. → TH 세포
──→ 단일양성 흉선 세포

흉선수질의 수지상 세포, 대식세포
(표면에 MHC I, MHC II 가
자기 항원을 결합해 제시)

〈TCR+MHC〉
↓
음성선택(negative selection)
→ MHC에 너무 강하게 결합하는 세포들을 제거한다. (자기 항원을 인식하는 경우)

미경험 T 세포

혈액에서 다시
〈MHC+자기항원〉과 결합시
클론 무감작(clonal anergy)돌입

2차 림프 기관으로

← 공동자극 없음
(B7-CD28)

T 세포

무감작

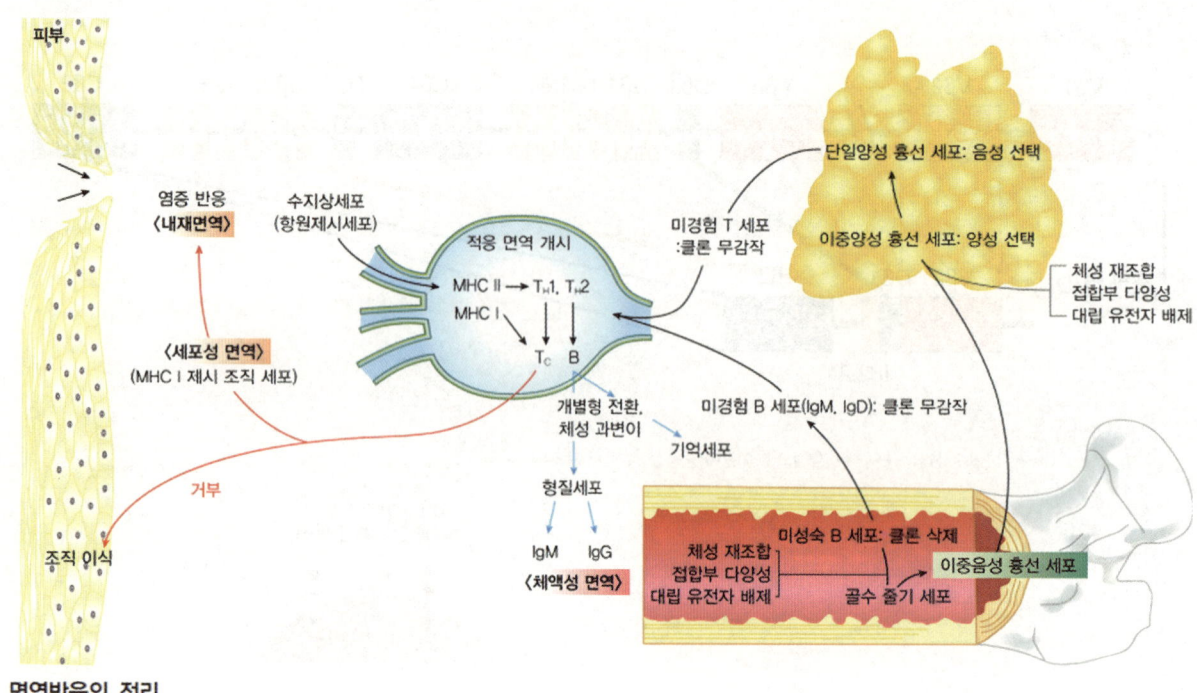

면역반응의 정리

ⓐ 골수 줄기 세포로부터 유래하지만, 곧 성숙과정을 위해 흉선으로 이동함

ⓑ 초기에는 세포막 단백질인 CD4, CD8을 모두 표면에 발현하지 않으며, 항체 유전자의 재배열과 유사한 과정을 통해 다양한 T세포 수용체를 형성

ⓒ 재배열이 완료되어 T세포 수용체와 CD4, CD8을 표면에 발현하게 되며 이 세포는 흉선 피질 세포가 제시하는 MHC Ⅰ 또는 MHC Ⅱ 분자와 결합하게 되는데, 결합을 성공적으로 수행한 세포들만 살아남게 됨

ⓓ MHC Ⅰ과 결합한 세포는 표면에 CD8만 남게 되고 MHC Ⅱ와 결합한 세포는 표면에 CD4만 남게 됨. 이 세포들은 흉선 수질에서 항원제시세포(수지상세포, 대식세포)와 결합하게 됨

ⓔ 위의 과정을 거친 세포들 중 표면에 CD4를 발현하는 경우 TH(보조 T세포)가 되고 CD8을 발현하는 경우 Tc(세포독성 T세포)가 됨. 2차 림프기관으로 이동하기 전에 자기 항원과 결합하게 되면 클론 무감작으로 돌입하게 됨

ⓛ T세포의 항원 수용체 구조와 특징: 주조직 적합성 복합체(major histocompatibility complex; MHC)상에 제시된 가공된 항원을 인식

주조직적합성 항원 유전자좌(MHC locus)에 존재하는 유전자들

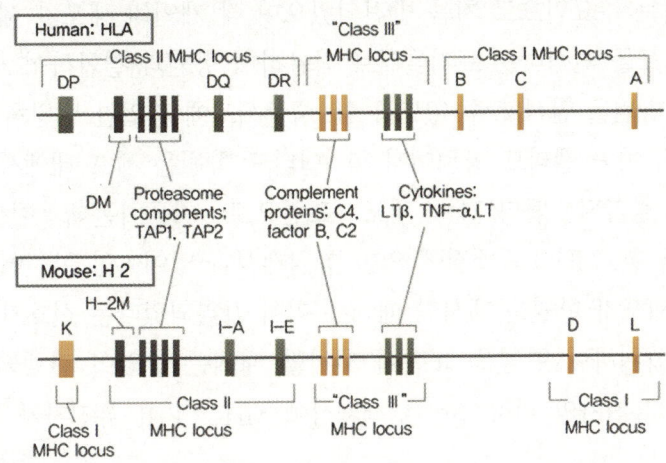

complex	H-2						
MHC class	I	Ⅱ		Ⅲ		I	
Region	K	IA	IE	S		D	
Gene products	H-2K	IA αβ	IE αβ	C′proteins	TNF-α TNF-β	H-2D	H-2L*

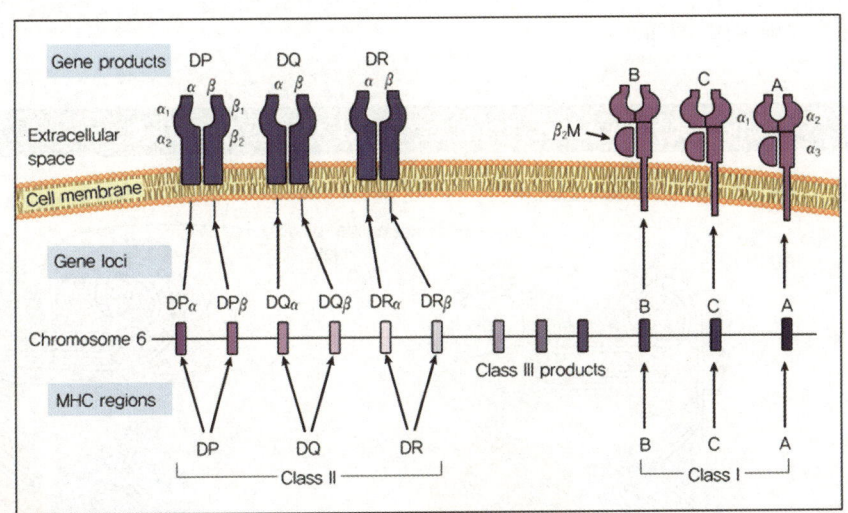

complex	HLA							
MHC class	Ⅱ			Ⅲ		I		
Region	DP	DQ	DR	C4, C2, BF		B	C	A
Gene products	DP αβ	DQ αβ	DR αβ	C′proteins	TNF-α TNF-β	HLA-B	HLA-C	HLA-A

ⓐ α 측쇄와 β 측쇄가 이황화결합으로 연결된 단백질

ⓑ 끝부분에 막관통 영역이 있어 T세포의 세포막에 고정됨

ⓒ 바깥쪽 끝부분의 V영역은 항원과 비공유성 결합을 형성함

ⓛ MHC(major histocompatibility complex; 주조직 적합성 복합체): 장기이식에 대한 거부반응을 보이는 주요인으로 처음 발견되었으며 각 개인의 세포가 세포막에 특이적으로 발현하여 자기세포를 인식하는 표지물질로 작용하며 항원과 결합하여 세포막에 제시됨으로써 면역세포들이 항원을 인식할 수 있도록 함. 숙주세포에 진입한 병원체의 단백질은 작은 조각으로 잘리는데, 이를 펩티드 항원이라 함. 펩티드 항원은 세포 내에서 MHC 분자와 결합하고 MHC에 결합된 펩티드는 세포 표면으로 이동하는데 이를 항원제시(antigen presenting)라 함. MHC 단백질에 의한 항원제시가 있어야만 항원에 대항하는 면역반응이 활성화 됨. 체세포가 항원을 제시할 때에는 이미 감염되었다는 신호가 되며 식세포나 B세포가 병원균을 섭취하여 항원을 표면에 제시할 때에는 감염이 진행되고 있다는 신호가 됨

ⓐ MHC 암호 유전자의 위치: 6번 염색체상에 MHC Ⅰ,Ⅱ 유전자가 모두 존재함

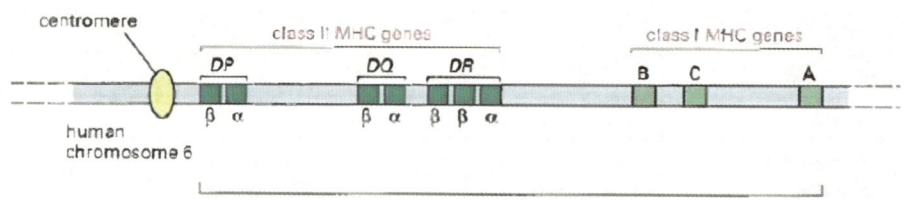

ⓑ MHC 단백질의 형태

Schematic diagrams of a class I and a class II MHC molecule

1. MHC Ⅰ 단백질: 모든 유핵세포에서 발현되는 MHC Ⅰ 단백질은 작은 단백질인 β_2^-마이크로글로불린과 비공유결합 복합체를 형성하는 막관통 증쇄 또는 α 사슬로 이루어져 있음. 증쇄는 3개의 세포의 도메인(α_1, α_2, α_3)을 가지고 있음. 펩티드 결합부위는 α_1과 α_2에 의해 형성되고 그 도메인들은 막에서 가장 멀리 떨어져 있고 α_3 도메인과 β_2^-마이크로글로불린에 의해 지지됨. MHC Ⅰ 증쇄는 MHC 내의 유전자에 의해 암호화되지만 β_2^-마이크로글로불린은 그렇지 않음

2. MHC Ⅱ 단백질: 항원제시세포(수지상세포, 대식세포, B세포)에서 발현되는 MHC Ⅱ 단백질은 두 개의 막관통 사슬(α, β)로 구성됨. 각각은 펩티드 결합 부위에 해당하는 도메인과 면역글로불린 유사지지 도메인으로 구성되어 있음. 이 두 사슬 모두 MHC 유전자에 의해 암호화되어 있음

ⓒ MHC 단백질의 항원제시 과정: MHC에 결합하여 제시되는 펩티드 항원은 큰 단백질이 분해되어 세포 내에서 생성된 것임. 세포 내와 세포 외로부터 유래한 단백질은 세포 내 다른 구획에 존재함. 그들은 두 가지 세포 내 분해 경로를 통해 가공되어 분리되어 있는 세포 내 구획에서 두 군의 MHC 단백질과 결합하게 됨

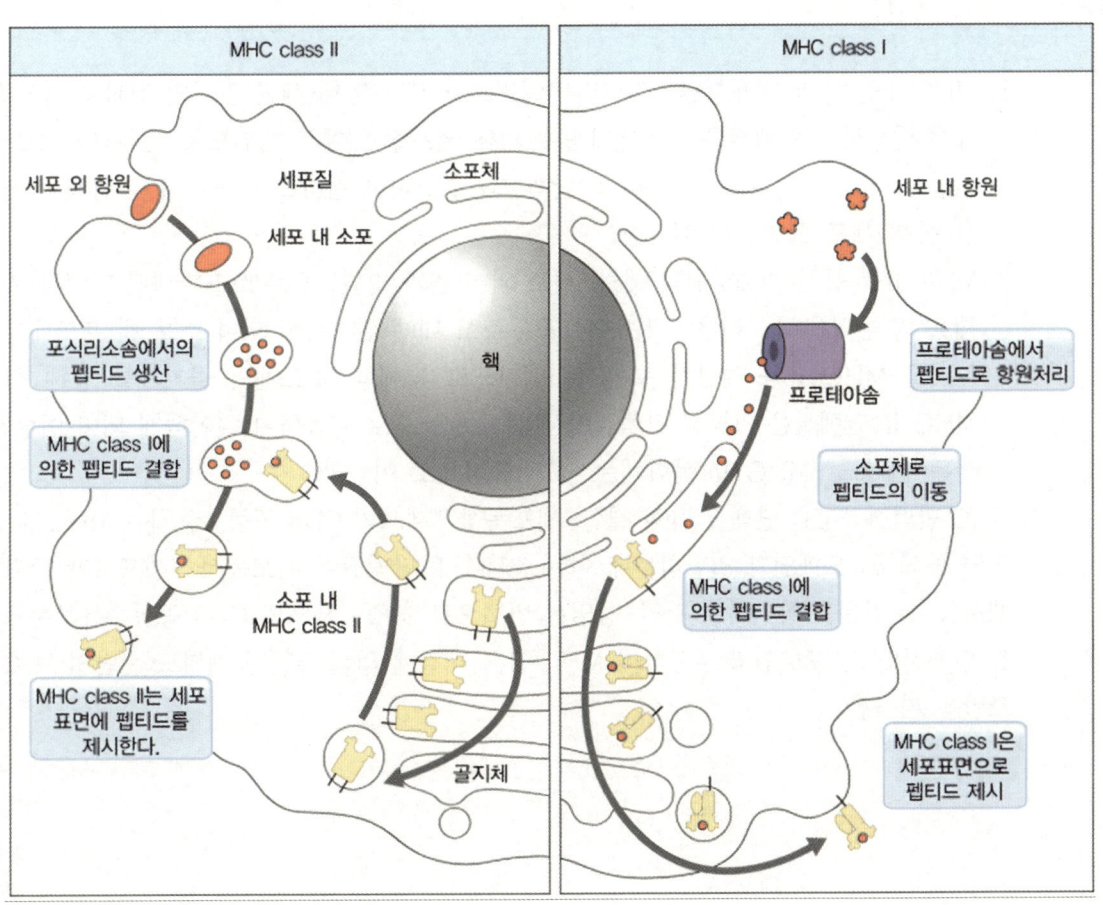

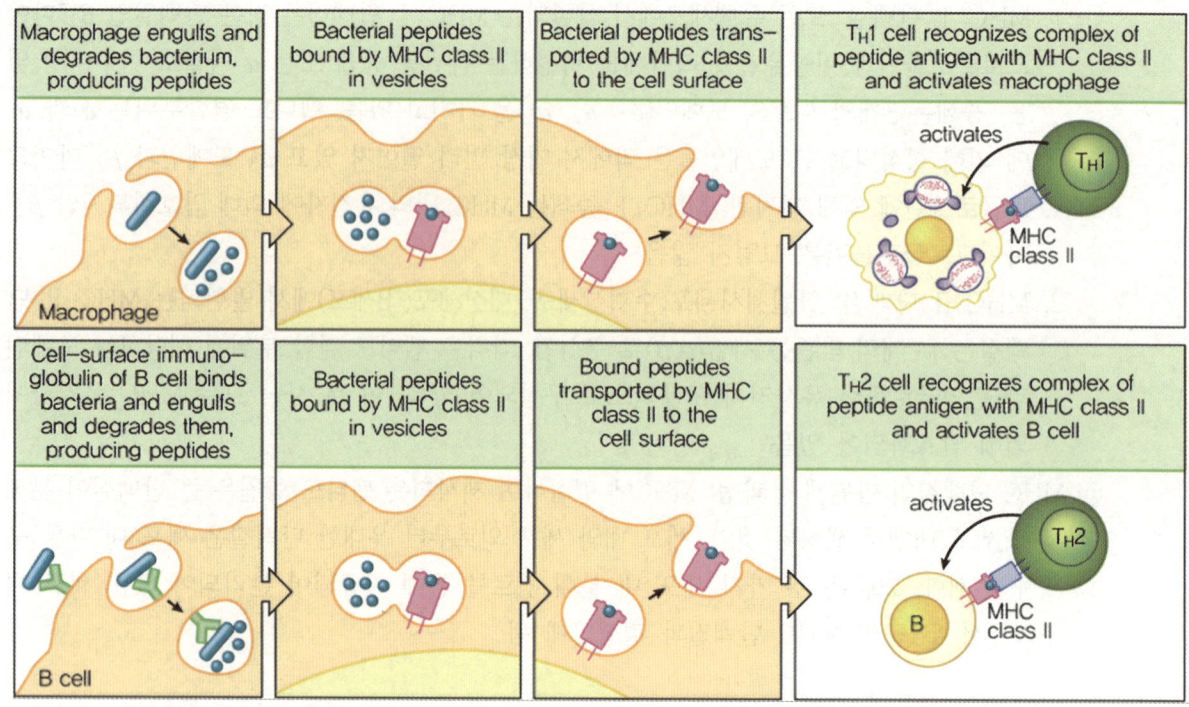

1. MHC Ⅰ을 통한 내재항원의 제시: 바이러스나 세포질 내 세균 감염의 결과로 세포질 내에서 발생하는 단백질은 프로테아솜에 의해 세포질 내에서 펩티드로 분해되어 소포체로 진입함. 거기서 펩티드는 MHC Ⅰ 단백질과 결합하고 펩티드 -MHC Ⅰ 복합체는 골지체를 통해 세포 표면으로 이동함

2. MHC Ⅱ를 통한 외재항원의 제시: 세포 외 항원과 병원균으로부터 파생된 단백질의 경우 세포 외 물질은 내포작용을 통해 세포이 소포 내에 위치하게 되며 소포 내 프로테아제는 그것을 MHC Ⅱ와 결합할 수 있는 펩티드로 분해함. 소포체와 골지체를 통해 형성된 MHC Ⅱ 단백질은 가공된 단백질이 존재하는 소포로 이동하여 결합하게 되며 이렇게 형성된 펩티드 -MHC Ⅱ 복합체는 세포 표면으로 이동함

ⓓ MHC 단백질과 CD 단백질 간의 결합: 세포독성 T세포의 CD8 공동수용체는 MHC Ⅰ 단백질의 중쇄 α_3 도메인과 결합하는데 이는 MHC Ⅰ 단백질이 세포독성 T세포로만 펩티드를 제시할 수 있음을 확인하는 것임. 동일한 방법으로 보조 T세포의 CD4 공동수용체는 MHC Ⅱ 단백질의 β_2 도메인과 결합하여 MHC Ⅱ 단백질에 의해 결합된 펩티드는 단지 보조 T세포만을 자극함

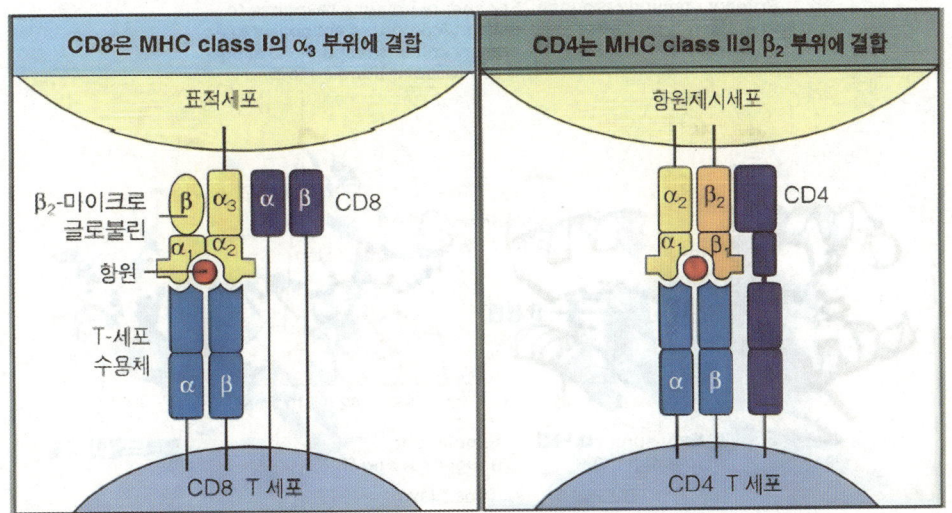

| CD8은 MHC class I의 α_3 부위에 결합 | CD4는 MHC class II의 β_2 부위에 결합 |

(6) 클론선택(clonal selection)

항원 결합에 의해 특정 림프구가 증폭되는 과정

ⓐ 항원수용체가 특징 항원과 결합하게 되면 림프구의 활성화가 개시됨

ⓑ 활성화 된 림프구는 두 가지로 분화하여 증식함

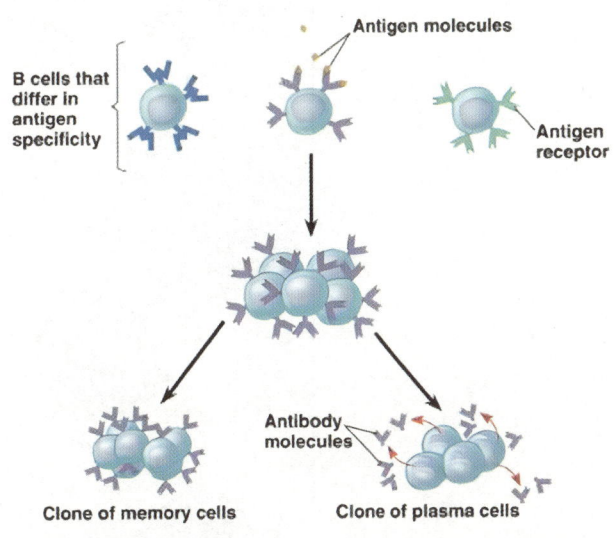

1. 효과기 세포(effector cell): 항원을 공격하는 세포. B세포의 효과기 세포를 형질세포(plasma cell)이라 함

2. 기억세포(memory cell): 효과기 세포와 동일한 수용체를 지니고 있어, 향후 일어나게 될 2차 면역 반응(secondary immune response; 특정 항원에 2번 이상 노출되어 일어나는 면역 반응)을 1차 면역 반응(primary immune response; 특정 항원에 처음 노출되어 일어나는 면역 반응)보다 강력하게 하는 원인이 됨. 2차 면역 반응의 강도는 1차 면역 반응보다 강하고, 빠르고, 작용기간도 김. 1차 면역 반응은 최고치 반응이 10~17일 후에 나타남에 반해, 2차 면역 반응은 최고치 반응이 2~7일 후에 나타나는 것이 일반적임

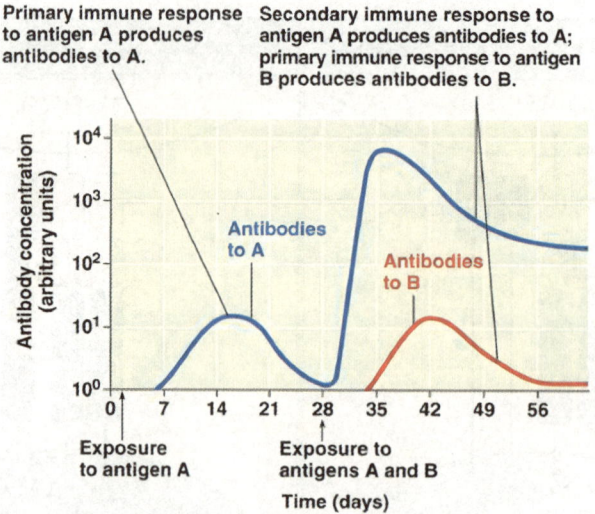

Primary immune response to antigen A produces antibodies to A.

Secondary immune response to antigen A produces antibodies to A; primary immune response to antigen B produces antibodies to B.

Antibodies to A

Antibodies to B

Exposure to antigen A

Exposure to antigens A and B

Time (days)

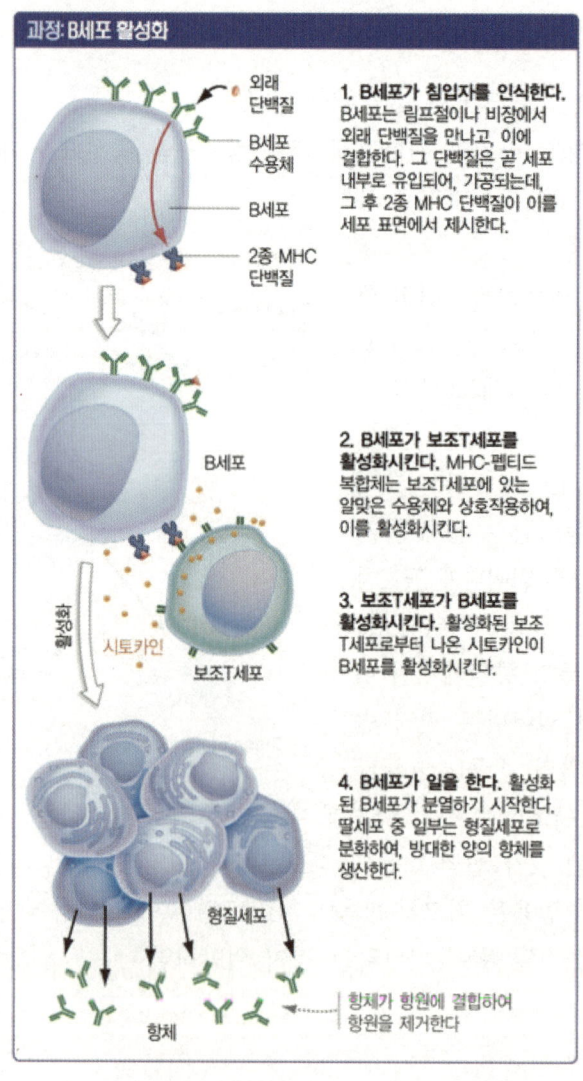

과정: B세포 활성화

외래 단백질
B세포 수용체
B세포
2종 MHC 단백질

B세포

활성화

시토카인

보조T세포

형질세포

항체

1. B세포가 침입자를 인식한다. B세포는 림프절이나 비장에서 외래 단백질을 만나고, 이에 결합한다. 그 단백질은 곧 세포 내부로 유입되어, 가공되는데, 그 후 2종 MHC 단백질이 이를 세포 표면에서 제시한다.

2. B세포가 보조T세포를 활성화시킨다. MHC-펩티드 복합체는 보조T세포에 있는 알맞은 수용체와 상호작용하여, 이를 활성화시킨다.

3. 보조T세포가 B세포를 활성화시킨다. 활성화된 보조 T세포로부터 나온 시토카인이 B세포를 활성화시킨다.

4. B세포가 일을 한다. 활성화 된 B세포가 분열하기 시작한다. 딸세포 중 일부는 형질세포로 분화하여, 방대한 양의 항체를 생산한다.

항체가 항원에 결합하여 항원을 제거한다

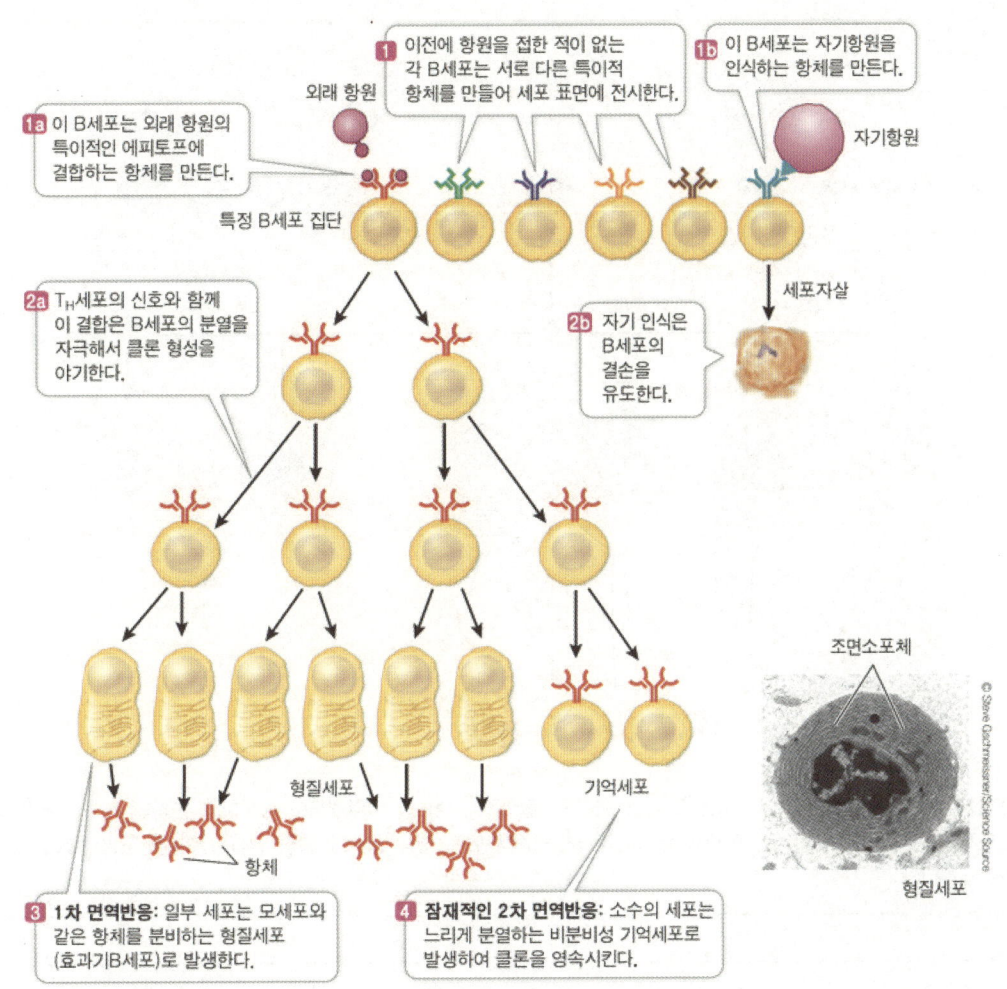

이전에 항원을 접한 적이 없는 각 B세포는 서로 다른 특이적 항체를 만들어 세포 표면에 전시한다.

1b 이 B세포는 자기항원을 인식하는 항체를 만든다.

외래 항원

자기항원

1a 이 B세포는 외래 항원의 특이적인 에피토프에 결합하는 항체를 만든다.

특정 B세포 집단

2a T_H세포의 신호와 함께 이 결합은 B세포의 분열을 자극해서 클론 형성을 야기한다.

세포자살

2b 자기 인식은 B세포의 결손을 유도한다.

조면소포체

형질세포

기억세포

항체

형질세포

3 1차 면역반응: 일부 세포는 모세포와 같은 항체를 분비하는 형질세포 (효과기 B세포)로 발생한다.

4 잠재적인 2차 면역반응: 소수의 세포는 느리게 분열하는 비분비성 기억세포로 발생하여 클론을 영속시킨다.

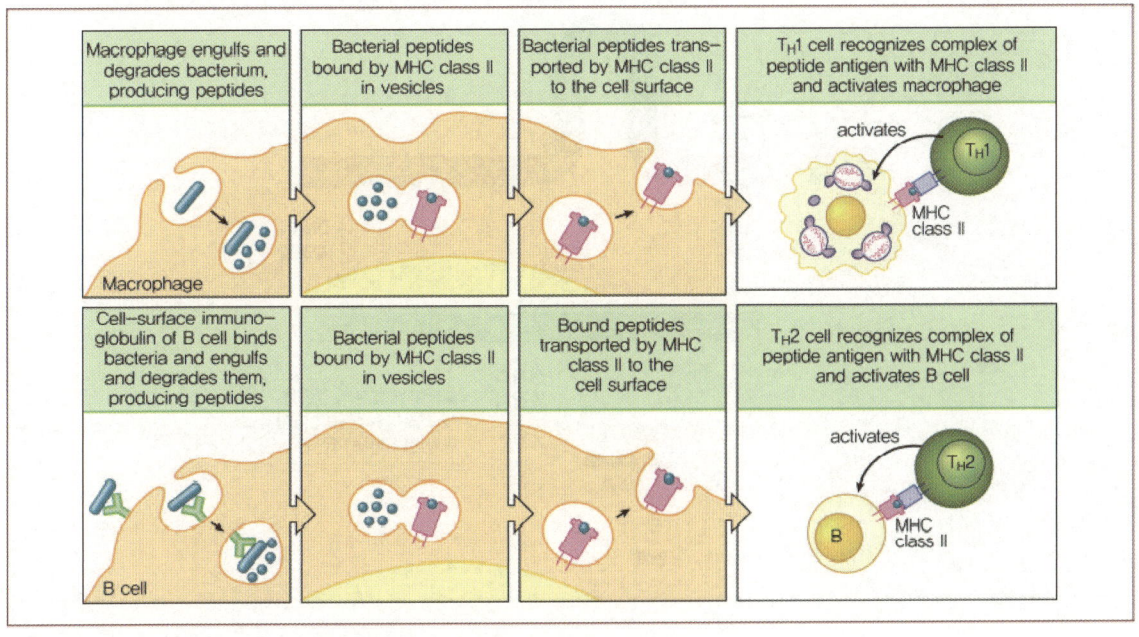

Macrophage engulfs and degrades bacterium, producing peptides

Macrophage

Bacterial peptides bound by MHC class II in vesicles

Bacterial peptides transported by MHC class II to the cell surface

T_H1 cell recognizes complex of peptide antigen with MHC class II and activates macrophage

activates

T_H1

MHC class II

Cell-surface immuno-globulin of B cell binds bacteria and engulfs and degrades them, producing peptides

B cell

Bacterial peptides bound by MHC class II in vesicles

Bound peptides transported by MHC class II to the cell surface

T_H2 cell recognizes complex of peptide antigen with MHC class II and activates B cell

activates

T_H2

B

MHC class II

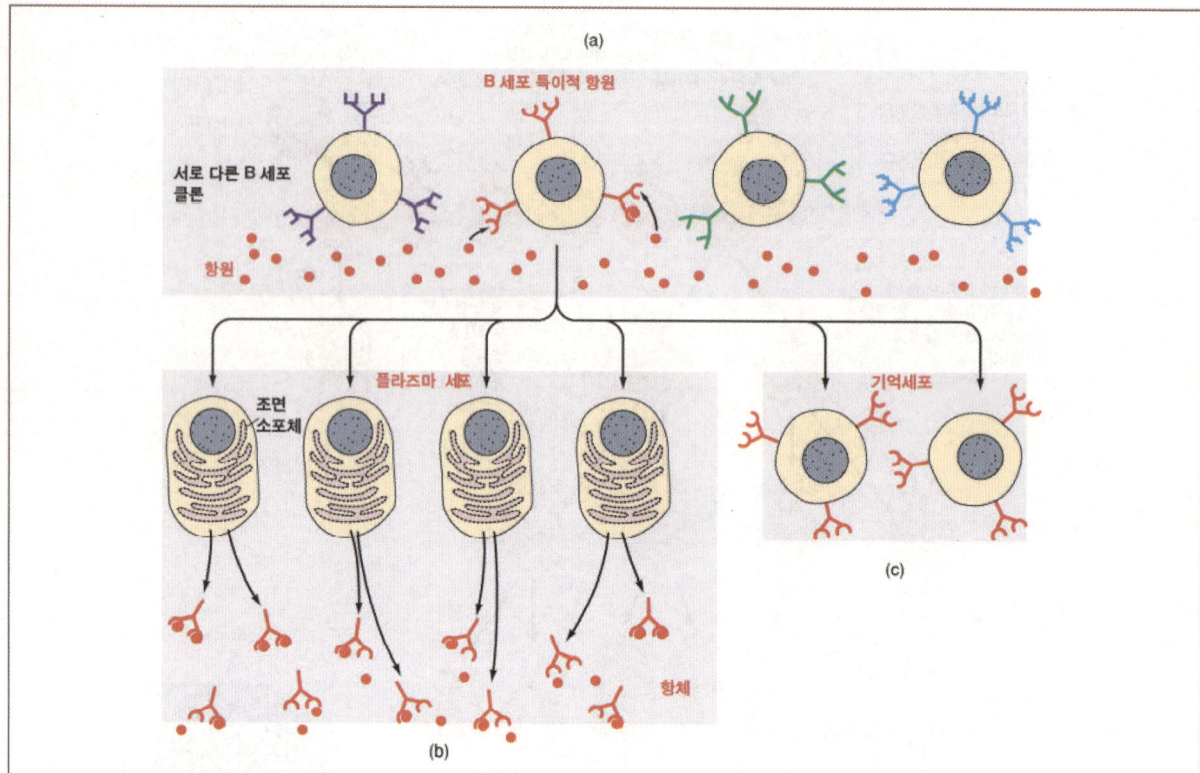

클론 선택설 (a) 항원에 특이성을 가지는 B 세포 클론은 플라즈마 세포와 기억세포로 증식하고 분화한다. (b) 플라즈마 세포는 B 세포가 아닌 항원에 결합하는 항체를 분비한다. (c) 기억세포는 특정 클론을 확장시키고 동일한 항원의 노출에 대한 준비 태세를 갖춘다.

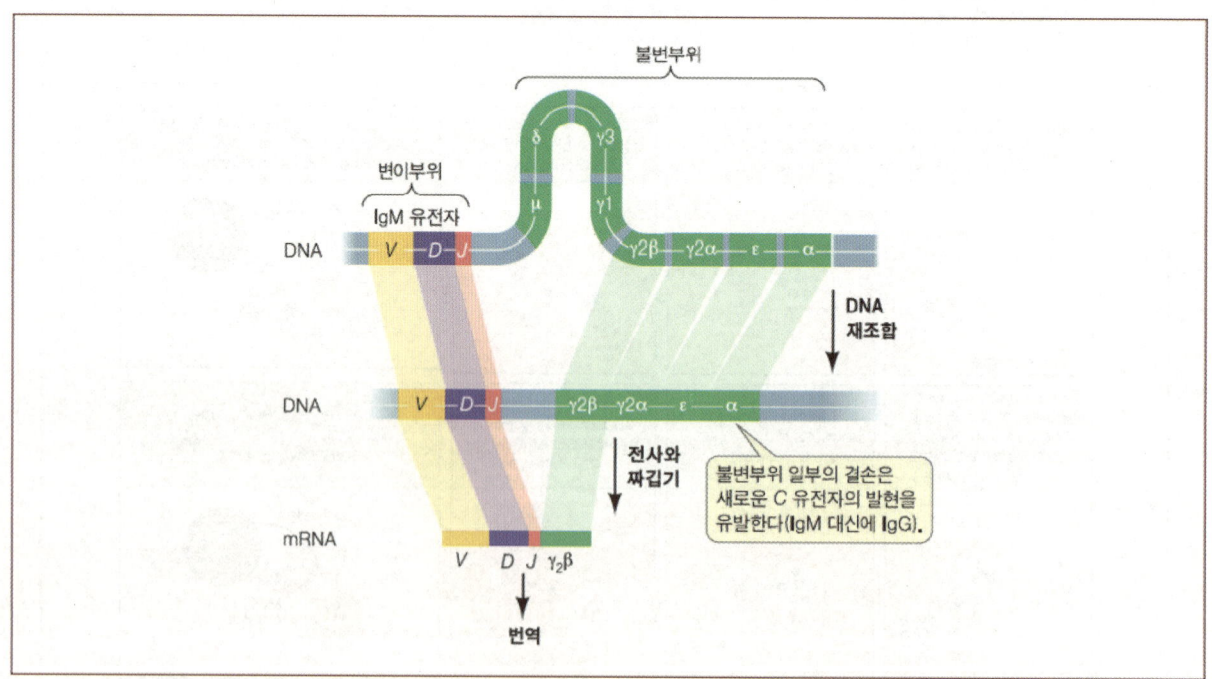

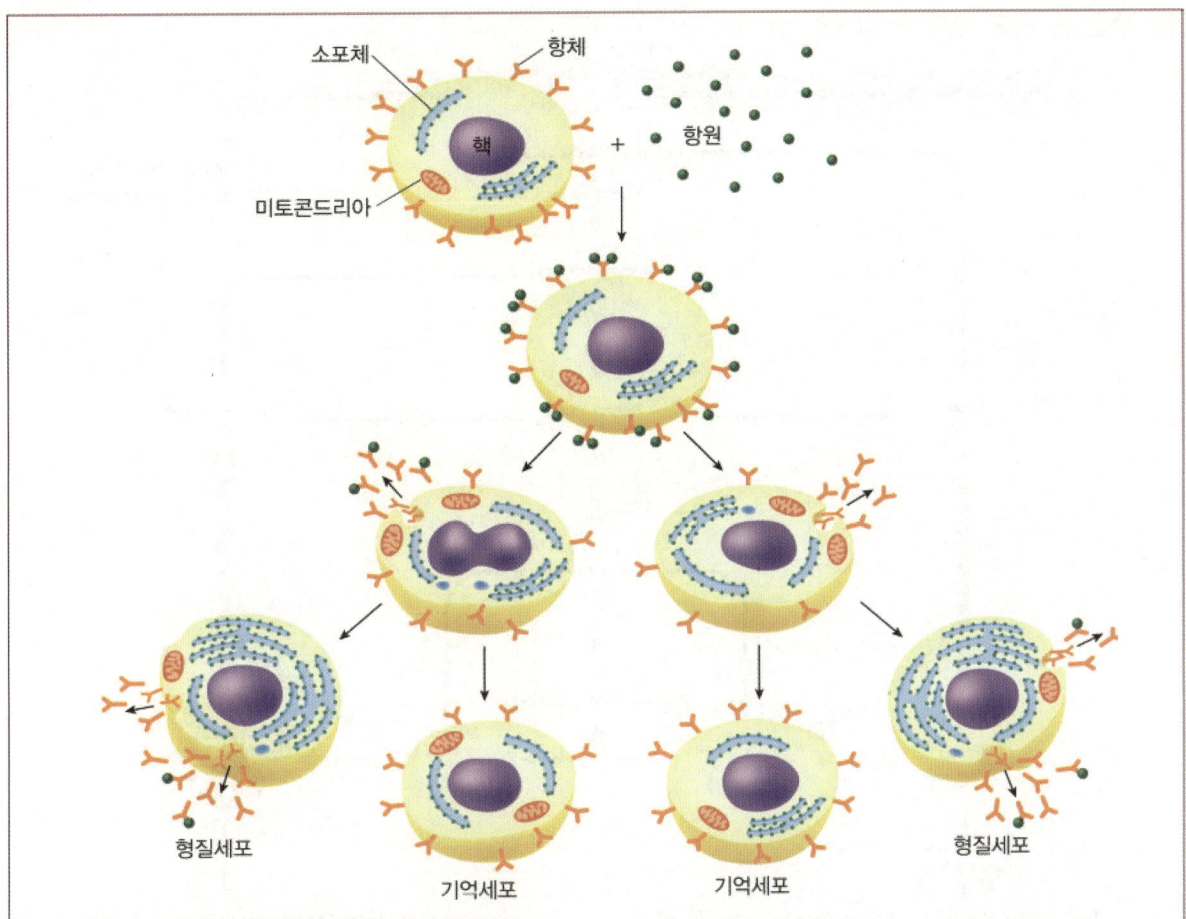

B 림프구가 자극을 받으면 형질세포와 기억세포로 된다.
B 림프구는 그 표면에 특이항원에 대한 수용체로 작용하는 항체를 갖고 있다. 항원과 항체의 상호작용은 B 세포 자손 (progeny)의 세포분열과 성숙을 자극하여 기억세포와 형질세포를 만든다. 형질세포는 항체를 생성하고 분비한다.

(7) 후천성 면역 반응의 기작

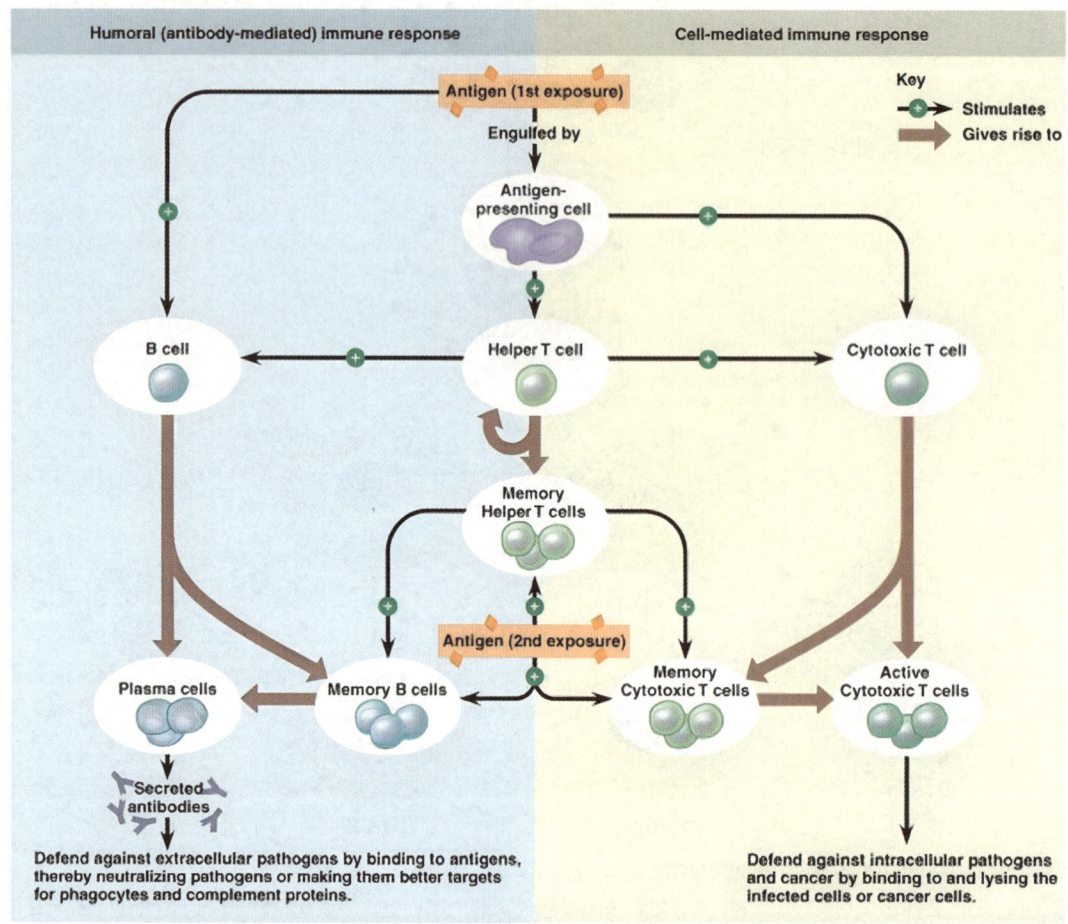

Humoral (antibody-mediated) immune response / **Cell-mediated immune response**

Key
+ → Stimulates
→ Gives rise to

Antigen (1st exposure)
Engulfed by
Antigen-presenting cell
B cell / Helper T cell / Cytotoxic T cell
Memory Helper T cells
Antigen (2nd exposure)
Plasma cells / Memory B cells / Memory Cytotoxic T cells / Active Cytotoxic T cells
Secreted antibodies

Defend against extracellular pathogens by binding to antigens, thereby neutralizing pathogens or making them better targets for phagocytes and complement proteins.

Defend against intracellular pathogens and cancer by binding to and lysing the infected cells or cancer cells.

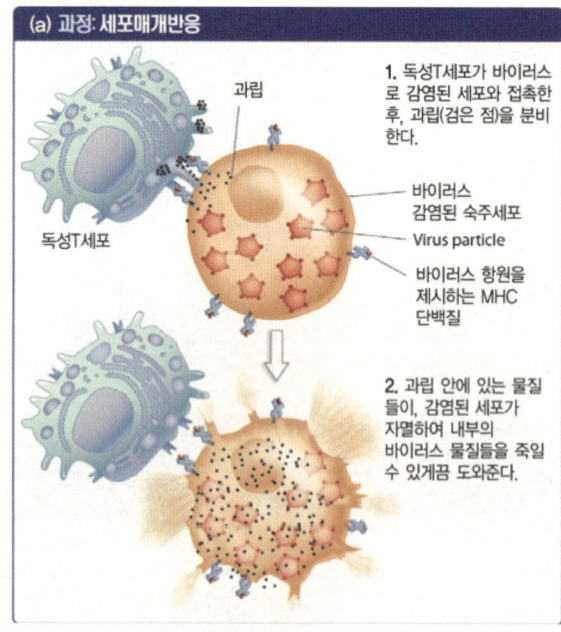

(a) 과정: 세포매개반응

과립
바이러스 감염된 숙주세포
Virus particle
바이러스 항원을 제시하는 MHC 단백질
독성T세포

1. 독성T세포가 바이러스로 감염된 세포와 접촉한 후, 과립(검은 점)을 분비한다.

2. 과립 안에 있는 물질들이, 감염된 세포가 자멸하여 내부의 바이러스 물질들을 죽일 수 있게끔 도와준다.

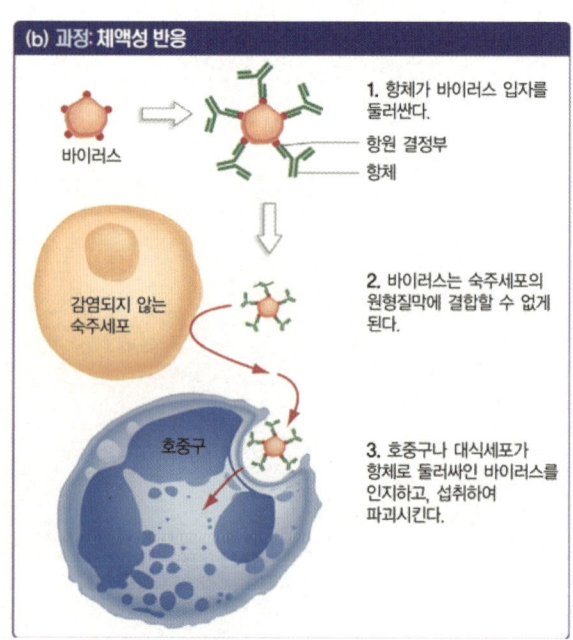

(b) 과정: 체액성 반응

바이러스
항원 결정부
항체
감염되지 않는 숙주세포
호중구

1. 항체가 바이러스 입자를 둘러싼다.

2. 바이러스는 숙주세포의 원형질막에 결합할 수 없게 된다.

3. 호중구나 대식세포가 항체로 둘러싸인 바이러스를 인지하고, 섭취하여 파괴시킨다.

㉠ 보조 T세포(helper T cell; TH): 체액성 면역 반응과 세포성 면역 반응을 모두 촉진함

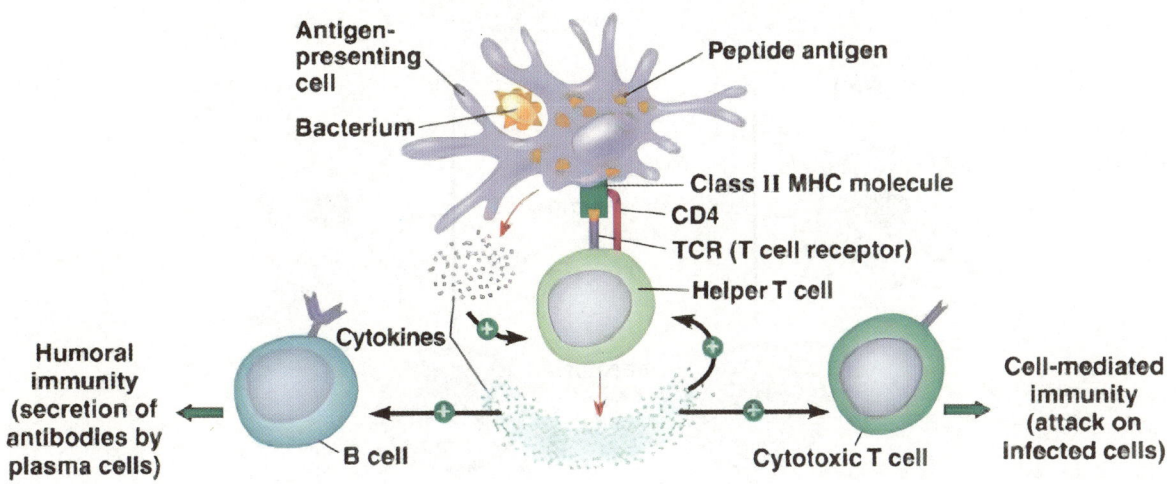

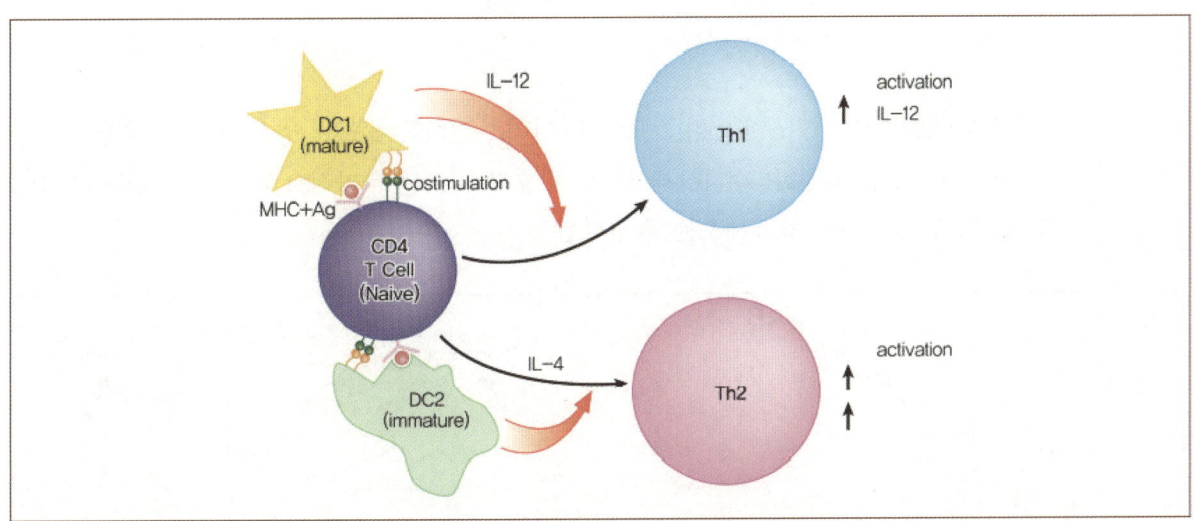

ⓐ 항원제시세포에 제시된 항원, 항원제시세포가 분비한 인터루킨, 보조 T세포 자신이 분비한 인터루킨에 기억 보고 T세포, 효과기 보조 T세포로의 분화가 유도됨

ⓑ 활성화된 보조 T세포는 인터루킨을 분비하여 B세포와 세포독성 T세포, 대식세포를 활성화시킴. TH_1은 대식세포와 세포독성 T세포를 활성화시키고 TH_2는 B세포를 활성화시킴

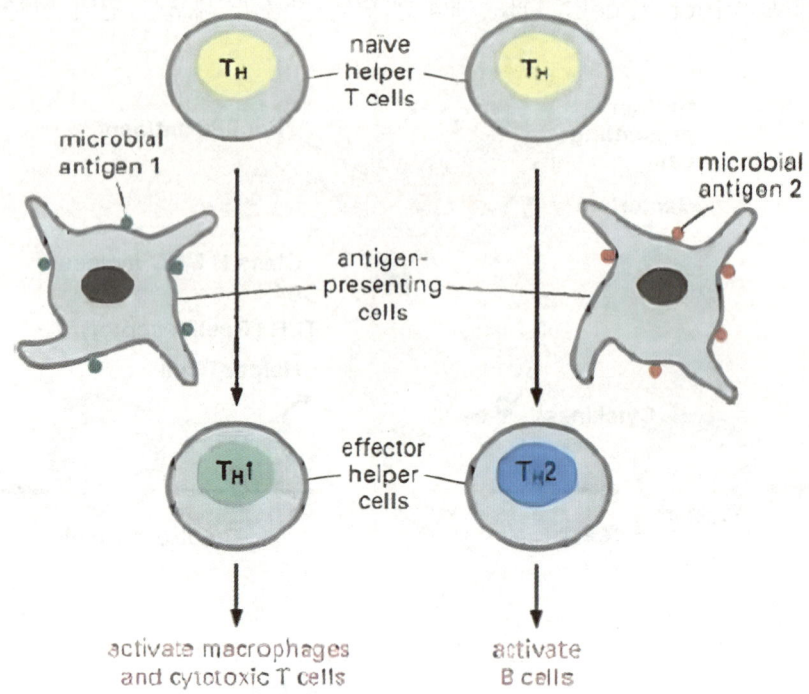

ⓒ 세포독성 T세포(cytotoxic T cell; Tc): 바이러스 감염 세포나 암세포를 사멸함

    ⓐ 세포독성 T세포의 활성화: 수지상세포와의 상호작용 또는 추가적으로 보조 T세포와의 상호
작용으로 인해 세포독성 T세포는 활성화됨

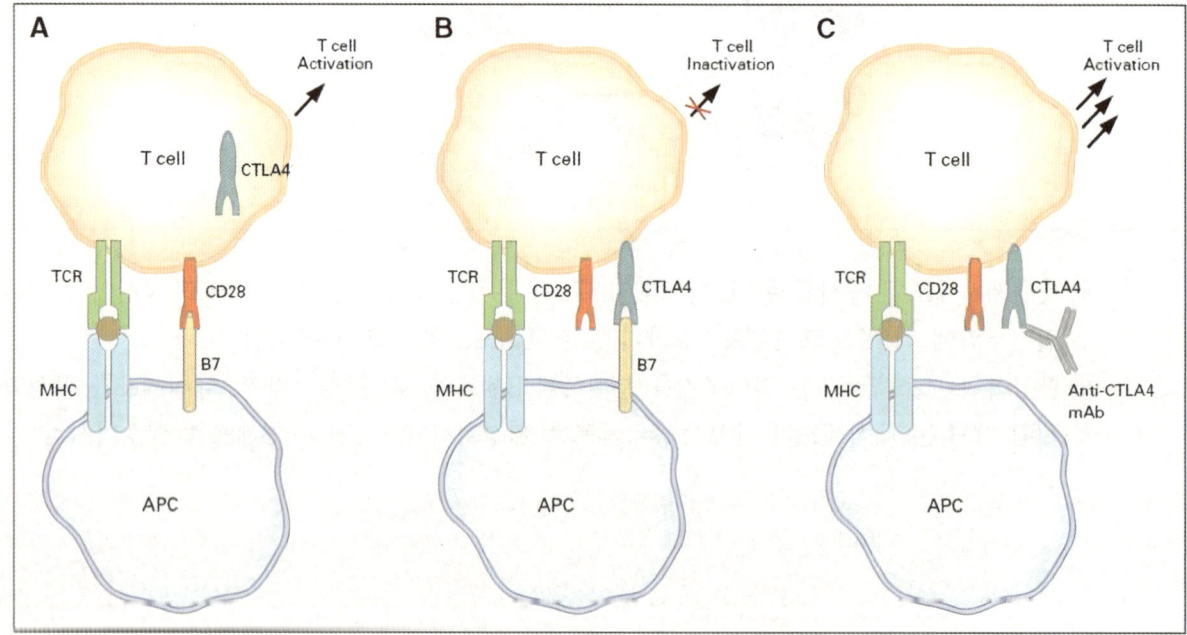

ⓑ 세포독성 T세포의 작용

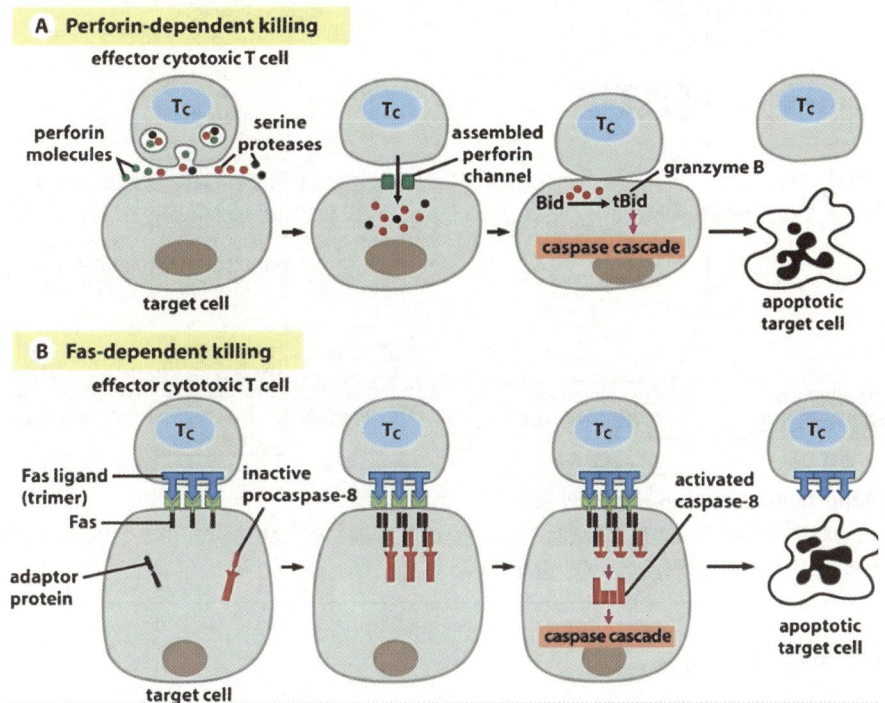

1. 감염된 세포에 제시된 항원에 반응하여 perforin과 granzyme을 분비함. perforin은 감염세포의 세포막에 구멍을 내며 granzyme은 표적세포의 세포예정사를 유발함
2. Fas에 의한 apoptosis 유발: 세포독성 T세포의 FasL은 유학세포 Fas와 결합하여 표적세포의 caspase cascade를 유발하여 세포예정사를 진행시킴
ⓒ 세포의 자기 MHC 제한(self-MHC restriction)의 증명
    T 세포는 세포막에 자기 MHC가 표현될 경우에만 항원을 인식한다. 이를 "자기 MHC 제한"이라고부르며 T 세포는 자신의 MHC와 외래 펩티드를 동시에 인식하는 경우에만 공격한다.

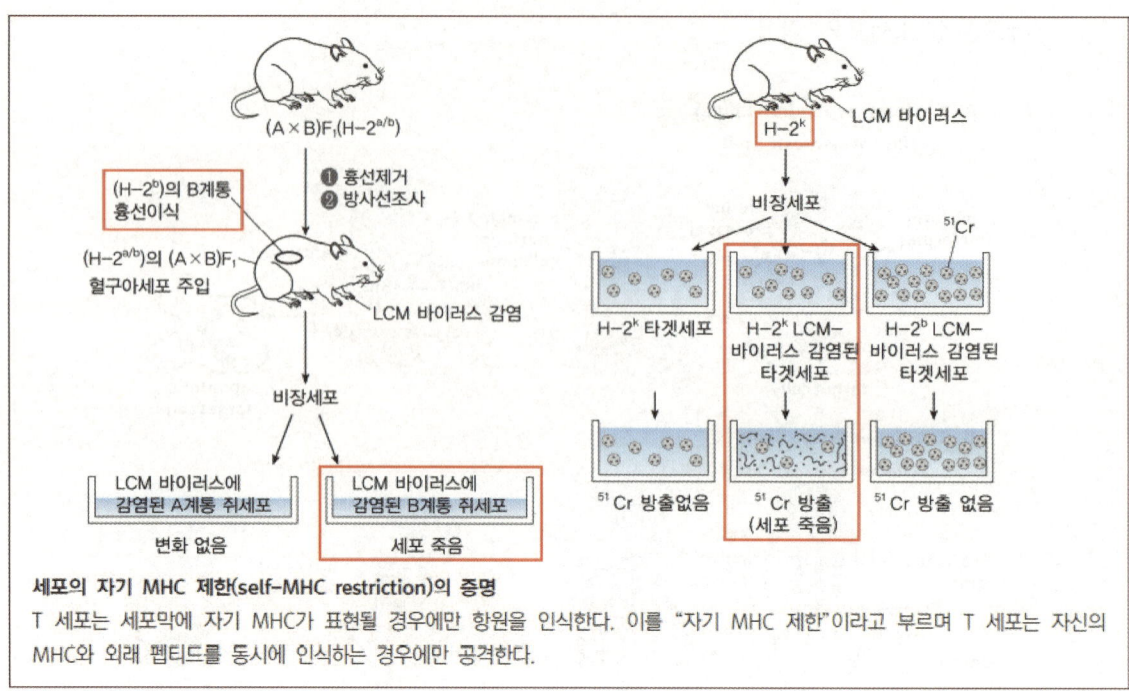

세포의 자기 MHC 제한(self-MHC restriction)의 증명
T 세포는 세포막에 자기 MHC가 표현될 경우에만 항원을 인식한다. 이를 "자기 MHC 제한"이라고 부르며 T 세포는 자신의 MHC와 외래 펩티드를 동시에 인식하는 경우에만 공격한다.

ⓒ B세포의 활성화와 작용

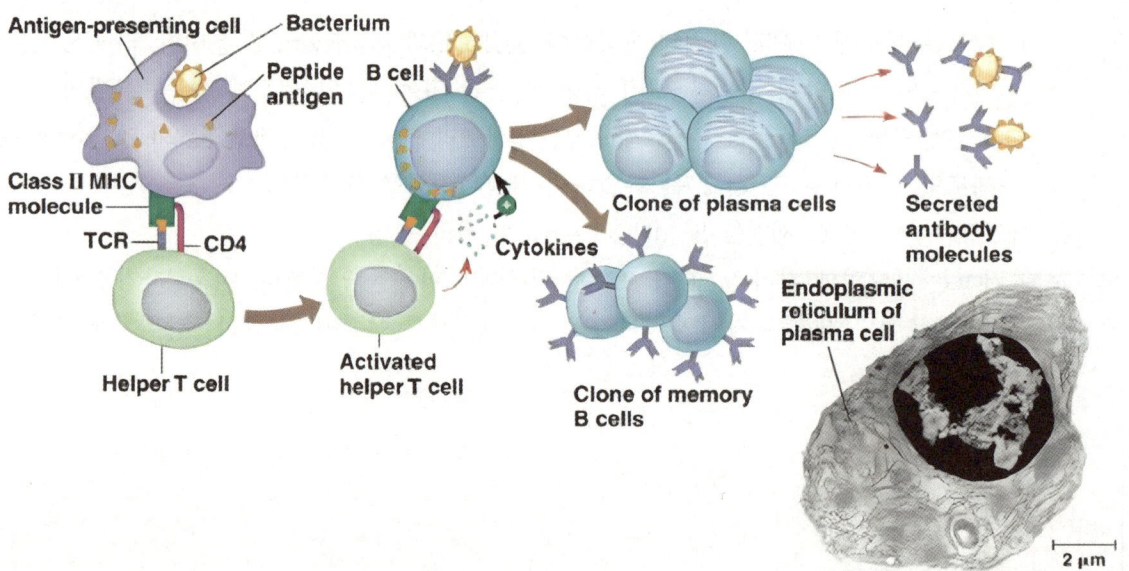

ⓐ 자신의 세포 표면의 MHC Ⅱ에 제시된 가공된 항원과 보조 T세포와의 직접적인 결합, 보조 T세포에 의해 분비된 인터루킨, 그리고 B세포 자신이 동일한 항원에 결합하는 것이 B세포 활성화에 필수적임. 반복적 구조 때문에 B세포 표면에 있는 다수의 수용체에 동시에 결합할 수 있는 항원은 B세포로 하여금 항체 생성을 유발하나 기억B세포는 형성되지 않음

ⓑ 활성화된 B세포는 증식, 분화하여 기억 B세포와 형질세포가 됨
ⓒ 항체의 종류: B세포에서 형성되는 항체는 B세포의 세포막 항원 수용체와는 중쇄의 불변 (C)부위만 다름. 세포막을 관통하는 막관통 영역이나 세포질 내 꼬리부분 대신에 항체의 체내 분포와 항원 제거 기작을 결정하는 특정 서열이 존재함. 중쇄 C영역에는 다섯 종류 가 있는데 한 종류의 항체에서 다른 종류의 항체로 클래스 스위칭(class switching)이 일어나는 것은 항원에 의한 자극과 T세포로부터 유래된 조절신호가 있어야 함

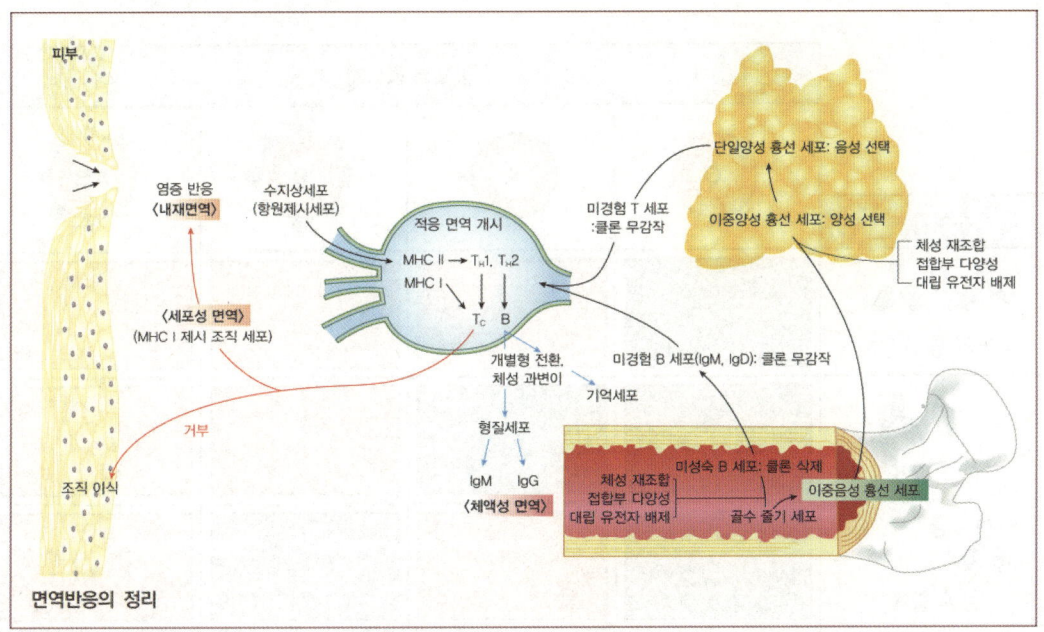

면역반응의 정리

6 면역반응의 적응

(1) 능동면역과 수동면역

㉠ 능동면역(active immunity): 감염에 대응하여 기억세포 클론이 형성됨. 자연적 능동면역 과 인위적 능동면역으로 구분 cf. 백신(vaccine): 사독화되거나 약독화된 병원균을 주사한 것으로 인위적 능동면역으로 구분

㉡ 수동면역(passive immunity): 이미 형성된 항체가 공급됨. 지연적 수동면역(모유를 통한 IgA 항체 공급, 태반을 통한 IgG 항체 공급)과 인위적 수동면역(면역혈청 주사)으로 구분함

(2) 면역거부

㉠ 혈액의 면역거부: 공여자의 항원과 수여자의 항체가 응집반응을 보일 경우 거부반응이 일 어남

ⓐ ABO항원과 항체 간의 응집반응: ABO 혈액형의 항원은 적혈구세포의 당지질임. 혈액형 항원 A와 B는 일부 세균의 세포 표면에 공통적으로 존재하는 탄수화물과 구조적으로 유사한데 이러한 세균의 감염이 일어나면 A항원과 B항원이 없는 사람들은 그것에 대한 관용을 갖고 있지 않기 때문에 세균에 대한 항체를 만들어냄. 따라서 O형 혈액형인 사람은 항원 A와 B에 대한 항체를 갖게 되는 것임. ABO식 혈액형의 항체는 IgM의 형태로서 태반을 통과할 수 없기 때문에 산모의 항체는 태아의 항원과 응집반응을 수행하지 않음

수여자	잠재적 공여자			
	O	A	B	AB
O 항 A와 항 B 항체	초록	주황	주황	주황
A 항 B 항체	초록	초록	주황	주황
B 항 A 항체	초록	주황	초록	주황
AB A나 B에 대한 항체가 없다.	초록	초록	초록	초록

ⓑ Rh항원과 항Rh항체 간의 응집반응: 항Rh항체는 Rh항원에 노출된 후에야 형성되며 IgG의 형태로서 태반을 통과할 수 있다는 점에서 ABO식 혈액형의 항체와 구분됨

ⓒ 조직 및 기관의 면역거부

ⓐ MHC Ⅰ,Ⅱ는 다형성 분자이기 때문에 거부반응을 최소화시키기 위해 공여조직의 MHC형을 수혜자의 MHC형과 맞춰야함. 형제간 이식 성공률이 부모자식간 이식 성공률보다 높음

ⓑ 보통 장기이식의 경우, 면역 거부의 주체가 수혜자인데 반해, 골수 이식의 경우에 있어서는 면역거부 주체가 공여자의 골수가 됨. 공여 골수의 면역 거부 반응을 이식편대 숙주반응(graft versus host reaction)이라 함

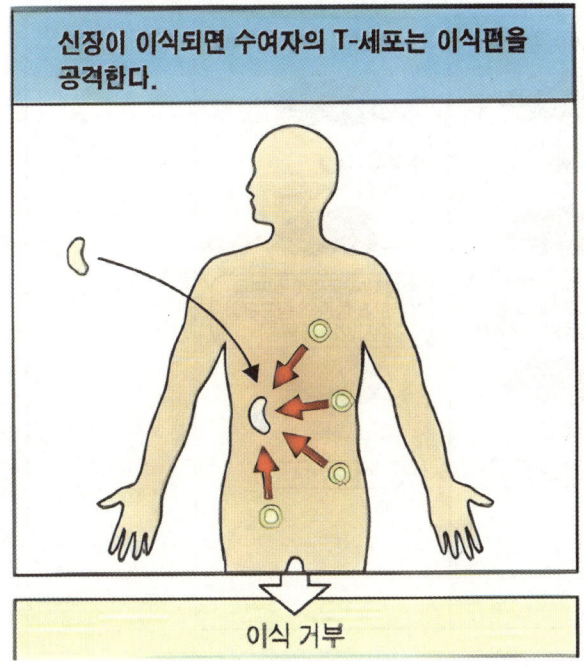

신장이 이식되면 수여자의 T-세포는 이식편을 공격한다.

이식 거부

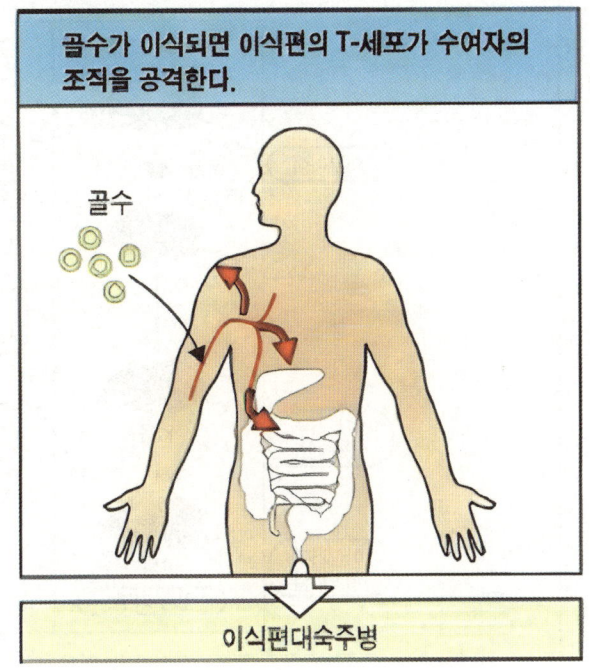

골수가 이식되면 이식편의 T-세포가 수여자의 조직을 공격한다.

골수

이식편대숙주병

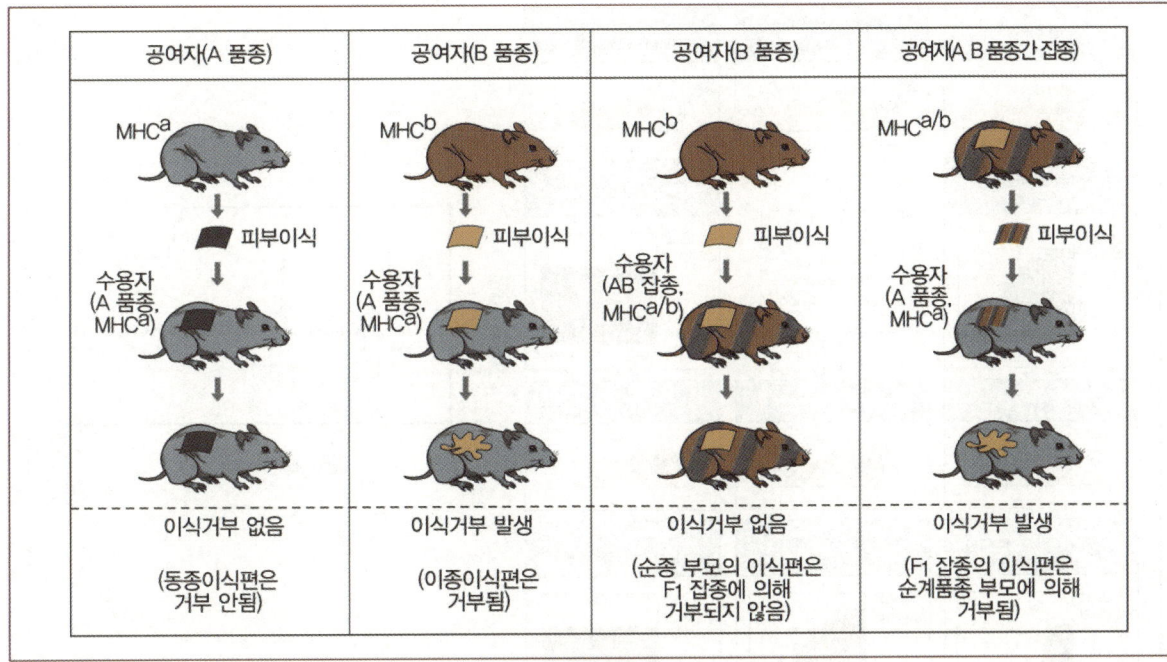

공여자(A 품종)	공여자(B 품종)	공여자(B 품종)	공여자(A, B 품종간 잡종)
MHC^a	MHC^b	MHC^b	MHC$^{a/b}$
피부이식	피부이식	피부이식	피부이식
수용자 (A 품종, MHC^a)	수용자 (A 품종, MHC^a)	수용자 (AB 잡종, MHC$^{a/b}$)	수용자 (A 품종, MHC^a)
이식거부 없음	이식거부 발생	이식거부 없음	이식거부 발생
(동종이식편은 거부 안됨)	(이종이식편은 거부됨)	(순종 부모의 이식편은 F1 잡종에 의해 거부되지 않음)	(F1 잡종의 이식편은 순계품종 부모에 의해 거부됨)

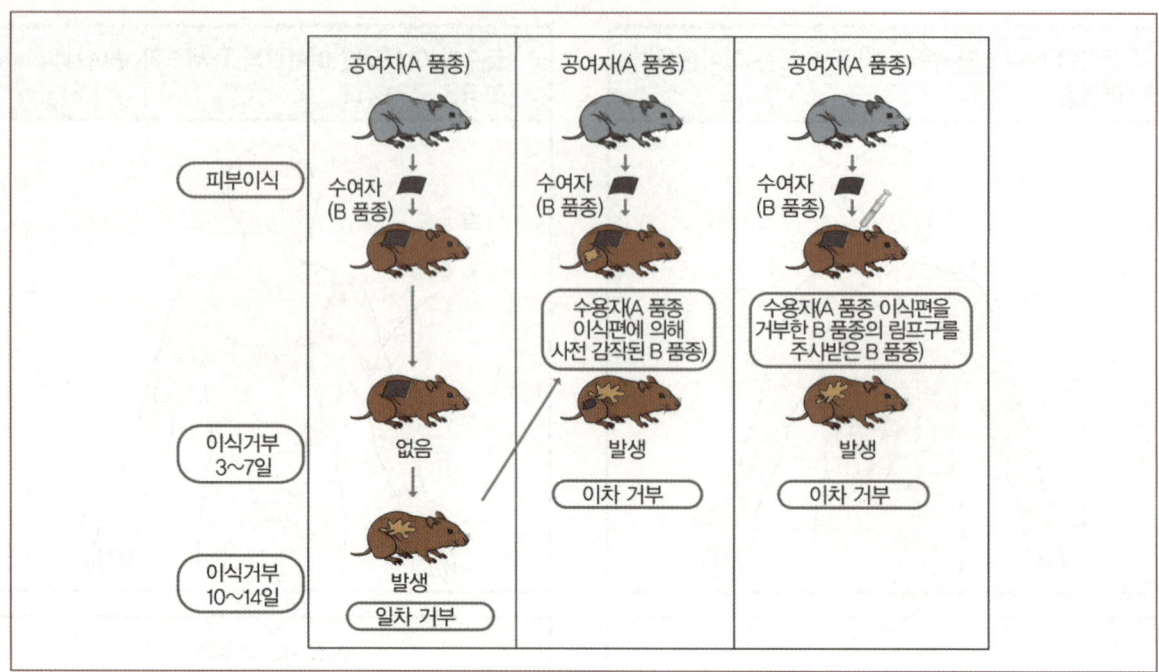

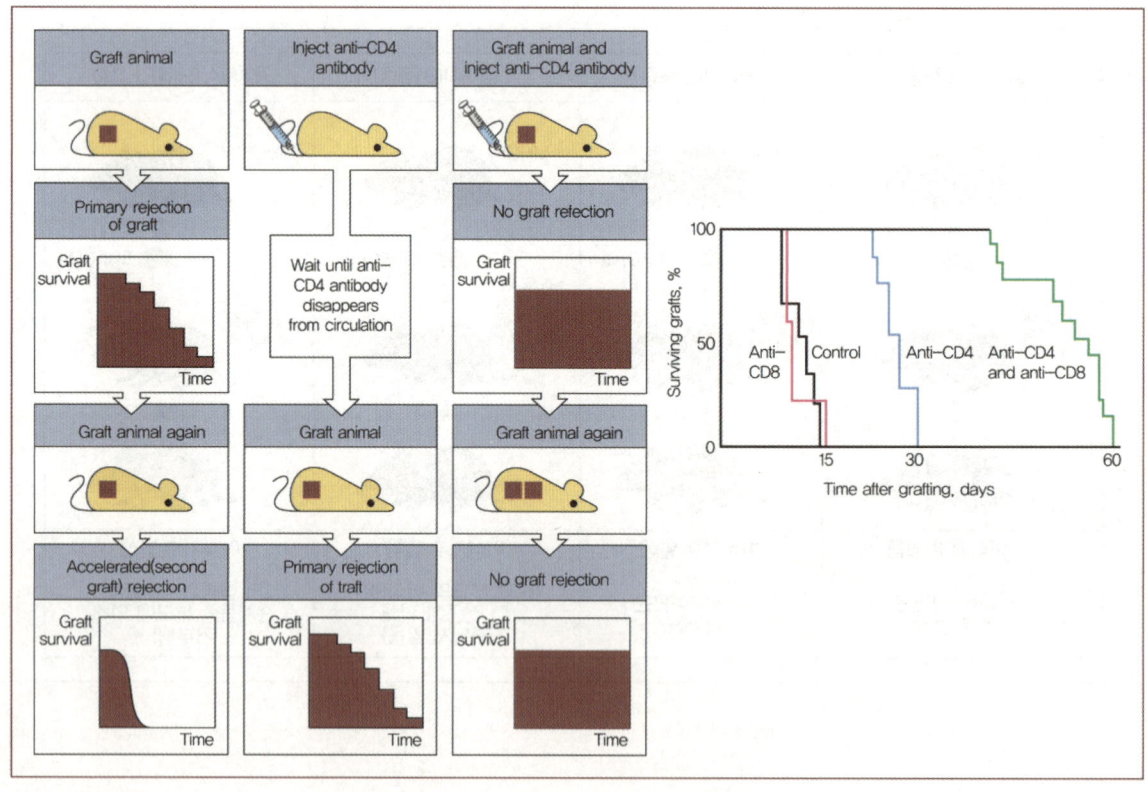

(1) 과민반응(hypersensitivity reaction)

무해한 환경 항원에 대한 면역계의 과민반응으로 알레르기 반응(allergic reaction)이라고 함. 이러한 반응을 일으키는 환경의 항원들을 알레르겐(allergen)이라 함

㉠ 제1형 과민반응(type Ⅰ hypersensitivity reaction): 주로 비만세포의 Fc 수용체에 결합된 IgE 수용체에 결합된 IgE에 특이적인 항원이 결합하여 발생하며 이는 비만세포의 탈과립과 이에 따른 히스타민 등의 염증 매개물질의 분비를 초래하는데 이는 혈관 확장, 모세혈관 투과성 증가와 재채기, 콧물, 눈물, 기관지 평활근 수축 등을 유발함. 제1형 과민반응은 일반적으로 호흡을 통해 흡입된 미립자의 항원들로 유발되며 식물 꽃가루를 그 예로 들 수 있음. 제1형 과민반응은 콧물을 흘리는 가벼운 증상에서부터 심한 경우 질식으로 인한 사망에 이르기까지 광범위한 증세를 가져옴. 급성 알레르기 반응은 종종 과민성 쇼크(anaphylactic shock) 유발하는데, 피하 전신의 혈관이 확장되고 혈압이 급격하게 감소하여 수분 이내에 사망하게 됨. 알레르기에 민감한 사람들은 에피네프린 주사액을 지니고 다니. 에피네프린은 떨어진 혈압을 상승시키고 기관지의 평활근을 이완시켜 히스타민에 의한 알레르기 반응을 완화시킬 수 있기 때문임

㉡ 제2형 과민반응(type Ⅱ hypersensitivity reaction): 인간세포의 표면성분들에 공유결합으로 결합하는 작은 분자들로 인하여 야기되며 이로써 면역계가 이종물질로서 인지하는 변경된 세포구조물을 만들어냄. B세포는 이러한 새로운 에피토프에 대흥하는 IgG를 생성하고 이러한 IgG는 변형된 세포에 결합하여 보체활성화와 포식작용을 통한 세포의 파괴를 초래함. 항생제 페니실린은 제2형 과민반응을 유도할 수 있는 반응분자의 한 예임

㉢ 제3형 과민반응((type Ⅲ hypersensitivity reaction): 용해성 단백질항원과 이에 대한 IgG의 결합으로 형성된 작은 용해성 면역복합체로 인하여 일어남. 이 면역복합체의 일부는 작은 혈관벽 또는 폐포벽에 부착되어 보체를 활성화시키고 또 조직을 손상시키는 염증반응을 일으켜 조직의 생리학적 기능을 저해하게 됨. 항체나 사람이 아닌 동물의 종에서 유래된 다른 단백질들을 환자에게 치료제로서 투여하였을 때 제3형 과민반응으로 인한 부작용이 일어날 수 있음

㉣ 제4형 과민반응((type Ⅳ hypersensitivity reaction): 항원 특이적인 효과 T세포들의 생성물에 의해 일어나며 이 중 대부분의 반응들은 CD4 TH_1 세포들에 의해 야기됨. 예를 들면 곤충에게 물리거나 쏘인 부위 주변에 일어나는 염증반응은 주입된 독과 곤충의 다른 단백질에서 유래된 펩티드 항원결정인자에 대응하여 반응하는 CD4 TH_1세포들에 의해 일어남. 제4형 과민반응의 일부는 세포독성 CD8 Tc세포들에 기인하여 일어남. 이러한 반응

은 작고 반응성을 가지는 지용성 분자들이 세포막을 통과하여 인간세포 내 단백질 분자들과 공유결합하여 일어남. 이렇게 화학적으로 변형된 단백질들의 분해로 비정상 펩티드들이 생성되고 이는 MHC I 분자들과 결합하여 세포독성 T세포의 반응을 자극함

	Type 1	Type 2	Type 3	Type 4
키워드	Ig E, ollergy	Ig G, cell death	Immune complex(Ig G-Ag), tissue damage	Cell-mediated hytpersensitivity
면역 매개체	Ig E	Ig G, Ig M	면역복합체 immune complex	Cell-mediated 과민반응 T 림프구(T_{DTH})
기전	항원은 비만세포와 호염구에 결합한 IgE의 교차결합을 매개하여 혈관작용 매개체의 분비를 유도	세포표면 항원에 대한 항체는 보체활성이나 ADCC를 통한 세포파괴 매개	다양한 조직에 침착된 항원-항체 복합체는 보체활성과 대량의 중성구 침윤에 의해 매개되는 염증반응을 연이어 유도	감작된 Th1 림프구들은 cytokine을 분비하여 직접 세포 손상을 유발하는 큰 포식세포나 Tc 림프구를 활성화

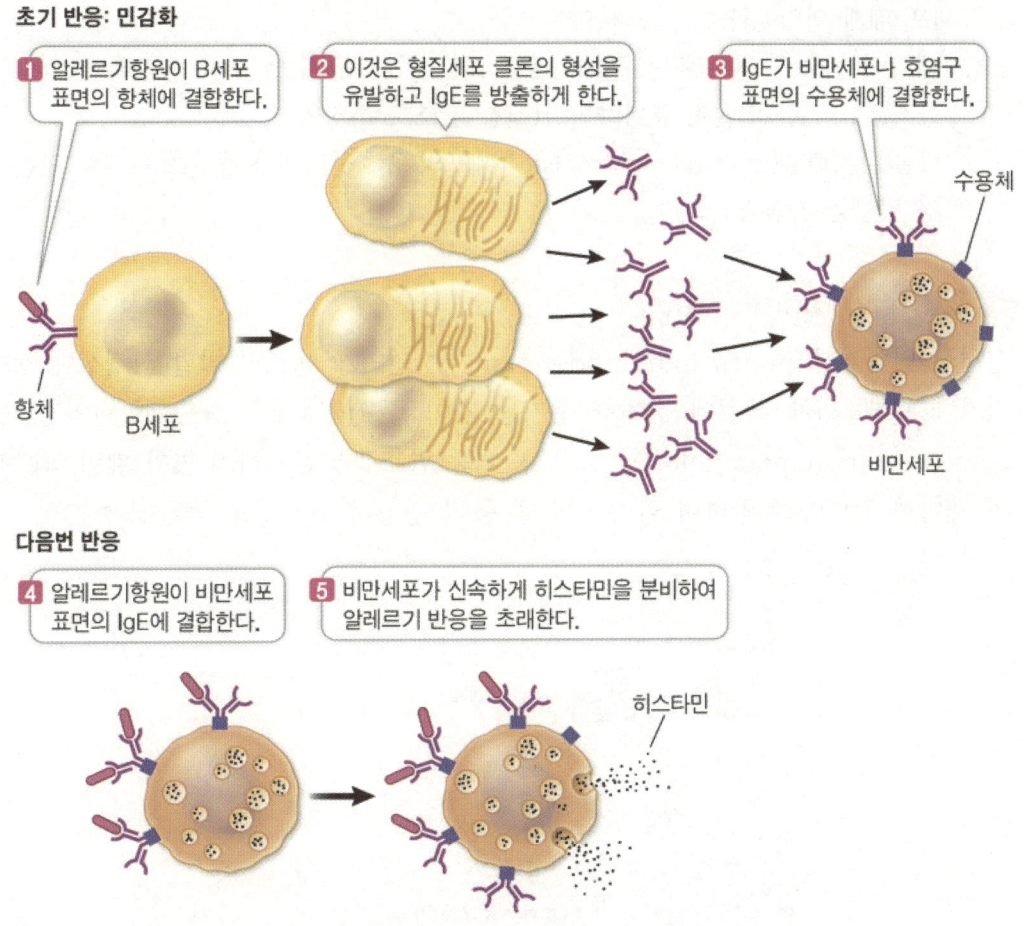

초기 반응: 민감화

1 알레르기항원이 B세포 표면의 항체에 결합한다.

2 이것은 형질세포 클론의 형성을 유발하고 IgE를 방출하게 한다.

3 IgE가 비만세포나 호염구 표면의 수용체에 결합한다.

수용체

항체   B세포

비만세포

다음번 반응

4 알레르기항원이 비만세포 표면의 IgE에 결합한다.

5 비만세포가 신속하게 히스타민을 분비하여 알레르기 반응을 초래한다.

히스타민

(2) 자가면역질환(autoimmune disease)

㉠ 자가면역질환의 특징

ⓐ 면역시스템이 자기관용을 보이지 않고, 자기 몸의 분자에 반응함

ⓑ 성, 유전, 환경 모두가 자가면역질환 발병에 영향을 줌. 보통 자기면역질환은 남성보다 여성에 더 번번히 발생하며 가족력을 갖는 특징이 있음

ⓒ 림프구 발달과정에서 조절 T세포의 자기 공격 림프구의 활성 저해에 문제가 있어서 자가면역질환이 발생하는 것으로 생각하고 있음

㉡ 자가면역질환의 종류: 항체 매개 면역질환과 T세포 매개 면역질환으로 구분됨

ⓐ 항체 매개 면역질환

1. 전신홍반성낭창(systemic lupus erythematosus): 피부 홍반, 열, 관절염, 심장장애 증상 수반함

2. 류마티스성 관절염(rheumatoid arthritis): 연골 조직이나 뼈의 접합 조직에 심한 염증 수반함

ⓑ T세포 매개 면역질환

    1. 제 1형 인슐린 의존성 당뇨병(type Ⅰ diabetes mellitus): 독성 T세포의 이자 β세포 공격으로 인한 인슐린 분비량의 급격한 감소가 특징임

    2. 다발성 경화증(multiple sclerosis): T세포의 중추신경계 신경수초 파괴로 인한 만성 신경 질환을 가리킴

(3) 면역결핍(immunodeficiency)

ㄱ 선천성 면역결핍(inborn immunodeficiency): 면역계 세포의 발달 과정상에 장애가 생기거나 보체, 항체 생성에 장애가 생기는 것이 주요인임 ex. 중증복합면역결핍(severe combined immunodeficiency; SCID): 기능 림프구가 존재하지 않아 폐렴, 뇌수막염 등의 재발성 감염에 취약하며 골수 이식을 통해 정상적 림프구를 공급해야 함

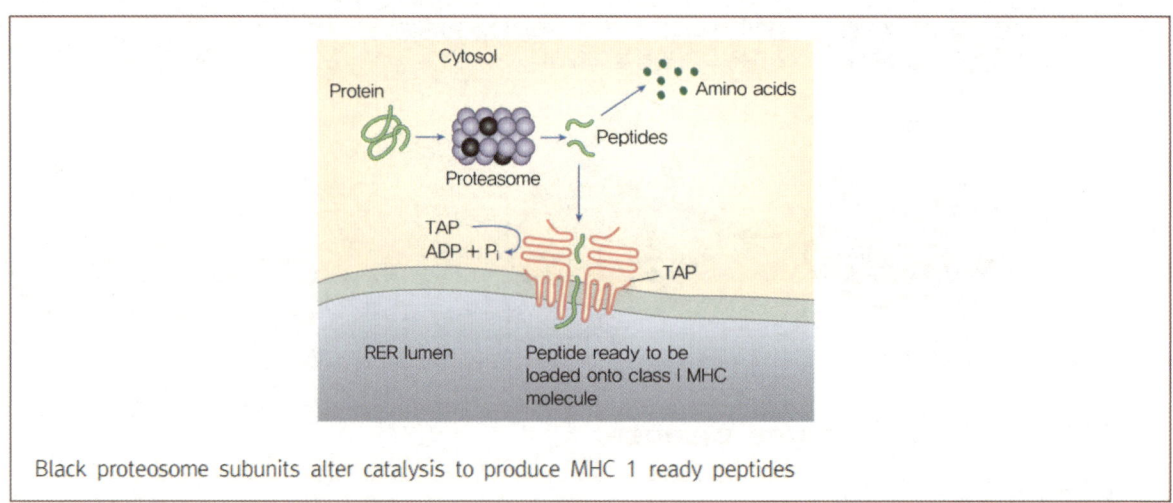

Black proteosome subunits alter catalysis to produce MHC 1 ready peptides

ㄴ 후천성 면역결핍(acquired immunodeficiency): 여러 가지 화학물질이나 생리물질에 노출되어 후천적으로 면역결핍됨

    ⓐ 자가면역질환이나 조직거부 반응을 저해하는 것을 목적으로 면역억제제를 투여시 나타나는 면역 결핍 유발

    ⓑ 일부 암에서 나타나는 면역결핍 유발 ex. 호지킨병(Hodgkin's disease): 림프계 손상에 의한 면역 억제가 나타남

    ⓒ 과로나 스트레스에 의한 일시적 면역 결핍 유발

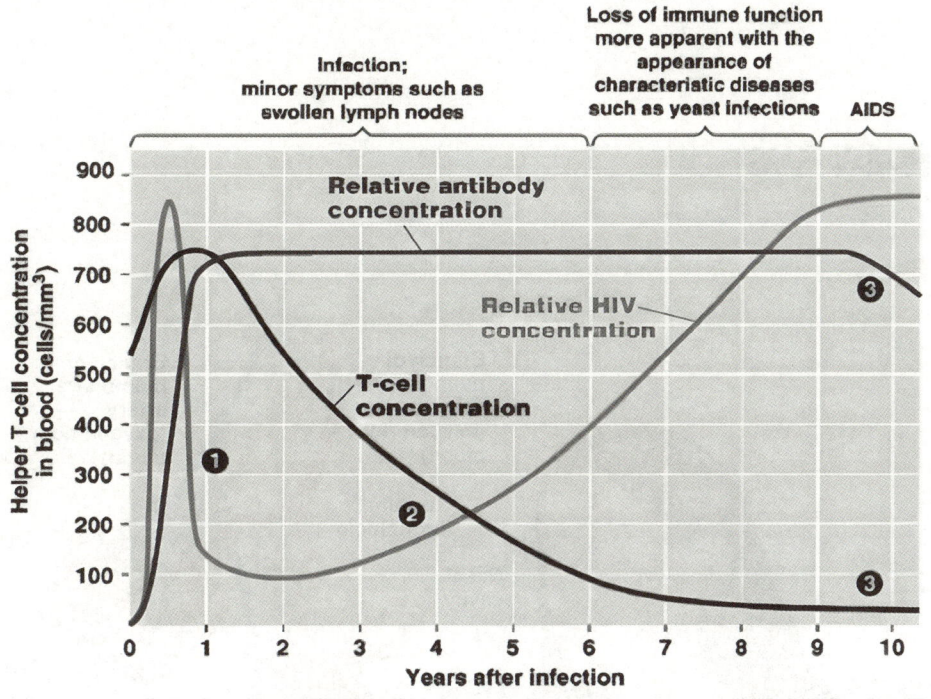

ⓓ 바이러스에 의한 면역결핍 유발 ex. 후천성 면역 결핍 증후군(acquired immunodeficiency syndrome; AIDS): HIV의 보조 T세포 공격에 의한 면역력 결핍 유발을 가리킴

1. 감염초기: 감염자의 면역반응(체액성, 세포성면역)에 의해 대부분의 HIV는 제거되고 소수의 HIV가 프로바이러스 형태로 잠복함

2. 감염후기: TH의 감소로 인한 면역계의 감소로 HIV가 증가하고 결국 다른 병원균 이나 암의 발생으로 인한 기회감염이 증가함

3. 결국 면역능력이 완전히 결핍되어 진균류 감염 등에 의해 결국 사망함

24 호흡(ventilation)

1 호흡계의 구조

(1) 폐의 구조

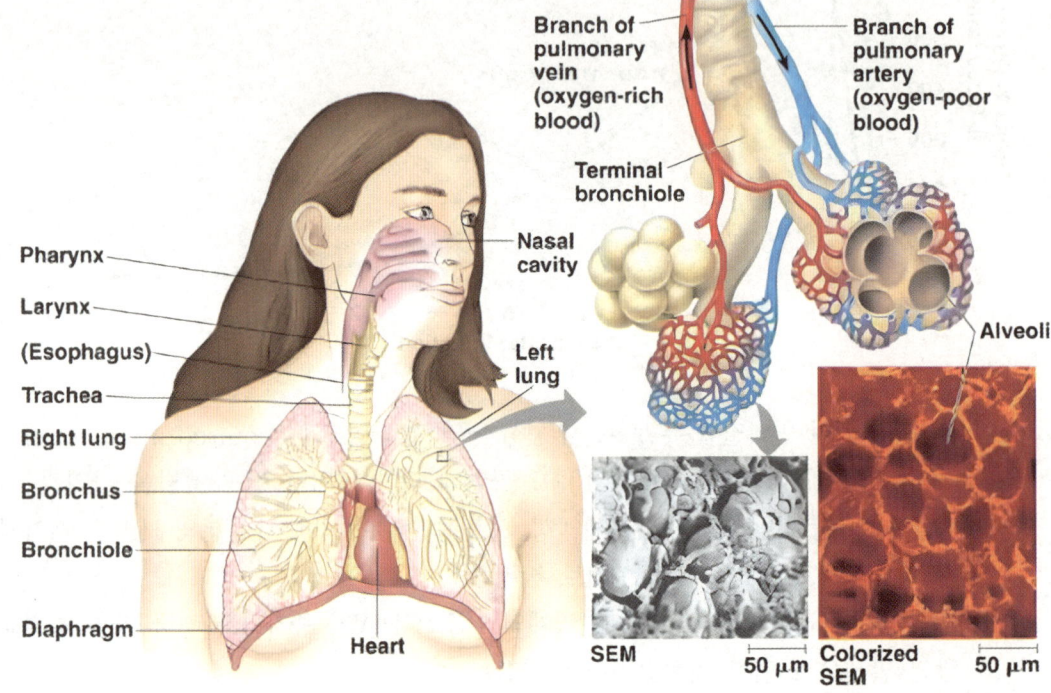

㉠ 가벼운 해면조직으로 이루어져 있고, 대부분 공기로 가득 찬 공간으로 채워져 있음

㉡ 각 폐는 흉막낭으로 둘러싸여 있어 흉강과의 기체교환이 불가능함

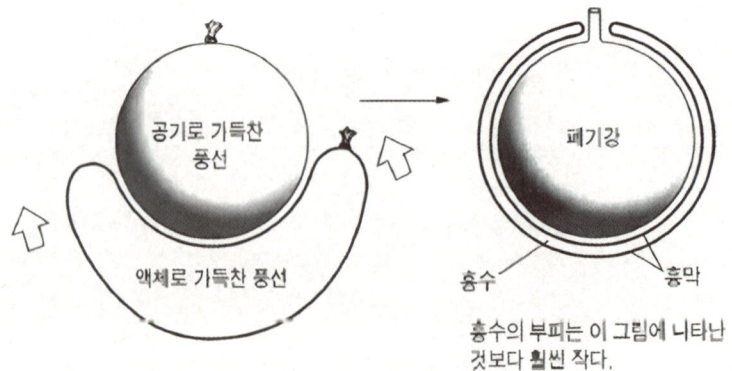

ⓒ 폐포(alveolus): 폐는 수없이 많은 작은 주머니인 폐포로 구성되는데, 폐포는 단층상피세포로 구성되며 기관세지와 연결되어 있음. 폐포의 얇은 벽은 근육을 함유하지 않아 스스로 수축과 이완을 수행할 수 없으나, 폐포를 구성하는 결합조직은 다량의 엘라스틴(신축성 섬유)을 함유하고 있어서 신전성과 탄력성이 있어 부피의 증가나 감소가 가능함

ⓓ 표면활성제(surfactant): 물분자간에는 수소결합으로 인한 표면장력이 큰데 이것은 표면의 물분자들이 측면과 하부에 위치한 다른 물분자들에게는 끌리지만 공기에게는 끌리지 않기 때문임. 폐포 내부는 액체의 얇은 막에 의해 표면장력이 형성되며 이로 인해 흡기시에 폐포는 신장에 대한 저항성이 존재하게 됨. 그러나 우리의 폐는 표면장력을 감소시키는 표면활성제를 분비하는데 인지질과 단백질로 구성된 표면활성제는 특수한 폐포 세포에서 분비되어 이러한 물분자간의 응집력을 붕괴시켜 표면장력을 낮춤으로써 더욱 원활한 호흡운동이 진행되도록 함. 풍부한 표면활성제의 생성능력 없이 조산되는 아이들은 신생아 호흡곤란 증후군(newborn respiratory distress syndromes; NRDS) 일으킴

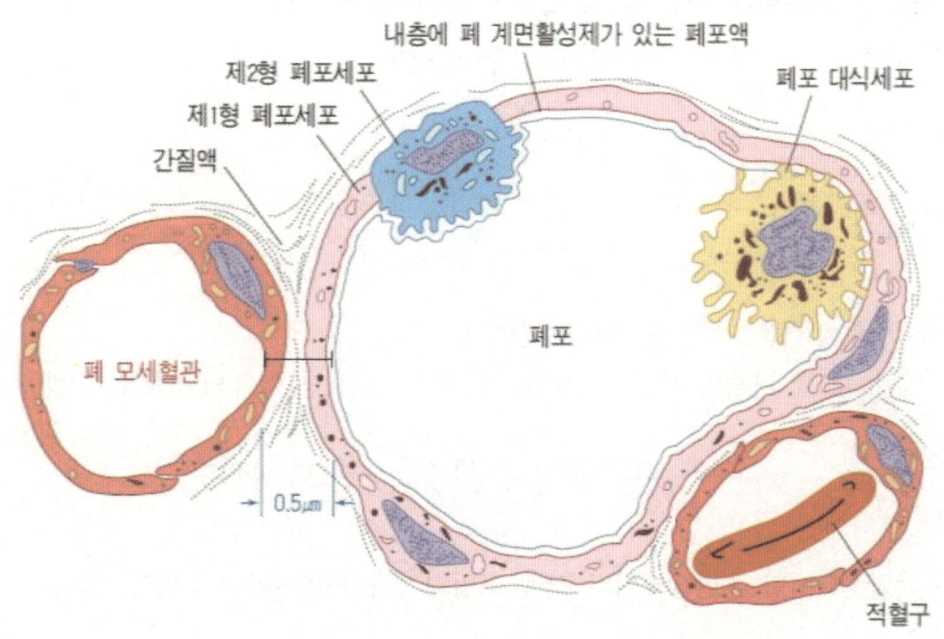

(2) 기체 이동 경로

입 또는 코 → 인두 → 후두 → 기관 → 기관지 → 기관세지 → 폐포

		Name	Division	Diameter (mm)	How many?	Cross-sectional area (cm)
Conducting system		Trachea	0	15-22	1	2.5
		Primary bronchi	1	10-15	2	
		Smaller bronchi	2		4	
			3			
			4	1-10		
			5			
			6-11		1×10^4	
Exchange surface		Bronchioles	12-23	0.5-1	2×10^4 〜 8×10^7	100 〜 5×10^3
		Alveoli	24	0.3	$3\text{-}6 \times 10^8$	$>1 \times 10^6$

㉠ 기도의 직경: 기관에서 기관세지로 갈수록 점점 작아짐

㉡ 기도의 수: 기관에서 기관세지로 갈수록 증가

㉢ 전체 단면적: 기관에서 기관세지로 갈수록 증가

2 기체의 법칙

(1) 혼합기체의 총 압력은 각 기체 압력의 총합임.
따라서 대기 중 한 기체의 분압 = Patm × 대기 중 해당 기체의 %농도가 됨

산소의 분압 = 760mmHg × 21% = 160mmHg

(2) 기체는 단일상태이던 혼합상태이던 간에 고압력지대에서 저압력지대로 이동함

(3) 보일의 법칙: 기체용기의 밀폐되어 있다면 부피가 변화할 때 그 기체의 압력은 역으로 변화함

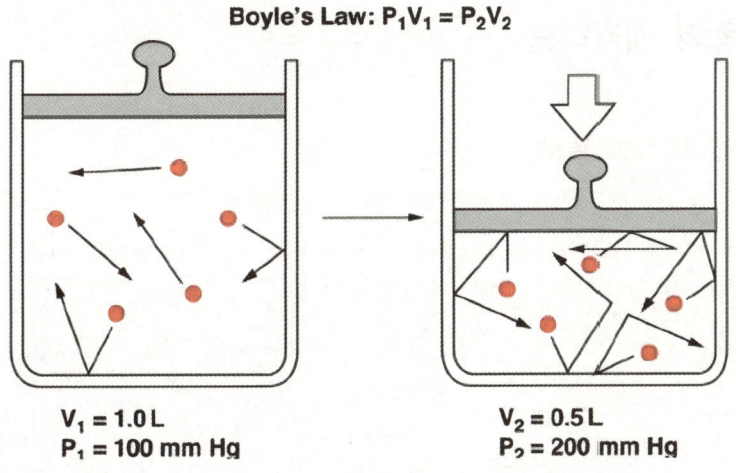

Boyle's Law: P₁V₁ = P₂V₂

$V_1 = 1.0\,L$
$P_1 = 100\ mm\ Hg$

$V_2 = 0.5\,L$
$P_2 = 200\ mm\ Hg$

(4) Fick의 호흡 법칙이 성립함: Fick의 호흡 법칙은 호흡 경계면에서의 확산에 의한 기체의 이동 속도에 대한 법칙임

㉠ Fick의 호흡법칙 관련 식 $Q = DA\dfrac{C_1 - C_2}{L}$

㉡ 호흡 표면의 두께가 얇을수록, 면적이 넓을수록, 분압차가 클수록, 기체교환의 속도가 빠름. 따라서 대부분의 호흡표면은 넓고 얇은 경향이 있음

(5) 기체의 물에 대한 용해도가 낮을수록 분압이 낮음

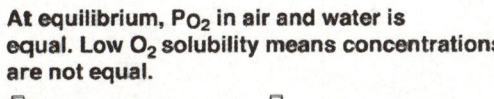

At equilibrium, P$_{O_2}$ in air and water is equal. Low O$_2$ solubility means concentrations are not equal.

$P_{O_2} = 100\ mm\ Hg$
$[O_2] = 5.20\ mmol/L$

$P_{O_2} = 100\ mm\ Hg$
$[O_2] = 0.15\ mmol/L$

When CO$_2$ is at equilibrium at the same partial pressure, more CO$_2$ dissolves.

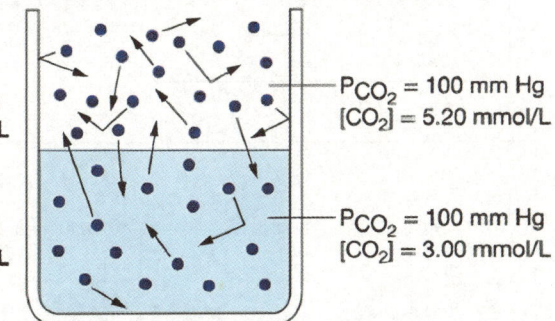

$P_{CO_2} = 100\ mm\ Hg$
$[CO_2] = 5.20\ mmol/L$

$P_{CO_2} = 100\ mm\ Hg$
$[CO_2] = 3.00\ mmol/L$

3 호흡운동의 매커니즘

(1) 폐활량계를 통한 폐기능 검사

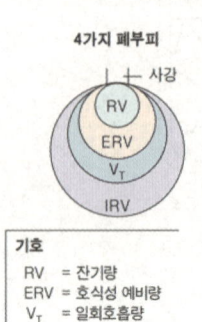

4가지 폐부피

- 사강
- RV
- ERV
- V_T
- IRV

기호

RV = 잔기량
ERV = 호식성 예비량
V_T = 일회호흡량
IRV = 흡식성 예비량

폐부피

		남성	여성	
폐활량	IRV	3000	1900	흡식용량
	V_T	500	500	
	ERV	1100	700	기능적
잔기량		1200	1100	잔기량
		5800 mL	4200 mL	

폐부피와 용량을 보여주는 폐활량계의 추적기록

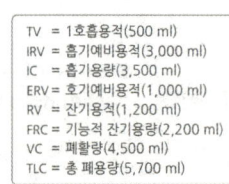

정상적인 흡식 말기

일회호흡량 500mL

흡식성 예비량 3000 mL

흡식용량

폐활량 4,600 mL

전폐용량

정상적인 호식 말기

호식성 예비량 1100 mL

기능적 잔기량

잔기량 1200 mL

부피 (mL)

5800
2800
2300
1200

시간

용량은 2가지 또는 그 이상의 부피들의 합이다.

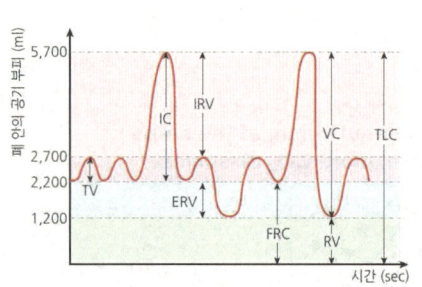

TV = 1호흡용적(500 ml)
IRV = 흡기예비용적(3,000 ml)
IC = 흡기용량(3,500 ml)
ERV = 호기예비용적(1,000 ml)
RV = 잔기용적(1,200 ml)
FRC = 기능적 잔기용량(2,200 ml)
VC = 폐활량(4,500 ml)
TLC = 총 폐용량(5,700 ml)

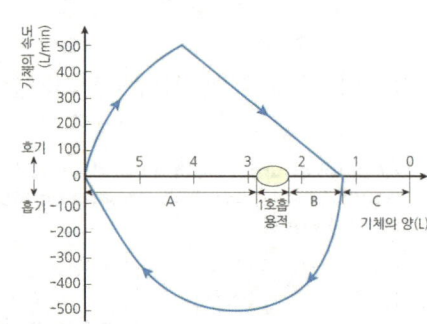

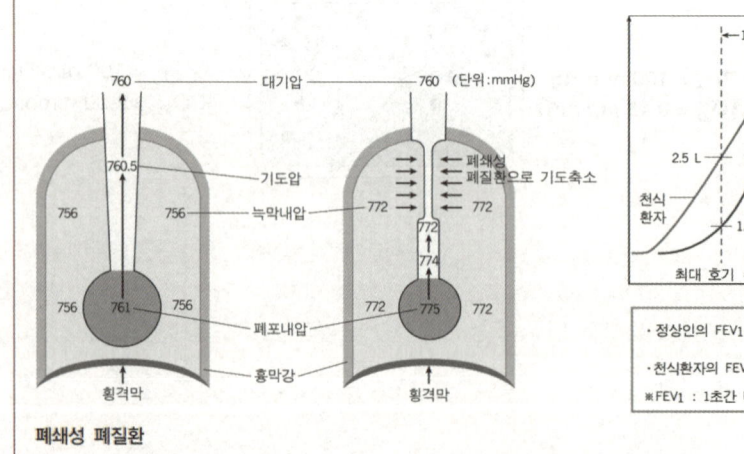

폐쇄성 폐질환

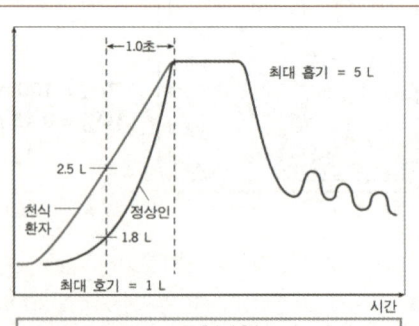

- 정상인의 FEV1 $FEV_1 = \dfrac{5\,L - 1.8\,L}{5\,L - 1\,L} \times 100\% = 80.0\%$
- 천식환자의 FEV1 $FEV_1 = \dfrac{5\,L - 2.5\,L}{5\,L - 1\,L} \times 100\% = 62.5\%$

※FEV1 : 1초간 내쉴수 있는 폐활량이 백분율

ㄱ 통기량: 안정 호흡시의 환기량

ㄴ 흡식성 예비량: 심호흡시 흡기량 - 통기량

ㄷ 호식성 예비량: 심호흡시 호기량 - 흡기량

ㄹ 잔기량: 폐포내에 남은 공기량이며, 폐활량으로 측정이 불가함

ㅁ 폐활량: 흡식성 예비량 + 통기량 + 호식성 예비량

ㅂ 전폐용량: 폐활량 + 잔기량

(2) 기도의 전처리 과정

흡입된 공기는 비강과 기도의 점막으로부터 증발하는 열과 수분에 의해 가온, 습윤 과정을 거침. 입을 통한 호흡은 코를 통한 가온, 습윤에 있어 효과적이지 않음

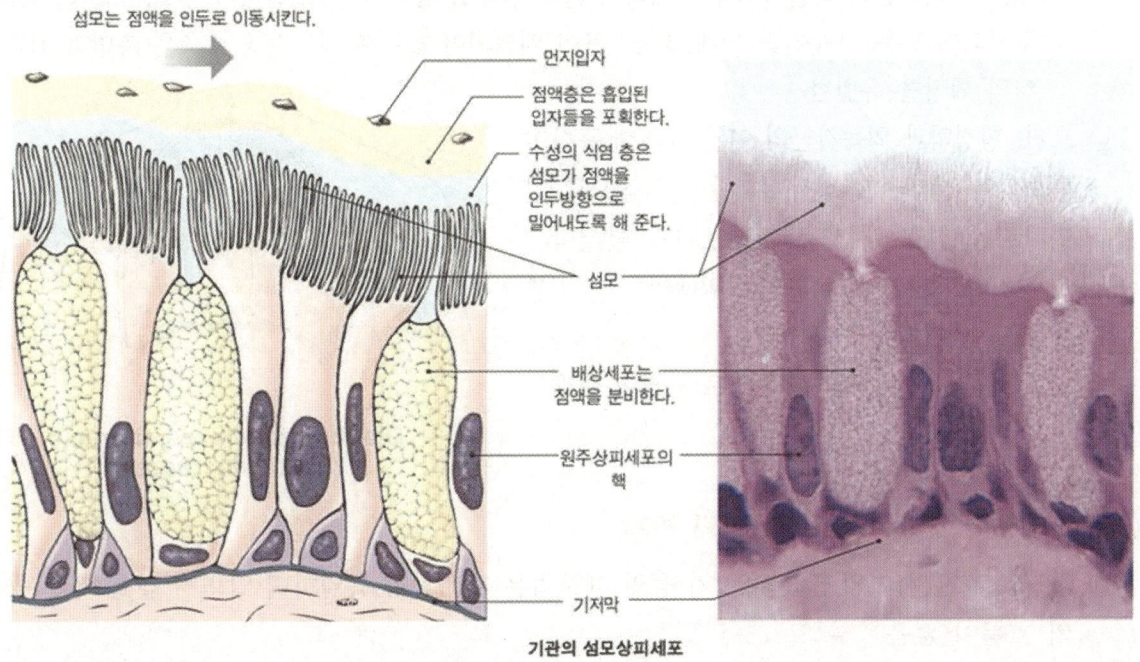

기관의 섬모상피세포

ㄱ 공기를 37℃로 가온시켜 신체중심온도의 변화를 유발하지 않고, 폐포가 차가운 공기에 손상되지 않도록 함

ㄴ 공기가 100% 습윤해질 때까지 수증기를 첨가시켜 습한 교환상피가 건조되지 않도록 함

ㄷ 이물질의 여과: 바이러스, 세균, 기타 이물질의 폐포의 진입을 봉쇄함. 기도는 점액(당단백질)을 분비하는 섬모상피세포로 배열되어 있어서 점액질에 가두어진 이물질을 인두 위로 보내어 식도로 넘길 수 있음 cf. 낭포성 섬유증(cystic fibrosis): 기도의 내피세포로부터 용액의 분비가 부족해지고 점액의 점성이 커져 섬모운동을 통한 청소활동이 원활하지 않게 되어 폐포의 감염률이 높아짐

(3) 호흡 운동의 과정

공기를 폐로 보낼 때 공기를 밀어서 들여보내는 것이 아니라 빨아들이는 호흡(음압 호흡; nagative pressure breathing)을 수행을 수행하며, 폐는 스스로 수축과 이완을 할 수 없으므로 연수의 명령에 의한 횡격막과 늑간근의 수축, 이완을 통해 호흡운동이 가능해짐

구분	흉강의 압력	흉강의 부피	내늑간근	외늑간근	횡경막
흡기	하강	증가	이완	수축	수축
호기	상승	감소	수축	이완	이완

㉠ 흡기: 횡경막과 외늑간근의 수축에 의해 흉강이 확장되어 일어남

　ⓐ 횡격막: 횡격막의 수축은 횡경막이 복강 쪽으로 내려오면서 흉강의 용적을 증가시킴

　ⓑ 늑간근: 늑간근은 늑골사이에 존재하며 근육이 배열 방향이 서로 반대인 두 세트의 근육으로 구성되어 있음. 내늑간근 위에 외늑간근이 배열되어 있는데 외늑간의 수축은 측면과 전후에서의 확장을 유발함

㉡ 호기: 횡경막과 외늑간근의 이완에 의해 흉강이 축소되어 일어남. 안정시 호기는 수동적으로 일어나지만 심호흡시에는 강제호기가 발생함

　ⓐ 횡경막: 횡경막은 이완되어 원래의 둥근 지붕 모양의 위치에 있게 됨

　ⓑ 늑간근: 외늑간근의 이완으로 늑골이 아래로 내려오게 됨

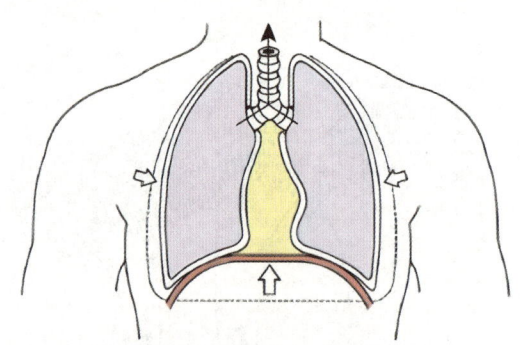

Diaphragm relaxes, thoracic volume decreases.

(4) 호흡 동안의 폐포압, 흉강 내압의 변화

㉠ 0시기: 호흡 사이의 짧은 휴지기 동안 폐포압은 대기압과 동일하며 압력이 같을 때는 공기의 흐름이 없음

㉡ 0~2초 시기: 흡식이 시작되면 흡식근육들이 수축하고 흉강 부피가 증가함. 부피가 증가함에 따라 폐포압은 대기압보다 약 1mmHg 하강하고 공기가 폐포 안으로 흐름. 흉강 부피변화가 공기의 흐름보다 빠르기 때문에 폐포압은 흡식중간 지점에서 최저치에 도달함

㉢ 2~4초 시기: 호식동안 폐와 흉강의 부피가 감소함에 따라 폐 내부의 압력이 증가하여 대기압보다 약 1mmHg 높은 최대 값에 도달함. 이제는 폐포압이 대기압보다 높기 때문에 기류는 역으로 바뀌어 공기가 폐로부터 빠져나감

㉣ 4초 시기: 호식 말기에 폐포압이 다시 대기압과 같아질 대 공기의 이동은 멈춤. 폐의 부피는 호흡주기의 최소치에 도달함. 이 지점에서 호흡주기는 끝나고 다음 호흡을 다시 시작할 준비를 하게 됨

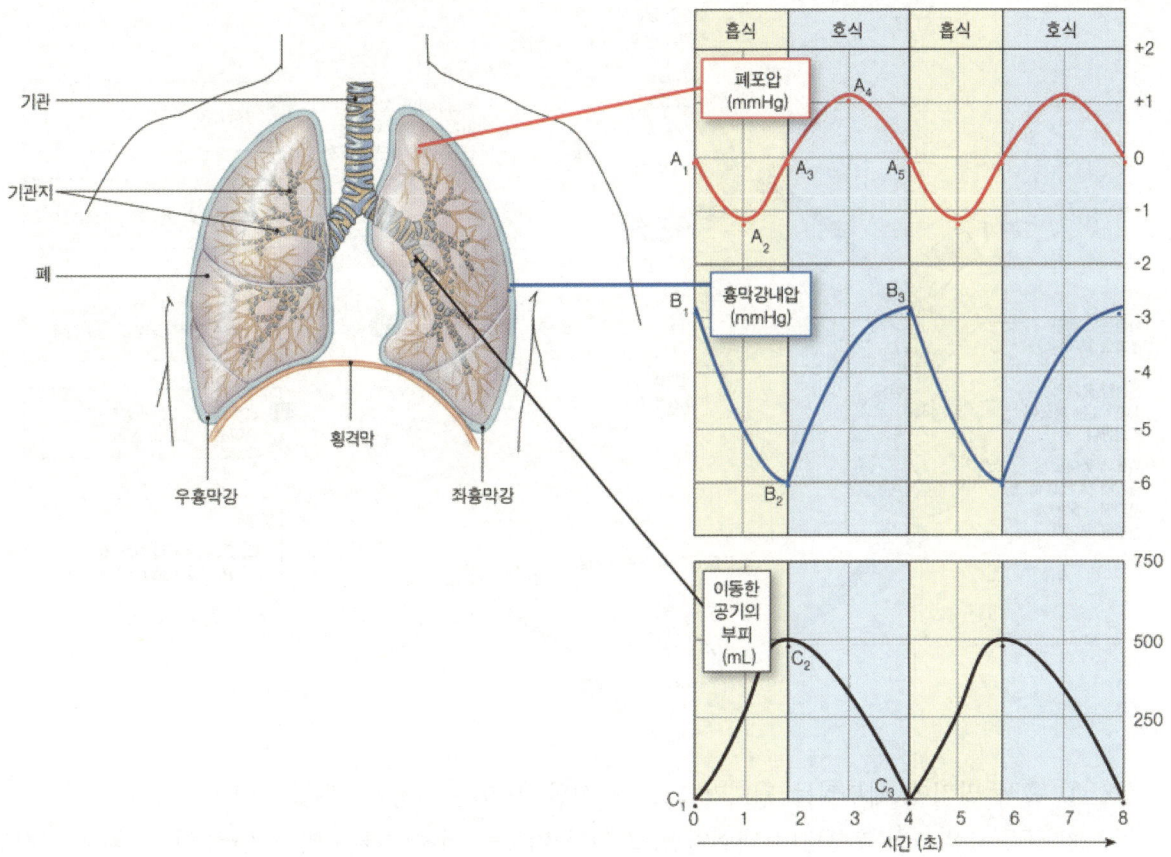

(5) 총 폐 환기량과 폐포 환기량

㉠ 총 폐 환기량은 환기율에 1회 호흡량을 곱하여 결정되는데 이것은 얼마나 많은 신선한 공기가 폐포 교환 표면에 도달하는지에 대한 좋은 지표가 되지 않을 수도 있음. 모든 호흡의 일부는 기관과 기관지와 같은 전도기도에 남기 때문에 호흡계로 들어오는 공기의 일부는 폐포에 도달하지 못함. 전도기도는 혈액과 기체교환을 하지 않기 때문에 해부학적 사강으로 알려져 있음. 흡입된 공기의 상당 부분이 교환 표면에 결코 도달하지 못하기 때문에 보다 더 정확한 환기 효율의 지표는 분당 폐포에 도달하는 신선한 공기의 양인 폐포 환기량임. 폐포 환기량은 환기율과 폐포에 도달하는 신선한 공기의 부피의 곱으로 계산함

㉡ 기도에 들어오는 공기의 총 부피와 폐포에 도달하는 신선한 공기 부피 사이의 차이를 예시하기 위한 호흡주기 동안의 500mL의 공기를 이동시키는 전형적인 호흡 과정

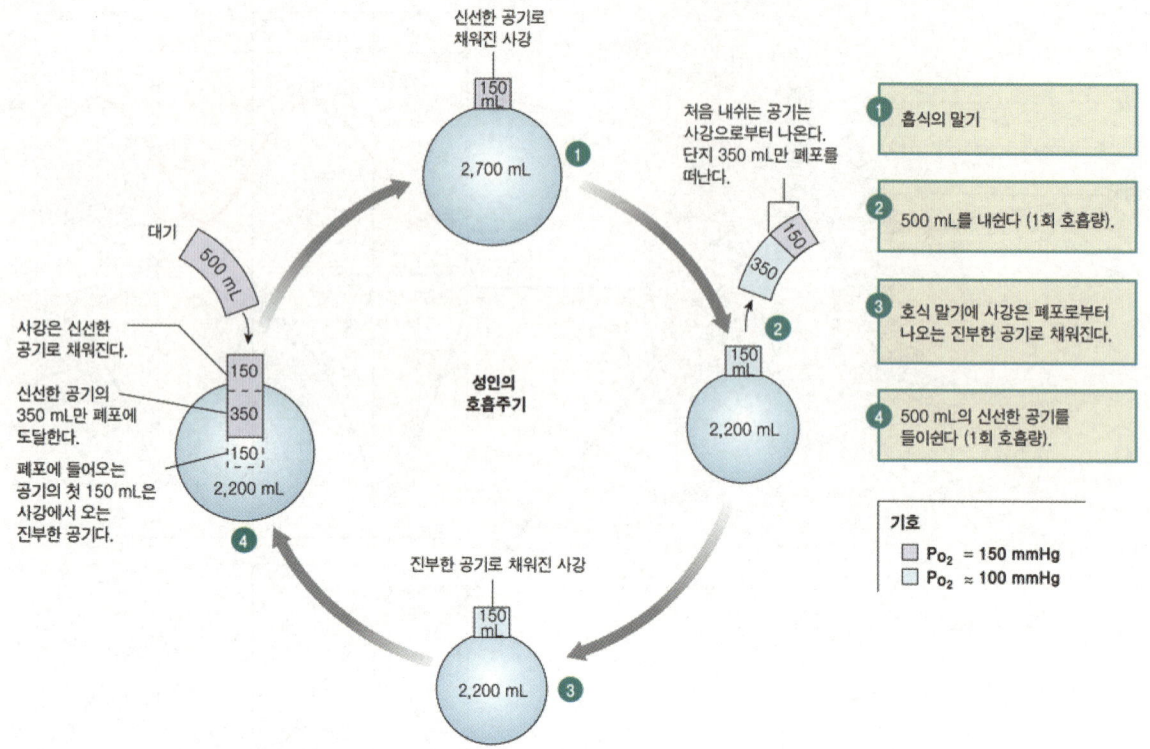

① 흡식 말기에 폐부피는 최대가 되고 신선한 공기는 사강을 채움

② 500mL의 1회 호흡량이 내쉬어짐. 그러나 기도를 빠져나가는 이 500mL의 첫 부분은 사강에 있던 150mL의 신선한 공기이며 폐포에서 나오는 350mL의 진부한 공기가 그 뒤를 따름. 따라서 비록 500mL의 공기가 폐포를 빠져나갔지만 그 중 350mL만이 몸을 빠져나옴. 나머지 150mL의 진부한 폐포 공기는 사강에 머뭄

③ 호식 말기에 폐부피는 최소가 되고 가장 최근의 호식으로부터 나온 퀴퀴한 공기가 해부학적 사강을 채움

④ 다음 흡식과 함께 500mL의 신선한 공기가 기도로 들어옴. 진입하는 공기는 해부학적 사강에 있던 150mL의 퀴퀴한 공기를 폐포로 돌리고 신선한 공기의 첫 350mL이 그 뒤를 따름. 흡입된 신선한 공기으 마지막 150mL은 다시 사강에 남아 결코 폐포에 도달하지 못함

(6) 폐포 내 기체 조성의 변화

정상적인 호흡 동안에는 폐포 내 산소 분압과 이산화탄소 분압이 거의 변하지 않지만 폐포 환기량의 유의미한 변화는 폐포에 도달하는 신선한 공기와 산소의 양에 영향을 미치는데 폐포 내 산소분압과 이산화탄소 분압은 과다호흡, 과소호흡에서 달라짐. 폐포 환기량이 정상 수준 이상 증가함에 따라(과다호흡), 폐의 산소 분압이 약 120mmHg로 증가하고 이산화탄소 분압은 약 20mmHg로 떨어짐. 폐포로 들어가는 신신한 공기의 양이 직은 과소호흡 동안 폐포의 산소 분압은 감소하고 이산화탄소 분압은 증가함

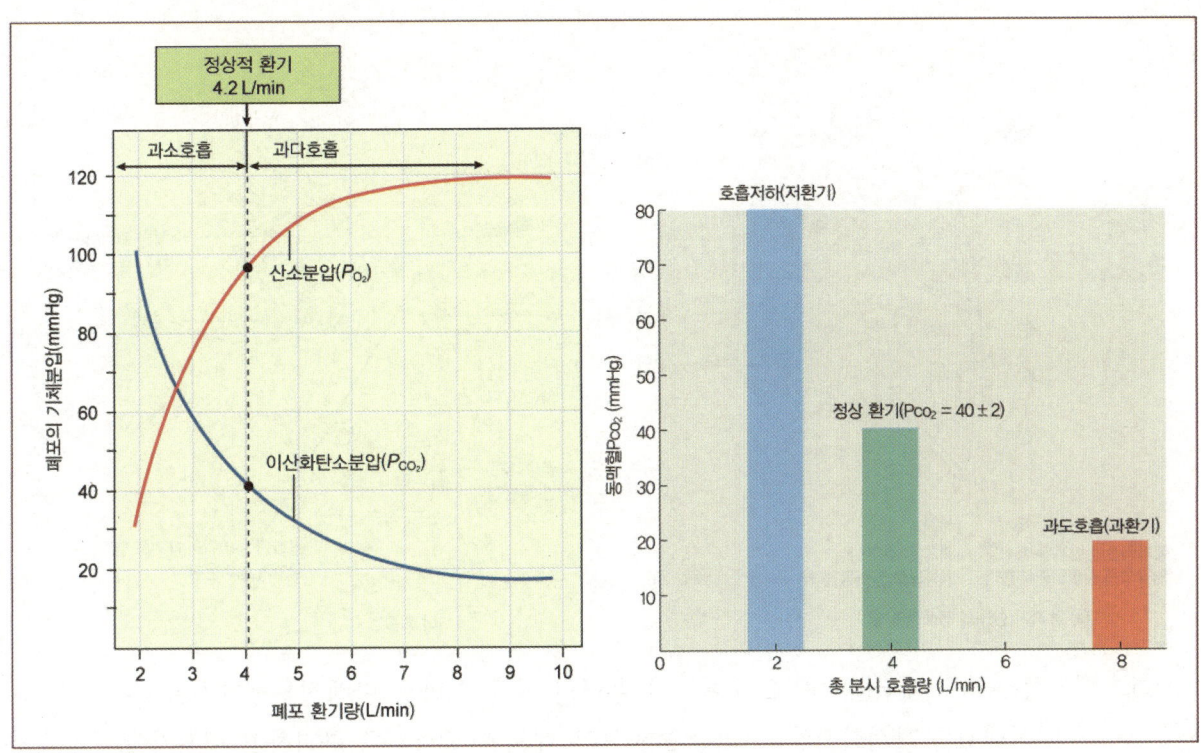

(7) 산소와 이산화탄소 분압에 의한 세동맥과 기관세지 조절

기체의 조정	기관세지	폐세동맥	체세동맥
이산화탄소 분압의 증가	확장	(수축)	확장
이산화탄소 분압의 감소	수축	(확장)	수축
산소분압의 증가	(수축)	확장	수축
산소분압의 감소	(확장)	수축	확장

(8) 폐포 환기와 기체교환을 감소시키는 병리학적 상태

ㄱ 기흉(pneumothorax): 흉강과 대기 사이에 구멍이 뚫리면 공기가 압력 차에 의해 흉강 내로 흐르게 되는데 흉막강 내의 공기는 폐를 흉벽에 부착하고 있는 액체결합을 파괴하고 흉벽은 외곽으로 팽창하는 한편 탄성적인 폐는 바람 빠진 풍선처럼 신장되지 않은 상태로 붕괴됨. 기흉은 또한 선천성 수포가 터질 때에 자연적으로 일어날 수 있는데 폐 내부의 공기가 흉강 내로 들어가게 될 때 발생하기도 함

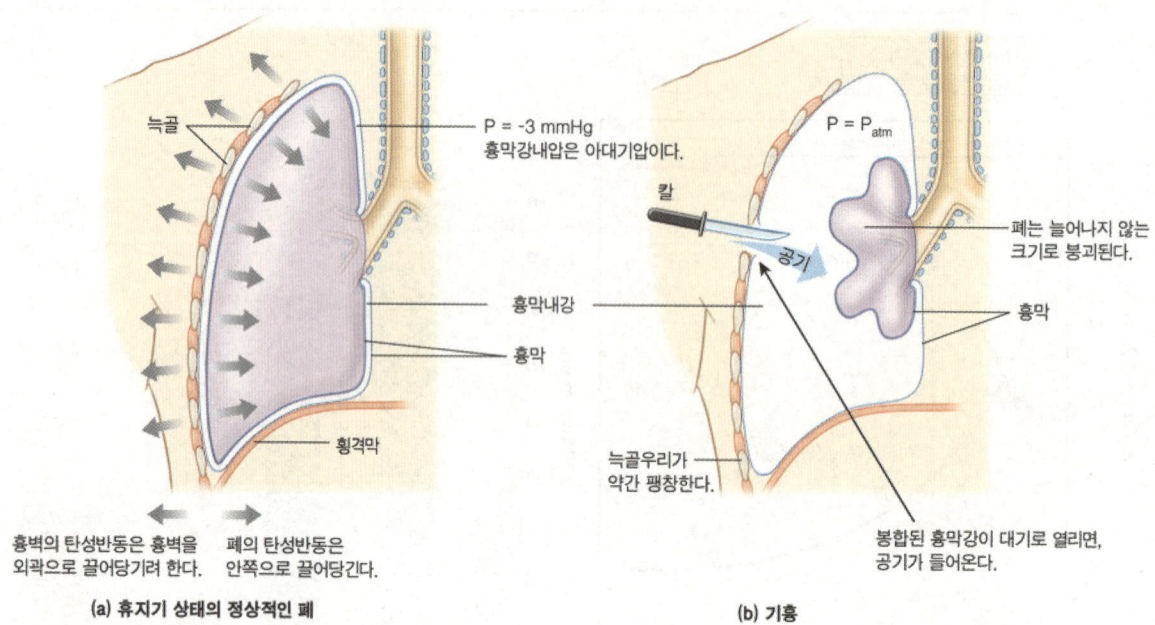

늑골

P = -3 mmHg
흉막강내압은 아대기압이다.

흉막내강

흉막

횡격막

흉벽의 탄성반동은 흉벽을   폐의 탄성반동은
외곽으로 끌어당기려 한다.   안쪽으로 끌어당긴다.

(a) 휴지기 상태의 정상적인 폐

P = P₍atm₎

칼
공기

폐는 늘어나지 않는
크기로 붕괴된다.

흉막

늑골우리가
약간 팽창한다.

봉합된 흉막강이 대기로 열리면,
공기가 들어온다.

(b) 기흉

ⓛ **폐기종(emphysema):** 폐포 내에서의 흡연의 자극 효과는 단백질분해효소를 분비하는 폐포 대식세포를 활성화시킴. 이러한 효소들은 폐의 탄성섬유를 파괴하고 세포자살을 유도하여 폐포벽을 붕괴시킴. 그 결과 보다 수가 적고 크기가 큰 폐포와 작은 기체 교환 면적을 가지게 됨. 이에 따라 폐포 내의 산소분압은 정상 또는 낮은 수준을 유도되며 폐 혈관은 낮은 산소분압이 유도됨

ⓒ **섬유성 폐질환:** 흉터조직의 축적은 폐포막을 두껍게 하는데 이러한 흉터조직을 통한 기체의 확산은 정상보다 훨씬 느림. 이에 따라 폐포 내의 산소분압은 정상 또는 낮은 수준을 유도하며 폐 혈관은 낮은 산소분압이 유도됨

ⓔ **폐부종(pulmonary edema):** 정상적인 경우 낮은 폐 혈압과 효율적인 림프 배출의 결과로 폐에 나타나는 간질액의 양은 적으나 좌심실부전등의 이유로 인해 폐혈압이 상승하면 모세혈관에서의 정상적인 여과/재흡수의 균형이 깨지게 됨. 모세혈관 유체정압이 증가하면 더 많은 용액이 모세혈관으로 여과되어 나오는데 여과가 지나치게 증가되면 림프관이 모든 용액을 제거할 수 없게 되고 과다용액이 폐 간질공간에 축적되어 폐부종을 일으키게 됨. 심한 경우에는 용액이 폐포막을 통해 심지어 새어나와 폐포 내부에 축적됨. 이에 따라 폐포내의 산소분압은 정상을 유지하며 폐 혈관은 낮은 산소분압이 유도됨

ⓜ **천식:** 증가된 기도저항은 기도환기를 감소시키게 되는데 이로 인해 폐포 내부의 산소분압도 낮은 수준으로 유도되며 폐 혈관은 낮은 산소분압이 유도됨

4 호흡 운동의 조절

(1) 호흡 조절 중추

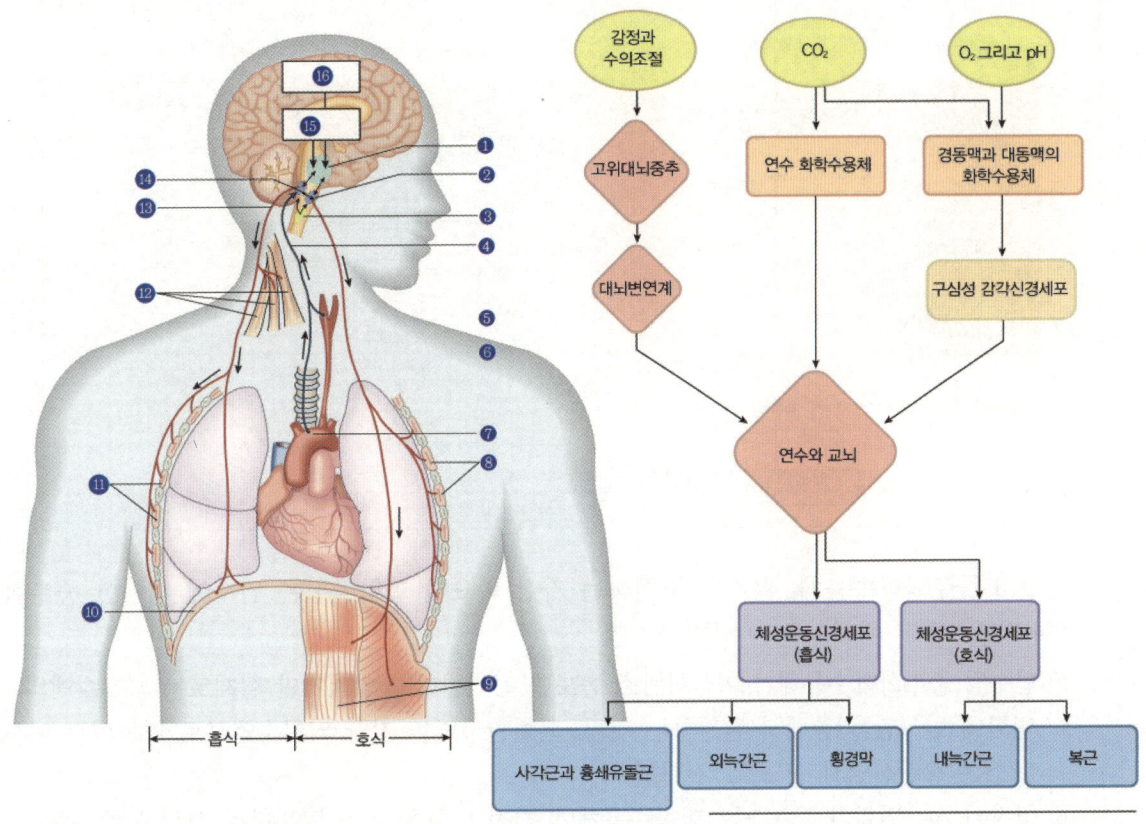

ⓖ 연수(medulla oblongata): 주로 흡식에 관여하며, 호흡의 기본리듬을 형성함. 연수중추의 신경을 통해 늑간근과 횡경막에 수축신호를 보냄. 이러한 신경신호는 휴식시에 보통 분당 10~14회 정도 형성됨. 들숨과 들숨 사이에는 호흡 관련 근육들이 이완되어 날숨이 유발됨

ⓐ 배측호흡군(dorsal respiratory group): 주로 횡경막을 조절하는 흡식성 신경세포들을 포함함

ⓑ 복측호흡군(ventral respiratory group): 능동적 호식에 사용되는 근육과 격렬한 운동중 일어나는 것처럼 정상 이상의 흡식중 특히 활동하는 일부 흡식근육들을 조절함

ⓛ 뇌교(pons): 호흡의 기본리듬을 조정하여 들숨과 날숨의 전환을 부드럽게 하고, 호흡 속도 조절에 관여함

(2) 화학수용체

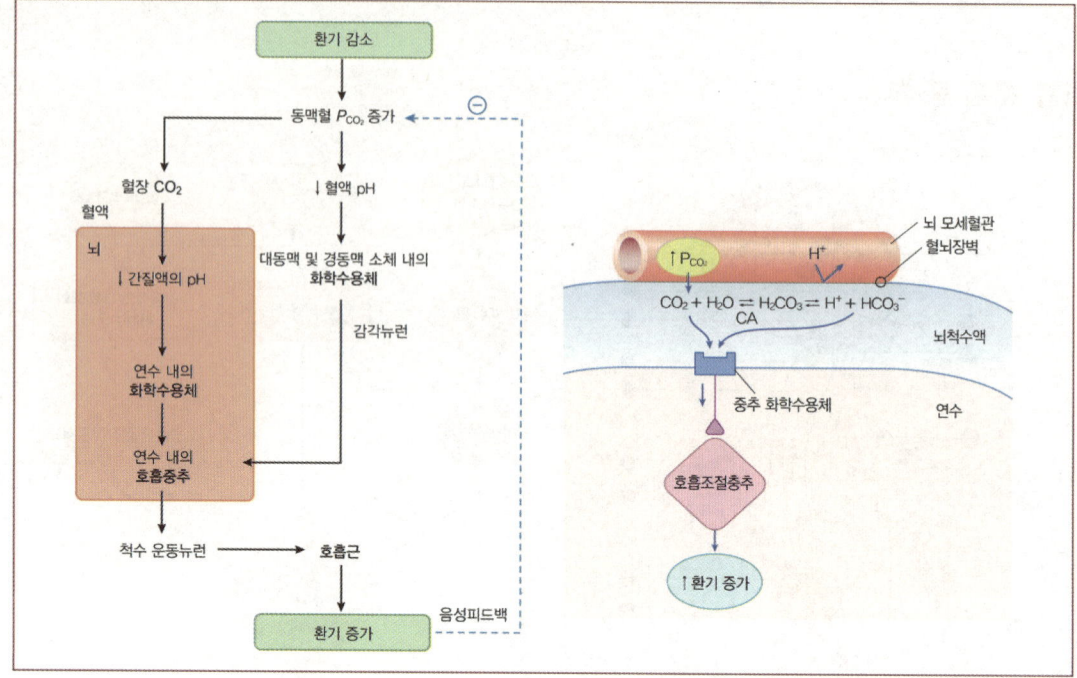

㉠ 연수의 중추화학수용체: 환기를 조절하는 가장 중요한 화학물질은 연수에 위치한 중추화학수용체를 통해 매개되는 이산화탄소임

　ⓐ 연수의 중추화학수용체가 이산화탄소 농도를 감지한다고 말하지만 실제로는 뇌척수액의 pH 변화에 반응함을 통해서 감지하는 것임. 뇌혈관장벽을 지나 뇌척수액으로 확산되는 이산화탄소는 중탄산염과 H^+으로 전환됨

　ⓑ 혈장이 pH 변화가 보통 중추화학수용체에 직접 영향을 주지 않는다는 사실을 주목해야 함. 혈장에 유리된 H^+는 뇌혈관장벽을 매우 느리게 통과하기 때문에 중추화학수용체에 거의 영향을 주지 않음

㉡ 경동맥, 대동맥소체의 말초화학수용체: 혈액의 pH와 산소의 농도 등을 감지하여 연수로 신경정보를 보내어 연수로 하여금 호흡의 깊이와 속도 조절을 수행하게 함. 단, 산소의 경우에는 분압이 60mmHg보다 낮을 때에만 호흡의 깊이와 속도가 증가하게 됨

㉢ 호흡운동 조절 과정 정리

구분	감지 수용체	자극신경	신경분비 물질	결과
혈중 CO_2 분압 증가 혈중 pH 감소 혈중 O_2 분압 감소	연수의 중추화학 수용체 대동맥, 경동맥 수용체 대동맥, 경동맥 수용체	교감신경	아드레날린	호흡운동 촉진
혈중 CO_2 분압 감소 혈중 pH 증가 혈중 O_2 분압 증가	연수의 중추화학 수용체 대동맥, 경동맥 수용체 대동맥, 경동맥 수용체	부교감 신경	아세틸콜린	호흡운동 억제

기체 운반

(1) 순환과 기체 교환의 조화

기체교환과 순환계의 협력을 통한 기체 운반

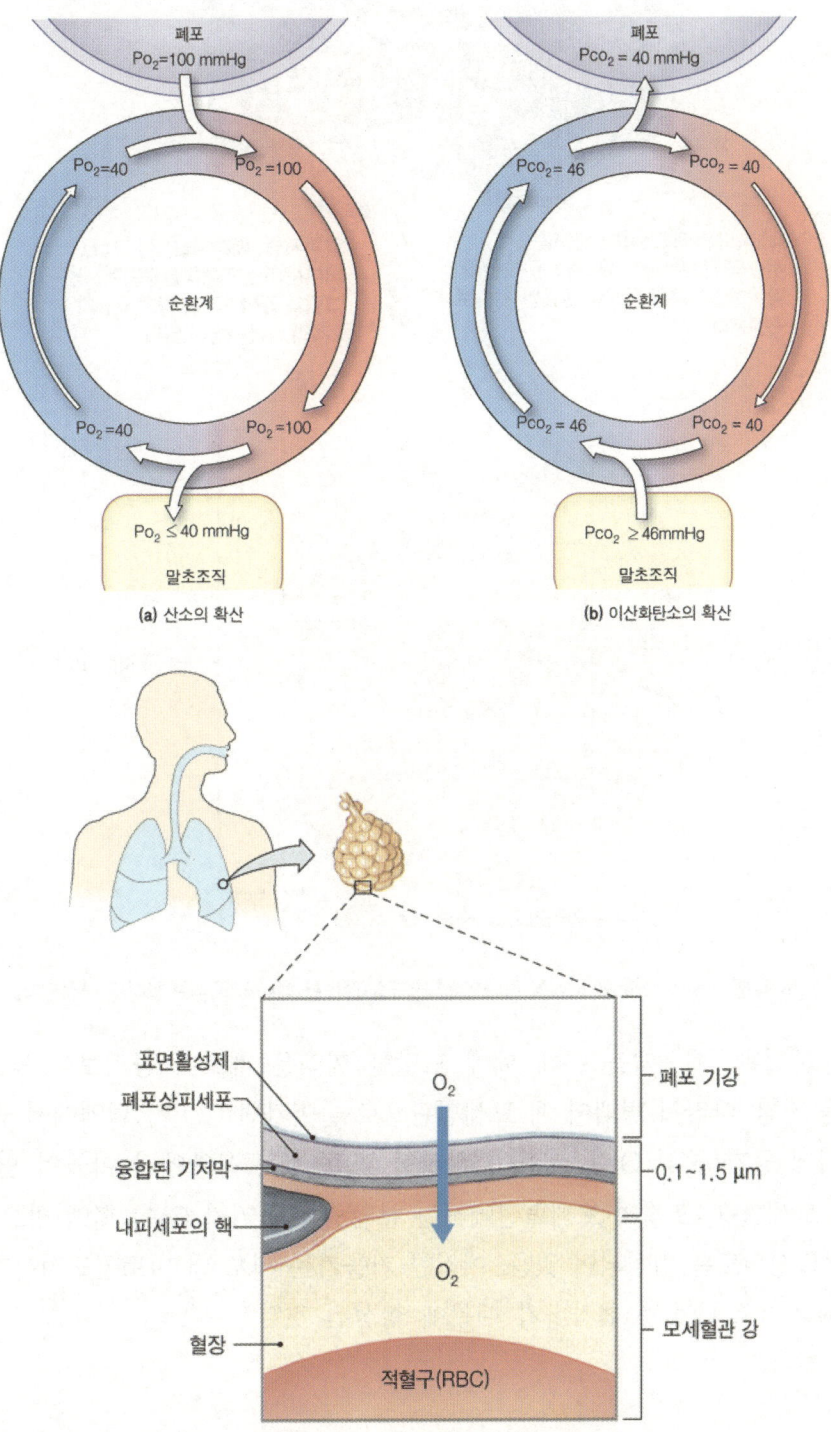

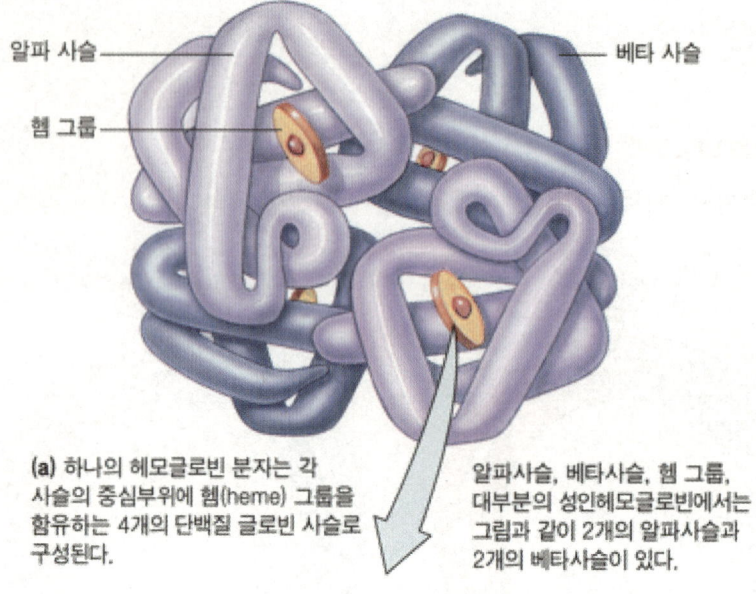

(a) 하나의 헤모글로빈 분자는 각 사슬의 중심부위에 헴(heme) 그룹을 함유하는 4개의 단백질 글로빈 사슬로 구성된다.

알파사슬, 베타사슬, 헴 그룹, 대부분의 성인헤모글로빈에서는 그림과 같이 2개의 알파사슬과 2개의 베타사슬이 있다.

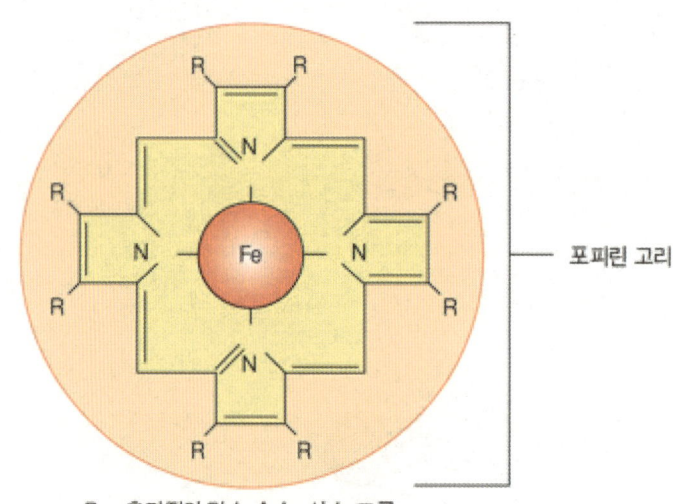

R = 추가적인 탄소 수소, 산소 그룹

(b) 각 헴(heme) 그룹은 중심에 하나의 철 원자를 함유한 하나의 포피린 고리로 구성된다.

㉠ 폐의 모세혈관: 폐동맥을 통해 폐에 도달한 혈액은 폐포내 공기보다 낮은 PO_2와 높은 PcO_2를 지님. 따라서 혈액이 폐 모세혈관으로 들어가면 CO_2가 혈액에서 공기로 빠져나가고 동시에 공기 중의 O_2는 폐포이 상피를 덮고 있는 용액에 녹아들어 혈액으로 확산됨

㉡ 조직의 모세혈관: 조직의 모세혈관에서는 분압의 기울기가 O_2는 혈액 밖으로 CO_2는 혈액 안으로 확산되도록 형성되어 있음. 이러한 기울기는 세포 내 미토콘드리아가 세포사이액의 O_2를 세서하고 CO_2는 첨가하기 때문에 형성된 것임

(2) 혈액 내 기체운반

㉠ 산소 운반: 적혈구의 헤모글로빈에 산소가 결합하여 운반

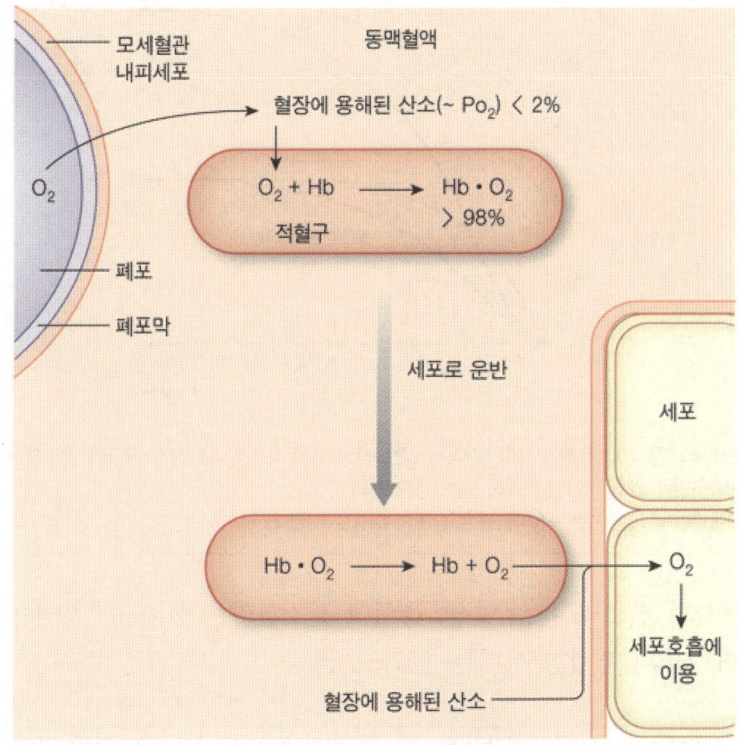

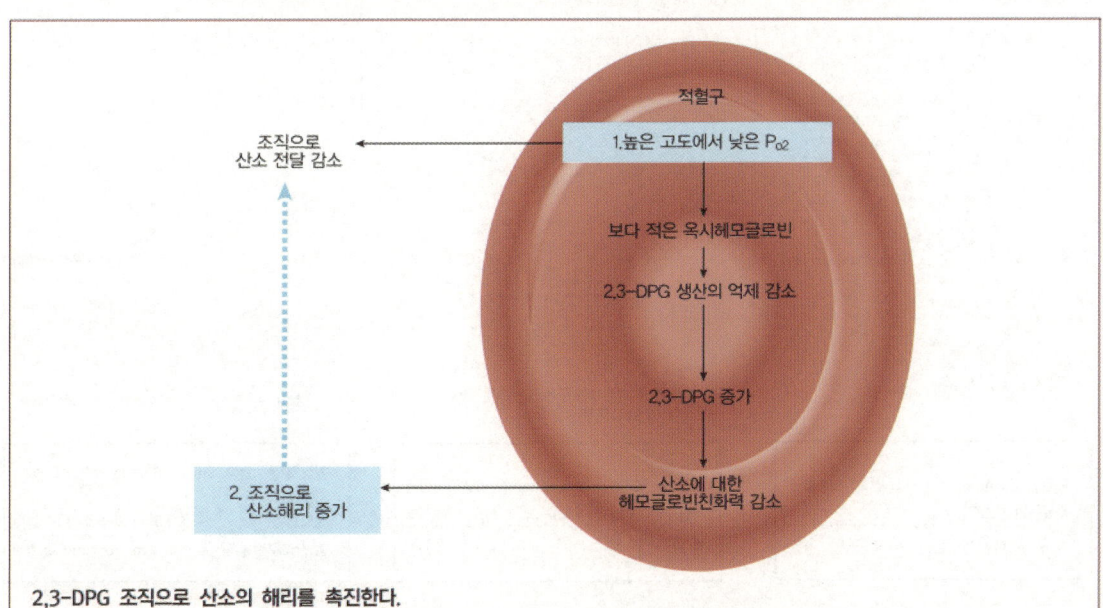

2,3-DPG 조직으로 산소의 해리를 촉진한다.
생산을 옥시헤모글로빈에 의해 억제되기 때문에 적혈구 내 옥시헤모글로빈 함량의 감소(예 높은 고도의 낮은 산소 분압에서 일어난다)는 생산을 증가시킨다. 이는 산소에 대한 헤모글로빈의 친화력을 감소시켜(즉, 결합세기를 약화시킴) 더 많은 산소가 해리된다. 점선 화살표와 (−)부호는 음성피드백 고리의 완성을 보여준다.

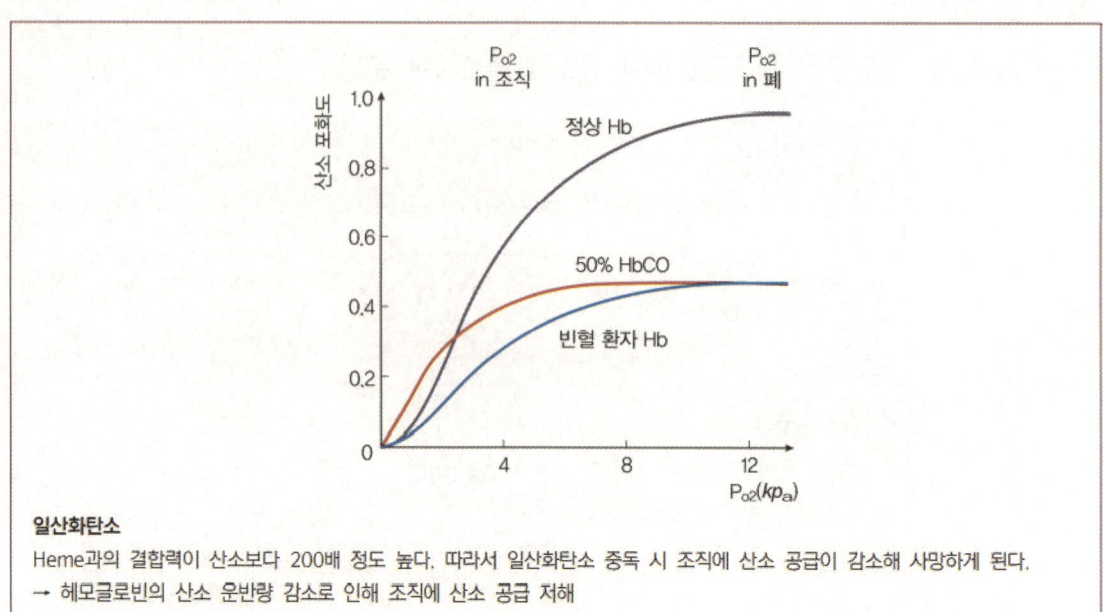

일산화탄소

Heme과의 결합력이 산소보다 200배 정도 높다. 따라서 일산화탄소 중독 시 조직에 산소 공급이 감소해 사망하게 된다.

→ 헤모글로빈의 산소 운반량 감소로 인해 조직에 산소 공급 저해

→ CO 결합 시 헤모글로빈의 다른 결합 자리에 붙은 산소의 이탈도 어렵다.

ⓐ 혈액 속에서의 산소의 운송 양상: 총혈액 산소함량은 200ml/L인데, 혈장에 녹은 상태는 3m/L이며, Hb와 결합한 상태는 197ml/L임

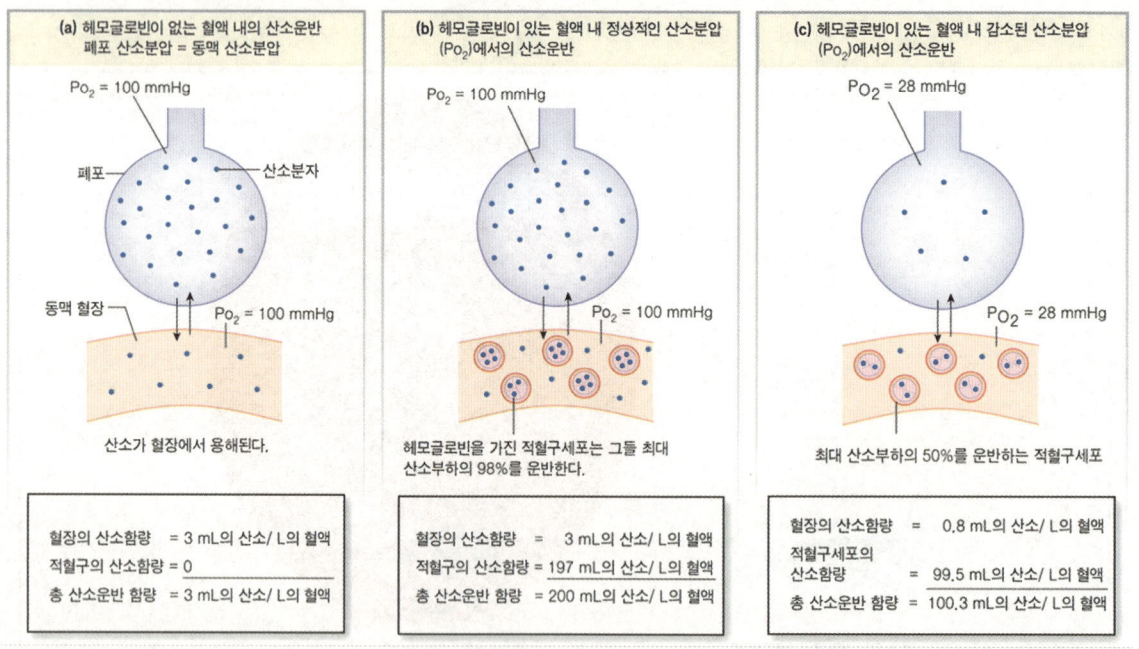

ⓑ 헤모글로빈에 결합하는 산소량에 영향을 미치는 요인: 혈장의 산소 분압이 높을수록 Hb에 결합하는 산소량이 많으며, 혈액 내 Hb 분자수가 많을수록 동일한 산소분압 상태에서 혈액에 존재하는 산소량이 많음

ⓒ 온도, pH, 대사산물 등의 존재가 산소의 헤모글로빈 결합에 대해 미치는 영향: pH의 변화로
초래되는 헤모글로빈 포화곡선의 이동을 보어효과라고 함. 헤모글로빈의 산소결합 반응식이

$$Hb + 4O_2 \underset{②}{\overset{①}{\rightleftharpoons}} Hb(O_2)_4 \text{ 라면}$$

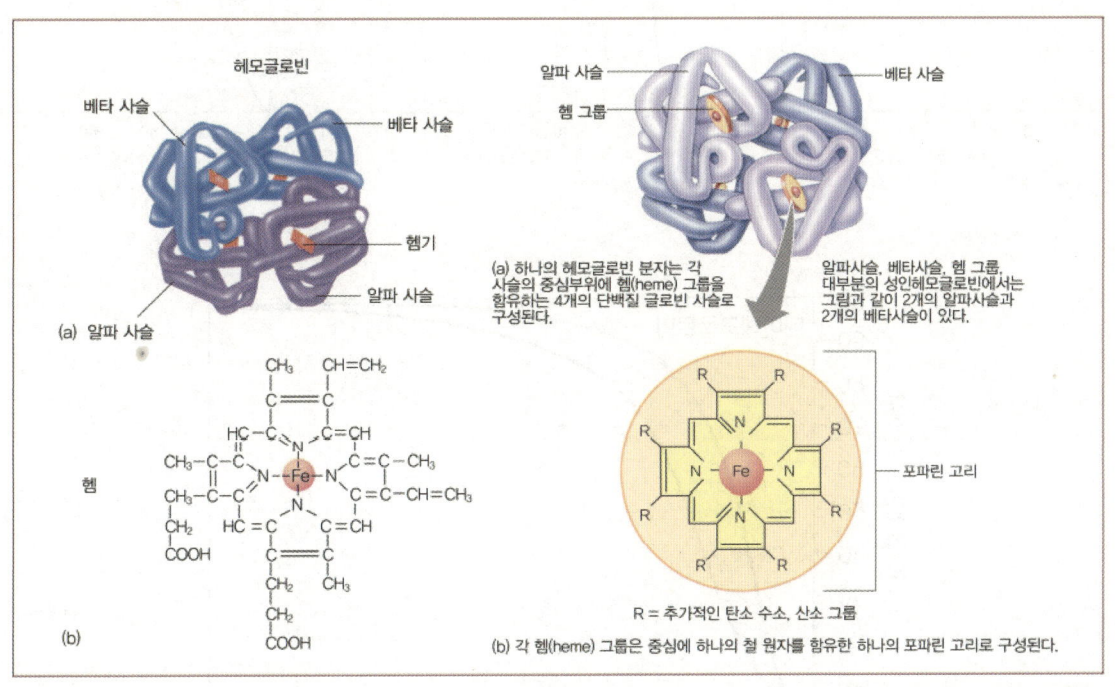

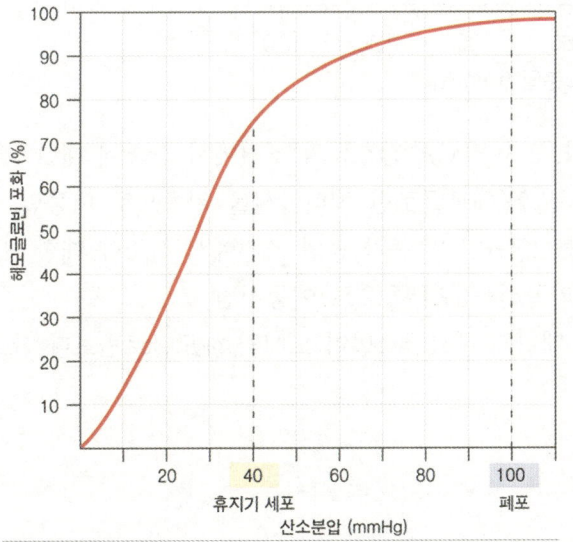

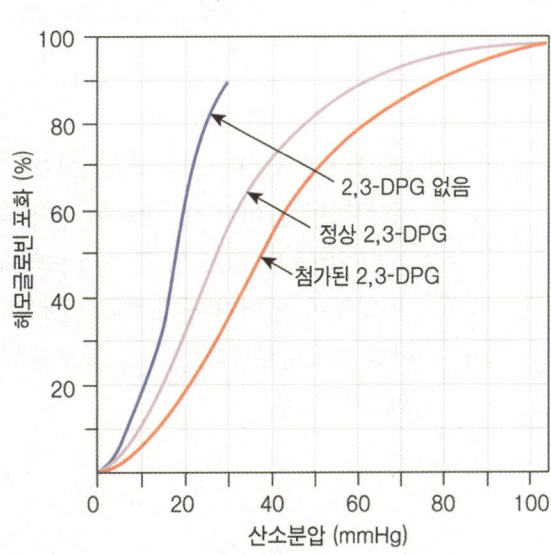

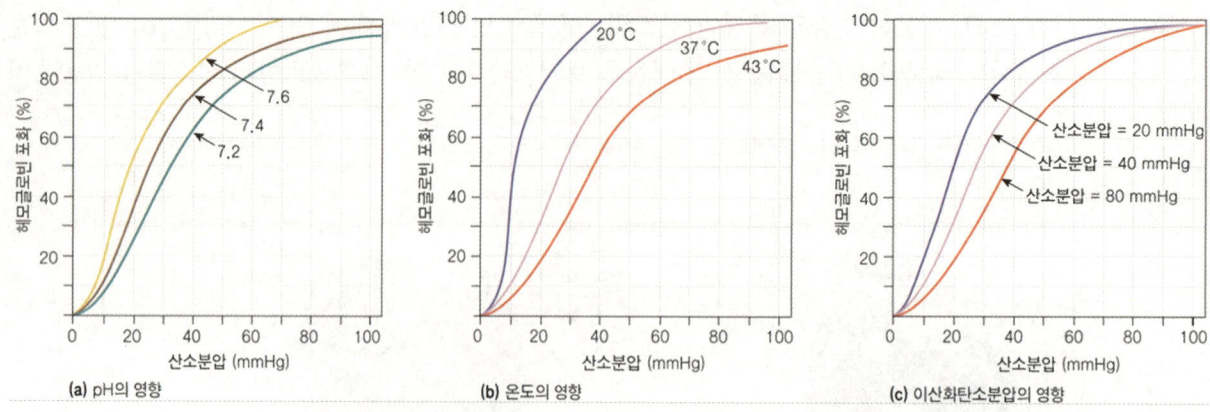

(a) pH의 영향   (b) 온도의 영향   (c) 이산화탄소분압의 영향

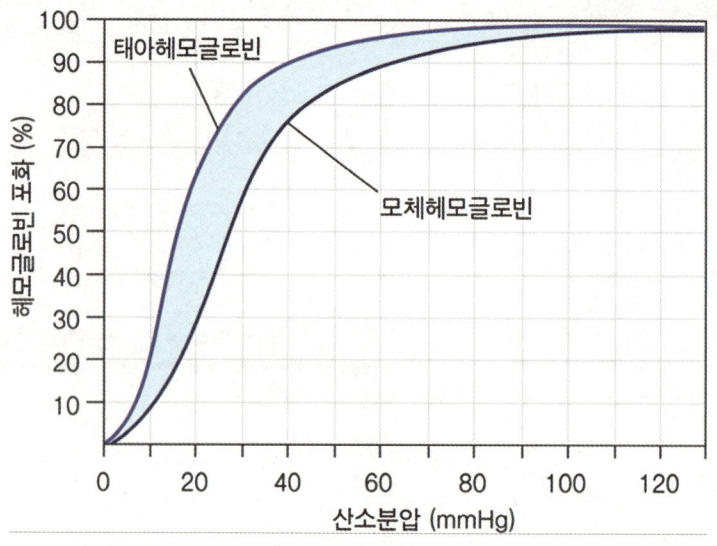

1. 온도와 감소, P_{CO_2}의 감소, pH의 증가, 2,3-BPGA 감소등의 조건에서 산소에 대한 Hb 친화력이 높아져 ① 반응이 촉진되고 산소-헤모글로빈 해리곡선을 왼쪽으로 이동함

2. 온도의 증가, P_{CO_2}의 증가, pH의 감소, 2,3-BPGS 증가 등의 조건에서 산소에 대한 Hb 친화력이 떨어져 산소-헤모글로빈 해리곡선을 오른쪽으로 이동시킴

ⓓ 태아의 헤모글로빈과 모체의 헤모글로빈: 태아의 헤모글로빈이 모체의 헤모글로빈보다 산소 친화력이 높음

ⓒ 이산화탄소 운반

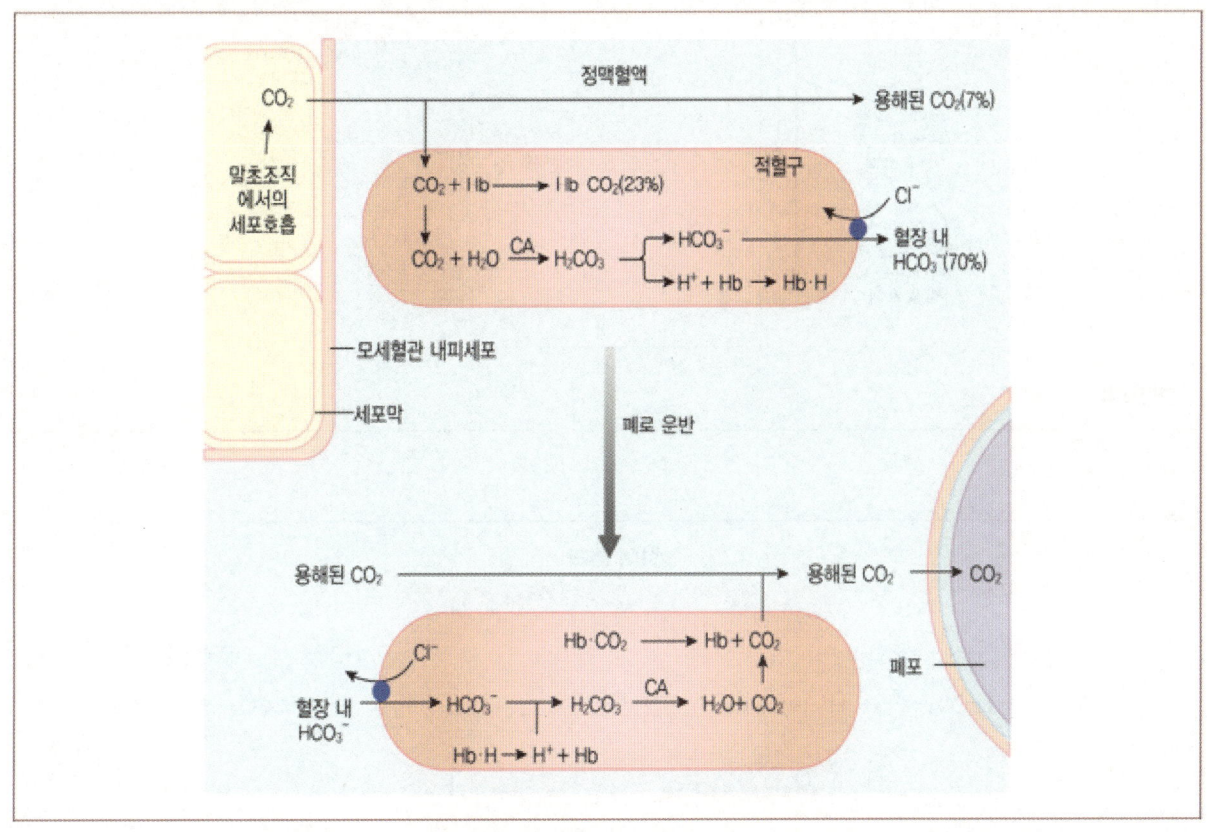

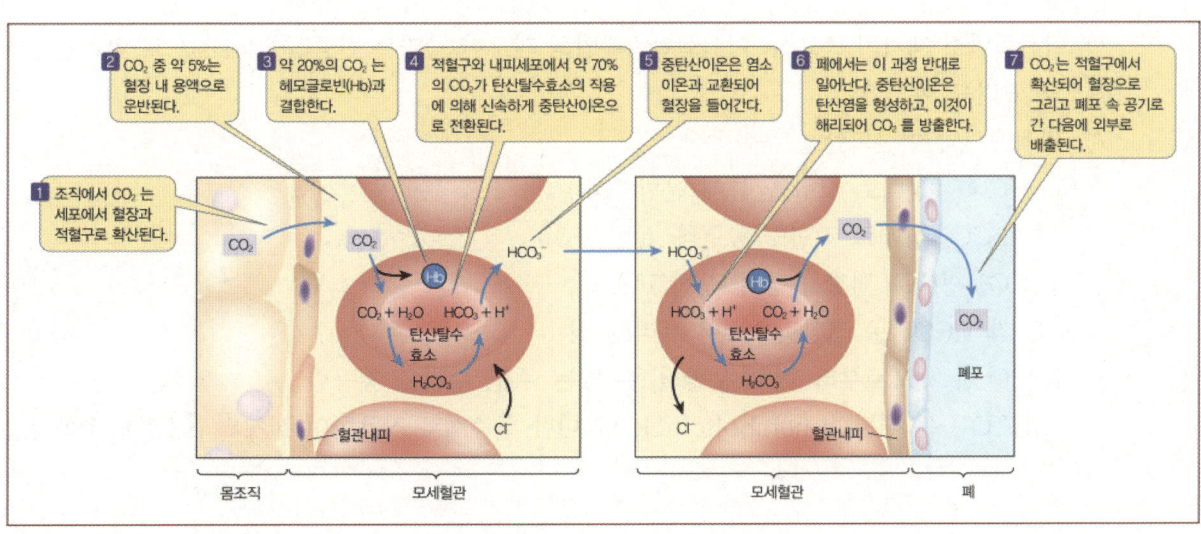

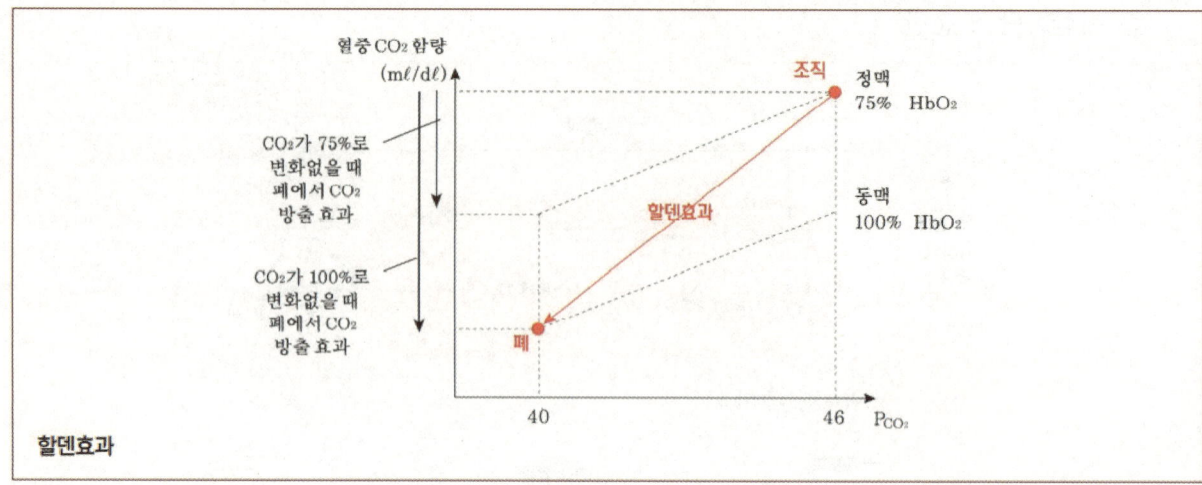

할덴효과

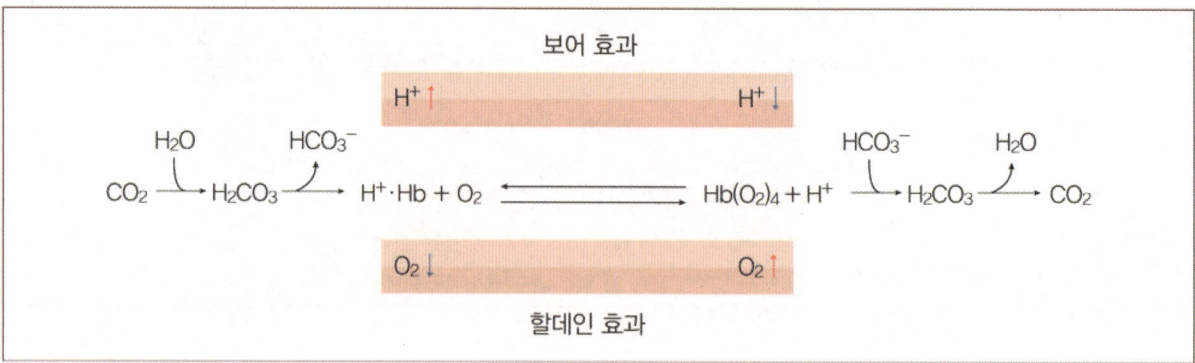

ⓐ 이산화탄소 제거의 중요성: 이산화탄소분압의 과도한 증가는 산증(acidosis)으로 알려진 pH의 교란을 야기함

ⓑ 혈액에서의 이산화탄소 운송방식

   1. HCO_3^- 상태로 혈장을 통해 운반(70%)

   2. $HbCO_2$ 상태로 적혈구를 통해 운반(23%)

   3. CO_2 형태로 혈장을 통해 운반(7%).

ⓒ CO_2가 HCO_3^-로 전환됨으로써 유리한 점

   1. CO_2가 세포로부터 폐로 운반될 수 있는 주된 수단을 제공함

   2. HCO_3^-는 대사산(metabolic acid)에 대한 완충제로 작용하여 신체의 pH를 안정화시킴

25 배설(elimination)

1 질소 노폐물

(1) 영양소 대사에 따른 질소 노폐물의 생성

구분	탄수화물　　　지방	단백질　　　　핵산	비고
구성 원소	C, H, O	C, H, O, N	단백질, 핵산이 질소를 포함함
노폐물	CO_2, H_2O	CO_2, H_2O, NH_3	암모니아는 간에서 요소로 전환
배설 형태	CO_2 → 폐(호기) H_2O → 폐, 오줌, 땀	CO_2 → 폐(호기) H_2O → 폐, 오줌, 땀 요소 → 오줌, 땀	

(2) 질소 노폐물의 종류

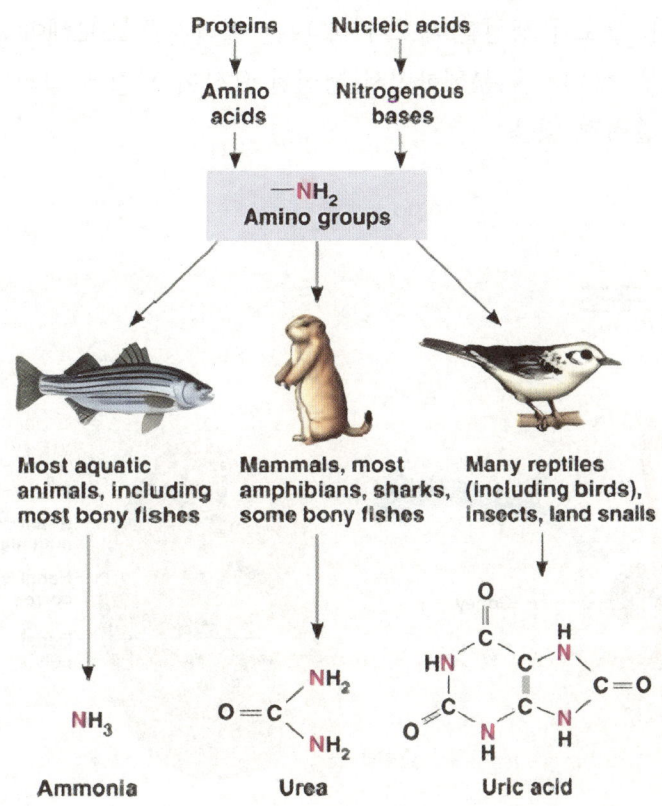

질소 노폐물	특징	해당 동물
암모니아	수용성, 독성이 강함	수중 무척추동물, 경골어류
요소	수용성, 독성이 약함	양서류, 포유류
요산	불용성, 독성이 약함	곤충류, 파충류, 조류

㉠ 암모니아(ammonia): 영양단계에서 흡수된 아미노산이 세포호흡 단계에 이용되기 위해서 먼저 아미노기가 암모니아의 형태로 제거되는데 암모니아는 체액의 pH를 상승시키고 이온 농도를 상승시키는 독성이 강한 물질임. 동물들은 암모니아의 농도가 매우 낮아야만 견딜 수 있기 때문에 암모니아의 형태로 배설하는 동물은 많은 양의 물을 필요로 하고, 이런 이유 때문에 암모니아 형태의 배설은 주로 수생생물들에게서 관찰됨

㉡ 요소(urea): 육상동물과 많은 종류의 해수동물은 암모니아 배설 대신에 요소를 배설하는 방향으로 진화하게 됨. 요소는 암모니아에 비해 독성이 훨씬 덜하며, 높은 농도 상태로 수송하거나 저장할 수 있고, 암모니아보다 농축된 형태로 배설 가능하기 때문에 수분 손실량이 적다는 장점이 있으나, 요소 생성에 에너지를 소모해야 한다는 단점도 있음

㉢ 요산(uric acid): 독성이 덜하고, 물에 잘 녹지 않아 반고체의 상태로 물의 손실 거의 없이 배설 가능하나, 요소를 생성할 때보다 더 많은 에너지를 소모해야 한다는 단점이 있음. 또한 인간의 경우, 퓨린기를 분해하면서 생성된 요산이 관절에 침적되어 통풍(gout)을 유발하는 것으로 알려져 있음

2 배설계의 구조

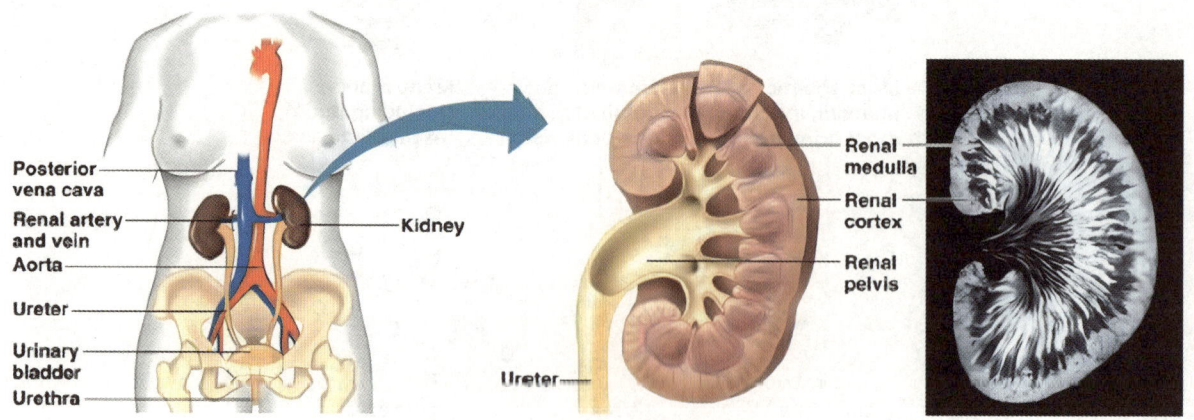

(1) 포유류의 경우 한 쌍의 신장을 지니며, 사람의 신장 하나는 길이가 약 10cm 정도로 신동맥을 통해 혈액이 들어오고, 신정맥으로 혈액이 빠져나감. 심장에서 나오는 혈액의 25% 정도를 공급받음. 각 신장에서 형성된 오줌은 신우(renal pelvis)에 잠시 저장된 후, 수뇨관(ureter)을 통해 신장 밖으로 흘러 나와 방광(urinary bladder)으로 모이며, 이후 배뇨시 오줌은 방광에서 요도(urethra)를 따라 배출됨

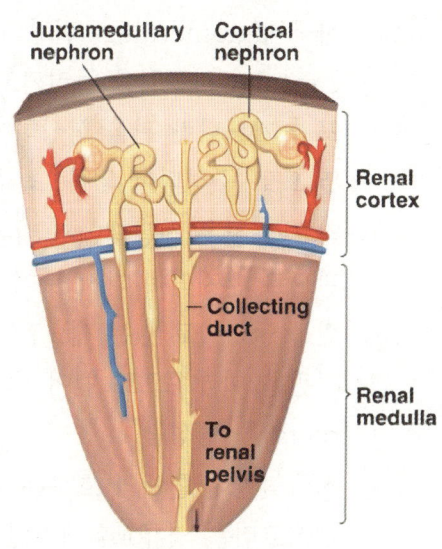

(2) 신장은 피질(renal cortex; 사구체, 보먼주머니, 세뇨관 분포)과 수질(renal medulla; 세뇨관, 집합관 분포)로 구성됨

(3) 네프론의 구조

인간의 신장에 있는 네프론 중 85% 정도는 피질 네프론(cortical nephron)으로 헬레고리(loop of Henle)가 짧아서 거의 피질에만 머무르며 나머지 15%가 수질곁네프론(juxtamedullary nephron)으로 신장의 수질 깊숙이 잘 발달된 헨레고리를 가지고 있음. 수질곁네프론이 수분의 보존에 매우 중요한 고농도의 오줌 형성을 가능케 함

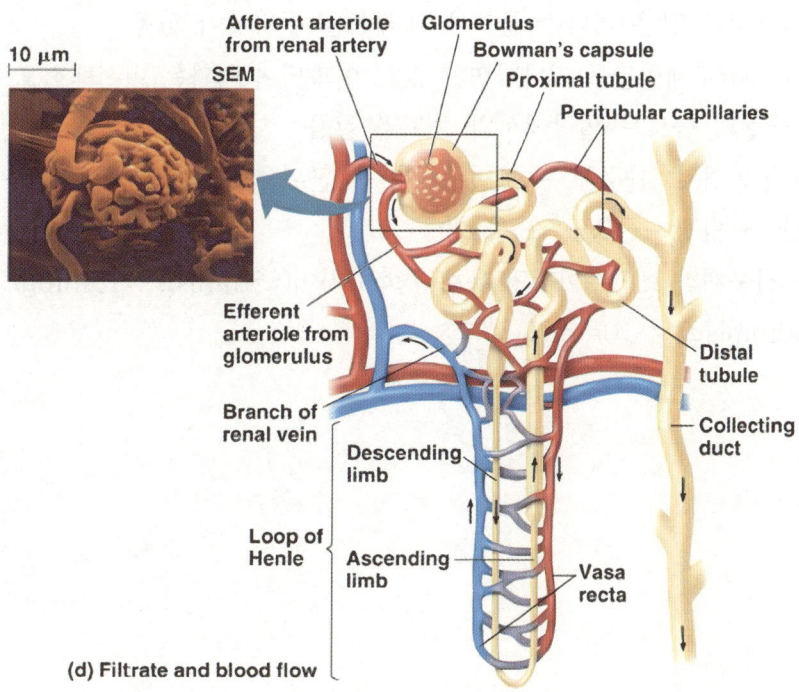

(d) Filtrate and blood flow

㉠ 사구체(glomerulus; 혈장의 여과에 관여하면 모세혈관 덩어리), 보먼주머니(Bowman's capsule; 사구체를 둘러싸고 있는 컵 모양의 구조), 세뇨관(renal tubule; 단층의 상피세포가 가느다란 관을 형성하며 근위세뇨관-하행지-헨레고리-상행지-원위세뇨관 순으로 배열)으로 구성되어 있음. 척추동물 중에서 포유류와 조류만이 헨레고리를 지님

㉡ 각 네프론은 신동맥에서 나온 수입세동맥을 통해 혈액을 공급받고, 이것은 사구체 모세혈관으로 분지되며 다시 모여 수출세동맥을 형성함. 이는 다시 모세혈관으로 분지되면서 세관을 둘러싸고 있는 세뇨관 주위 모세혈관(peritubular capillary)을 형성함. 세 번째 모세혈관은 아래쪽으로 뻗어 수질곁네프론의 헨레고리를 따라 머리핀 구조의 직행혈관(vasa recta)을 형성함

㉢ 직행혈관내 혈액의 흐름은 이웃한 헨레고리의 여과액이 흐르는 방향과 반대, 직행혈관과 헨레고리는 역류교환계처럼 작용하여 신장의 효율을 증가시킴

3 네프론을 토한 소변 형성 과정

(1) 여과(filtration)

압력 차이에 의한 사구체에서 보먼주머니로의 혈장 부피유동

㉠ 여과액 성분: H_2O, NaCl, HCO_3^-, H^+, 요소, 포도당, 아미노산, 비타민 등의 작은 분자로 혈구나 단백질과 같은 커다란 분자에 대해서는 투과성이 없음

㉡ 혈액이 사구체 모세혈관을 지나가면서 20% 여과되며 여과는 비선택적으로 일어나기 때문에 투과 물질의 농도는 혈장에서의 농도와 같음

㉢ 여과액의 이동경로: 사구체 → 보먼주머니 → 근위세뇨관 → 헨레고리 → 집합관 → 신우 → 수뇨관 → 방광 → 요도 → 몸 밖

㉣ 여과압 = 사구체와 보먼주머니의 유체정압의 차이(55mmHg - 15mmg) - 사구체의 교질삼투압(30mmHg) = 10mmHg

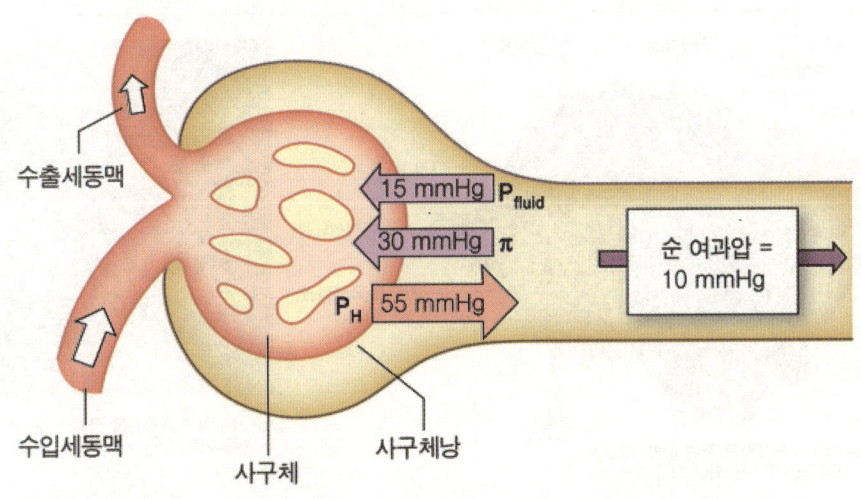

$$P_H \;-\; \pi \;-\; P_{fluid} \;=\; 순여과압$$
$$55\ mmHg \;-\; 30\ mmHg \;-\; 15\ mmHg \;=\; 10\ mmHg$$

기호

P_H = 정수압(혈압)
π = 혈장에 있으나 사구체낭에 없는 단백질에 의해
　　　발생한 교질삼투압
P_{fluid} = 사구체낭의 액체에 의해 발생한 압력

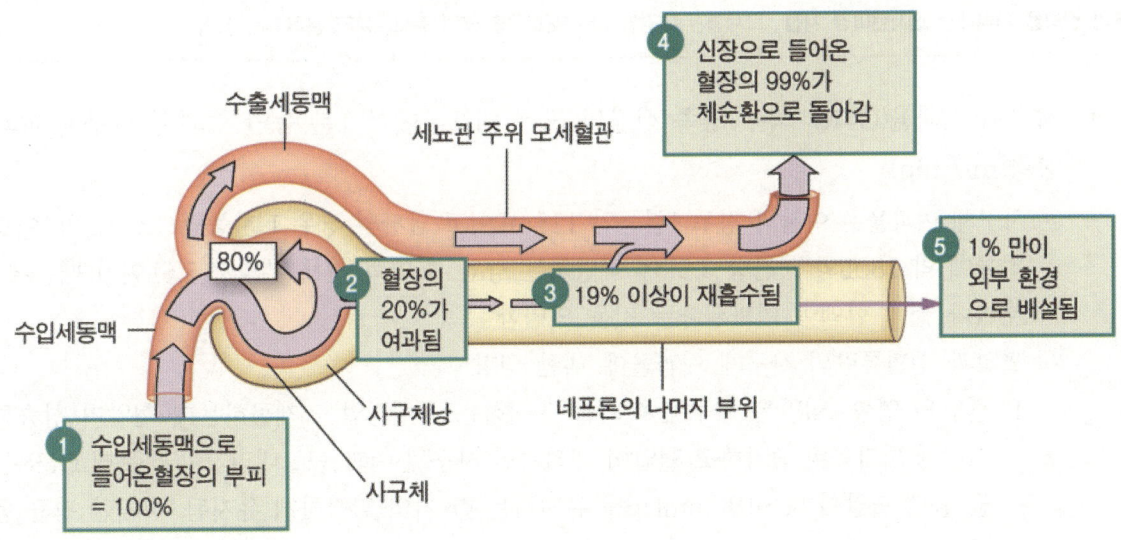

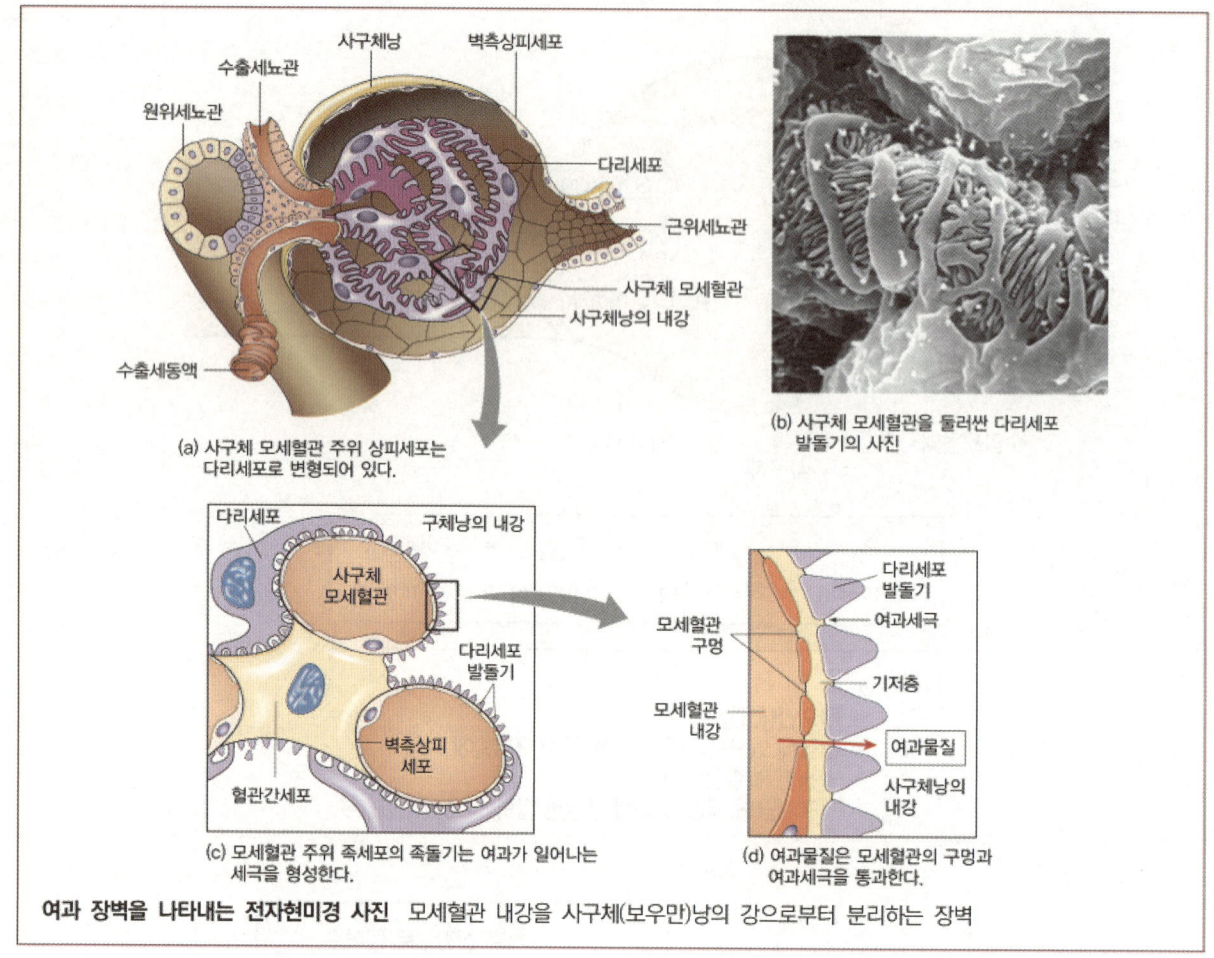

원위세뇨관 / 수출세뇨관 / 사구체낭 / 벽측상피세포 / 다리세포 / 근위세뇨관 / 사구체 모세혈관 / 사구체낭의 내강 / 수출세동액

(a) 사구체 모세혈관 주위 상피세포는 다리세포로 변형되어 있다.

(b) 사구체 모세혈관을 둘러싼 다리세포 발돌기의 사진

다리세포 / 구체낭의 내강 / 사구체 모세혈관 / 다리세포 발돌기 / 벽측상피세포 / 혈관간세포

(c) 모세혈관 주위 족세포의 족돌기는 여과가 일어나는 세극을 형성한다.

다리세포 발돌기 / 여과세극 / 모세혈관 구멍 / 기저층 / 모세혈관 내강 / 여과물질 / 사구체낭의 내강

(d) 여과물질은 모세혈관의 구멍과 여과세극을 통과한다.

여과 장벽을 나타내는 전자현미경 사진 모세혈관 내강을 사구체(보우만)낭의 강으로부터 분리하는 장벽

ⓜ 사구체 여과율(GFR): 좌우 양쪽 신장의 모든 네프론에서 1분 동안 여과된 사구체 여과액 총량(ml/min)

ⓐ 사구체 여과율은 여자의 경우 1분동안 115mL이고 남자의 경우 1분 동안 125mL임. 이것은 하루에 약 180L와 시간당 7.5L에 해당하는 양임. 혈액의 전체 부피가 5.5L이기 때문에 40분마다 전체 혈액이 여과된다는 것을 의미함

ⓑ 혈압과 신혈류량의 사구체 여과율에 대한 영향

1. 혈압의 영향: 혈압은 사구체 여과를 촉진하는 유체정압을 제공하는데 혈압이 상승하면 사구체 여과율이 증가하고 혈압이 내려가면 사구체 여과율도 내려가야 하는데 GFR은 평균 동맥 혈압이 80~180mmHg를 유지하는 한 거의 일정하게 유지됨. 하지만 평균 동맥압이 상승하면 80~180mmHg이라고 하더라도 조금씩 높아진다고 생각해야 함

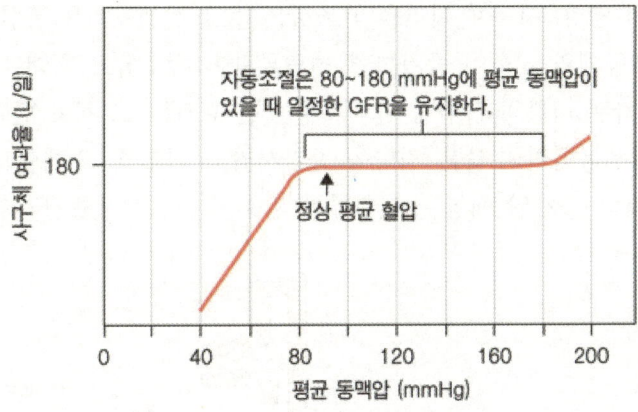

자동조절은 80~180 mmHg에 평균 동맥압이
있을 때 일정한 GFR을 유지한다.

정상 평균 혈압

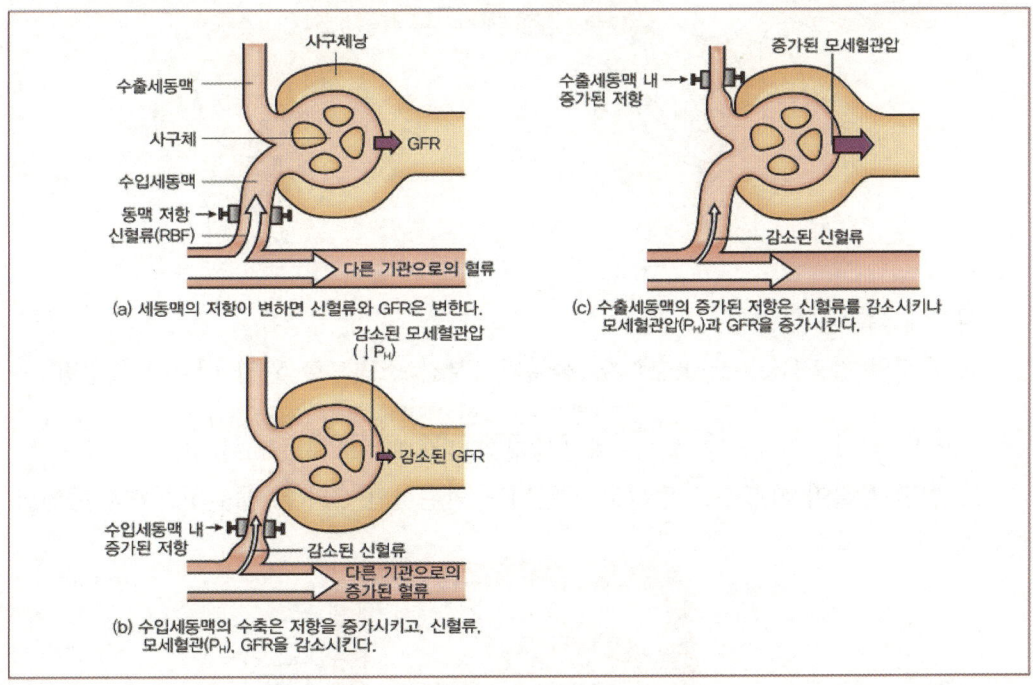

(a) 세동맥의 저항이 변하면 신혈류와 GFR은 변한다.

(b) 수입세동맥의 수축은 저항을 증가시키고, 신혈류,
모세혈관(P$_H$), GFR을 감소시킨다.

(c) 수출세동맥의 증가된 저항은 신혈류를 감소시키나
모세혈관압(P$_H$)과 GFR을 증가시킨다.

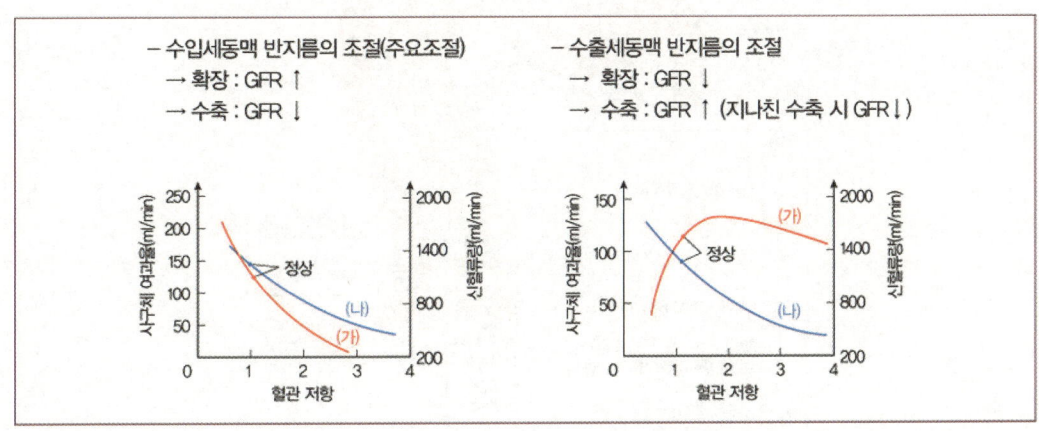

- 수입세동맥 반지름의 조절(주요조절)
  → 확장 : GFR ↑
  → 수축 : GFR ↓

- 수출세동맥 반지름의 조절
  → 확장 : GFR ↓
  → 수축 : GFR ↑ (지나친 수축 시 GFR ↓)

2. 신혈류량의 영향: 사구체 여과율의 조절은 주로 신세동맥을 통한 혈류 조절에 따라 이루어짐. 신세동맥의 저항이 증가하면 신혈류량이 감소하고 혈액은 다른 기관으로 전용됨. 그러나 증가된 저항의 사구체 여과율에 대한 효과는 그 저항 변화가 시작되는 장소에 달렸음. 수입세동맥의 수축은 저항을 증가시키고 신혈류, 모세혈관압, GFR을 감소시키나 수출세동맥의 증가된 저항은 신혈류를 감소시키나 모세혈관압과 GFR을 증가시킴

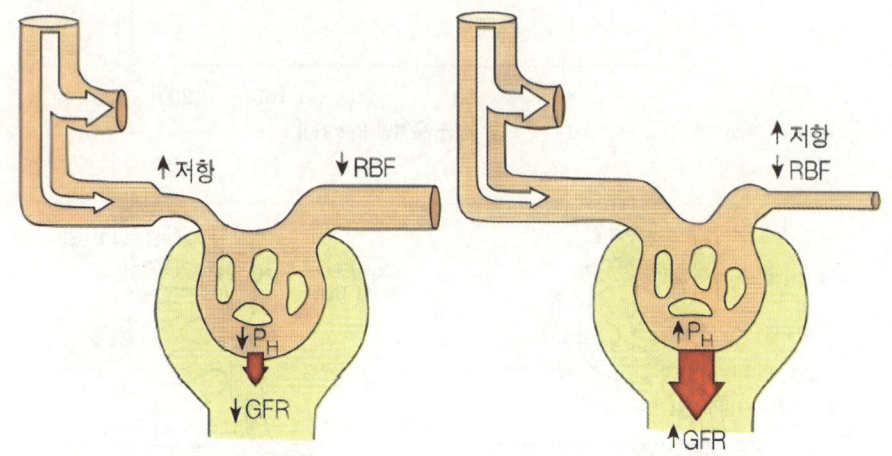

ⓒ 사구체 여과율의 측정
1. 물질의 청소율(clearance): 한 물질의 1분간 소변으로 완전 배설된 혈장량

$$청소율 = \frac{해당물질의소변배설률(mg/min)}{해당물질의혈장내농도(mg/ml혈장)}$$

2. 어떤 물질이 재흡수도 안되고 재분비도 안된다면 GFR은 물질청소율과 동일함

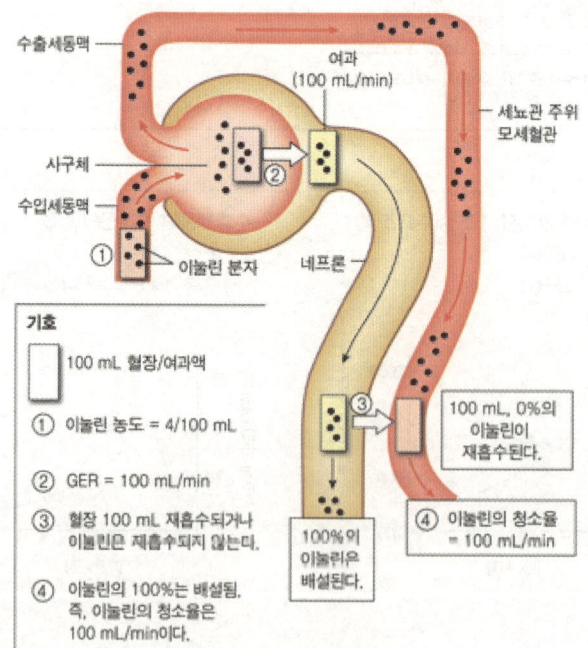

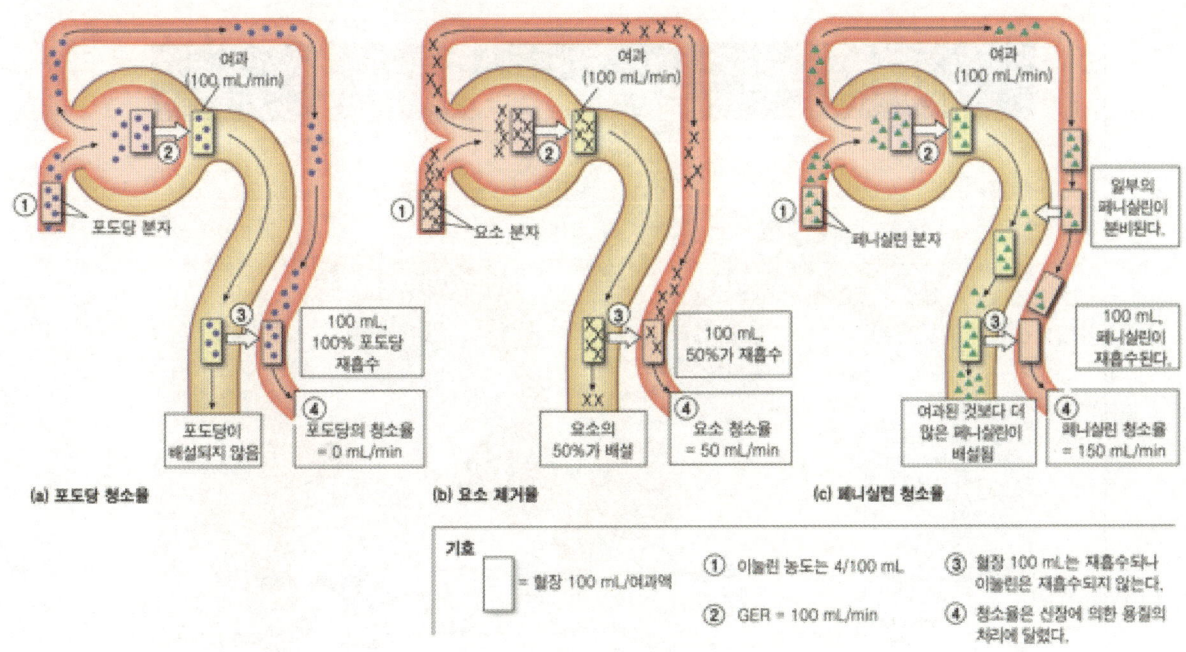

(a) 포도당 청소율

- ① 포도당 분자
- ② 여과 (100 mL/min)
- ③ 100 mL, 100% 포도당 재흡수
- ④ 포도당이 배설되지 않음 / 포도당의 청소율 = 0 mL/min

(b) 요소 제거율

- ① 요소 분자
- ② 여과 (100 mL/min)
- ③ 100 mL, 50%가 재흡수
- ④ 요소의 50%가 배설 / 요소 청소율 = 50 mL/min

(c) 페니실린 청소율

- ① 페니실린 분자
- ② 여과 (100 mL/min)
- 일부의 페니실린이 분비된다.
- ③ 100 mL, 페니실린이 재흡수된다.
- ④ 여과된 것보다 더 많은 페니실린이 배설됨 / 페니실린 청소율 = 150 mL/min

기호
☐ = 혈장 100 mL/여과액
① 이눌린 농도는 4/100 mL
② GER = 100 mL/min
③ 혈장 100 mL는 재흡수되나 이눌린은 재흡수되지 않는다.
④ 청소율은 신장에 의한 용질의 처리에 달렸다.

3. 사구체에서 자유롭게 여과되는 물질 X에 대한 신장에서의 용질 처리

여과율이 배설률보다 크다면	물질 X의 순 재흡수가 있음
배설률이 여과율보다 크다면	물질 X의 순 분비가 있음
여과율과 배설률이 같다면	물질 X의 순 재흡수나 순 분비가 없음
물질 X의 제거가 이눌린 제거보다 작다면	물질 X의 순 재흡수가 있음
물질 X의 제거가 이눌린 제거와 같다면	물질 X의 순 재흡수나 순 분비가 없음
물질 X의 제거가 이눌린 제거보다 크다면	물질 X의 순 분비가 있음

(2) 재흡수와 분비

세뇨관으로부터 빠져나가는 것은 재흡수, 세뇨관으로 진입하는 것은 분비라고 함

　㉠ 근위세뇨관(proximal tubule): 근위세뇨관에서의 재습후는 엄청난 양의 여과액으로부터 이온, 물, 그리고 영양소들을 다시 잡아들이는데 매우 중요한 역할을 수행

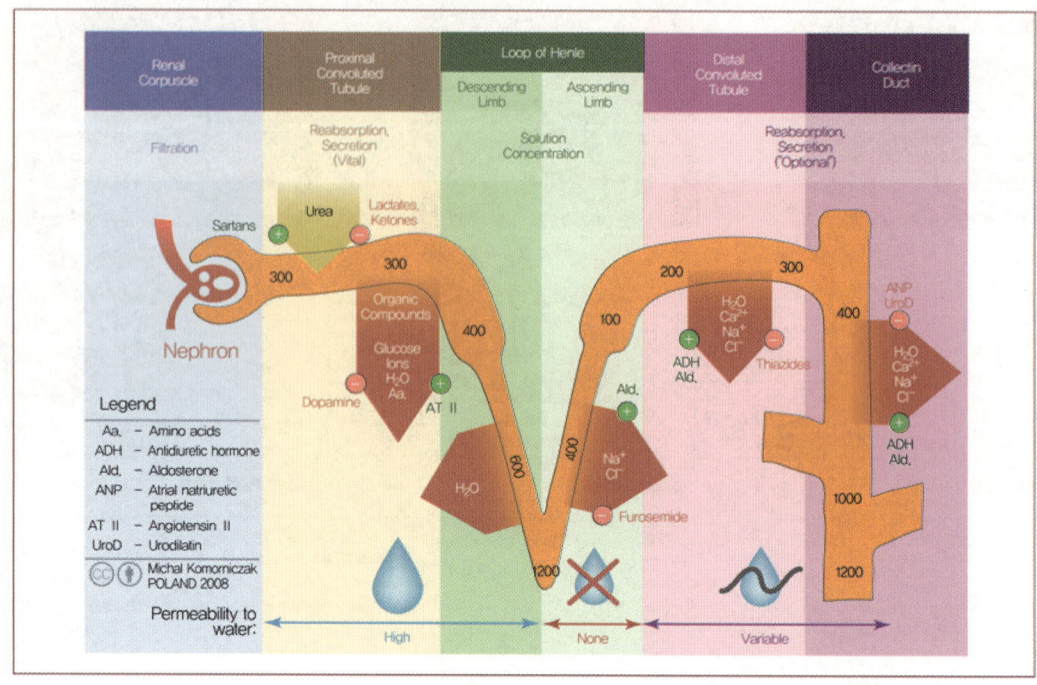

ⓐ 재흡수 물질의 종류와 수송방식: NaCl(능동수송), 물(삼투), 영양소(능동수송), K^+(수동수송), HCO_3^-(수동수송)

1. Na^+의 능동수송: Na^+의 능동수송은 신장에서 일어나는 대부분의 재흡수과정에 필요한 원동력으로 작용함. 근위세뇨관으로 들어온 여과액은 세포 내보다 높은 Na^+농도를 가지는 혈장과 이온 조성에서 유사함. 따라서 여과액 내의 Na^+은 전기화학적 농도 기울기를 따라 열린 통로를 통해 근위세뇨관 세포 내로 이동함. 세뇨관 상피세포의 정단막을 통해 일어나는 Na^+의 수송과정에는 여러 가지 다양한 동반 수송과 역수송 단백질 및 통로 단백질이 관여함. 근위세뇨관에서 Na^+-H^+ 교환수송체는 Na^+의 재흡수에 가장 중요한 역할을 수행함. 일단 세뇨관 상피세포로 흡수된 후 Na^+은 기저막에 존재하는 Na^+-K^+-ATPase에 의해 세포외액으로 능동수송됨

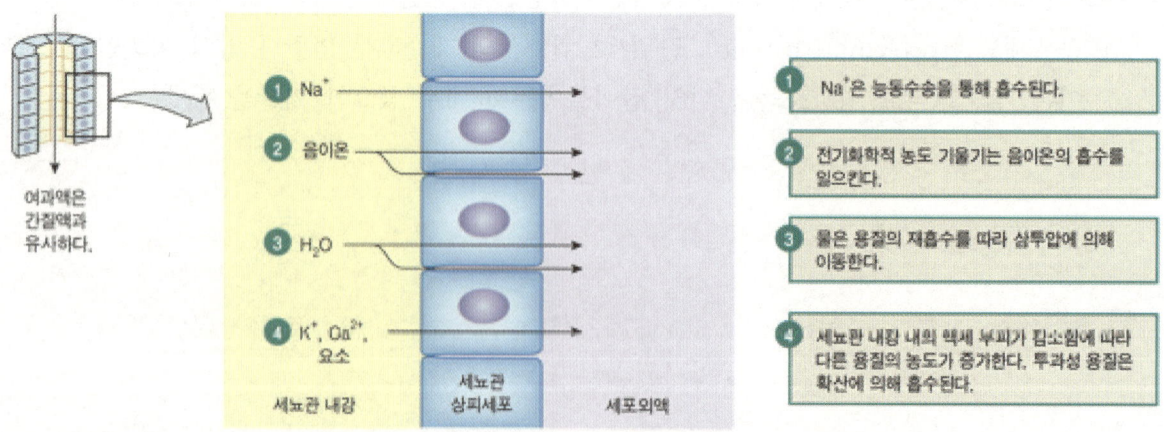

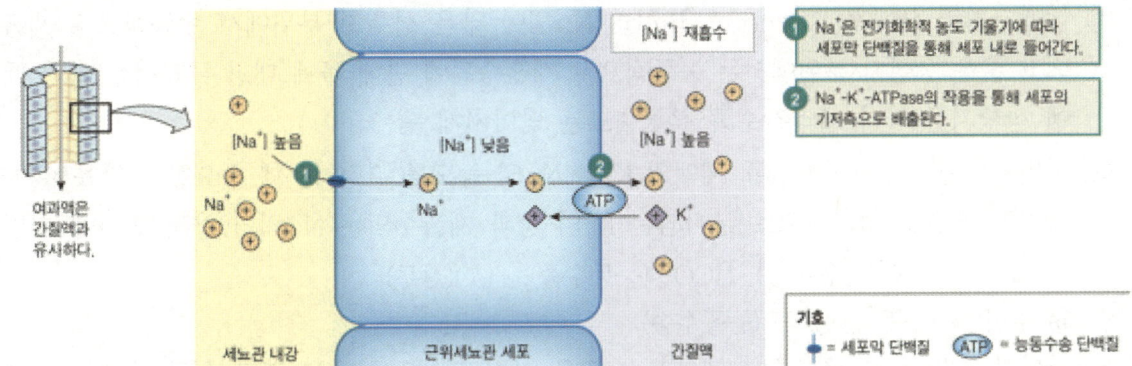

2. Na$^+$의 공동 수송: 네프론에서 Na$^+$과 연관된 2차 능동수송은 포도당, 아미노산, 이온 그리고 여러 대사산물을 포함하는 많은 물질들의 재흡수과 관련되어 있음. 정단부에서는 Na$^+$의 전기화학적 기울기를 따라 세포 내로 Na$^+$이 이동하는 에너지를 이용하여 포도당을 그것의 농도 기울기에 역행하여 세포질 내부로 운반하는 Na$^+$-포도당 공동운반체를 지니고 있음. 세포의 기저부에서는 포도당이 촉진확산 운반체의 작용을 통해 세포 외로 확산되어 나가는 반면에 Na$^+$은 Na$^+$-K$^+$-ATPase에 의해 방출됨

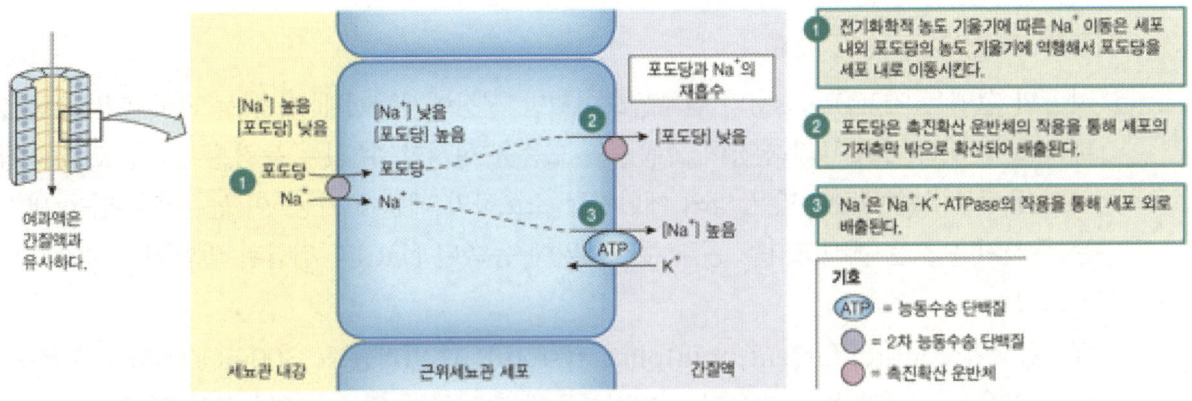

ⓑ 분비 물질의 종류와 수송 방식: H$^+$(능동수송), NH$_3$(수동수송)

   1. 수송상피세포는 H$^+$를 분비하지만 동시에 암모니아를 분비하여 암모늄 이온(NH$_4^+$)의 형태로 수소 이온은 붙잡아 완충효과를 보임

   2. 여과액의 산성도가 높아지면 암모니아의 분비량도 증가하여 오줌에 항상 약간의 암모니아가 섞여있게 됨

ⓒ 헨레고리의 하행지(descending limb): 아쿠아포린이라는 단백질을 통해 물의 재흡수가 원활하나 기타 물질에 대한 투과성은 거의 없음. 세포사이액이 여과액보다 삼투농도가 높으므로 물이 빠져나가게 되는데, 이 조건은 하행지 전 지역에 걸쳐 유지됨. 왜냐하면 신장의 피질에서 안쪽 수질로 들어갈수록 세포사이액의 삼투농도가 높아지기 때문임

ⓒ 헨레고리의 상행지(ascending limb): NaCl이 얇은 상행지 부위에서 수동적으로 재흡수되고 굵은 상행지 부위에서는 능동적으로 재흡수됨에 반해 물에 대한 투과성은 없기 때문에 상행지를 따라 올라갈수록 삼투농도는 낮아지게 됨

ⓔ 원위세뇨관(destal tubule): 체액의 K^+와 NaCl 농도를 결정하는데 중요한 역할을 수행함. 이러한 조절은 여과액으로 분비되는 K^+의 양과 재흡수되는 NaCl의 양적 변화에 기인함

  ⓐ 재흡수: NaCl(능동수송), HCO_3^-(능동수송), H_2O(삼투)

  ⓑ 분비: K^+(능동수송), H^+(능동수송)

ⓜ 집합관(collecting duct): 여과액을 수질을 거쳐 신우로 보내는 역할 수행. 수분을 보존하려 할 때에는 아쿠아포린 형성이 촉진되어 물분자가 상피층을 통과하도록 하고, 염과 요소는 통과시키지 않지만, 희석된 오줌을 만드는 경우에는 삼투현상에 의한 물의 재흡수 없이 염류만 재흡수하게됨. 집합관의 신장의 삼투농도 기울기를 따라 지나가면서 여과액은 점점 농축되고 높은 농도의 세포사이액에 의해 많은 양의 수분이 재흡수됨. 수질의 안쪽 부위는 요소에 대한 투과성이 있고 이 지점에서의 요소 농도는 매우 높기 때문에 요소의 재흡수가 발생하게 됨

(3) 염류 농도기울기와 수분 보존

ⓖ 사람의 혈액은 약300mOsM의 삼투농도이지만 신장에서는 4배 이상 농도가 높은 오줌을 배출할 수 있음. 포유류의 신장이 고농도의 오줌을 형성할 수 있는 능력은 삼투농도에 역행하여 용질을 수송하는데 많은 양의 에너지를 소모하기 때문에 가능. 이 높은 삼투압을 만드는 두가지 요소는 헨레고리를 통해 수질부위에 농축된 NaCl과 집합관 말단에서 재흡수된 요소임

ⓛ 역류증폭계(countercurrent multiplier system): 피질(저농도; 300mOsM)과 수질(고농도; 1200mOsM)의 농도 기울기를 형성하는데 관여하는 일종의 역류교환 체계로서 농도 기울기 형성에 에너지를 소모하게 됨. 헨레고리를 포함한 역류증폭계는 신장의 안쪽에 높은 염 농도를 유지하여 농축된 오줌 형성을 가능케 함

  ⓐ 헨레고리의 하행지(물에 대해서는 투과성 있으나 무기염류에 대해서는 투과성 없음): 세뇨관으로부터 삼투에 의해 물이 재흡수되며, 세뇨관 내 삼토용질 농도가 높아짐

  ⓑ 헨레고리의 상행지(물에 대해서는 투과성 없으나, 무기염류에 대해서는 투과성 있음): 세뇨관으로부터 NaCl이 얇은 상행지에서는 수동수송, 굵은 상행지에서는 능동수송을 통해 재흡수되어 원위세뇨관에 도달하게 되면 저삼투성 용액이 됨. 특히 굵은 상행지에서의 NaCl의 능동수송이 없이는 체내 어디에서도 이와 같은 농도 구배를 유지할 수 없음. 역류교환의 혜택에도 불구하고 신장은 이 과정에서 많은 양의 ATP를 소모하게 됨

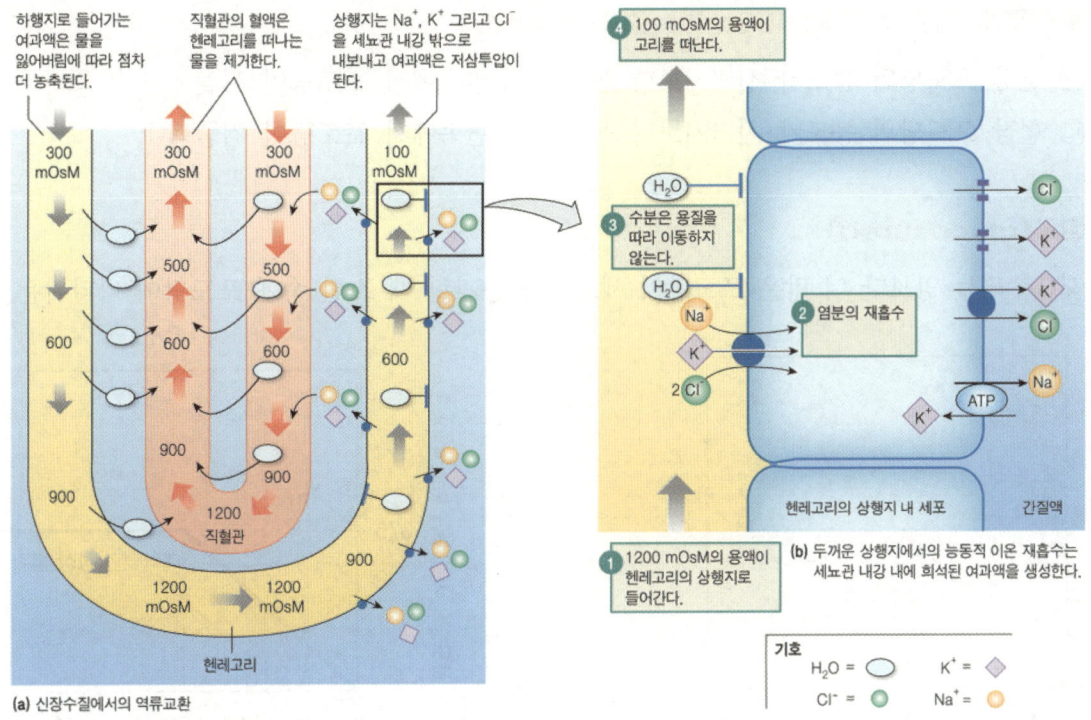

하행지로 들어가는 여과액은 물을 잃어버림에 따라 점차 더 농축된다.

직혈관의 혈액은 헨레고리를 떠나는 물을 제거한다.

상행지는 Na^+, K^+ 그리고 Cl^-을 세뇨관 내강 밖으로 내보내고 여과액은 저삼투압이 된다.

④ **100 mOsM의 용액이 고리를 떠난다.**

(a) 신장수질에서의 역류교환

③ **수분은 용질을 따라 이동하지 않는다.**

② **염분의 재흡수**

① **1200 mOsM의 용액이 헨레고리의 상행지로 들어간다.**

헨레고리의 상행지 내 세포 **간질액**

(b) 두꺼운 상행지에서의 능동적 이온 재흡수는 세뇨관 내강 내에 희석된 여과액을 생성한다.

기호

H_2O = ⬭ K^+ = ◇

Cl^- = ○ Na^+ = ○

ⓒ 집합관(물에 대해서는 투과성, 염에 대해서는 불투과성): 집합관으로부터 물이 재흡수 되면서 무기염류, 요소 등의 용질이 농축되고, 농축된 요소의 일부(약 50%)가 집합관 말단 부위를 통해 재흡수되어 수질 안쪽의 높은 삼투 농도를 유지하는데 기여하게 됨

4 신역치와 당뇨

(1) 신역치(renal plasma threshold)

소변 속에 배설되는 어느 한 물질의 최소 혈장 농도

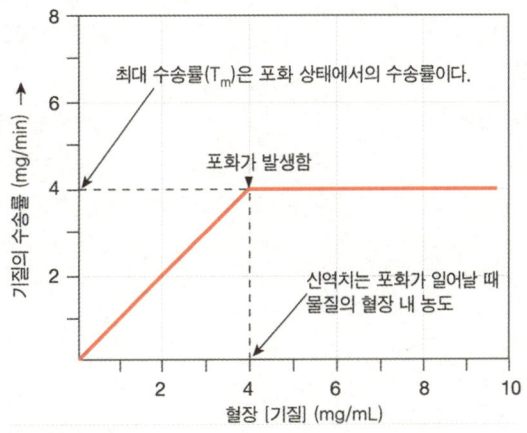

최대 수송률(T_m)은 포화 상태에서의 수송률이다.

포화가 발생함

신역치는 포화가 일어날 때 물질의 혈장 내 농도

기질의 수송률 (mg/min) →

혈장 [기질] (mg/mL)

(2) 포도당에 대한 신역치: 100ml당 180~200mg

ㄱ 혈장 포도당의 농도가 신역치보다 높으면 소변속에서 포도당이 검출되지 않음

ㄴ 혈장 포도당의 농도가 신역치보다 높으면 소변속에서 포도당이 검출됨

(3) 당뇨(glucosurea)

재흡수되는 양보다 더 많은 포도당이 세뇨관을 통과할 때 소변 속에 포도당이 나타나는 현상

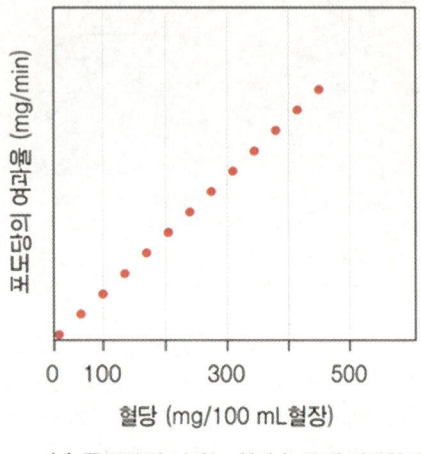

(a) 포도당의 여과는 혈당 농도에 비례한다.

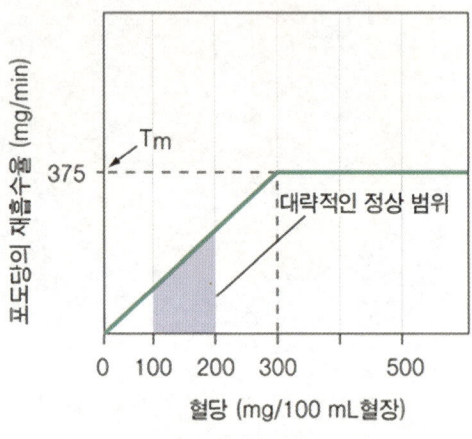

(b) 포도당의 재흡수는 최대 수송률(Tm)에 도달하기 전까지 혈당 농도에 비례한다.

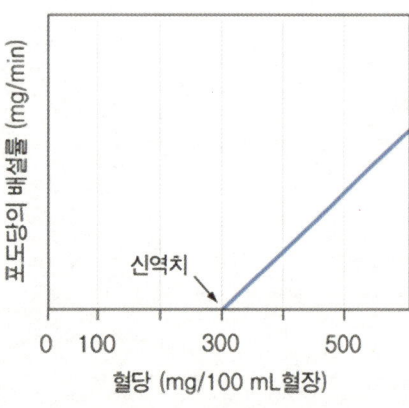

(c) 포도당은 신역치에 도달하기 전까지 배설되지 않는다.

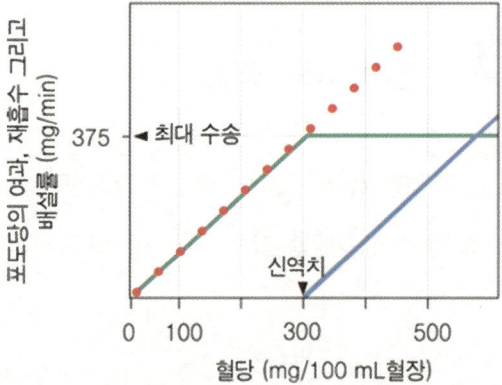

(d) 합성된 그래프는 포도당의 여과, 재흡수 그리고 배설 간의 관계를 나타낸다.

5 호르몬의 의한 네프론 기능 조절

(1) ADH(antidiuretic hormone; 바소프레신)에 의한 수분 재흡수 조절

㉠ 바소프레신 분비에 영향을 미치는 인자: 바소프레신이라고도 하는 이 호르몬은 삼투몰농도 와 혈압 변화에 자극되어 뇌하수체 후엽으로부터의 분비가 조절되어 수분 재흡수를 촉진함

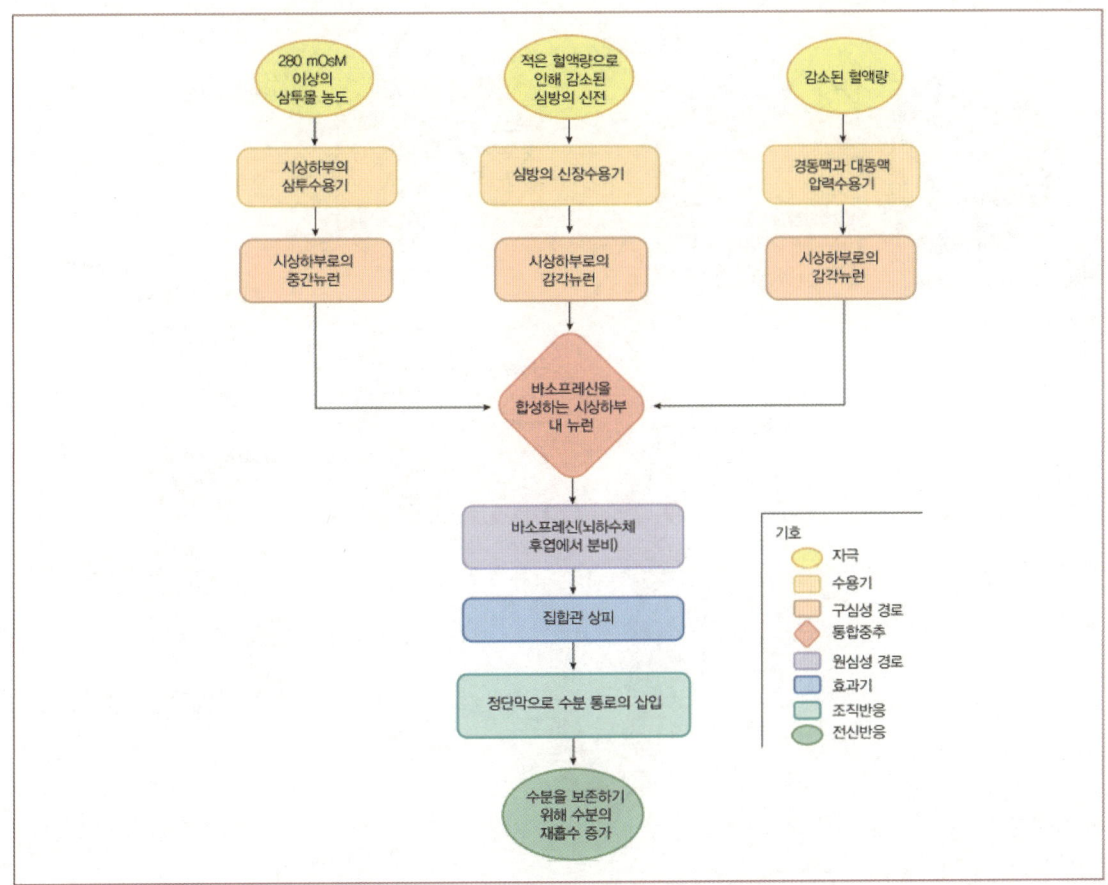

ⓐ 삼투몰농도 변화에 의한 바소프레신의 분비량 조절: 바소프레신 분비를 위한 주요 삼투수용 기는 시상하부에서 발견되는데 삼투몰농도가 역치농도인 280mOsM 이하일 때는 삼투수용 기가 자극되지 않고 바소프레신이 분비되지 않으나 삼투몰농도가 280mOsM를 넘어서면 삼투수 용기가 자극되고 바소프레신이 분비됨

ⓑ 혈압과 혈액량 변화에 의한 바소프레신의 분비량 조절: 혈압과 혈액량의 변화는 바소프레신 분비에 있어 다소 약한 자극임. 부피 조절을 위한 주요 수용기는 심방에 있는 신전 민감성 수용기이며 혈압은 심혈관 반응이 시작하는 경동맥체와 대동맥체에 존재하는 신전 민감성 압력수용기에 의해 측정됨. 혈압과 혈액량이 떨어지면 이 감기기들은 시상하부에 신호를 보 내 바소프레신을 분비시키고 수분을 보존함

ⓛ 바소프레신의 작용 가작: 바소프레신은 아쿠아포린이라는 단백질로 구성된 물분자 통로를 통해 물의 재흡수에 영향을 미침. 바소프레신이 수용체에 결합하면 집합관의 상피세포막 표면에 노출된 아쿠아포린의 양이 일시적으로 증가하게 되어 수분의 재흡수량이 증가함. 바소프레신의 합성을 막거나 수용체 유전자를 불활성화시키는 돌연변이, 또는 아쿠아포린 유전자 자체의 돌연변이는 정상적 아쿠아포린의 수가 증가하는 것을 억제할 것이고 결국 바소프레신에 의한 수분 균형 조절이 이루어질 수 없게 됨

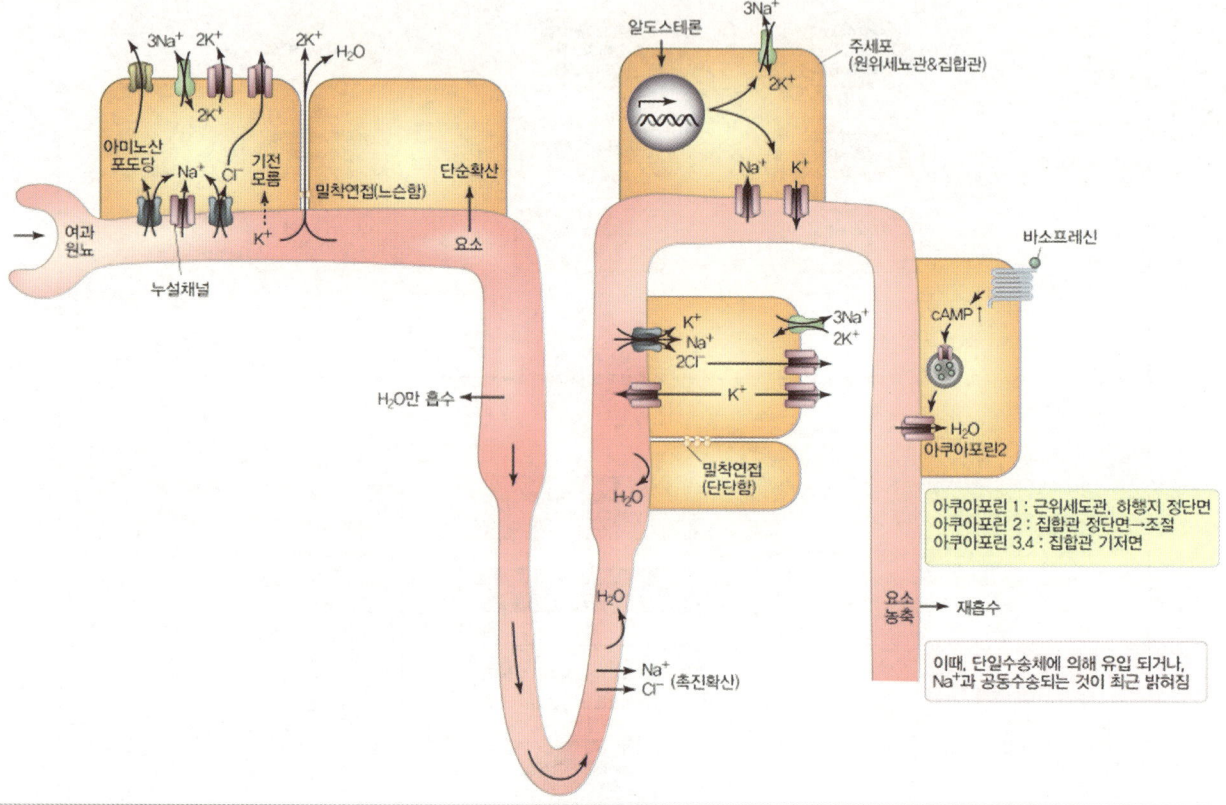

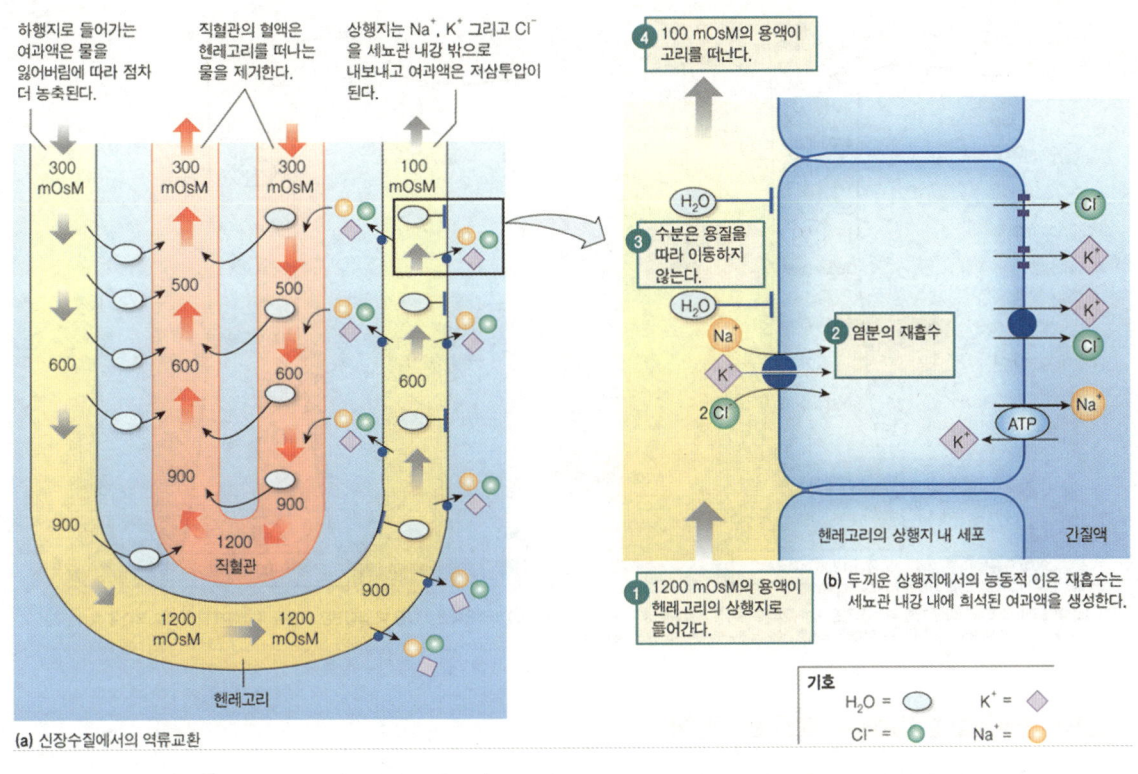

하행지로 들어가는
여과액은 물을
잃어버림에 따라 점차
더 농축된다.

직혈관의 혈액은
헨레고리를 떠나는
물을 제거한다.

상행지는 Na^+, K^+ 그리고 Cl^-
을 세뇨관 내강 밖으로
내보내고 여과액은 저삼투압이
된다.

4 100 mOsM의 용액이
고리를 떠난다.

3 수분은 용질을
따라 이동하지
않는다.

2 염분의 재흡수

헨레고리의 상행지 내 세포   간질액

1 1200 mOsM의 용액이
헨레고리의 상행지로
들어간다.

(b) 두꺼운 상행지에서의 능동적 이온 재흡수는
세뇨관 내강 내에 희석된 여과액을 생성한다.

기호

H_2O = ⬭ K^+ = ◇

Cl^- = ● Na^+ = ○

(a) 신장수질에서의 역류교환

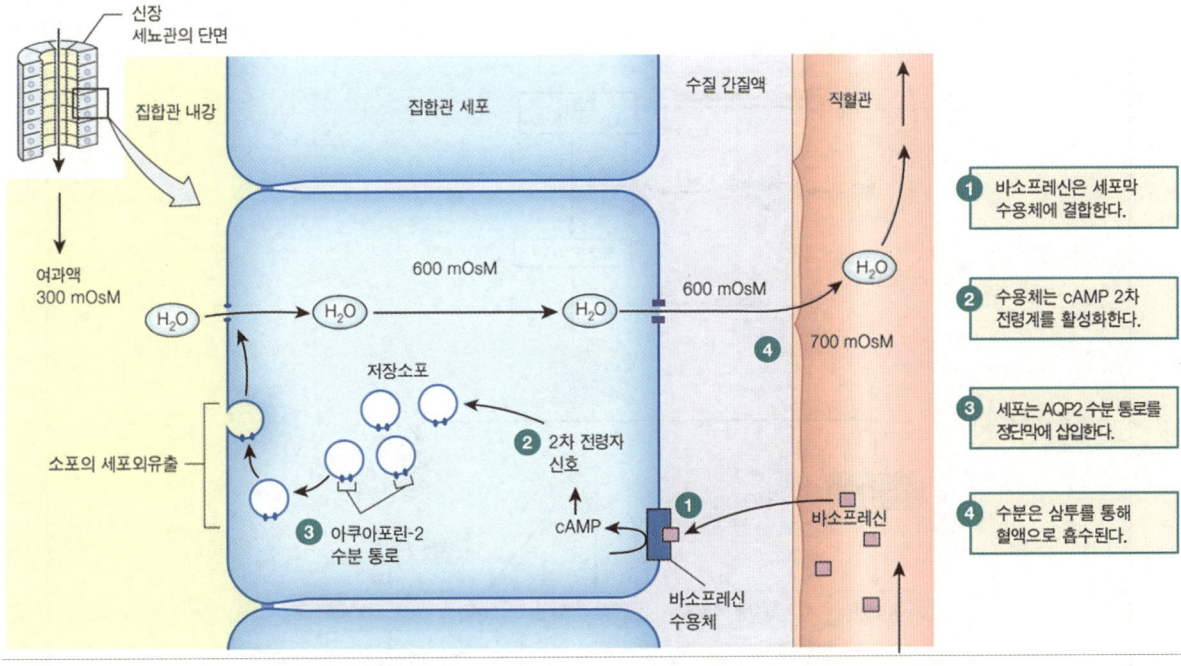

신장
세뇨관의 단면

집합관 내강

집합관 세포

수질 간질액

직혈관

여과액
300 mOsM

600 mOsM

600 mOsM

700 mOsM

저장소포

소포의 세포외유출

3 아쿠아포린-2
수분 통로

2 2차 전령자
신호

cAMP

바소프레신
수용체

바소프레신

1 바소프레신은 세포막
수용체에 결합한다.

2 수용체는 cAMP 2차
전령계를 활성화한다.

3 세포는 AQP2 수분 통로를
정단막에 삽입한다.

4 수분은 삼투를 통해
혈액으로 흡수된다.

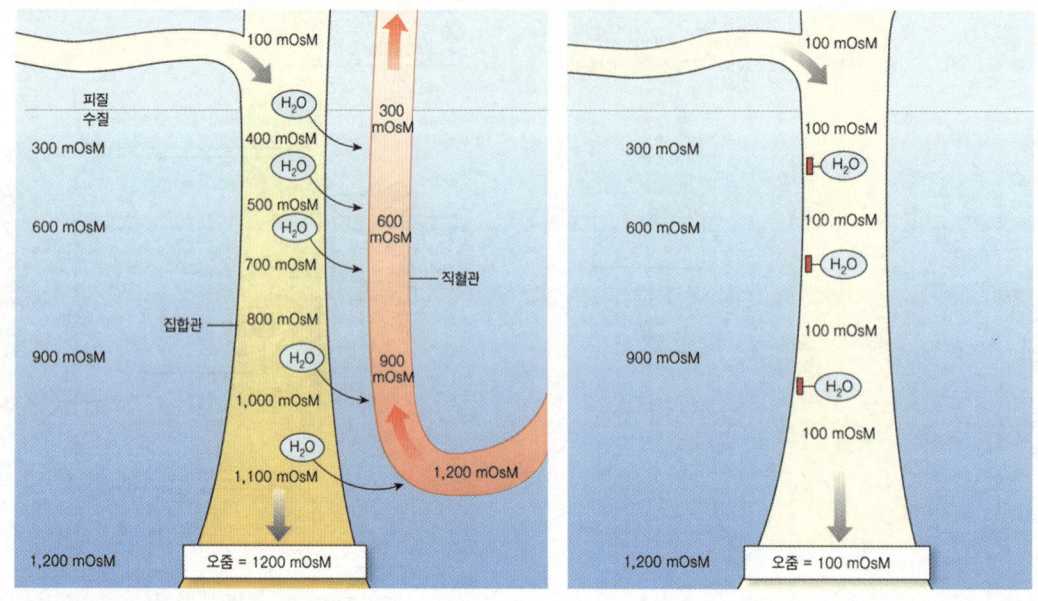

(a) 최대의 바소프레신이 존재할 때 집합관은 자유롭게 수분이 투과할 수 있다. 수분이 삼투를 통해 세뇨관 내강을 빠져나간 후 직혈관 모세혈관에 의해 수송된다. 오줌은 농축된다.

(b) 바소프레신이 없을 때 집합관은 수분을 투과하지 않게 되고 오줌은 희석된다.

(2) 혈압 변화에 반응하는 호르몬 조절

㉠ 레닌-안지오텐신-알도스테론 경로: 이 경로를 통해 혈압 증가 효과가 나타남

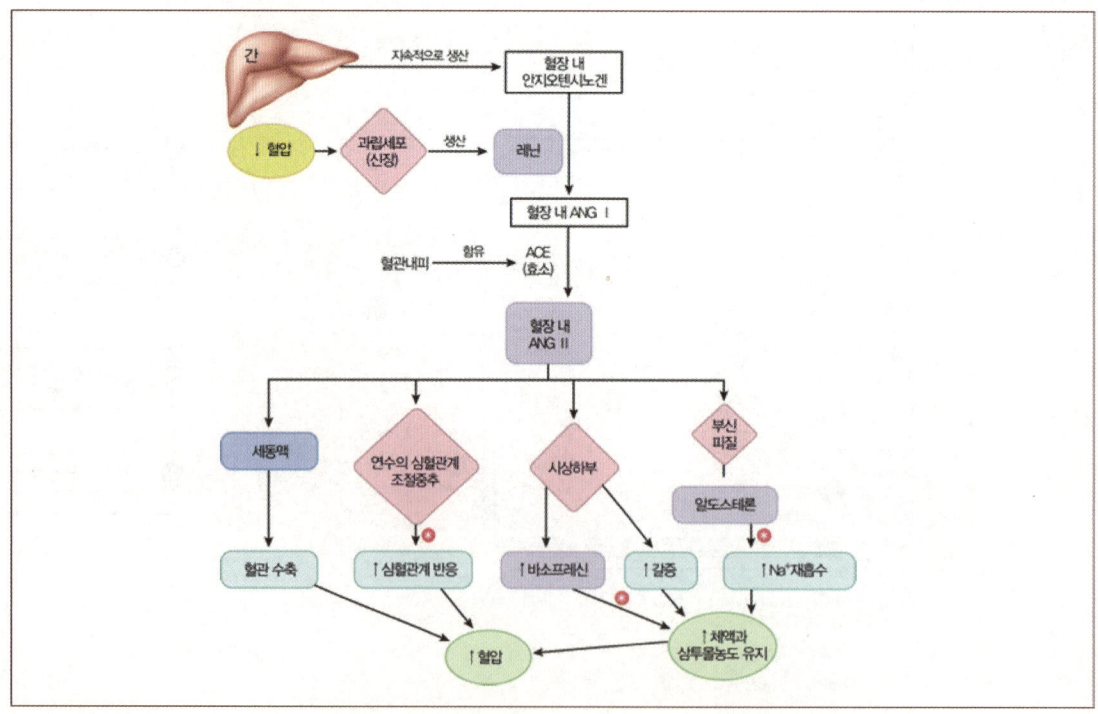

ⓐ 사구체 인접장치(juxtaglomerular apparatus; JGA)가 수입세동맥의 혈압감소에 반응하여 레닌을 합성분비함

ⓑ 간에서 합성된 혈장의 안지오텐시노겐이 레닌에 의해 안지오텐신 Ⅰ으로 전환

ⓒ 안지오텐신 Ⅰ이 ACE(angiotensin converting enzyme)에 의해 안지오텐신 Ⅱ로 전환됨

ⓓ 안지오텐신 Ⅱ는 부신피질을 자극하여 알도스테론의 분비를 유도하고 시상하부를 자극하여 바소프레신의 분비 증가, 갈증 유발을 유도하며 연수의 심혈관계 조절중추를 자극하여 심혈관계 반응을 상승시키고 세동맥 수축을 야기하게 됨. 많은 종류의 고혈압 치료제는 ACE에 대한 특이적 억제제로서 안지오텐신 Ⅱ 생성을 억제하여 혈압을 정상치로 낮춤

ⓔ 알도스테론의 작용 기작: 알도스테론은 신장의 원위세뇨관과 집합관 일부를 자극하여 Na^+의 재흡수 증가를 유도함

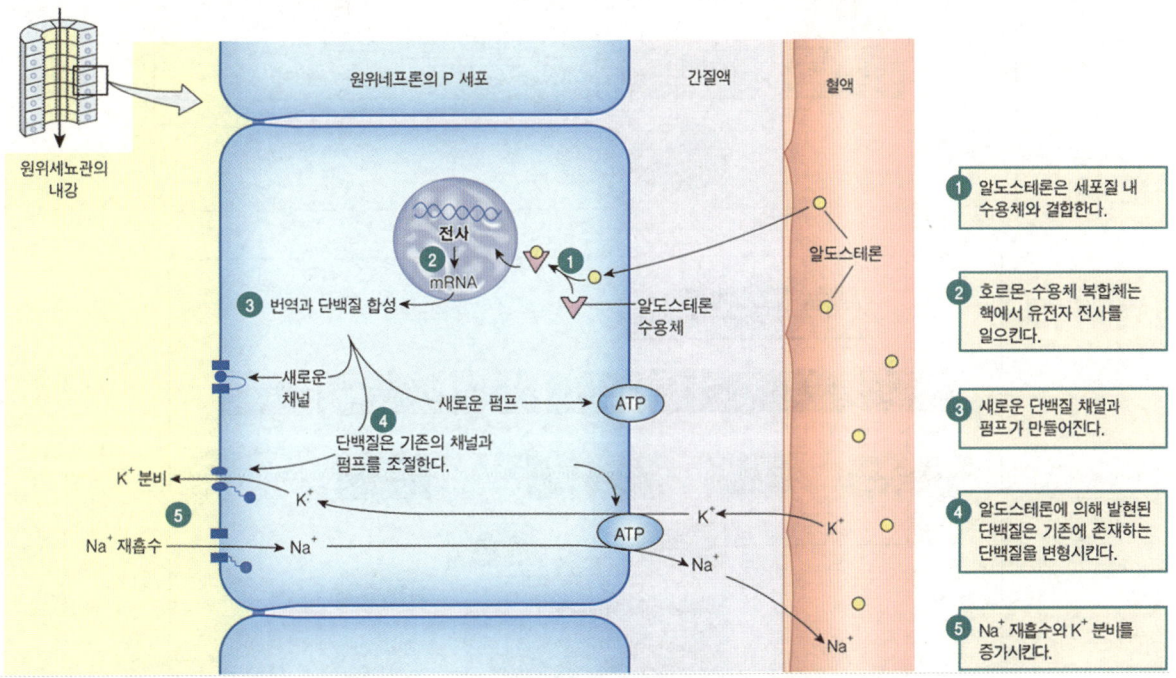

ⓛ 심방성나트륨이뇨호르몬(atrial natriuretic peptide; ANP): 혈압 상승시 심장의 심방벽에서 합성분비되어 시상하부를 자극하여 바소프레신 분비를 억제하고 JGA로부터의 renin 분비를 억제하며 GFR을 상승시키고 부신피질에서의 알도스테론 합성을 억제하며 연수를 자극하여 혈압 강하를 촉진함

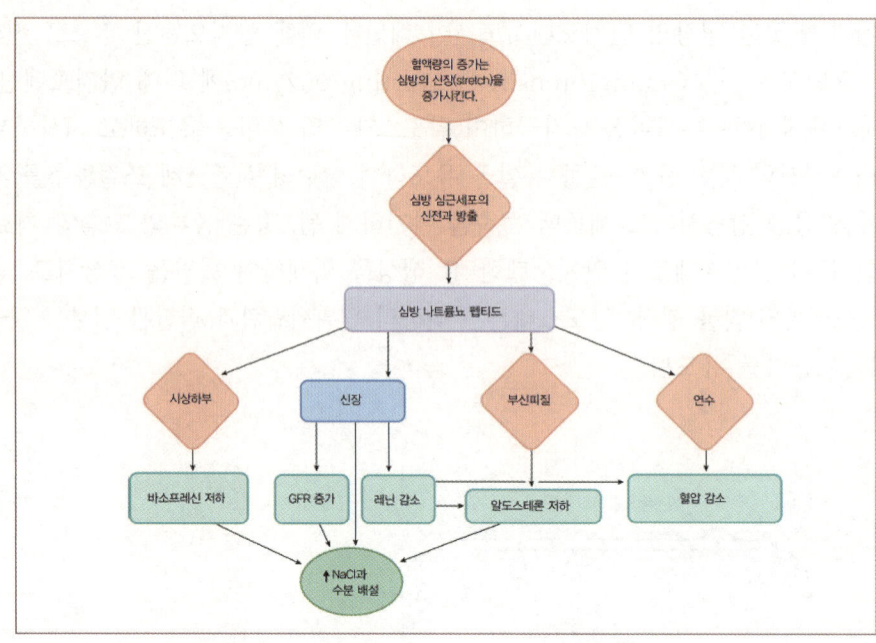

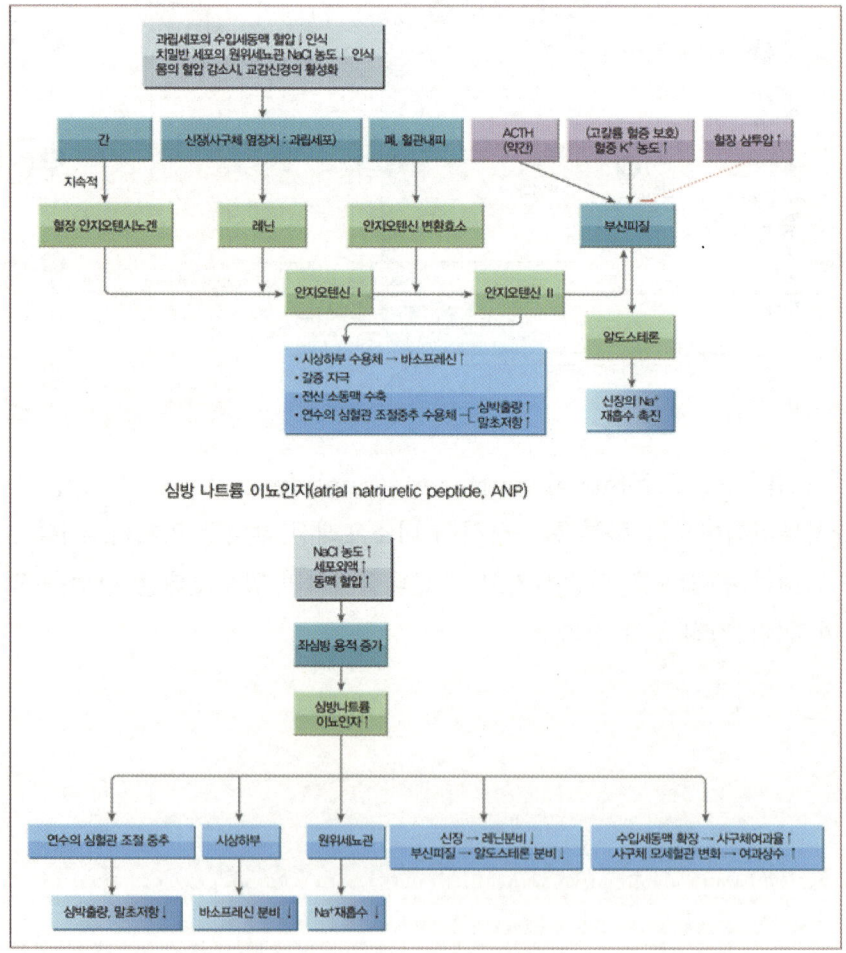

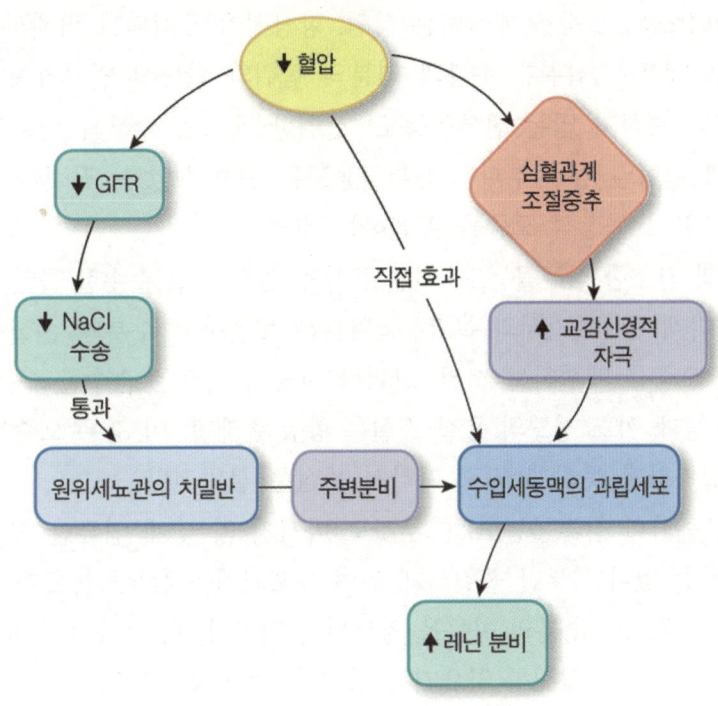

6 체액의 부피와 삼투몰농도의 통합적 조절

(1) 삼투몰농도와 세포외액 부피의 변화

정상 상태에서 몸의 혈액량과 삼투몰 농도는 좁은 범위에서 항상성을 유지하나 체액 손실이 수분 섭취를 넘어서거나 그 반대인 경우 균형을 벗어나게 됨. 모든 경우에 있어서 변화에 대한 적절한 보상은 질량균형의 원리에 따라 이루어짐. 수분이나 용질이 몸에 첨가되면 제거되어야 하고 잃게 되면 보충되어야 함

㉠ 증가한 부피와 증가된 삼투몰농도: 세포외액의 부피와 삼투몰농도를 증가시키는 고장성의 식염수를 섭취한 결과로 나타나며 적절

	삼투몰 농도		
부피	감소	변화 없음	증가
증가	다량의 수분 섭취	등장성 소금물의 섭취	고장성 소금물의 섭취
변화 없음	순수한 수분을 섭취하여 땀 손실을 대체	정상적인 용적과 삼투몰 농도	물을 마시지 않고 소금을 섭취
감소	탈수에 대한 불충분한 보상	출혈	탈수 (예: 땀 손실 또는 설사)

한 보상은 고장성의 오줌을 배설하는 것임. 항상성이 유지되기 위해서는 배출되는 소변의 삼투몰농도와 부피가 섭취한 수분과 염분의 섭취와 반드시 일치하여야 함

ⓛ 증가한 부피와 변하지 않는 삼투몰농도: 섭취한 음식의 수분과 염분의 비율이 등장성의 NaCl 용액과 평형일 경우 부피는 삼투몰농도는 변하지 않음. 적절한 반응은 섭취한 물의 부피와 같은 양의 등장성 오줌을 배설하는 것임

ⓒ 증가한 부피와 감소한 삼투몰농도: 어떤 용질의 섭취 없이 순수한 물만 마실 경우에 이러한 상황이 발생하게 됨. 여기서의 목표는, 염분은 보존하고 수분의 손실을 최대화할 정도의 아주 희석된 오줌을 배설하는 것임. 그러나 사람의 신장은 순수한 수분을 배설할 수 없기 때문에 오줌 중에 어느 정도의 용질 소실은 항상 존재함. 이 경우 오줌을 통한 배출이 섭취와 정확히 일치하지 못하게 되고 따라서 보상은 불완전함

ⓔ 정상 부피와 증가한 삼투몰농도: 아무것도 마시지 않은 채 염류만 섭취할 경우 발생하게 됨. 수분의 섭취 없이 염분만 섭취하게 되면 세포외액의 삼투몰농도가 증가하게 되며 세포에서 세포외액 쪽으로 수분의 이동을 일으키는 원인이 됨. 항상성인 반응은 첨가된 용질을 희석시키기 위한 수분 섭취를 일으키는 강력한 갈증 발생임. 신장은 과도한 NaCl을 제거하는 반면에 수분을 보존함으로써 최저 용량의 높은 농도의 오줌을 생성함으로써 항상성을 유지함

ⓜ 정상 부피와 감소한 삼투몰농도: 탈수된 사람이 수분 손실을 막기 위해 순수한 수분으로만 보충한 경우에 발생할 수 있음. 감소한 부피는 고쳐지지만 보충된 수분은 잃어버렸던 것을 보충할 용질이 없기 때문에 결과적으로 새로운 불균형이 초래됨

ⓗ 감소한 부피와 증가한 삼투몰농도: 탈수가 이 예에 해당함. 계속해서 심한 운동을 하는 경우 폐를 통한 수분 손실은 두 배가 되는 반면 땀을 통한 수분 손실은 0.1L에서 5L 정도까지 증가함. 땀샘에서 분비된 수분은 저삼투압이므로 몸에 남겨진 수분은 고삼투압이 됨. 설사는 많은 수분과 전해질 손실을 일으키는 병적인 상황임. 땀 분비와 설사가 동시에 일어나는 경우, 만일 순환계로부터 너무 많은 양의 수분이 손실된다면 혈액량은 심장이 더 이상 혈액을 효과적으로 뇌로 펌프하지 못하는 지점까지 감소하게 됨. 게다가 증가한 삼투몰농도에 의한 세포 수축은 세포의 기능을 파괴시킴

ⓢ 감소한 부피와 변하지 않은 삼투몰농도: 과도한 혈액 소실이나 출혈의 경우에 발생함. 수혈이 즉시 가능하지 않다면 가장 좋은 보충 용액은 등장성의 NaCl 같은 용액임

ⓞ 감소한 부피와 감소한 삼투몰농도: 탈수시 불완전한 보상이 이루어졌을 때 발생하지만 일반적인 상황은 아님

(2) 탈수에 의한 신장과 심혈관 보상 반응

과도한 탈수에서 보상적 메커니즘은 1. 추가적 손실을 방지하기 위한 수분 보존 2. 혈압 상승

을 위한 심혈관 반사 유도 3. 정상 수분 부피와 삼투몰농도의 복원을 위한 갈증의 자극 등을 통해 혈압, 세포외액량, 삼투몰농도를 정상으로 복원시킴

㉠ 심혈관반응은 심박출량과 말초혈압을 함께 증가시킴으로써 혈압을 상승시킴. 그러나 이런 혈압의 증가는 혈압을 정상적으로 복원시키는데 충분하지 않음. 만일 탈수가 심하다면 심혈관 반응을 통한 보상은 불완전할 수 있으며 혈압은 정상보다 낮게 유지될 수 있음

㉡ 안지오텐신 II는 갈증 자극, 바소프레신의 분비 촉진, 직접적인 혈관 수축 유도, 심혈관 조절중추의 출력 강화 등을 포함한 다양한 효과를 통해 혈압을 증가시킴. 또 안지오텐신 II는 부신 피질에서 알도스테론의 분비를 자극함. 그러나 탈수의 경우 Na^+ 재흡수는 이미 높은 삼투몰농도를 악화시킴. 부산 피질의 높은 삼투몰농도는 알도스테론의 분비를 억제하고 이를 통해 안지오텐신 II의 작용을 저해함. 다시 말해 탈수 상태에서 RAAS 경로를 통해 Na^+ 재흡수라는 해로운 작용을 피하는 반면에 안지오텐신 II의 유익한 혈압 상승 작용은 일어날 수 있도록 함

㉢ 바소프레신은 집합관에서의 수분에 대한 투과성을 증가시킴으로써 수분 보존을 위한 수분 재흡수를 일으킴. 그러나 수분의 보충이 없는 상태에서 바소프레신은 부피와 삼투몰농도를 정상으로 되돌리지 못함

㉣ 수분의 경구 섭취 또는 정맥 주입은 잃어버린 체액량을 보충하고 정상으로 삼투몰농도를 복구시키는 유일한 경로임

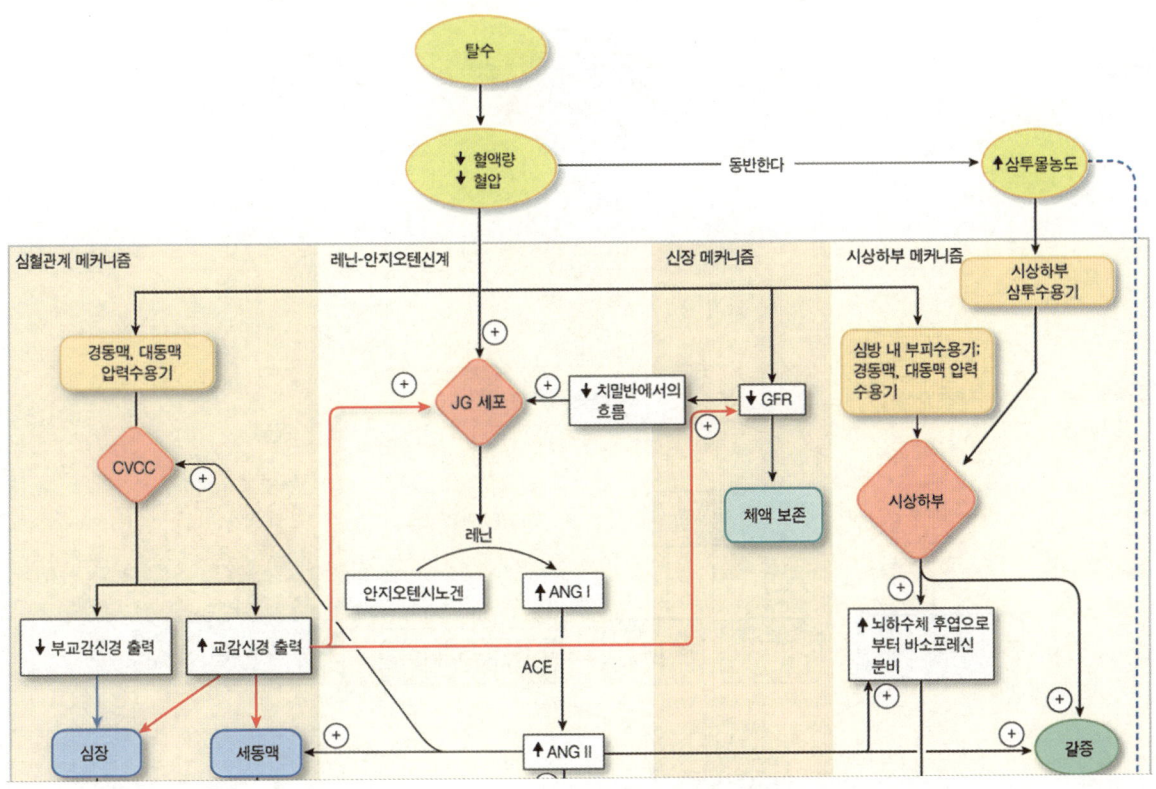

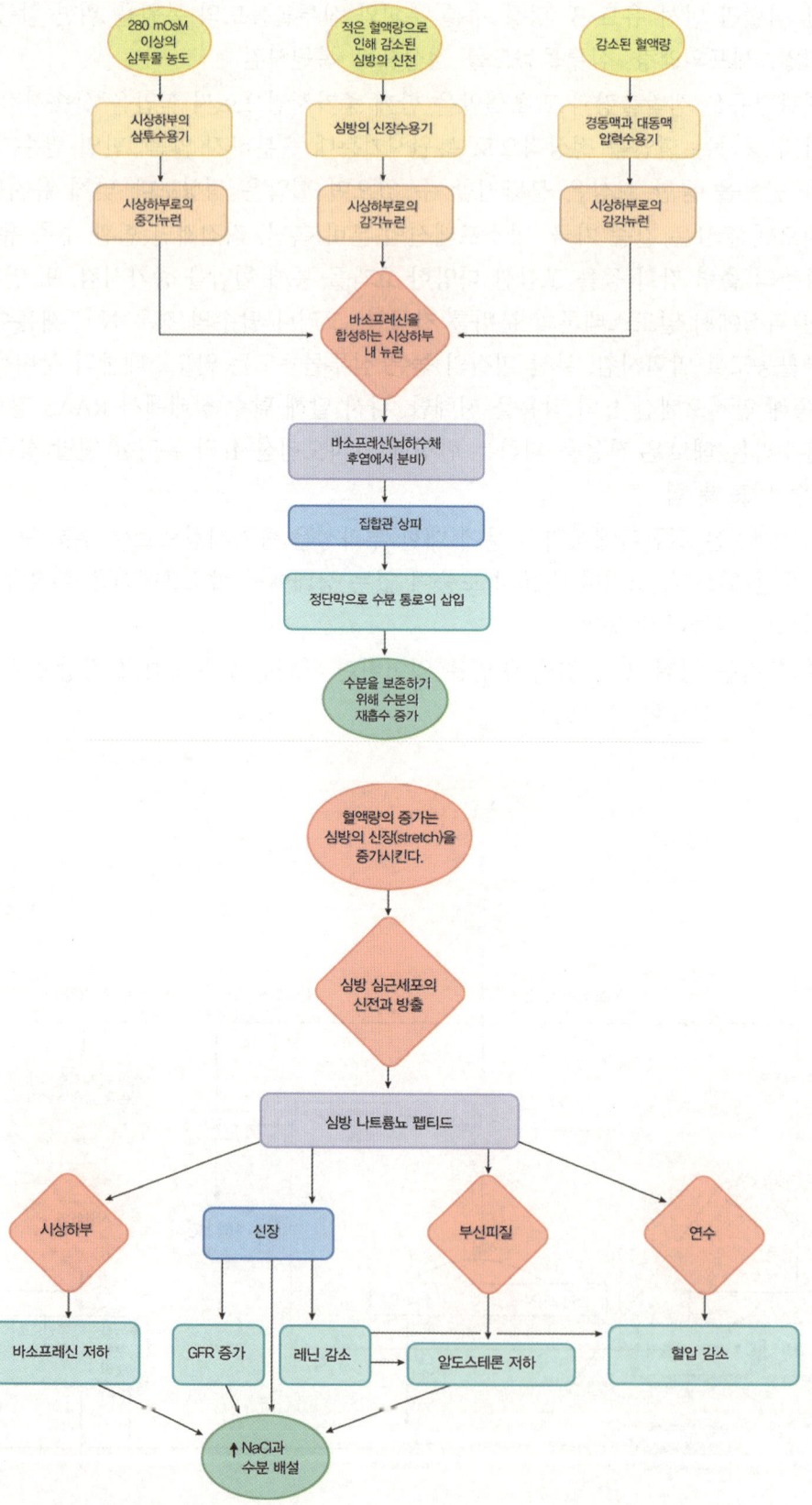

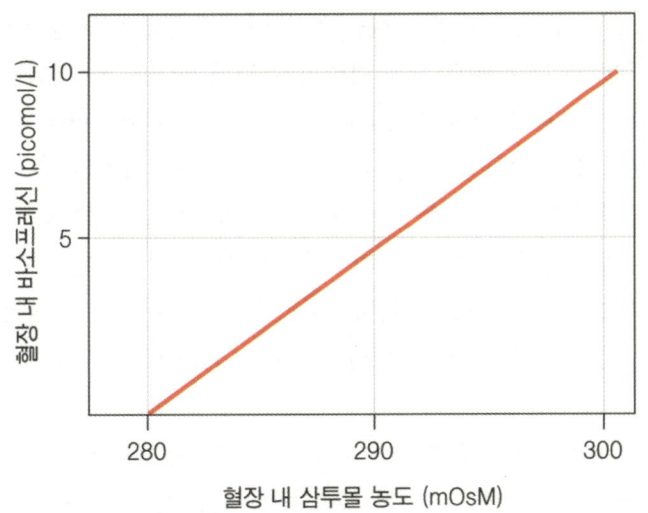

7 산-염기 평형

(1) HCO₃⁻ 재흡수와 H⁺의 분비 기작

㉠ 근위세뇨관에서의 HCO_3^-의 재흡수와 H^+의 분비 기작

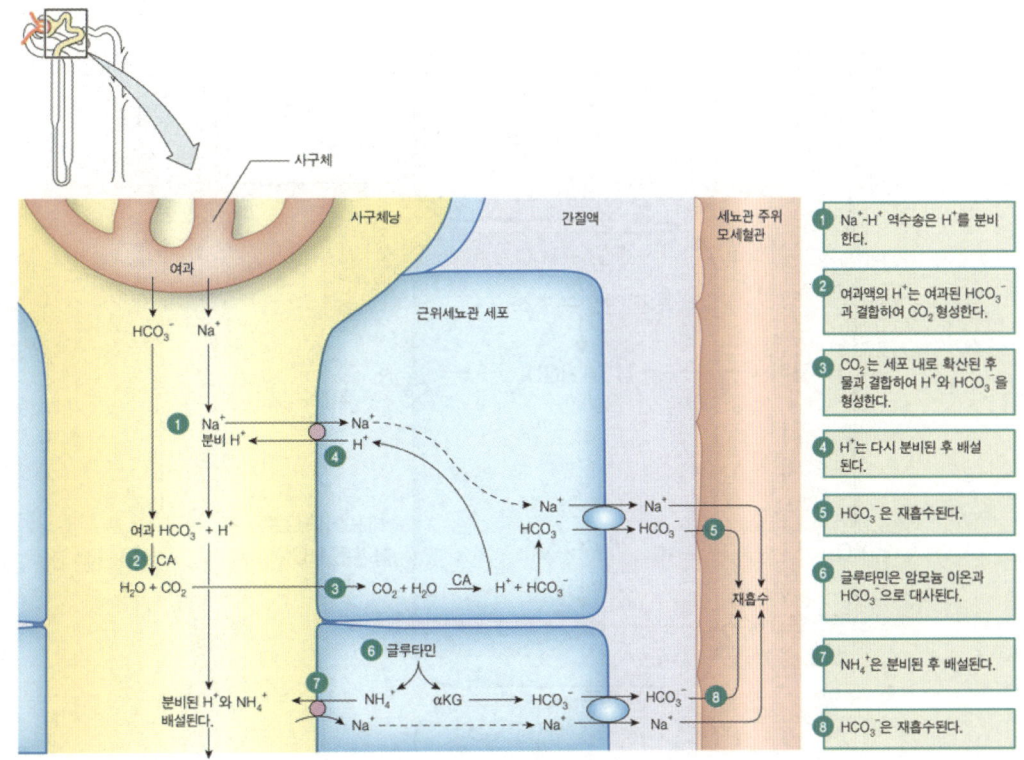

ⓐ 첫 번째 경로: Na^+-H^+ 역수송단백질을 통해 여과된 Na^+과 교환되어 세뇨관 내강 내로 분비됨. 분비된 H^+는 관 내에서 CO_2를 형성하기 위해 HCO_3^-과 결합함. CO_2는 근위세뇨관 세포로 확산되어 수분과 결합하여 H_2CO_3 형태가 된 후 세포질에서 H^+와 HCO_3^-로 분리됨. H^+는 다시 분비될 수 있고 세뇨관 내강 내에서 H^+는 여과된 HCO_3^-과 결합함. HCO_3^-는 $HCO_3^-Na^+$ 공동수송체를 통해 세포의 기저측막 쪽으로 이동되어 나감

ⓑ 두 번째 경로: 글루타민은 암모니아가 되는 2개의 아미노기를 잃음. 암모니아는 H^+를 완충하여 암모늄 이온이 됨. 암모늄 이온은 Na^+과 교환되어 관으로 이동함. 글루타민의 탈아민 반응과정에서 생성된 알파 글루타르산염 분자는 HCO_3^-로 대사된 후 Na^+과 함께 혈액으로 이동함

ⓛ 원위세뇨관에서의 HCO_3^- 재흡수, H^+의 분비 기작: 사이세포는 원위세뇨관에서의 산-염기 평형의 세밀한 조절에 중요한 역할을 수행하게 되는데 사이세포는 그들의 세포질에 높은 농도의 탄산무수화효소가 있는 것이 특징임. 이 효소는 많은 양의 CO_2가 H^+와 HCO_3^-으로 전환되도록 함. H^+는 H^+-ATPase나 H^+-K^+-ATPase의 작용을 통해 사이세포에서 빠져나감. HCO_3^-은 HCO_3^--Cl^- 교환수송을 통해 세포를 떠남. 사이세포에는 상피세포의 다른 면에서 분포하는 두 가지 아형 수송체가 존재함. 산증 시에 A형 사이세포는 H^+를 분비하고 HCO_3^-을 보존함. 알칼리증의 경우 B형의 사이세포는 HCO_3^-을 분비하고 H^+를 재흡수함

ⓐ 산증시 A형 사이세포의 기능: H^+는 배설되고 HCO_3^-과 K^+은 재흡수됨

ⓑ 알칼리증시 B형 사이세포의 기능: HCO_3^-과 K^+은 배설되고 H^+는 재흡수됨

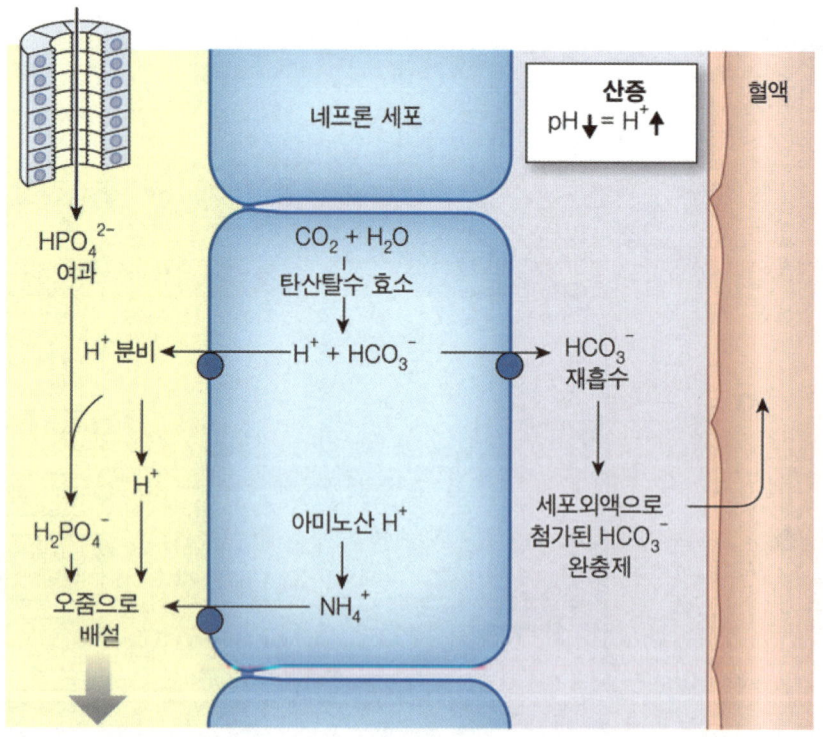

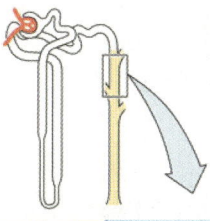

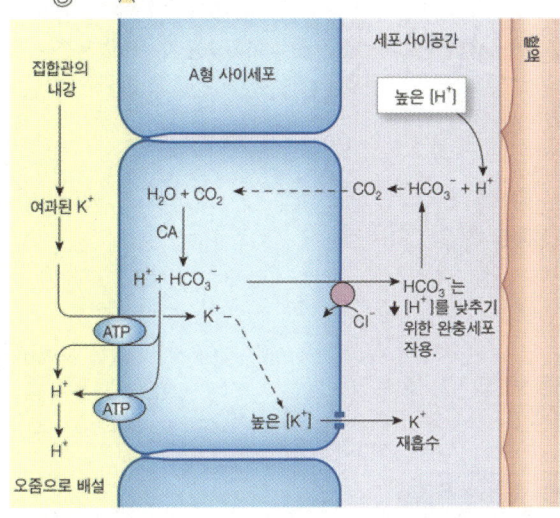

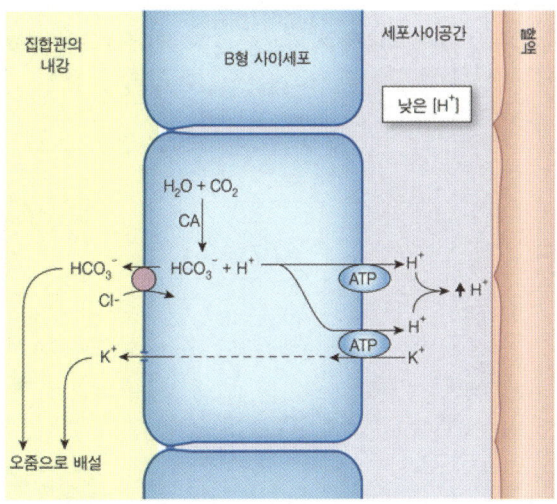

(a) **산증에서 A형 사이세포의 기능.** H^+ 배설되고 HCO_3^-과 K^+은 재흡수된다.

(b) **알칼리혈증에서 B형 사이세포의 기능.** HCO_3^-과 K^+은 배설되고 H^+는 재흡수된다.

(2) 산-염기의 불균형

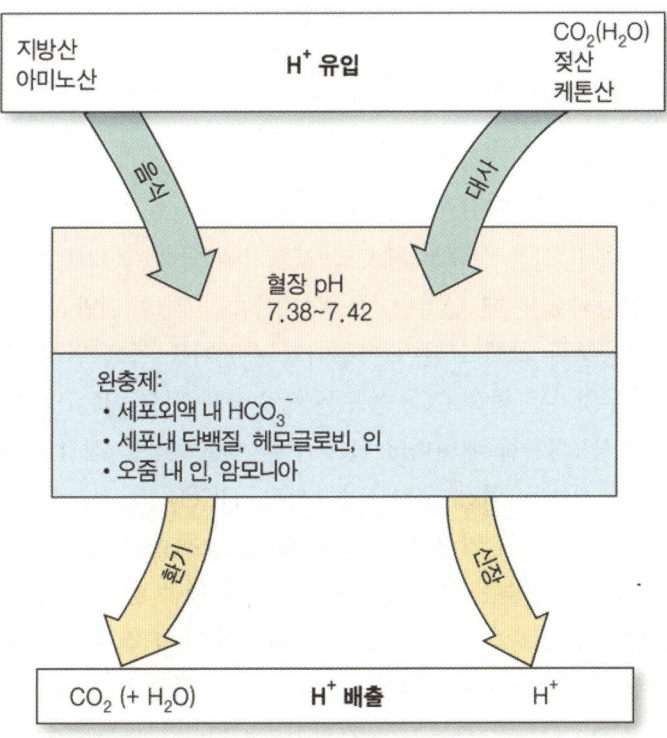

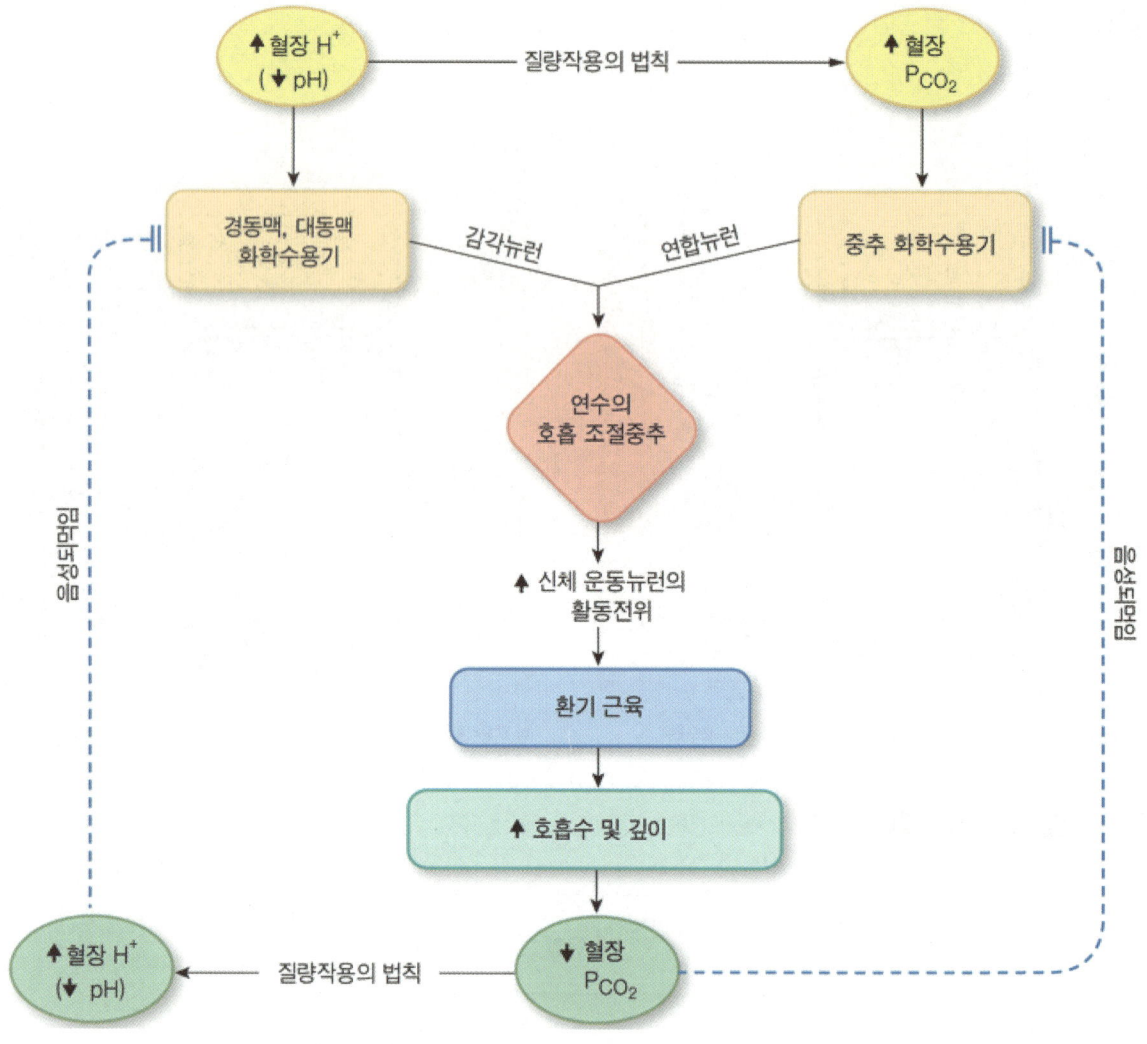

㉠ 산-염기 불균형의 호흡적 대사적 원인과 증상

   ⓐ 호흡성 산증: 호흡성 산증 상태는 폐포의 저환기에 의해 CO_2가 체내에 누적되고 이에 따라 CO_2 분압이 상승되었을 때 나타남. 호흡성 산증의 가장 일반적인 원인은 폐포 교환 면적 감소에 의한 불충분한 기체 교환이 이루어지는 폐기종 등의 만성 폐쇄성 폐질환임. 호흡성 산증의 원인이 무엇이든 혈장 CO_2 농도는 상승하게 되고 이는 H^+와 HCO_3^-의 농도를 증가시킴. 어떠한 보상도 H^+를 배설하고 HCO_3^-을 재흡수하는 신장의 매커니즘을 통해서 이루어져야 함. H^+의 분비는 혈장 pH를 상승시킴. HCO_3^-의 재흡수는 H^+와 결합하는 여분의 완충제를 공급함으로써 H^+의 농도를 떨어뜨리고 pH를 상승시키는 효과를 나타냄

   ⓑ 대사성 산증: 대사성 산증은 식사나 대사적으로 들어온 산이 배설을 초과했을 때 발생하는 질량 균형의 장애임. 산증의 대사적 원인은 혐기성 대사 결과 생기는 젖산증과 지방과 특정 아미노산의 과도한 분해 결과 발생하는 케톤산증이 해당되고 또는 HCO_3^-을 설사시에 소실하는 경우도 포함됨. H^+의 농도는 증가하고 HCO_3^-의 농도는 감소하게 되는데 HCO_3^-의

농도감소는 대사성 산증을 호흡성 산증과 구별할 수 있게 하는 중요한 척도가 됨. 대사성 산증은 CO_2의 분압 상승을 유도하게 되는데, 폐 질환이 없는 경우에 호흡적 보상이 일어나게 됨. CO_2분압의 상승과 H^+농도 증가가 환기를 자극하게 되면 CO_2 분압은 과환기로 인해 정상보다 더 떨어질 수 있고 신장 보상, 즉 H^+의 분비와 HCO_3^-재흡수를 수행하게 됨

ⓒ 호흡성 알칼리증: 알칼리증 상태는 산증 상태보다 훨씬 더 일반적임. 호흡성 알칼리증은 폐포의 환기가 대사적 CO_2 생산의 증가와 보조를 맞추지 못하고 상승할 때인 과환기에서 발생함. 결과적을 혈장 CO_2분압은 떨어지고 알칼리증이 발생. CO_2의 감소로 인해 결과적으로 혈장 내 H^+와 HCO_3^-는 감소됨. 호흡성 알칼리증에 대해서 신장보상만이 수행되는데 여과된 HCO_3^-은 근위세뇨관에서 재흡수되지 않고 배설되며 원위세뇨관에서는 HCO_3^-은 분비되고 H^+는 재흡수됨

ⓓ 대사성 알칼리증: 대사성 알칼리증은 두 가지 일반적 원인, 다시 말해 산성 위 내용물의 과도한 구토와 HCO_3^-이 함유된 제산제의 과도한 섭취에 의해 발생함. 두 경우 모두 발생된 알칼리증은 H^+농도를 감소시킴. 대사선 산증에서와 마찬가지로 대사성 알칼리증의 호흡적 보상은 매우 빠르게 이루어짐. pH의 증가와 CO_2분압의 감소는 환기를 억제함. 환기적 보상은 pH 문제를 고치는데 도움이 되지만 HCO_3^-농도를 더 상승시키기도 함. 반면 저환기는 저산소증의 원인이 될 수 있기 때문에 환기적 보상은 제한되므로 동맥 내 CO_2분압이 60mmHg 이하로 떨어지면 저환기는 중단됨. 대사성 알칼리증에 대한 신장을 통한 보상기작은 호흡성 알칼리증에서와 마찬가지로 HCO_3^-을 배설하고 H^+를 재흡수하는 것임

㉡ 산-염기 불균형에서의 혈장 내 P_{CO_2}, pH, HCO_3^- 농도

불균형	P_{CO_2}	H^+	pH	HCO_3^-
호흡성 산증	↑	↑	↓	↑
대사성 산증	정상 또는 ↓	↑	↓	↓
호흡성 알칼리증	↓	↓	↑	↓
대사성 알칼리증	정상 또는 ↑	↓	↑	↑

비밀병기
심화편 ❸

PART 06

반응과 조절

26 호르몬과 내분비계

1 호르몬의 특성과 구분

(1) 호르몬의 일반적 특성

ㄱ 내분비선뿐만 아니라 신경세포, 면역계 세포 등에 의해서 혈액으로 분비되어 표적세포에 작용함. 표적 세포는 호르몬에 대한 수용체 존재하는 세포이며 호르몬은 표적세포의수용체에 특이적으로 결합하여 반응을 일으킴

ㄴ 호르몬의 작용은 꼭 종료되어야 함. 일반적으로 혈액 내의 호르몬은 간과 신장에 주로 존재하는 효소에 의해 활성이 없는 대사물질로 분해되어 담즙이나 오줌의 형태로 배설됨. 호르몬의 분해속도는 그 혈액 내의 농도가 반으로 떨어지는데 걸리는 시간인 반감기(half-life)로 표시됨. 또한 표적세포 수용체에 결합한 호르몬은 여러 방법으로 그 활성을 상실함

ㄷ 음성 피드백 조절(negative feedback regulation): 최종적으로 나타난 반응이 처음의 자극 형성을 저해하는 방식의 조절

ⓐ 복잡한 회로에서 한 호르몬의 분비가 증가 또는 감소하면 호르몬을 연결하는 되먹임 고리 때문에 다른 호르몬의 분비도 변화함. 두세 개의 호르몬이 작용하는 회로에서 하위 호르몬은 일반적으로 자신의 분비를 조절하는 호르몬을 억제하도록 되먹임 작용을 수행함

ⓑ 만일 되먹임 고리에서 병리현상이 마지막의 내분비선에서 생기면 그것을 1차 병리현상이라고 하고 자극 호르몬을 생성하는 조직중 하나에서 기능 이상이 생기며 그것을 2차 병리현상이라 함. 예를 들어 부신 피질의 종양이 코르티솔을 과다생성하기 시작하면 그 결과는 1차 과다분비가 되는 것이고 머리의 외상으로 인해 뇌하수체가 손상을 입어 ACTH분비가 감소한다면 그것은 2차 분비 저하라고 함

ㄹ 호르몬간의 상호작용: 많은 경우에 세포와 조직은 동시에 존재하는 다수의 호르몬에 의해 조절을 받는데 이러한 면에서 호르몬 간의 상호작용은 상당히 중요한 의미를 지님

ⓐ 협동 작용(synergism): 종종 같은 표적에 작용하는 두 호르몬은 그 결과가 산술적인 더하기 보다 더 클 수 있는데 이러한 형태의 상호작용을 협동작용이라고 함. 예를 들어 혈당량을 상승시키는데 관여하는 호르몬인 에피네프린이 100mL혈액당 혈당을 5mg 올리고 글루곤이 10mg 올리는 경우에 동일한 양의 두 호르몬이 동시에 작용하면 협동작용으로 인하여 100mL 혈액당 22mg의 혈당량을 증가시키게 됨

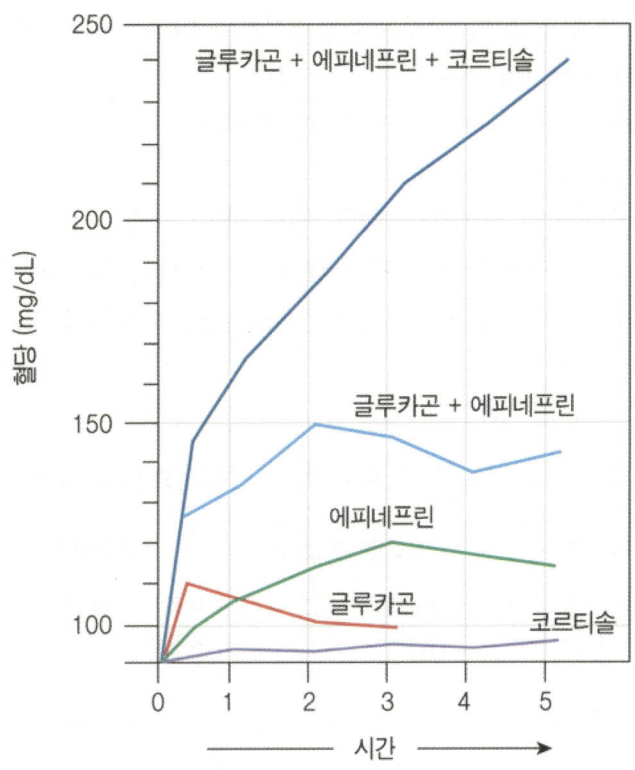

ⓑ 길항 작용(antagonism): 서로 다른 호르몬이 상대방의 효과를 서로 상쇄하는 방식의 작용 인데 길항작용이 있는 호르몬은 동일한 수용체에 대해 경쟁하거나 EH는 다른 대사회로를 통해 길항작용을 수행하기도 하고 어떤 경우에는 한 호르몬이 길항작용을 하는 호르몬의 수 용체 수를 감소시키기도 함

ⓜ 동일 호르몬이더라도 수용체의 종류에 따라 서로 다른 효과가 발생 가능함

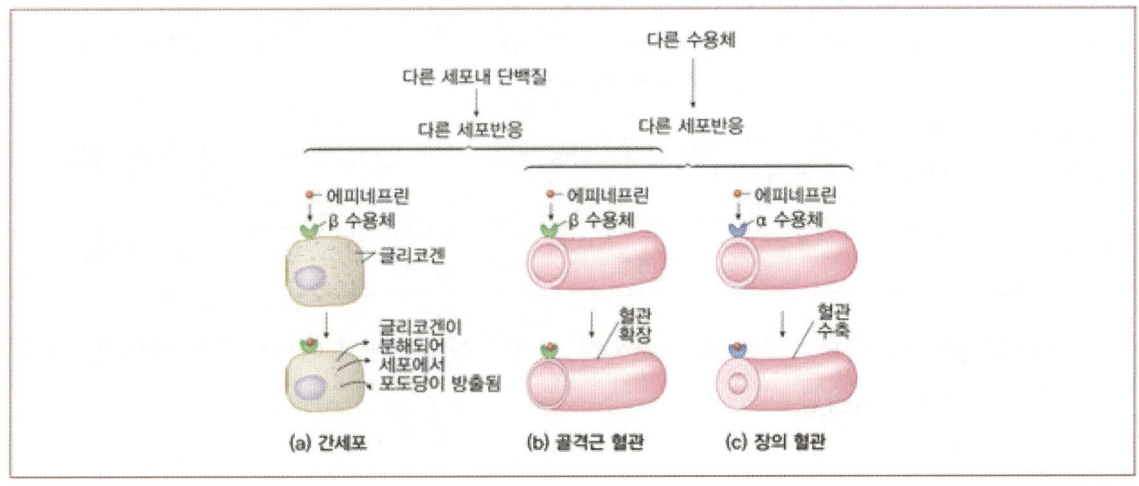

ⓐ 간세포: 에피네프린이 β 수용체에 결합하여 단백질 인산화효소 A(protein kinase A; PKA) 를 활성화시켜 글리코겐의 분해를 촉진함

ⓑ 골격근 혈관: 에피네프린이 β 수용체에 결합하여 PKA를 활성화시켜 평활근수축을 저해하여 골격근 혈관으로서의 혈류량을 증가시킴

ⓒ 장 혈관: 에피네프린이 α 수용체에 결합하여 세포내 신호전달을 통해 장 혈관의 평활근을 수축시켜 장으로의 혈류량을 감소시킴

ⓑ 호르몬은 저 농도에서 그 효과를 발휘함. 일부 화학물질은 효과를 관찰하기 위해서는 비교적 높은 농도로 존재해야 하는데 이런 물질들은 호르몬으로 간주되지 않음

ⓢ 척추동물 간에는 유사한 기능을 수행하며 항원으로 작용하지 않음

(2) 호르몬의 구분

펩티드 호르몬, 스테로이드 호르몬, 카테콜아민, 갑상선호르몬 등으로 구분함

구분	펩티드호르몬	스테로이드호르몬	카테콜아민	갑상선호르몬
합성, 저장	미리 만들어져서 분비소포에 저장됨	전구체에서 필요시 합성	미리 만들어져 분비소포에 저장됨	미리 만들어져 전구체가 분비소포에 저장됨
모세포에서의 방출	외포작용	단순확산	외포작용	단순확산
혈액에서의 운반	혈장에 용해	수용체에 결합	혈장에 용해	수용체에 결합
반감기	짧음	길다	짧음	길다
수용체 위치	세포막	세포질 또는 핵, 몇몇은 세포막 수용체를 가지기도 함.	세포막	핵
수용체에 결합한 후의 반응	2차 전령계의 활성화, 유전자 활성화 기능	전사, 번역 단계에서 유전자 활성화, 유전자 발현과 관련 없는 반응도 유도 가능	2차 전령계의 활성화	전사, 번역 단계에서 유전자 활성화
일반적인 표적현상	기존 단백질의 수정과 새 단백질 합성 유도	새 단백질 합성 유도	기존 단백질의 수정	새 단백질 합성 유도
예	인슐린, 부갑상선 호르몬	에스트로겐, 안드로겐, 코르티솔	에피네프린, 노르에피네프린	티록신

㉠ 펩티드 호르몬: 펩티드/단백질 호르몬의 크기는 단지 3개의 아미노산인 작은 펩티드부터 큰 단백질까지 다양함

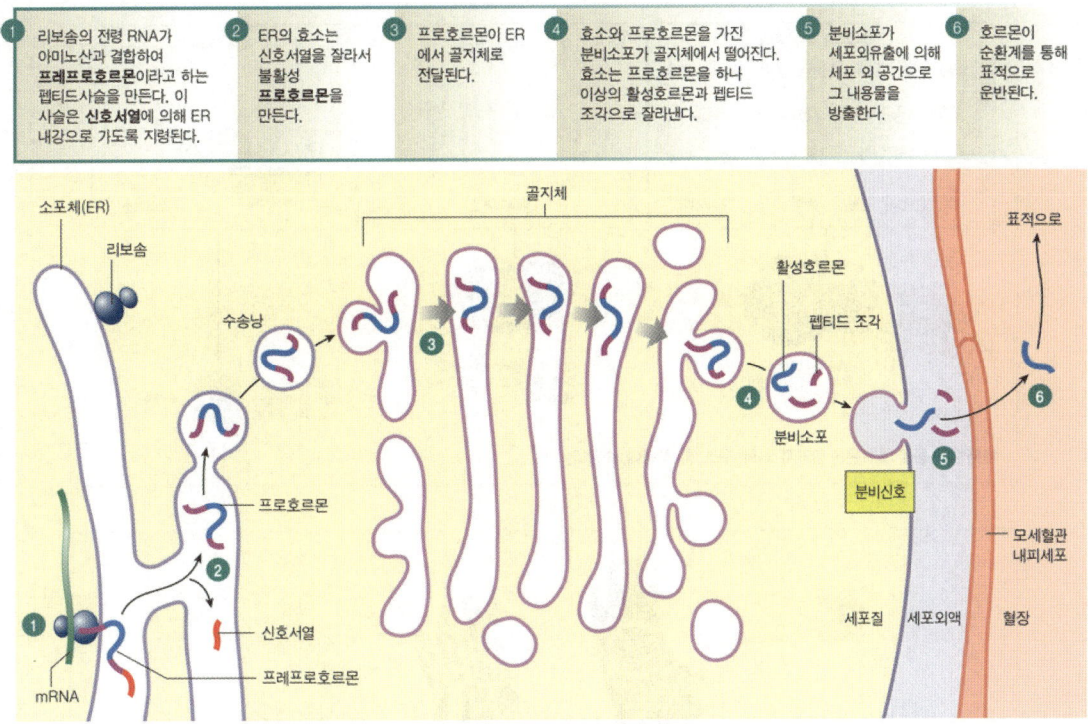

| ① 리보솜의 전령 RNA가 아미노산과 결합하여 **프레프로호르몬**이라고 하는 펩티드사슬을 만든다. 이 사슬은 **신호서열**에 의해 ER 내강으로 가도록 지령된다. | ② ER의 효소는 신호서열을 잘라서 불활성 **프로호르몬**을 만든다. | ③ 프로호르몬이 ER 에서 골지체로 전달된다. | ④ 효소와 프로호르몬을 가진 분비소포가 골지체에서 떨어진다. 효소는 프로호르몬을 하나 이상의 활성호르몬과 펩티드 조각으로 잘라낸다. | ⑤ 분비소포가 세포외유출에 의해 세포 외 공간으로 그 내용물을 방출한다. | ⑥ 호르몬이 순환계를 통해 표적으로 운반된다. |

ⓐ 리보솜에서 합성된 프레프로호르몬(preprohormone: 신호펩티드와 다른 펩티드 서열로 구성된 호르몬 단백질)이 소포체에서 신호서열이 잘려나가 프로호르몬(prohormone)이 되고 프로호르몬은 골지체에서 다른 불활성 펩티드가 잘려나가 활성 호르몬으로 전환됨

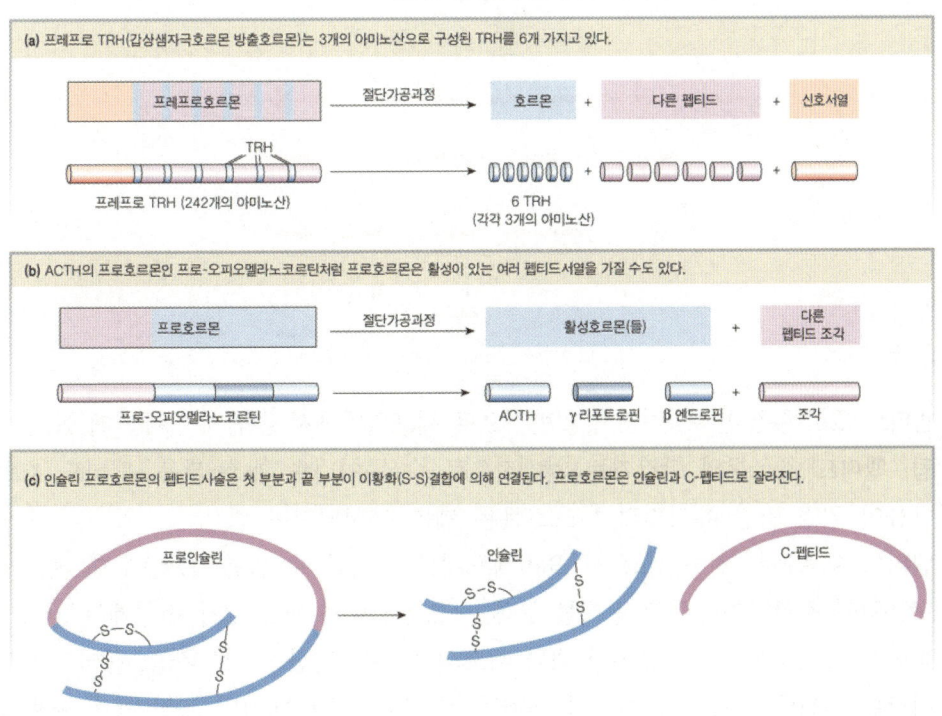

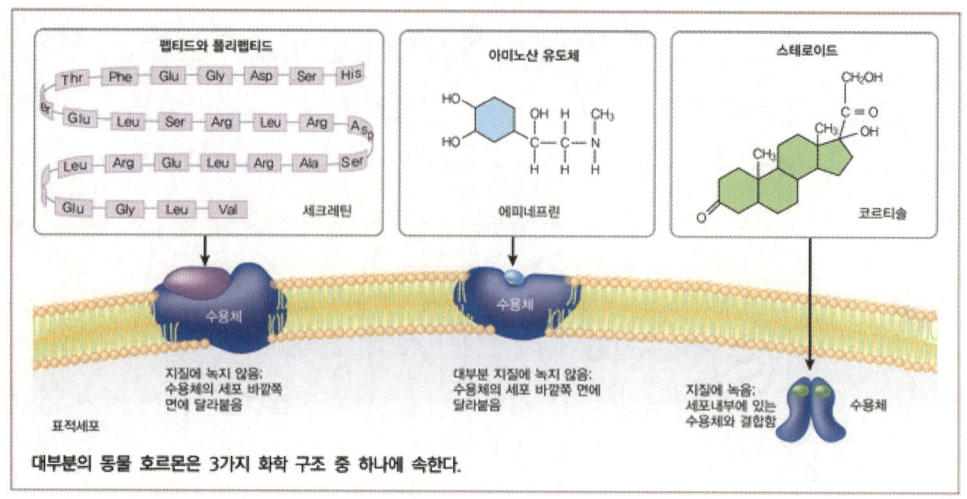

대부분의 동물 호르몬은 3가지 화학 구조 중 하나에 속한다.

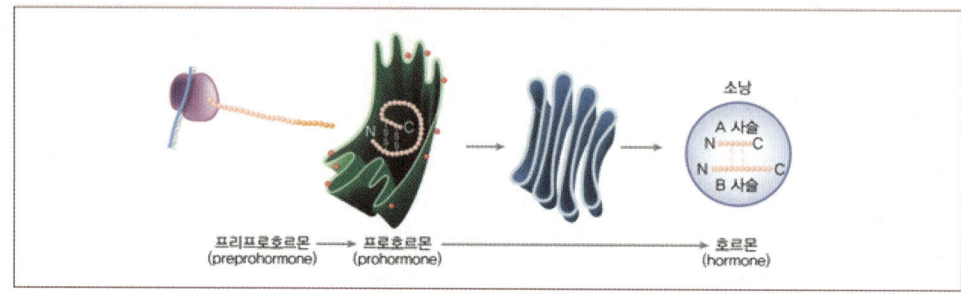

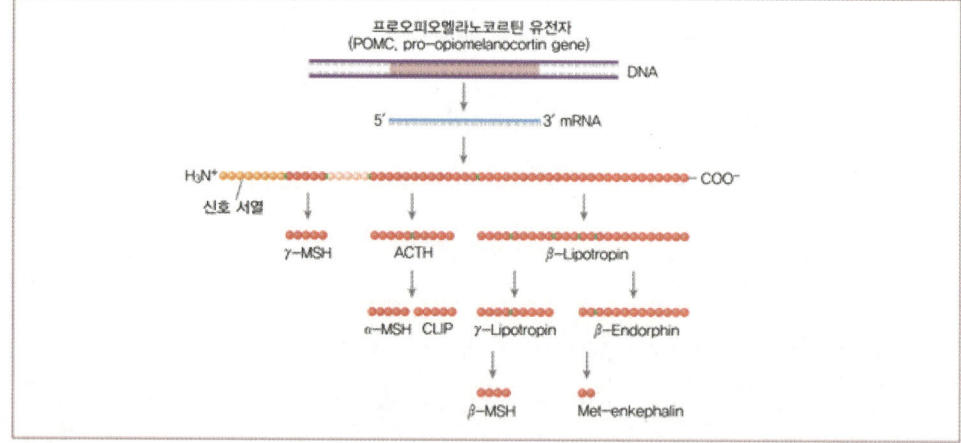

ⓑ 펩티드 호르몬은 친수성이어서 일반적으로 세포외액에서 손쉽게 용해되어 몸 전반으로 운반됨. 펩티드 호르몬의 반감기는 일반적으로 수분 이내로 매우 짧음. 펩티드 호르몬에 대한 반응이 일정 기간 유지되려면 호르몬은 계속 분비되어야 함

ⓒ 펩티드 호르몬은 친수성으로서 표적세포내로 진입할 수 없음. 대신에 이들은 세포 표면의 수용체에 결합하여 2차 전령계를 통해 신호전달을 수행함. 2차 전령계는 기존의 단백질을 변화시키므로 펩티드 호르몬에 대한 세포의 반응은 일반적으로 빠름. 펩티드 호르몬에 의해 시작된 변화에는 세포막 채널의 개폐와 효소나 운반단백질의 조절 등이 포함됨

ⓛ 스테로이드 호르몬: 모든 스테로이드 홀몬은 콜레스테롤에서 합성되기 때문에 화학구조가 유사하며 몸 전체 조직에서 만들어진 펩티드 호르몬과는 달리 스테로이드 호르몬은 몇 개의 기관(부신피질, 성생식선)에서만 합성됨

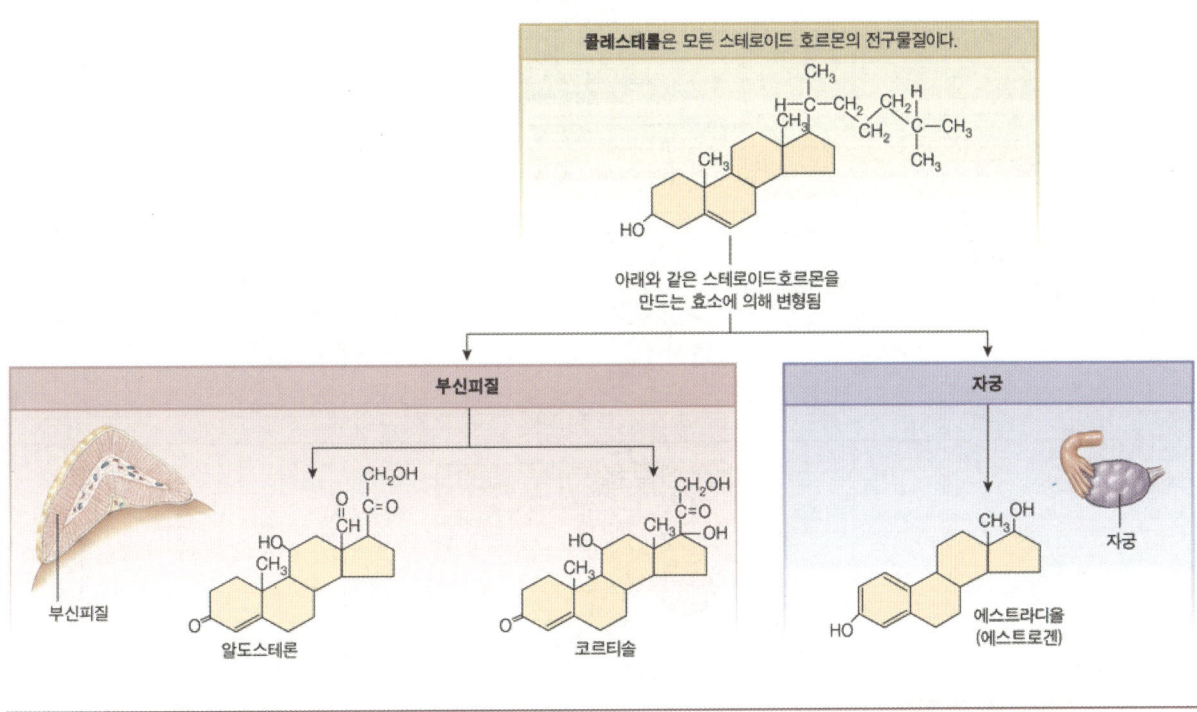

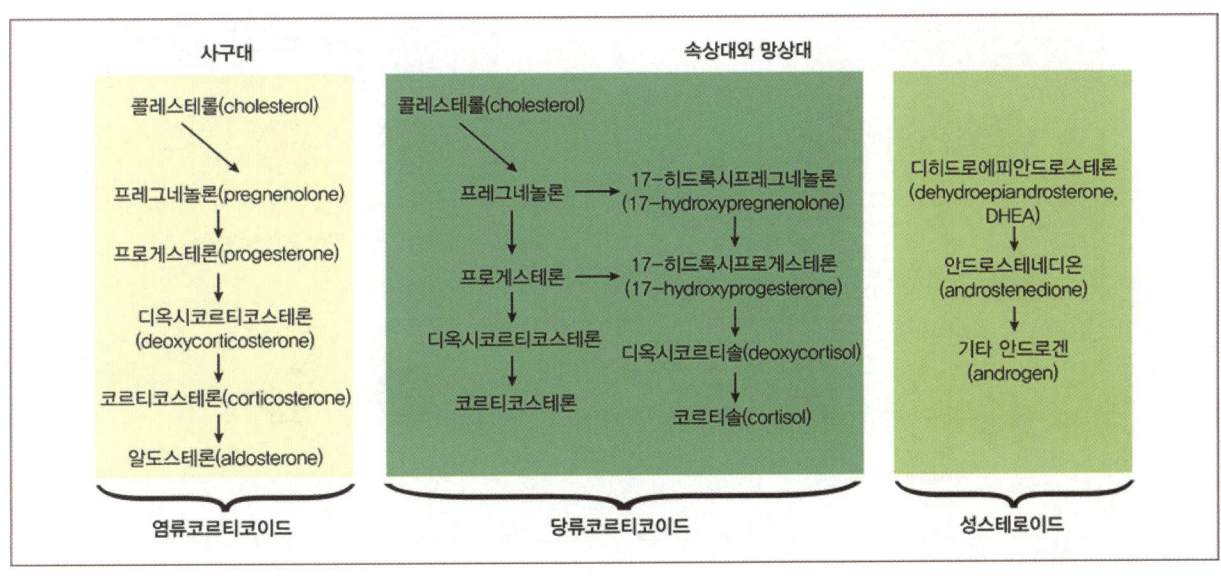

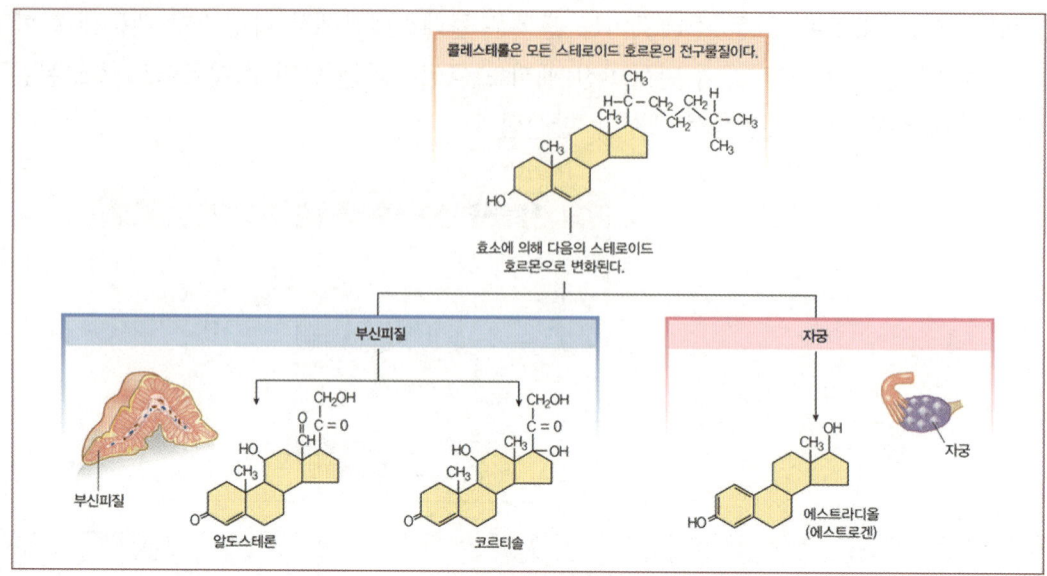

ⓐ 스테로이드 호르몬을 분비하는 세포는 스테로이드를 합성하는 세포소기관인 활면소포체가
  비정상적으로 많음. 스테로이드 호르몬은 소수성이기 때문에 막을 쉽게 통과하여 모세포에
  서 나와 표적세포로 확산되어 늘어감. 이러한 성질은 스테로이드 호르몬을 합성하는 세포가
  이들을 분비소포에 저장할 수 없다는 것을 뜻함. 대신에 세포는 호르몬이 필요할 때마다 합
  성됨

ⓑ 스테로이드 호르몬은 혈장이나 다른 체액에는 잘 녹지 않음. 그러므로 혈액 내 대부분의 스테로이드 호르몬 분자는 운반 단백질과 결합함. 일부 호르몬은 코르티코스테로이드 결합 글로불린(corticosteroid-binding globulin)처럼 특정 운반체가 존재함. 스테로이드 홀몬의 운반체와의 결합은 호르몬을 효소에 의한 분해로부터 막아주어 호르몬의 반감기를 증가시키게 됨. 그러나 스테로이드 호르몬의 운반체와의 결합은 표적세포 내로의 진입을 방해하기도 함. 운반체-스테로이드 결합체는 운반체가 친수성이어서 세포막을 통과할 수 없으므로 세포외부에 남아있게 되고 결합을 하지 않은 호르몬만이 표적세포로 확산, 침투하게 됨

ⓒ 세포내로 진입한 스테로이드는 세포질이나 핵 내에 존재하는 수용체와 결합하여 핵 내부에 존재하는 유전자의 발현을 촉진하거나 억제하는 이른바 유전자 발현조절을 위한 전사인자로 작용하게 됨

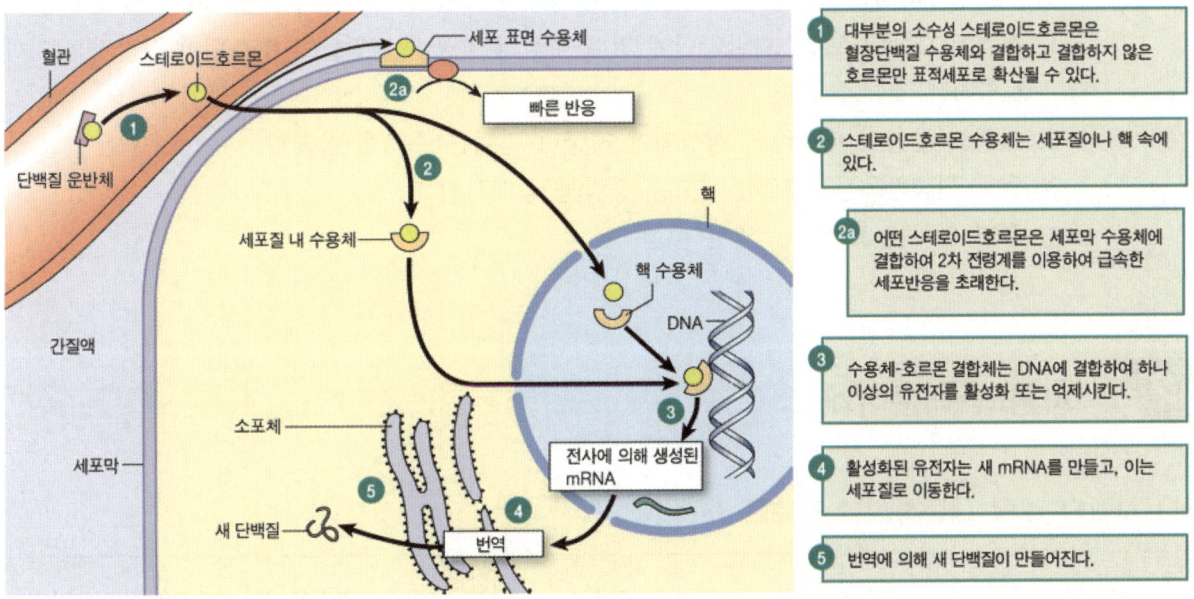

ⓒ 아민호르몬: 아민호르몬은 트립토판이나 티로신으로부터 만들어지는 호르몬임

 ⓐ 멜라토닌(melatonin): 트립토판으로부터 합성되며 세포내 수용체에 결합하여 작용하게 됨

 ⓑ 카테콜아민(catecholamin): 에피네프린, 노르에피네프린, 도파민 등이 속해 있으며 한 분자의 티로신으로 구성되어 있으며 전형적인 펩티드 호르몬처럼 세포막 수용체에 결합하여 신호를 전달함

 ⓒ 갑상선 호르몬: 두 분자의 티로신과 요오드로 구성되어 있는데 세포 내 수용체와 결합하여 유전자를 활성화시키는 스테로이드호르몬처럼 행동함

(3) 국소 조절자에 의한 신호전달

㉠ 국소 조절자(local regulator): 주변분비 신호전달이나 자가분비 신호전달을 수행하는 분자로 한번 분비되면 상당히 빠른 반응을 이끌어냄

ⓛ 중요한 국소 조절자의 기능
　　ⓐ 시토카인: 단백질로 구성되어 있으며, 국소적 신호전달에 관여함
　　ⓑ 성장인자: 단백질로 구성되어 있으며, 세포의 분열과 분화를 촉진함
　　ⓒ NO(일산화질소): 혈중 산소농도가 떨어졌을 때 혈관의 내피에서 생성되어 주변 평활근을 이완시켜 혈관을 확장시키며 확장된 혈관으로의 혈류량을 증가시킴. 또한 음경으로 가는 혈류량을 증가시켜 발기되도록 함으로써 남성의 성기능에 중요한 역할 수행. 일산화질소는 반응성이 높고 유독하기 때문에 빨리 분해되는 경향이 있는데, 비아그라는 일산화질소의 분해를 막음으로써 발기상태를 지속시키는데 기여하게 됨
　　ⓓ 프로스타글란딘(prostaglandin): 변형된 지방산으로 전립선의 분비물에서 발견됨. 심장발작 위험이 있는 사람의 경우 혈전형성 저해를 위해 프로스타글란딘 합성 저해제인 아스피린의 복용을 권유하지만 장기간 복용했을 경우, 장기간 복용시 위에서의 염증 유발 가능성이 있음
　　1. 정액에 포함된 프로스타글란딘에 의해 여성의 자궁벽 평활근이 수축되어 정자가 난자에 도달하는 것이 촉진됨
　　2. 여성의 분만시 태반에서 형성되어 자궁내 평활근 수축을 유도함
　　3. 열과 염증반응을 유도하고, 고통 감각을 증대시킴
　　4. 위벽 안쪽을 보호하는 역할 수행

2 사람의 내분비계

(1) 사람의 주요 내분비선과 호르몬 개관

내분비선		호르몬	주요 작용	화학적 종류	결핍증/과다증	호르몬 조절요인
뇌하수체	전엽	생장 호르몬(GH)	성장과 물질대사 기능을 촉진	펩티드	과다: 거인증 결핍: 난쟁이증	시상하부 호르몬
		프로락틴(PRL)	젖의 생성과 분비를 촉진	펩티드		시상하부 호르몬
		갑상선 자극 호르몬(TSH)	티록신 분비 촉진	펩티드		시상하부 호르몬
		부신 피질 자극 호르몬(ACTH)	당징 코르티코이드 분비 촉진	펩티드		시상하부 호르몬
		여포 자극 호르몬(FSH)	여포의 성숙 촉진	펩티드		시상하부 호르몬
		황체 형성 호르몬(LH)	황체 형성 촉진	펩티드		시상하부 호르몬
	후엽	항이뇨 호르몬(ADH)	집합관에서의 수	펩티드	결핍: 요붕증	삼투농도의 균형

내분비선		호르몬	주요 작용	화학적 종류	결핍증/과다증	호르몬 조절요인
			분 재흡수 촉진			
		옥시토신	자궁 근육 수축 촉진	펩티드		신경계
갑상선		티록신	물질 대사 촉진	아민	과다: 바제도병 결핍: 크레틴병	갑상선 자극 호르몬
		칼시토닌	혈액의 Ca^{2+} 농도를 낮춤	펩티드		혈중 칼슘 농도
부갑상선		파라토르몬	혈액의 Ca^{2+} 농도를 높임	펩티드		혈중 칼슘 농도
이자	α세포	글루카곤	혈당량 높임	펩티드		혈당량
	β세포	인슐린	혈당량 낮춤	펩티드	결핍: 당뇨병	혈당량
부신	피질	무기질 코르티코이드	세 노 관 에 서 의 Na^+ 재흡수 촉진	스테로이드		혈중 K+ 농도 안지오텐신
		당질 코르티코이드	혈당량을 높임	스테로이드		부신 피질 자극 호르몬
	수질	에피네프린	혈당량 높임 물질대사율을 높임 특정 혈관을 수축시킴	아민		신경계
생식선	정소	안드로겐	남성의 2차 성징, 정자 생성 촉진	스테로이드		생식선 자극 호르몬
	난소	에스트로겐	자궁 내벽의 비후, 여성의 2차 성징	스테로이드		생식선 자극 호르몬
		프로게스테론	배란 억제, 자궁 내벽의 비후	스테로이드		생식선 자극 호르몬
송과선		멜라토닌	생체주지 관련 기능 수행	아민		광주기

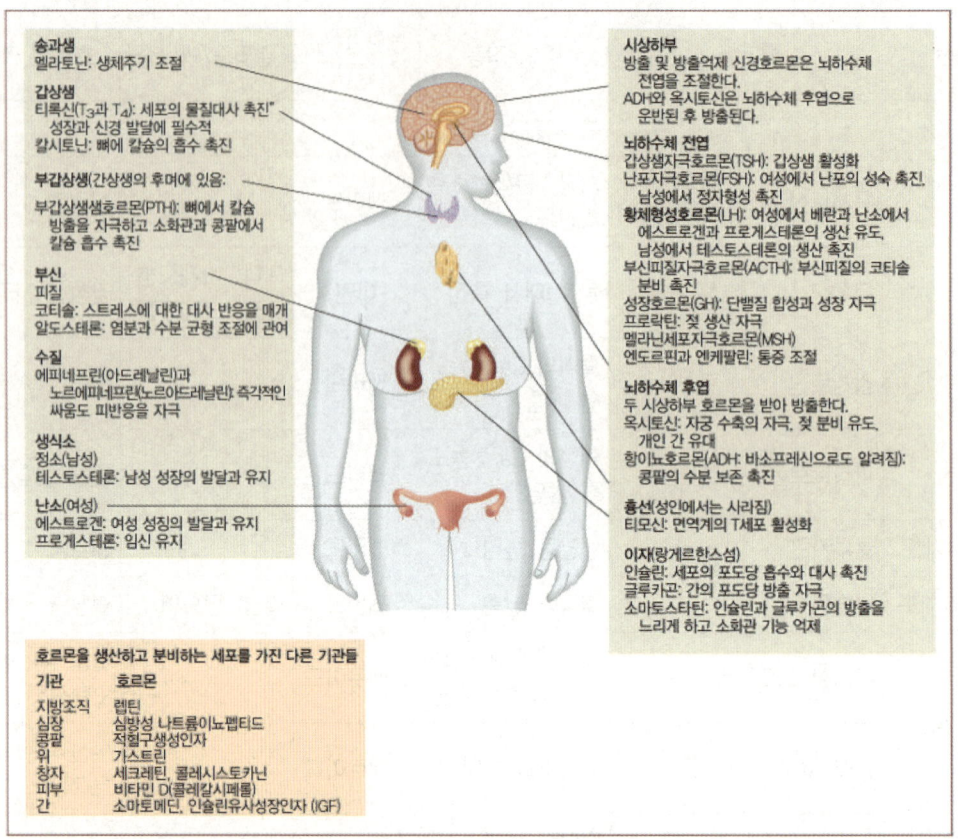

송과샘
멜라토닌: 생체주기 조절

갑상샘
티록신(T_3과 T_4): 세포의 물질대사 촉진"
성장과 신경 발달에 필수적
칼시토닌: 뼈에 칼슘의 흡수 촉진

부갑상샘(갑상샘의 후면에 있음)
부갑상샘호르몬(PTH): 뼈에서 칼슘
방출을 자극하고 소화관과 콩팥에서
칼슘 흡수 촉진

부신
피질
코티솔: 스트레스에 대한 대사 반응을 매개
알도스테론: 염분과 수분 균형 조절에 관여

수질
에피네프린(아드레날린)과
노르에피네프린(노르아드레날린): 즉각적인
싸움도 피반응을 자극

생식소
정소(남성)
테스토스테론: 남성 성장의 발달과 유지

난소(여성)
에스트로겐: 여성 성징의 발달과 유지
프로게스테론: 임신 유지

시상하부
방출 및 방출억제 신경호르몬은 뇌하수체
전엽을 조절한다.
ADH와 옥시토신은 뇌하수체 후엽으로
운반된 후 방출된다.

뇌하수체 전엽
갑상샘자극호르몬(TSH): 갑상샘 활성화
난포자극호르몬(FSH): 여성에서 난포의 성숙 촉진
남성에서 정자형성 촉진
황체형성호르몬(LH): 여성에서 배란과 난소에서
에스트로겐과 프로게스테론의 생산 유도,
남성에서 테스토스테론의 생산 촉진
부신피질자극호르몬(ACTH): 부신피질의 코티솔
분비 촉진
성장호르몬(GH): 단백질 합성과 성장 자극
프로락틴: 젖 생산 자극
멜라닌세포자극호르몬(MSH)
엔도르핀과 엔케팔린: 통증 조절

뇌하수체 후엽
두 시상하부 호르몬을 받아 방출한다.
옥시토신: 자궁 수축의 자극, 젖 분비 유도,
개인 간 유대
항이뇨호르몬(ADH: 바소프레신으로도 알려짐):
콩팥의 수분 보존 촉진

흉선(성인에서는 사라짐)
티모신: 면역계의 T세포 활성화

이자(랑게르한스섬)
인슐린: 세포의 포도당 흡수와 대사 촉진
글루카곤: 간의 포도당 방출 자극
소마토스타틴: 인슐린과 글루카곤의 방출을
느리게 하고 소화관 기능 억제

호르몬을 생산하고 분비하는 세포를 가진 다른 기관들

기관	호르몬
지방조직	렙틴
심장	심방성 나트륨이뇨펩티드
콩팥	적혈구생성인자
위	가스트린
창자	세크레틴, 콜레시스토키닌
피부	비타민 D(콜레칼시페롤)
간	소마토메딘, 인슐린유사성장인자 (IGF)

(2) 시상하부(hypothalamus)

간뇌의 일부를 차지하고 있고 내분비계 최고 조절 중추로서 내분비계와 신경계를 통합하는 데 중요한 역할을 수행함

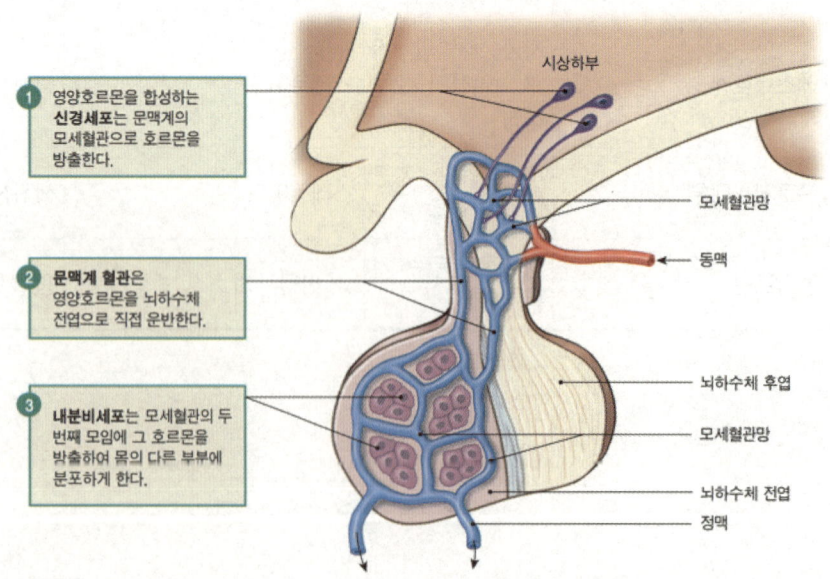

시상하부

1 영양호르몬을 합성하는 **신경세포**는 문맥계의 모세혈관으로 호르몬을 방출한다.

2 문맥계 혈관은 영양호르몬을 뇌하수체 전엽으로 직접 운반한다.

3 **내분비세포**는 모세혈관의 두 번째 모임에 그 호르몬을 방출하여 몸의 다른 부분에 분포하게 한다.

모세혈관망
동맥
뇌하수체 후엽
모세혈관망
뇌하수체 전엽
정맥

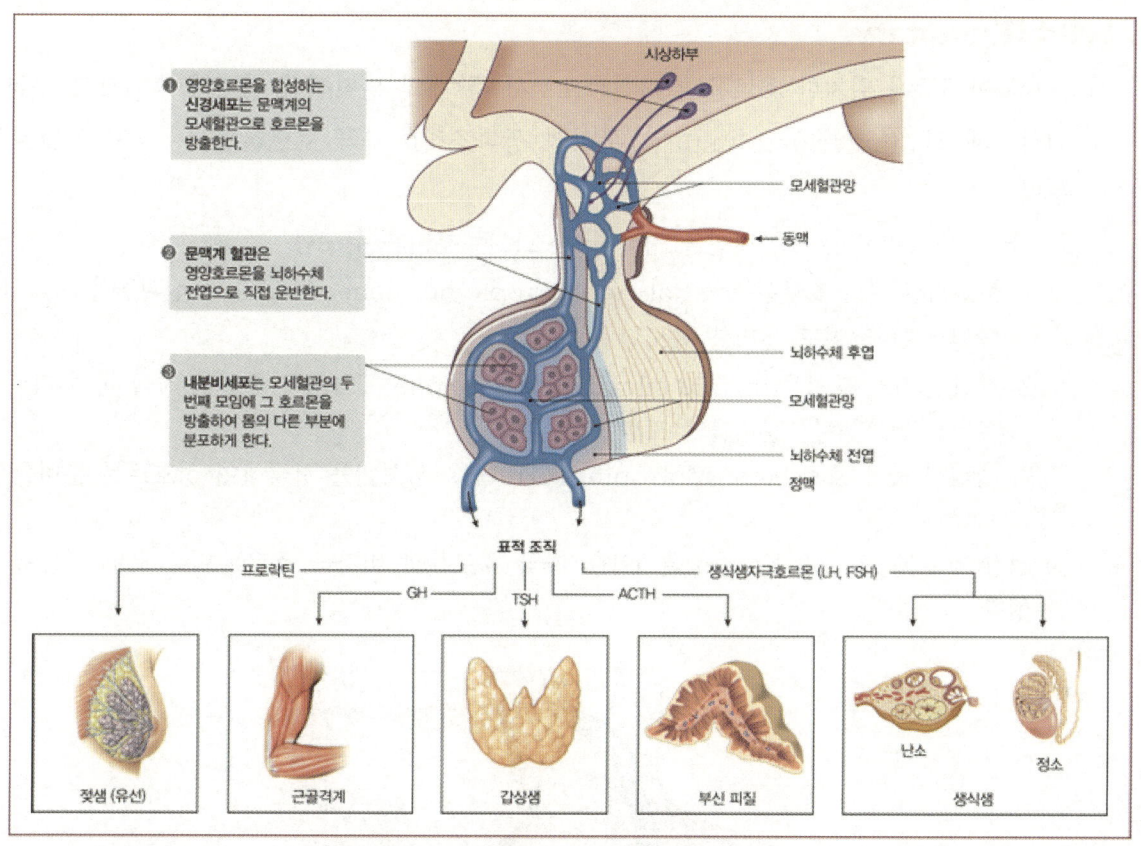

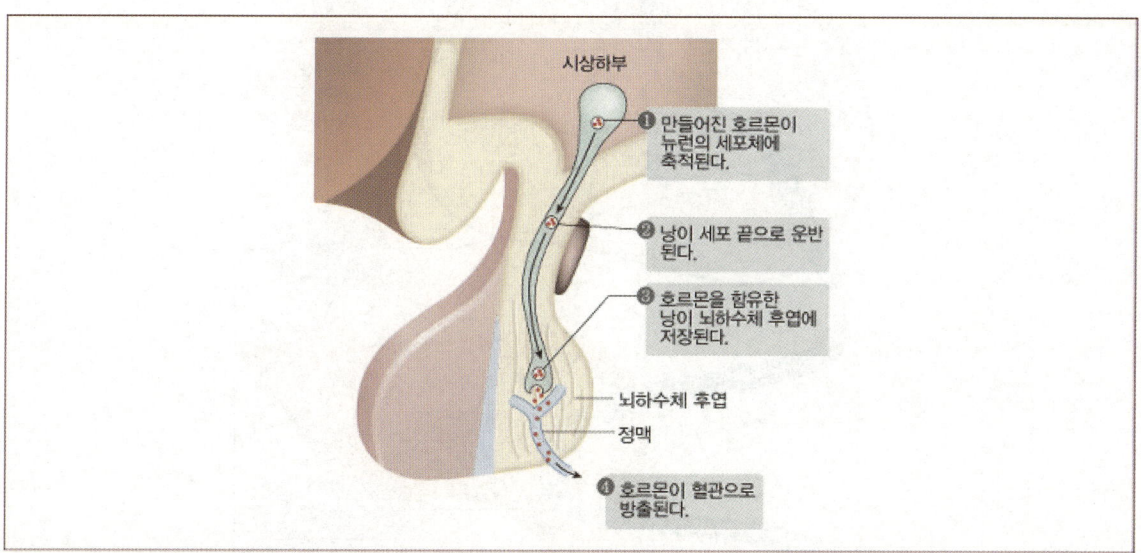

㉠ 방출호르몬(releasing hormone; RH), 방출억제호르몬(releasing inhibitory hormone; RIH) 분비. 방출호르몬은 뇌하수체 호르몬 분비를 촉진시키나, 방출억제호르몬은 뇌하수체 호르몬 분비를 억제시킴

㉡ 직접 표적기관에 작용하는 호르몬 생성하며 뇌하수체 후엽을 통해 분비함

(3) 뇌하수체(pituitary)

시상하부 아래쪽에 위치한 호르몬 분비기관으로서 두 개의 분비선인 전엽과 후엽으로 구분됨

㉠ 뇌하수체 전엽(anterior pituitary; 분비성 상피조직): 자극 호르몬 또는 비자극 호르몬 분비

ⓐ 자극 호르몬: 다른 내분비선을 자극하여 호르몬 분비를 유도함

1. 부신피질 자극 호르몬(adernal cortex tropic hormone; ACTH): 부신피질을 자극하여 당질코르티코이드 분비를 유도함

2. 갑상선 자극 호르몬(thyroid stimulating hormone; TSH): 갑상선을 자극 하여 티로긴, 트리요오드티로닌 분비를 유도함

3. 생식선 자극 호르몬(gonadotropin; FSH, LH): 생식선을 자극하여 성호르몬 분비를 유도함

ⓑ 성장 호르몬(growth hormone; GH): 자극 호르몬과 비자극 호르몬으로 모두 기능을 수행함

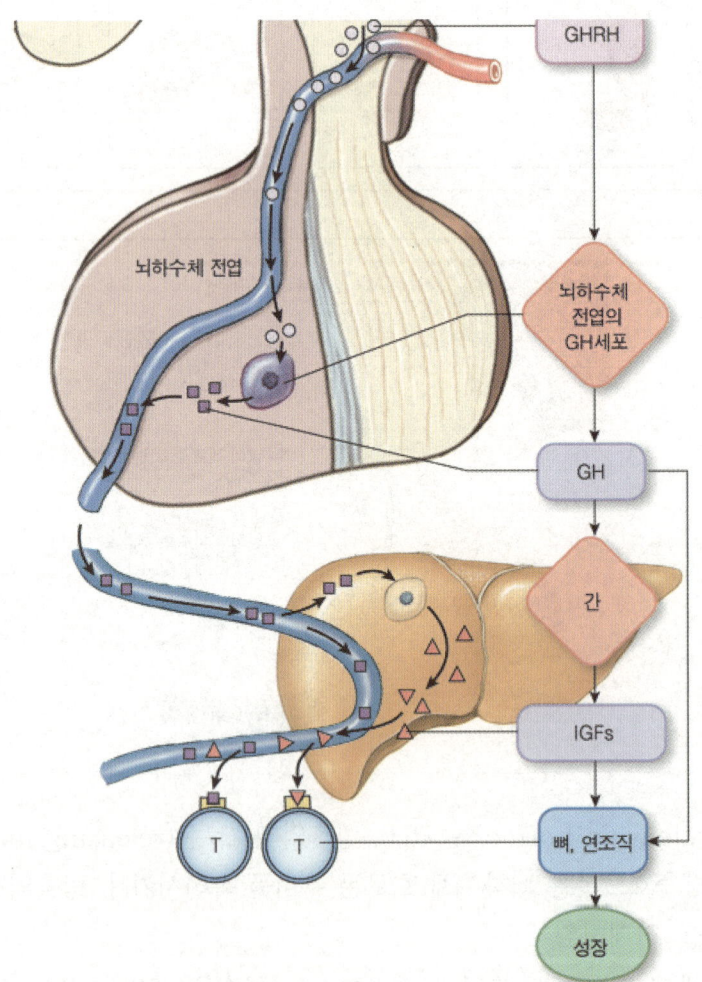

1. 자극호르몬으로 기능 시, 간을 자극하여 인슐린 유사 성장인자(insulin-like growth factor; IGF)를 분비하게 함. IGF는 뇌하수체 전엽과 시상하부에 작용하여 성장호르몬 분비에 음성되먹임 효과를 보임. IGF는 성장호르몬과 작용하여 뼈와 연조직의 성장을 자극함

2. 비자극호르몬으로 기능 시, IGF와 같이 조직 성장에 필수적인 단백질의 동화작용을 촉진하며 뼈의 성장을 촉진함. 또한 GH는 간의 포도당을 방출시키고 지방을 분해하여 혈장의 지방산과 포도당 농도를 증가시키는데 관여함

3. 과다분비의 경우, 유년기의 과다분비는 거인증을 유발하고 성인시의 과다분비는 말단비대증을 유발하고 과소분비의 경우 난쟁이증을 유발함

ⓒ 비자극 호르몬의 종류와 기능

1. 프로락틴(prolactin; PRL): 포유류의 경우 젖샘의 성장 및 젖의 생성을 촉진하나, 조류의 경우는 지방대사, 생식을 조절하고 양서류의 경우는 유생의 성장을 촉진하고 변태시기를 늦추며, 담수어류에서는 물과 무기염류의 균형 조절에 관여하는 것이 특정임

2. 색소세포 자극 호르몬(melanocyte stimulating hormone; MSH): 포유류의 경우, 뇌의 신경세포에 작용하여 배고픔을 느끼는 것을 방해하며, 양서류, 어류, 파충류의 경우, 피부에 있는 색소를 포함하는 세포 활성을 조절

ⓛ 뇌하수체 후엽(posterior pituitary; 뇌신경조직): 시상하부의 신경분비세포에서 합성된 신경호르몬을 분비함

ⓐ 옥시토신(oxytocin): 분만시 자궁수축을 유발하며 수유기간에는 젖샘 수축을 유발하여 젖 분비를 촉진함

ⓑ 바소프레신(casopressin): 신장의 집합관에서의 수분 재흡수를 촉진하여 삼투농도 및 혈압 조절 기능을 수행함

(4) 갑상선(thyroid)

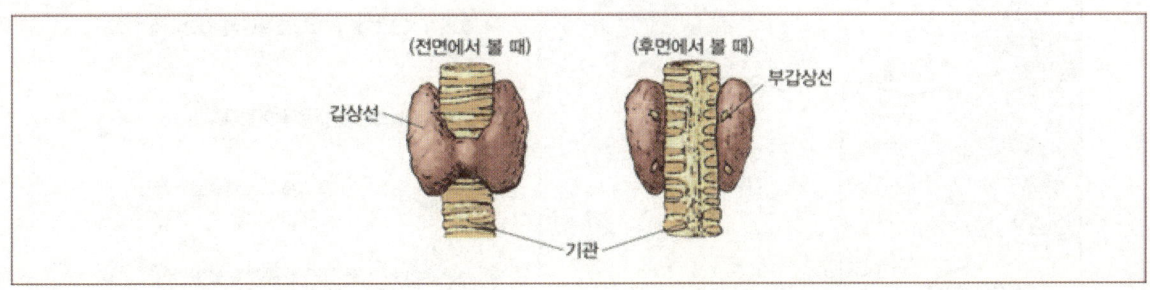

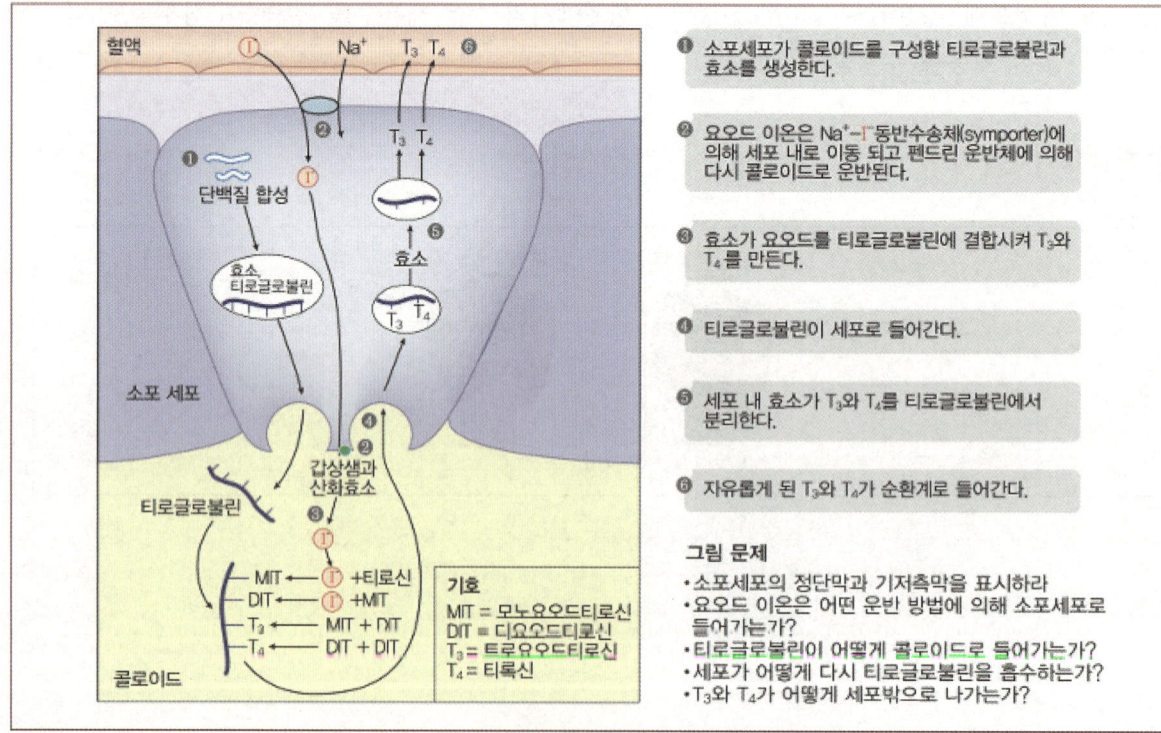

티로신 (T₄)
(2 티로신 + 4 ⓘ)

티로신

티로신 (T₃)
(2티로신+3 ⓘ)

티로신과 요오드로부터 만들어진 갑상샘호르몬

두 개의 엽으로 구성되어 있으며, 기관의 복부쪽 표면에 위치함

㉠ 갑상선 호르몬(thyroid hormone)의 종류: 티록신(T_4)과 트리요오드티로닌(T_3) 형태로 분비됨. 주로 T_4 형태로 분비되나, T_3가 T_4보다 수용체에 대한 친화력이 높기 때문에 표적세포에서 대부분의 T_4를 T_3로 전환시킴

㉡ 갑상선 호르몬의 기능

ⓐ 산소 소비율과 세포 대사율을 증가시켜 혈압, 심박수, 근력, 소화, 생식기능 유지에 관여함
ⓑ 조골세포의 정상적 기능을 촉진하며, 배아의 뇌 발생 과정에 관여하고 성장호르몬의 완전한 발현에 필요함

혈액
Na^+ T_3 T_4 ❻
❷
단백질 합성
효소
티로글로불린
소포 세포
티로글로불린
갑상샘과
산화효소
MIT ← ⓘ +티로신
DIT ← ⓘ +MIT
T_3 ← MIT + DIT
T_4 ← DIT + DIT
콜로이드

기호
MIT = 모노요오드티로신
DIT = 디요오드티로신
T_3 = 트리요오드티로신
T_4 = 티록신

❶ 소포세포가 콜로이드를 구성할 티로글로불린과 효소를 생성한다.

❷ 요오드 이온은 Na^+-I^- 동반수송체(symporter)에 의해 세포 내로 이동 되고 펜드린 운반체에 의해 다시 콜로이드로 운반된다.

❸ 효소가 요오드를 티로글로불린에 결합시켜 T_3와 T_4를 만든다.

❹ 티로글로불린이 세포로 들어간다.

❺ 세포 내 효소가 T_3와 T_4를 티로글로불린에서 분리한다.

❻ 자유롭게 된 T_3와 T_4가 순환계로 들어간다.

그림 문제
• 소포세포의 정단막과 기저측막을 표시하라
• 요오드 이온은 어떤 운반 방법에 의해 소포세포로 들어가는가?
• 티로글로불린이 어떻게 콜로이드로 들어가는가?
• 세포가 어떻게 다시 티로글로불린을 흡수하는가?
• T_3와 T_4가 어떻게 세포밖으로 나가는가?

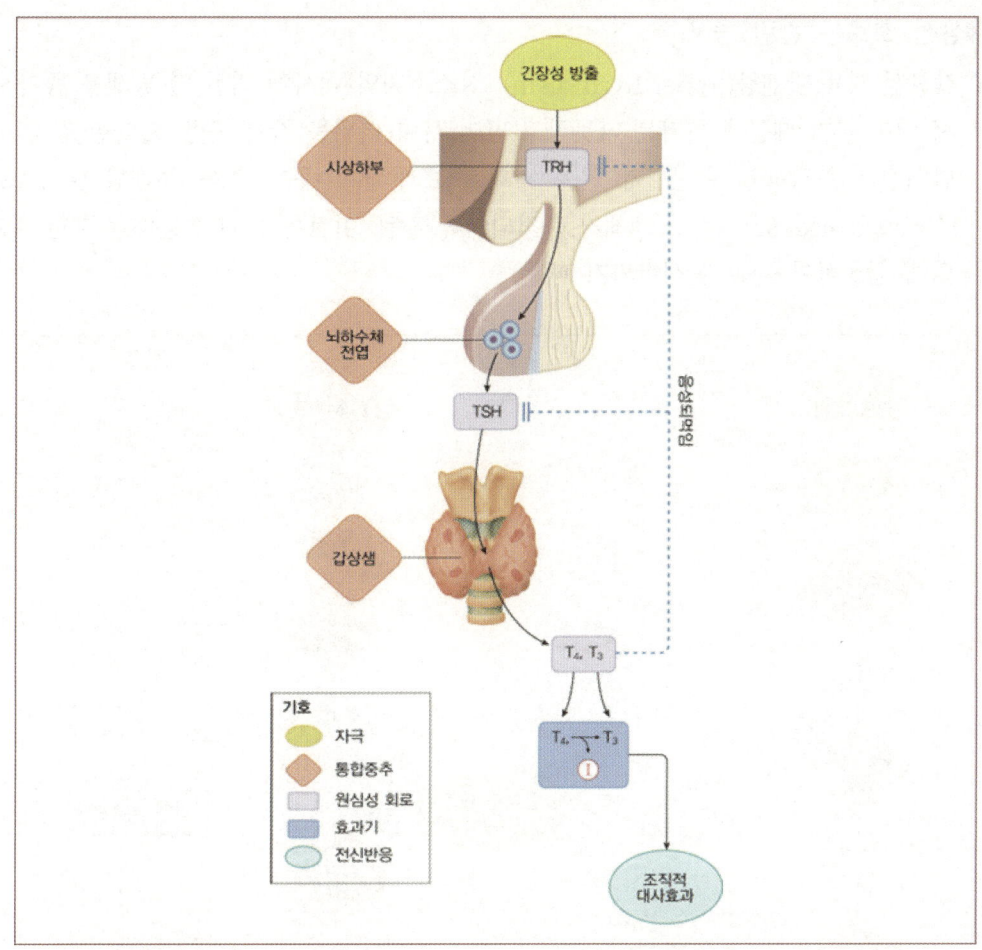

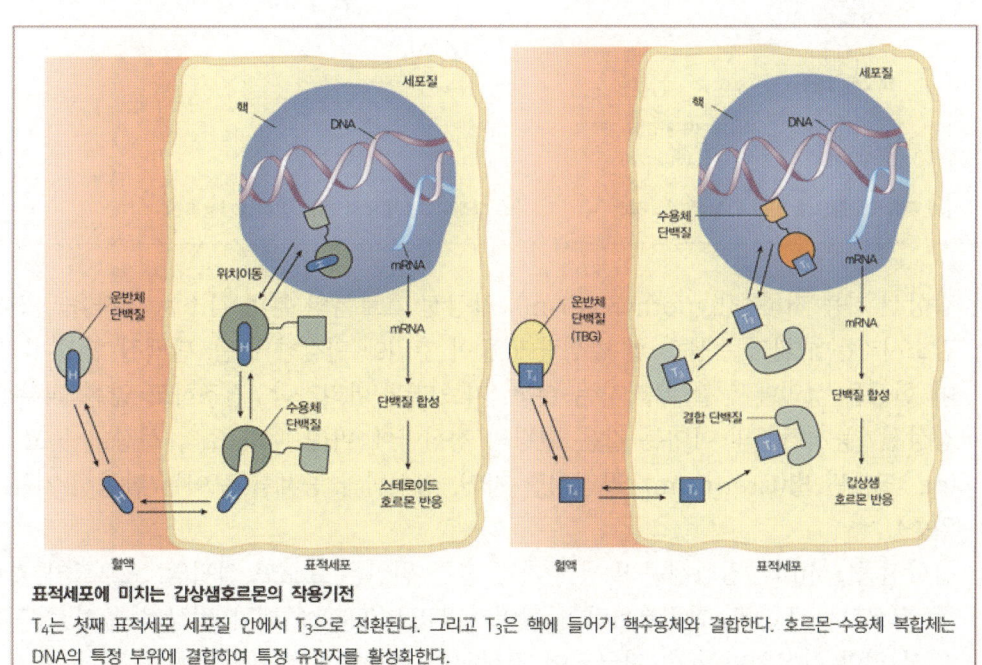

표적세포에 미치는 갑상샘호르몬의 작용기전

T_4는 첫째 표적세포 세포질 안에서 T_3으로 전환된다. 그리고 T_3은 핵에 들어가 핵수용체와 결합한다. 호르몬-수용체 복합체는 DNA의 특정 부위에 결합하여 특정 유전자를 활성화한다.

ⓒ 갑상선 호르몬 관련 증세

ⓐ 갑상선 기능 항진증(hyperthyroidism): 산소소비와 대사에 의한 열 발생을 증가시킴. 몸에
서 열이 나기 때문에 환자는 따뜻하고 땀이 나며 더위를 참지 못함. 과다한 갑상선호르몬은
단백질 이화작용을 촉진시켜 근육 악화를 초래하여 체중감소를 초래함 (ex. 그레이브병
(Grave's disease): 눈 뒤 액체가 축적되어 돌출됨. 이것은 TSH 수용체에 대한 자가 항체에
의해 갑상선이 계속 활성화되기 때문)

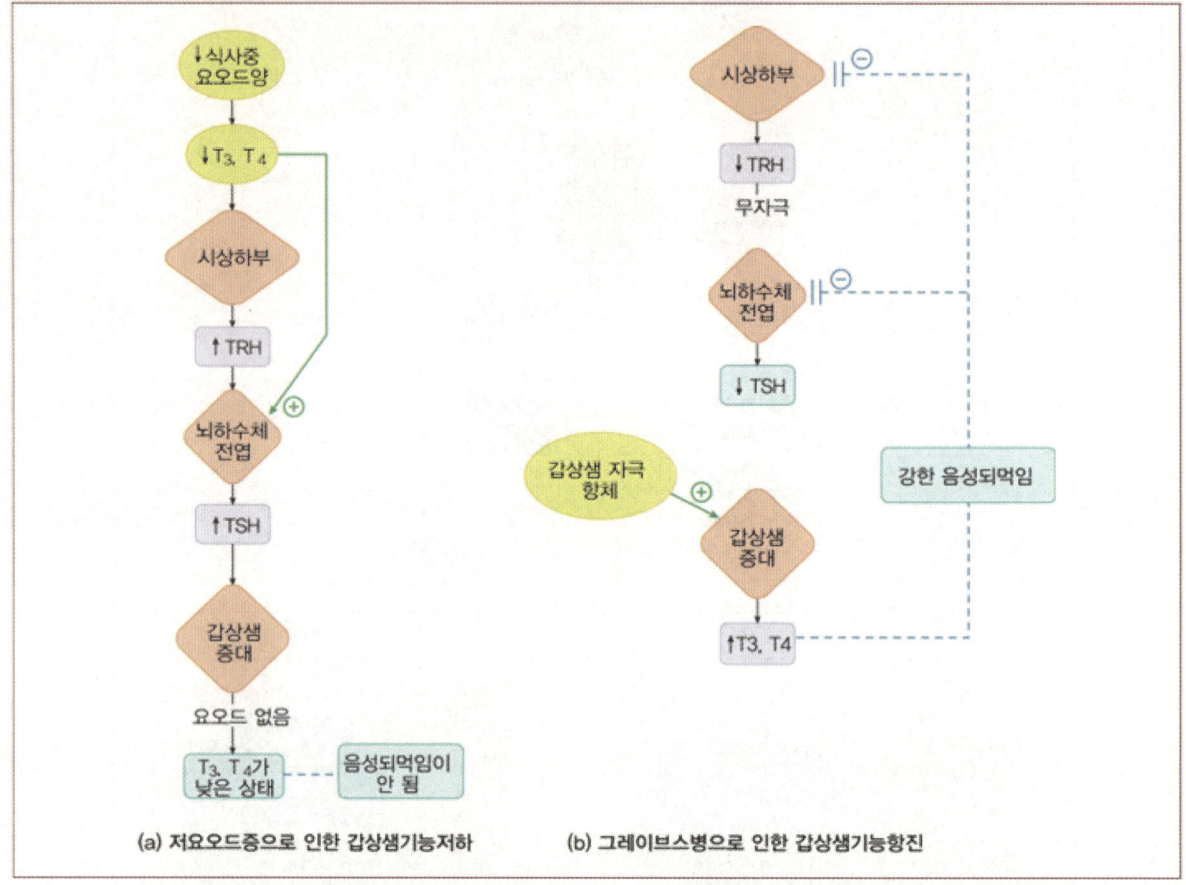

(a) 저요오드증으로 인한 갑상샘기능저하   (b) 그레이브스병으로 인한 갑상샘기능항진

ⓑ 갑상선 기능 저하증(hypothyroidism): 갑상선 호르몬의 분비 감소는 대사율과 산소 소비를
감소시키는데 환자는 몸의 열 발생량이 줄어 추위에 민감하게 됨. 단백질 합성이 감소되는데
이 현상은 성인에서 잘 부러지는 손톱, 가느다란 머리카락, 건조하고 얇은 피부를 초래함.
갑상선기능저하증의 아이는 같은 연령의 정상아에 비해 뼈와 조직 성장이 늦고 키가 작음
(ex. 크레틴 병(Cretinism): 골격성장 지연, 정신박약 증세를 보이는 갑상선 기능 저하증의
일종)

ⓒ 갑상선종(goiter): 갑상선종 발생의 가장 흔한 원인은 요오드 결핍임. 요오드가 결핍된 식사
를 함으로써 T_3, T_4 합성분비량이 떨어져 TRH, TSH에 대한 정상적 음성 피드백 조절이
되지 않아 갑상선이 계속 자극되어 갑상선이 비대해지는 것임

ⓔ 칼시토닌(calcitonin)의 기능: 조관세포를 자극하고, 파골세포의 기능을 억제하며, 신장에서의 Ca^{2+} 배출 증가를 유도하여 혈중 Ca^{2+} 농도를 감소시킴. 칼시토닌은 파골세포가 과다 활동하고 뼈가 흡수에 의해 약해지는 유전병인 파제트병(Paget's disease) 환자를 치료할 때 사용됨. 칼시토닌은 이들 환자의 비정상적인 뼈 손실을 회복시키는데 이 때문에 과학자들은 모체가 자신과 아이의 칼슘 양을 공급해야 하는 임신과 수유기의 여성과 전체 뼈 축적이 필요한 성장기의 아동에게서 이 호르몬이 중요할 것이라고 추정함

(5) 부갑상선(parathyroid)

갑상선 뒤쪽의 4개의 작은 구조물로 부갑상선 호르몬(parathyroid hormone: PTH)을 분비하여 혈중 칼슘 농도조절에 관여함. PTH는 신장, 소장에 작용하여 혈장의 Ca^{2+} 농도를 증가시킴. 혈장의 칼슘 증가는 음성되먹임으로 작용하여 PTH 분비를 멈추게 함

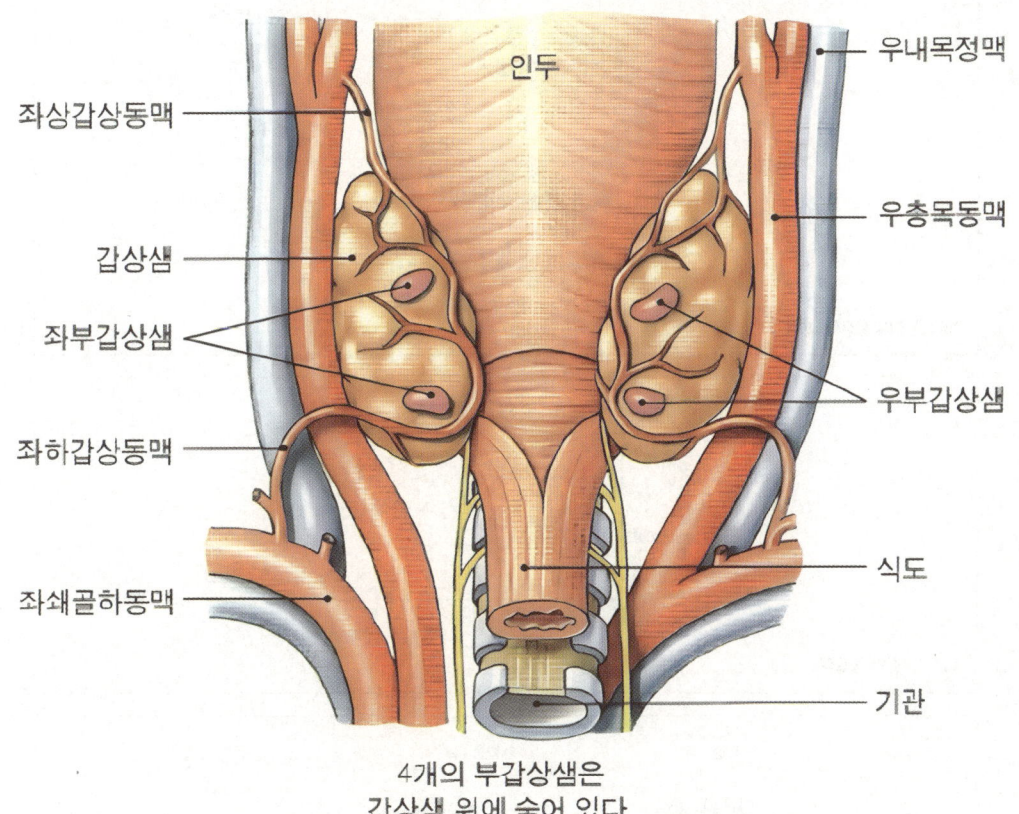

좌상갑상동맥
갑상샘
좌부갑상샘
좌하갑상동맥
좌쇄골하동맥

인두
우내목정맥
우총목동맥
우부갑상샘
식도
기관

4개의 부갑상샘은
갑상샘 위에 숨어 있다.

㉠ 부갑상선 호르몬의 기능

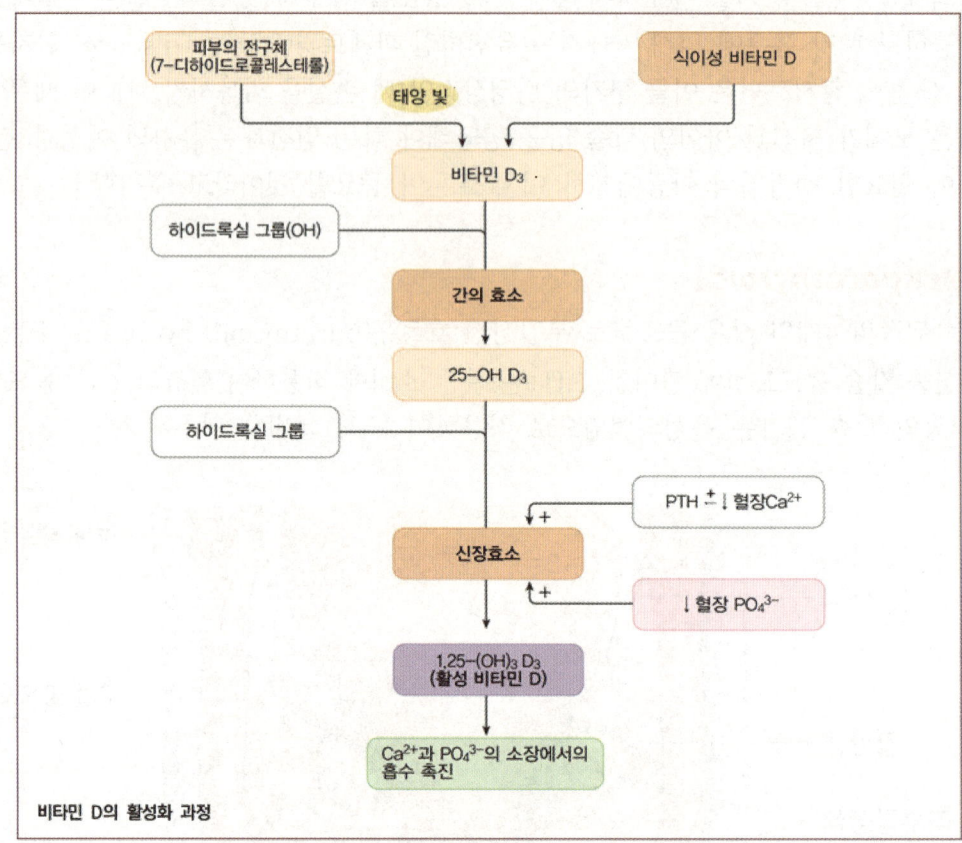

비타민 D의 활성화 과정

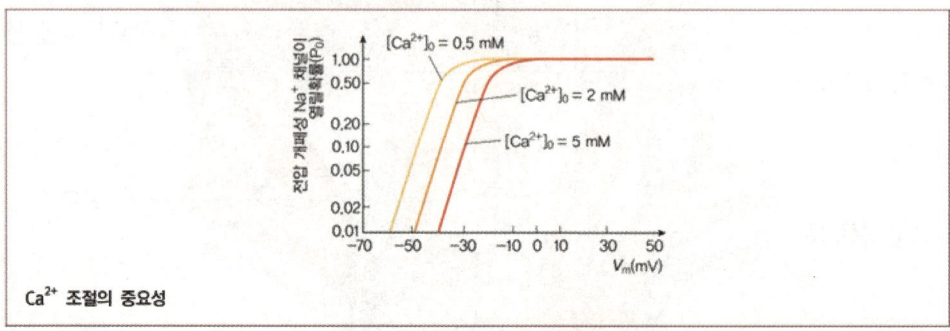

Ca²⁺ 조절의 중요성

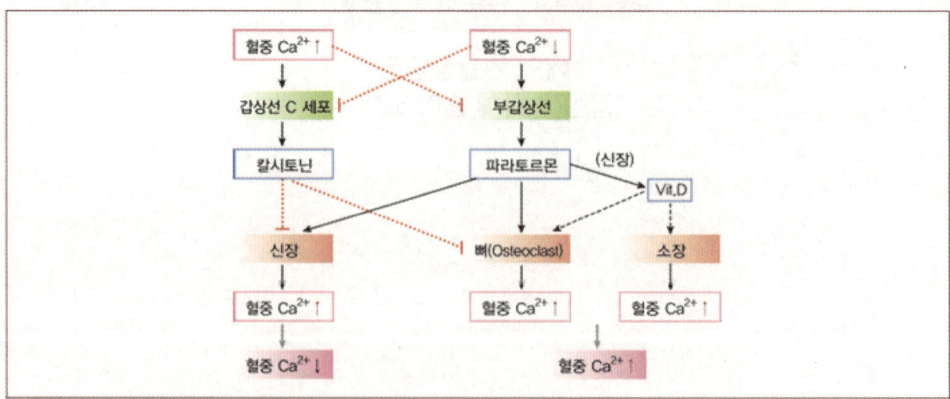

ⓐ 파골 세포를 자극하여 뼈로부터 Ca^{2+} 방출을 촉진함

ⓑ 신장에서 비타민 D활성화에 관하여 소장에서의 Ca^{2+} 흡수를 간접적으로 촉진함

ⓒ 신장의 원위세뇨관에서의 Ca^{2+} 재흡수를 촉진함. PTH는 동시에 인산의 재흡수를 줄임으로써 신장에서의 인산의 방출을 촉진함. PTH의 칼슘과 인에 대한 반대되는 효과는 그들의 함친 농도를 일정 수준 이하로 유지하는데 필요함. 만일 그 농도가 일정 수준을 넘어서면 인산 칼슘 결정이 되어 침전물이 생김

ⓛ 부갑상선 호르몬 관련 증세

ⓐ 부갑상선 기능 항진증(hyperparathyroidism): 뼈로부터 칼슘, 인이 용출되어 골절 가능성이 높아짐

ⓑ 부갑상선 기능 저하증(hypoparathyroidism): 혈액의 Ca^{2+} 농도가 낮아져 근육 강직성 경련인 테타니병(tetany)이 유발됨

(6) 이자(pancreas)

랑게르한스섬(islets of Langerhans)의 α, β 세포에서 혈당량을 조절하는 호르몬을 분비

ⓙ α 세포: 글루카곤을 분비하여 혈당량 증가를 유발함

ⓐ 글리코겐 포스포릴라아제를 활성화시키고 글리코겐 합성효소를 불활성화시켜 간에 저장된 글리코겐의 실제적인 분해를 촉진시키며 이 두 효소의 효과는 cAMP에 의하여 일어나는 인산화의 결과임

ⓑ 간에서 해당과정에 의한 포도당의 분해를 억제하고 포도당 신생합성을 통한 포도당의 합성을 자극하는데 이것은 해당과정 효소인 PFK-1과 피루브산 키나아제를 억제하고 포도당신생합성과정 효소인 PEP 카르복시카나아제 활성을 촉진함으로써 이루어지는 것임

ⓒ 간에서 글리코겐 분해를 자극하고 해당과정을 억제하여 포도당의 이용을 저하시키며 포도당 신생합성을 항진시킴으로써 포도당을 간으로부터 혈액으로 내보내도록 함

ⓓ 지방조직에서 중성지방 리파아제(triacylglycerol lipase)와 페리리핀(perilipin)의 cAMP의 존성 인산화에 의하여 중성지방의 분해를 활성화시킴. 이 효소 작용으로 유리 지방산이 해리되어 간이나 그 밖의 조직으로 보내져 연료로 이용되는데 이것은 뇌에서 사용할 포도당을 절약하는 효과를 지님

ⓛ β 세포: 인슐린 분비를 분비하여 혈당량 감소를 유발함

ⓐ 포도당이 근육과 지방 조직으로 들어가도록 자극하는데 세포내로 진입한 포도당은 포도당 6인산으로 전환됨

ⓑ 간에서 글리코겐 합성효소를 활성화시키고 그리코겐 포스포릴라아제를 불활성화시킴으로써 포도당 6인산이 글리코겐으로 합성되도록 함

ⓒ 간에서 해당과정을 통하여 포도당 6인산이 피루브산으로 산화되는 것과 피루브산이 아세틸-CoA로 산화되는 반응을 활성화시킴. 더 이상 에너지 생성을 위해 산화될 필요가 없는 아

세틸-CoA는 간에서 지방산의 합성에 이용됨. 생성된 지방산은 혈장 지질단백질(VLDL)의 중성지방으로서 지방 조직으로 운반됨

ⓓ 지방세포를 자극해서 VLDL의 중성지방에서 분비된 지방산으로부터 다시 중성지방을 합성하도록 자극함

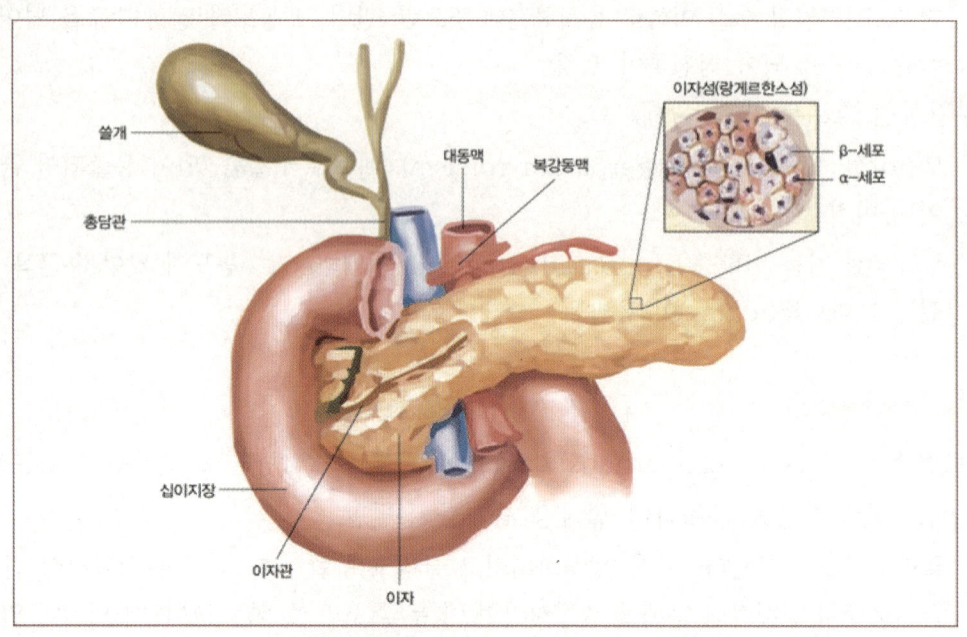

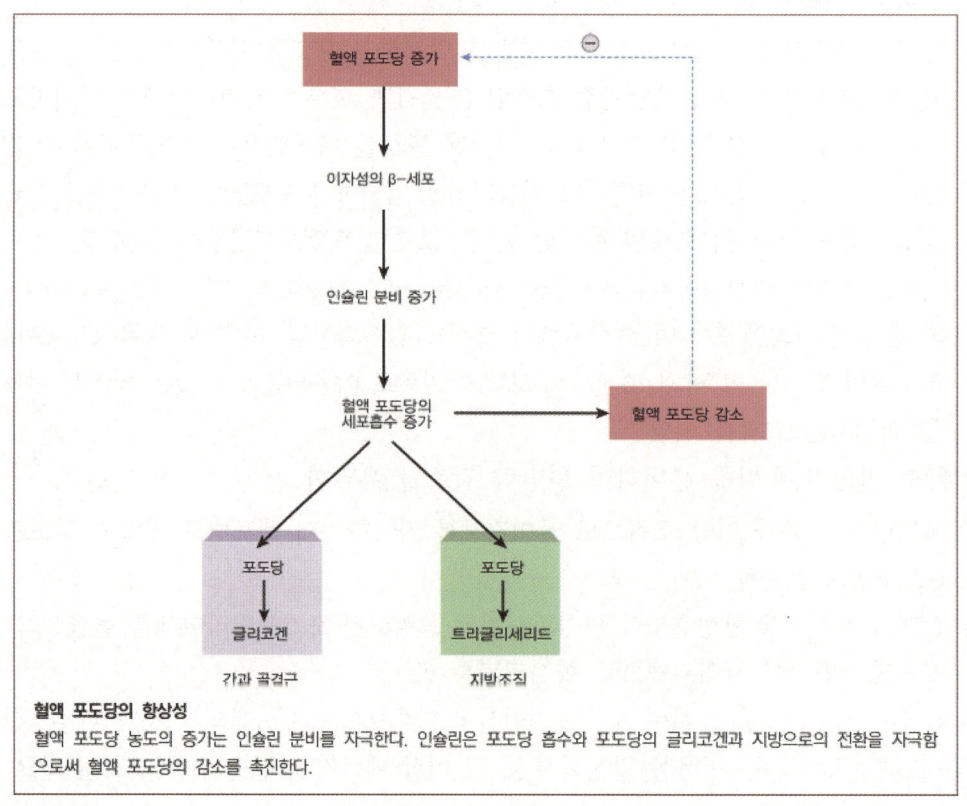

혈액 포도당의 항상성
혈액 포도당 농도의 증가는 인슐린 분비를 자극한다. 인슐린은 포도당 흡수와 포도당의 글리코겐과 지방으로의 전환을 자극함으로써 혈액 포도당의 감소를 촉진한다.

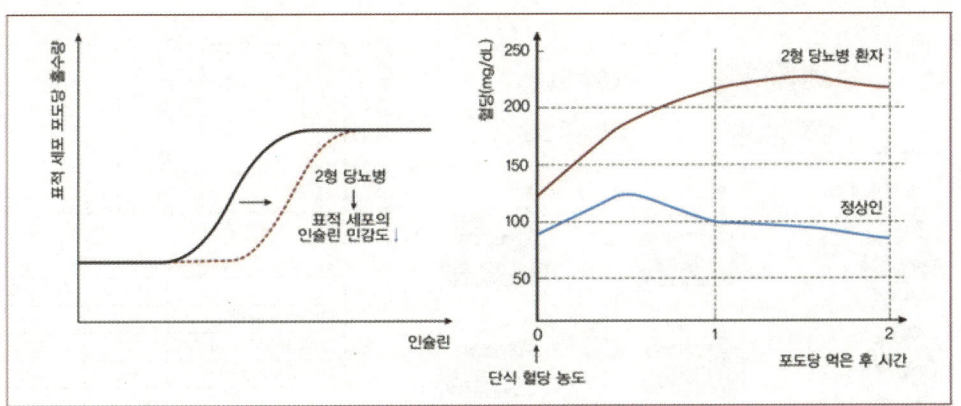

(7) 부신수질(adrenal medulla)

교감신경으로부터 자극을 받아 카테콜아민(catecholamine; 에피네프린, 노르에피네프린)을 분비함. 카테콜아민의 주요 활성은 즉각적으로 사용할 수 있는 화학에너지량을 증가시키는 것임

㉠ 심박수를 높이고 혈압을 상승시켜 O_2와 연료가 조직으로 이동하는 속도를 증가시킴

㉡ 기도를 확장시켜 O_2가 체내로 유입되는 속도를 증가시킴

㉢ cAMP 의존 인산화에 의하여 글리코겐 포스포릴라아제를 활성화시키고 글리코겐 합성효소를 불활성화시켜 간에 저장된 글리코겐을 혈당으로 전환되도록 자극함

㉣ 골격근의 글리코겐을 젖산으로 진환시키는 발효를 항진시키고 당분해에 의한 ATP 생성을 촉진함

㉤ 지방 조직의 페리리핀과 중성지방 리파아제를 활성화시켜 지방 동원을 자극함

㉥ 글루카곤의 분비를 촉진시키고 인슐린 분비를 억제하여 연료 동원을 증가시키고 연료의 저장을 억제하는 효과를 지님

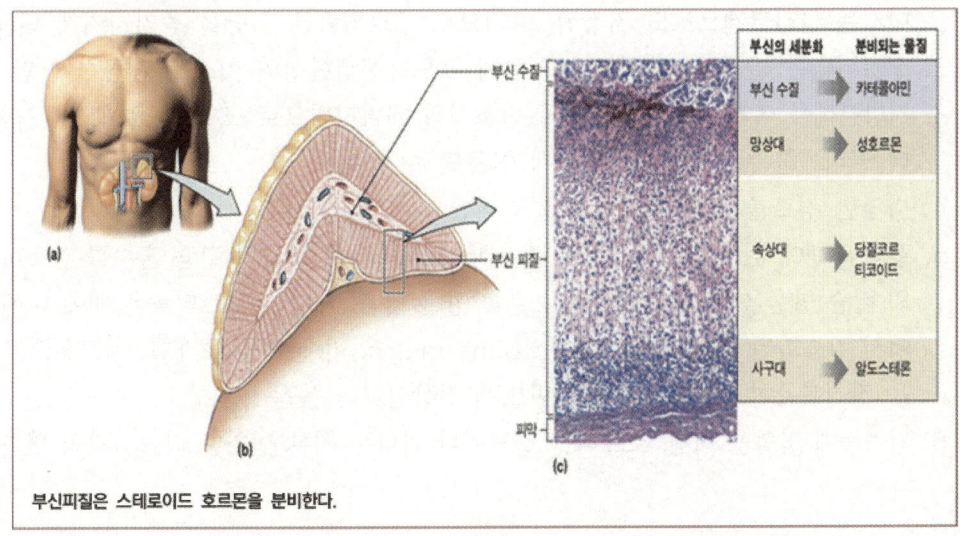

부신피질은 스테로이드 호르몬을 분비한다.

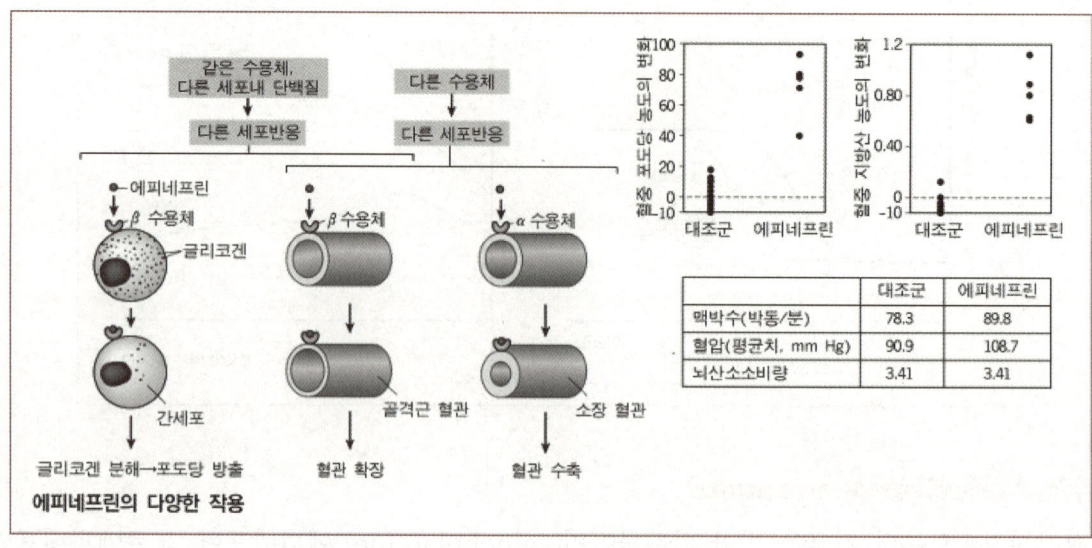

에피네프린의 다양한 작용

(8) 부신피질(adrenal cortex)

내분비 신호(ACTH, 안지오텐신 II)에 반응하여 당질코르티코이드, 무기질코르티코이드를 분비하며 소량의 에스트로겐과 프로게스틴 등도 합성함

㉠ 당질코르티코이드(glucocorticoid; 코르티솔): 단백질과 같이 탄수화물이 아닌 에너지원으로부터 포도당 신생합성을 촉진하여 더 많은 포도당이 에너지원으로 이용될 수 있게함. 또한 많은 양의 당질 코르티코이드는 면역계의 특정 구성요소를 저해함. 코르티솔은 생명을 유지하는데 반드시 필요한데 부신이 제거된 동물은 심각한 외부 스트레스에 노출되면 죽게 됨. 또한 코르티솔은 글루카곤과 에피네프린의 활성에 꼭 필요하기 때문에 코르티솔은 이 호르몬들에 대한 허용적 효과(permissive effect)를 보임

ⓐ 코르티솔의 기능

1. 간에서 포도당신생합성을 촉진함. 간에서 생성된 포도당 일부는 혈액으로 방출되거나 나머지는 글리코겐으로도 저장됨. 그러므로 코르티솔은 혈당을 증가시키게 되는 것임

2. 코르티솔은 골격근단백질을 분해하여 포도당신생합성의 기질을 제공하게 함

3. 지방분해를 촉진시켜 지방산이 주변조직의 에너지원으로 쓰일 수 있게 함. 지방산으로부터 글리세롤은 포도당신생합성에 이용될 수 있음

4. 다양한 경로를 통해 면역반응을 억제함

5. 칼슘 균형에 있어서 음성적으로 작용함. 코르티솔은 창자의 칼슘 흡수를 감소시키고 신장의 칼슘 방출을 증가시켜 체내의 칼슘 양을 낮춤. 게다가 코르티솔은 뼈에 대해 이화적이어서 칼슘화된 뼈기질 (calcified bone matrix)의 분해를 초래함. 치료용으로 코르티솔을 장기복용한 사람은 골절의 빈도가 정상인보다 높음

6. 뇌기능에 영향을 미침. 코르티솔 결핍이나 과다는 기분 변화나 학습기억의 변화를 초래함

ⓑ 코르티솔의 과다증과 결핍증

1. 코르티솔 과다증: 호르몬을 분비하는 종양이나 호르몬의 외부에서의 투여에 의해 발생하며 고농도로 일주일 이상 코르티솔을 투여하면 코르티솔 과다증에 걸릴 위험이 있는데 이를 쿠싱 증후군(Cushing's syndrome)이라고도 함. 코르티솔 과다증의 대부분의 증상은 호르몬의 정상 작용에서 예측할 수 있는데 과도한 포도당신생합성이 당뇨병과 비슷한 고혈당증을 초래함. 근육단백질과 지방 분해는 조직의 손실을 초래함. 역설적으로 과도한 코르티솔은 아마도 부분적으로는 식욕증가와 그로 인한 과식으로 인해 몸통과 얼굴에 여분의 지방을 축적함. 코르티솔과다증을 가진 환자의 전형적인 모습은 가느다란 사지와 뚱뚱한 몸통, 살찐 볼의 달덩이 같은 얼굴임.

2. 코르티솔 결핍증: 애디슨병(Addison;s disease)은 부신 스테로이드호르몬의 분비저하이며 자가면역에 의한 부신 피질의 파괴로 나타남. 부신 스테로이드 생산에 관련된 효소의 유전적 결함은 몇몇 연관된 질병을 초래함. 이러한 유전적 장애는 코르티솔이나 알도스테론으로 만들어질 수 없는 기질이 안드로겐으로 전환되기 때문에 가끔 안드로겐 과다로 나타남

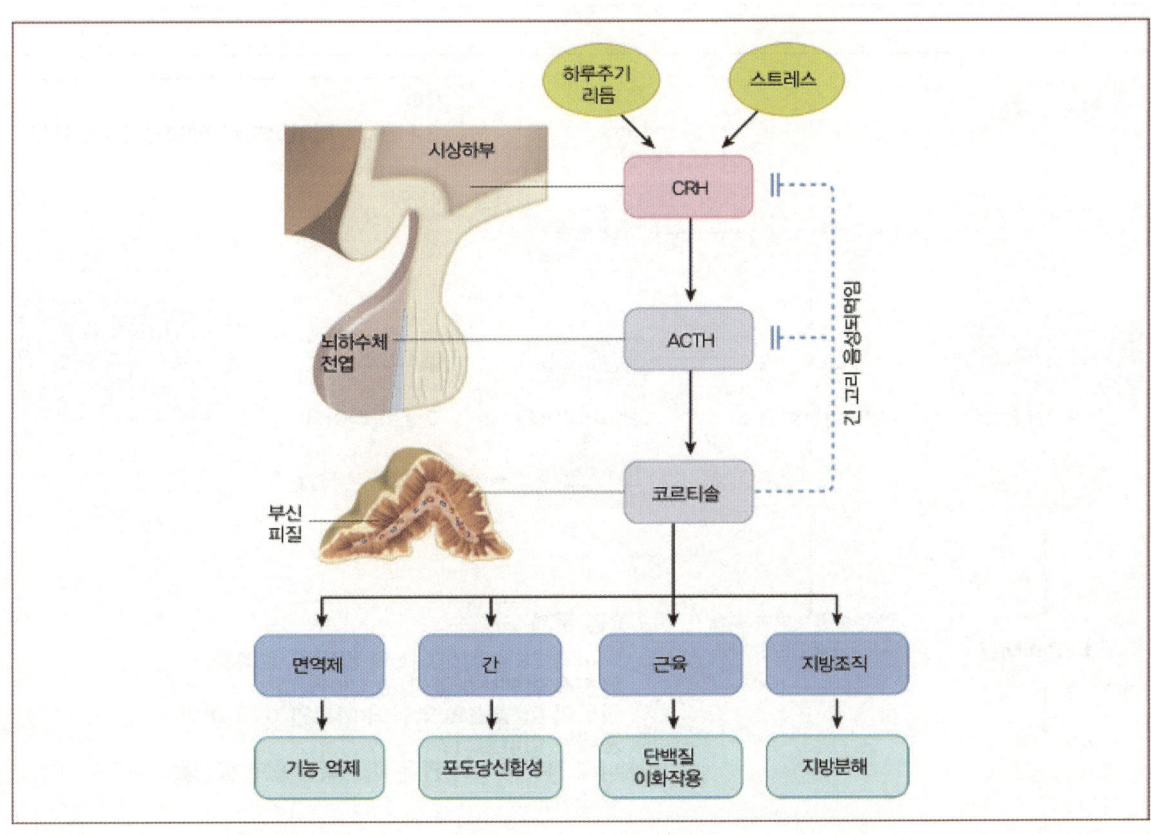

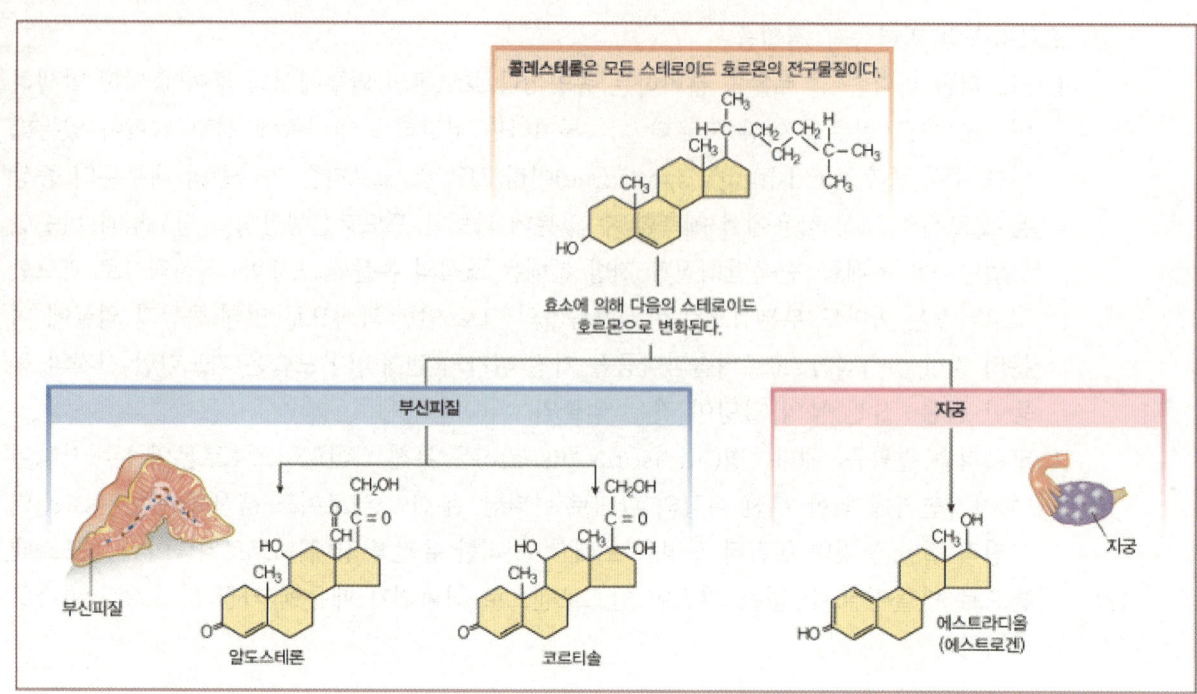

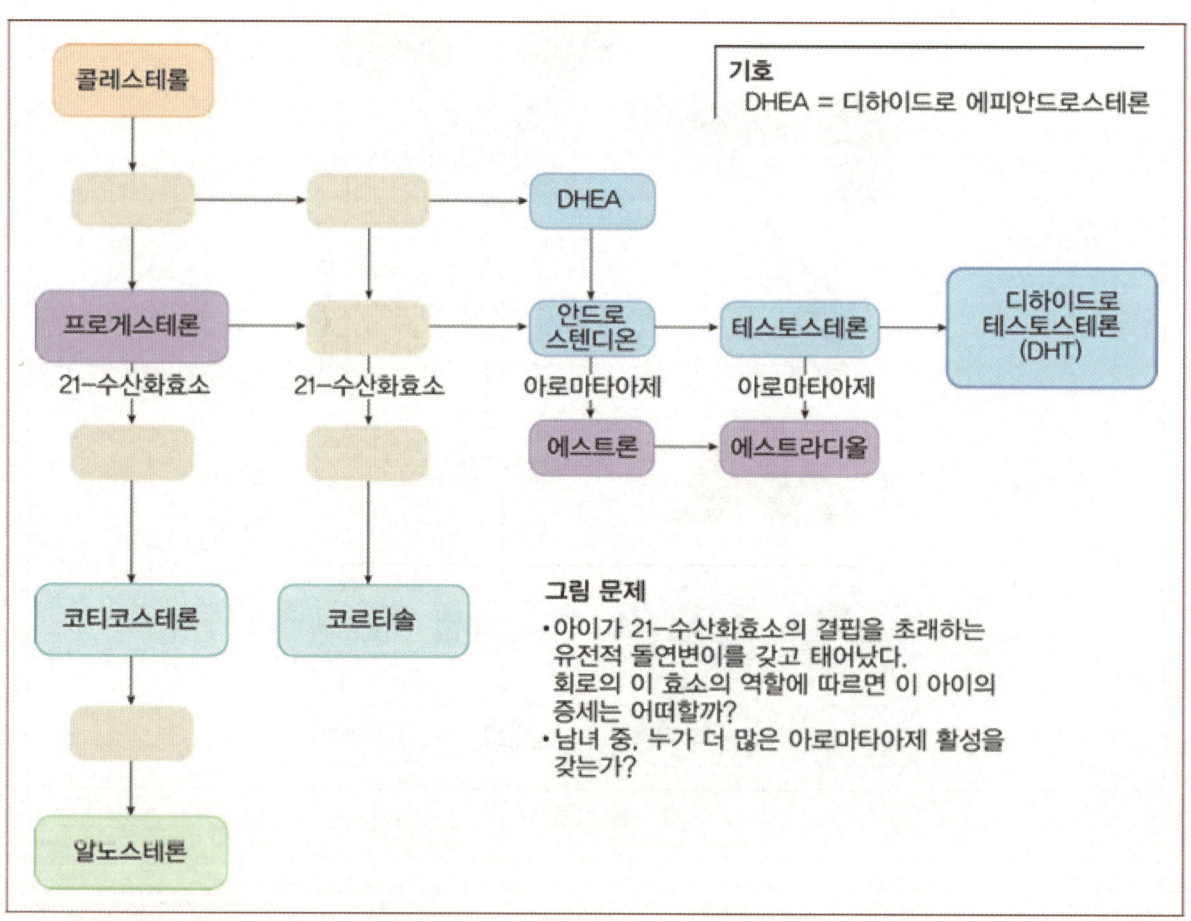

기호
DHEA = 디하이드로 에피안드로스테론

그림 문제
- 아이가 21-수산화효소의 결핍을 초래하는 유전적 돌연변이를 갖고 태어났다. 회로의 이 효소의 역할에 따르면 이 아이의 증세는 어떠할까?
- 남녀 중, 누가 더 많은 아로마타아제 활성을 갖는가?

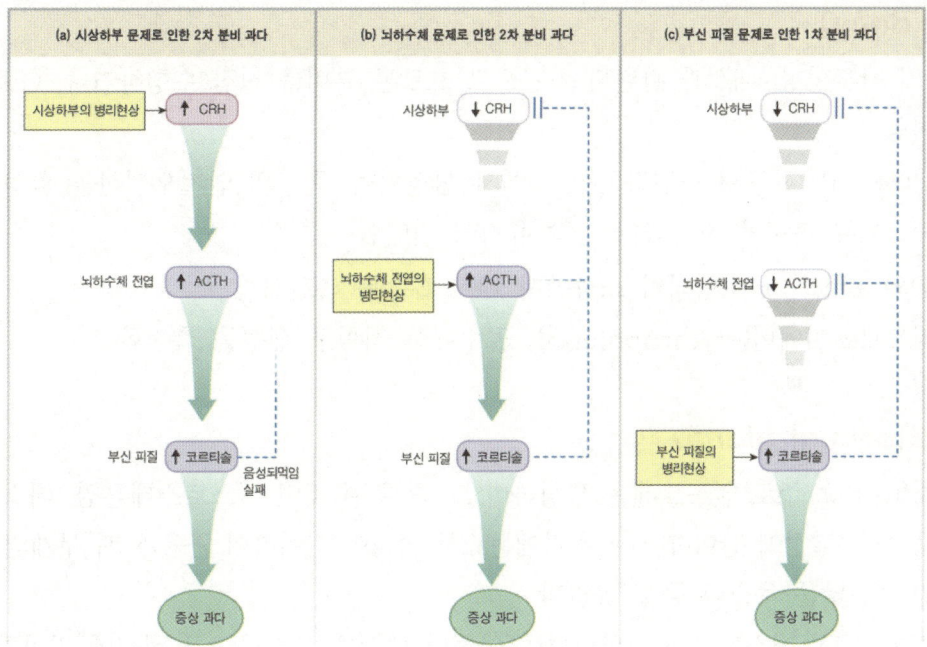

ⓒ 무기질 코르티코이드(mineralocorticoid; 알도스테론): 혈압이 낮아질 때 신장의 원위세뇨관에서의 Na^{2+} 재흡수를 촉진하여 혈압을 정상화시키고, 무기염류와 수분의 균형을 유지하는 역할을 수행함

ⓓ 스트레스와 부신: 단기간 스트레스 시에는 부신 수질이 자극되어 에피네프린이 분비되고 장기간 스트레스 시에는 부신 피질이 자극되어 코르티솔과 알도스테론이 분비됨

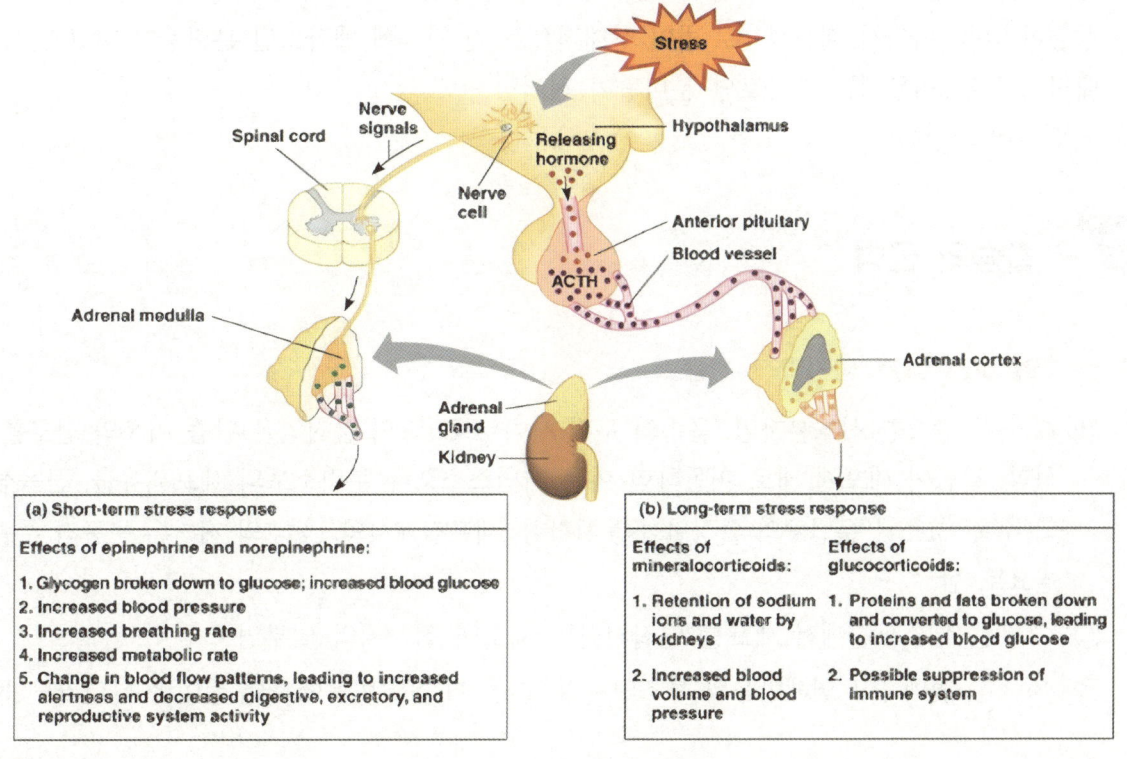

(9) 신장(kidney)

생체내의 삼투평형, 배설과 관련된 기관으로 호르몬 분비를 직접 수행하거나, vitD의 활성화에 관여함

- ⊙ 레닌(renin): 사구체 인접장치(JGA)에서 합성되며, 혈장의 안지오텐신을 활성화함으로써 알도스테론 분비를 자극하여 혈압 유지에 기여함
- ⓒ vitD의 활성화가 수행되어 소장에서 Ca^{2+} 흡수를 촉진시킴
- ⓒ 에리트로포이에틴(erythropoietin): 골수에서 적혈구 생성을 촉진함

(10) 생식소(sexual gland)

- ⊙ 정소(testis): 주로 안드로겐을 생성하며 그 중 주된 것이 테스토스테론임. 테스토스테론은 발생 시 성결정에 관여하며, 사춘기에는 2차 성징에 관여하여 근육과 뼈 무게의 증가, 남성적인 털, 낮은 목소리 등을 유발함
- ⓒ 난소(ovary): 에스트로겐을 합성하여 여성의 생식계 유지와 2차 성징에 관여하고, 프로게스테론을 합성하여 자궁 내벽의 두꺼움을 유지할 수 있게 함

(11) 송과선(pineal gland)

멜라토닌을 합성 분비함. 멜라토닌은 시교차상핵(suprachiasmatic nuclei; SCN)의 뉴런 활동을 감소시킴으로써 생체주기를 조절하며 밤에 분비량이 증가하고 낮에 분비량이 감소하는 경향이 있음. 따라서 계절적으로 밤이 상대적으로 긴 겨울에 멜라토닌 분비량이 많고 낮이 상대적으로 긴 여름에는 멜라토닌 분비량이 적어짐

3 칼슘의 균형

(1) Ca^{2+}의 여러 가지 생리학적 기능

- ⊙ Ca^{2+}은 중요한 신호분자임. 몸속의 구획 사이로 Ca^{2+}의 움직임은 칼슘 이온의 신호를 형성함. 칼슘이 세포질 내로 이동하면 이는 시냅스소포나 분비소포의 세포외유출, 근육섬유의 수축, 효소나 운반체의 활성변화를 시작함. 세포질에서의 Ca^{2+}의 제거는 능동적 수송을 필요로 함
- ⓒ Ca^{2+}은 데스모솜에서 세포를 연접시키는 세포내 접착제의 일부임
- ⓒ Ca^{2+}은 혈액응고 연쇄반응의 보조인자임. Ca^{2+}이 응고반응에 필수적이라 하더라도 몸의

Ca^{2+}농도는 응고반응이 저해되는 농도 이하로는 절대 내려가지 않음. 그러나 혈액 표본에서의 Ca^{2+}제거는 시험관에서의 혈액응고를 막음

ⓔ 혈장의 Ca^{2+}농도는 신경세포의 흥분도에 영향을 줌. 만일 혈장의 Ca^{2+}이 너무 낮으면 나트륨에 대한 신경세포의 투과성이 증가하고 신경세포는 탈분극하고 신경계는 과다 흥분하게 됨. 가장 극단적인 형태의 저칼슘혈증은 호흡근육의 수축을 유지하여 질식을 유발함. 고칼슘혈증은 반대로 근육의 활성을 억제함

(2)혈액의 칼슘 농도 조절

칼슘 항상성은 무게 균형의 원칙을 따름

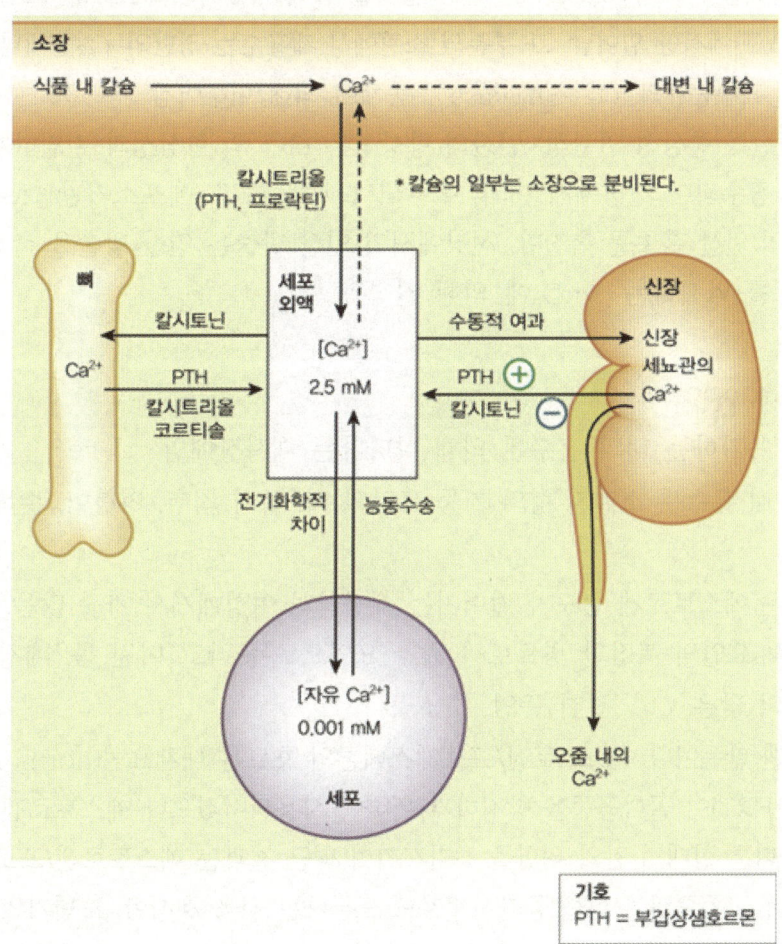

ⓖ 몸속의 전체 칼슘이온은 세 부분으로 나뉘어 분포함

　ⓐ 세포외액/혈장: Ca^{2+}은 2.5mm 정도로 ECF에 축적되어 있음. 혈장에서 거의 절반 정도의 Ca^{2+}은 혈장단백질이나 다른 분자에 결합하여 운반됨. 결합하지 않은 Ca^{2+}은 자유 형태로 열린 Ca^{2+} 채널을 통해 세포막을 지나 확산함

ⓑ 세포 내 Ca^{2+}: 세포질의 자유 형태의 Ca^{2+}농도는 약 0.001mm임. Ca^{2+}은 근소포체에 몰려 있음. Ca^{2+}채널이 열리면 전기화학적인 구배로 인해 Ca^{2+}은 세포질 내로 이동함

ⓒ 세포외기질(뼈): 대부분이 수산화인회석 결정으로 존재하는 뼈는 몸속 Ca^{2+}의 가장 큰 저장소임. 뼈의 Ca^{2+}은 혈장의 Ca^{2+}의 항상성을 유지하기 위해서 방출될 수 있는 축적원임

ⓛ 칼슘의 흡수와 방출: 부갑상선 호르몬, 칼시트리올(vitD₃), 칼시토닌에 의해 칼슘의 흡수와 방출이 조절됨

ⓐ 칼슘의 흡수: Ca^{2+}은 소화된 Ca^{2+}량의 1/3만이 흡수되며 유기물질과는 달리 호르몬에 의해 조절됨

ⓑ 칼슘의 방출: Ca^{2+}손실은 주로 신장에서 일어나고 대변으로 소량이 분비됨. Ca^{2+}은 사구체에서 자유롭게 여과됨. Ca^{2+}은 신장 단위를 통해 재흡되는데 호르몬 조절에 의한 재흡수는 원위세뇨관에서만 일어남. 그 부분의 소관에서 재흡수는 정단의 Ca^{2+}채널과 기저측의 Na^{+}-Ca^{2+} 역수송체와 Ca^{2+}-ATPase 수송체에 의해 이루어짐

ⓒ 칼슘과 인산의 항상성 연관성: 인산의 항상성은 Ca^{2+}의 항상성과 긴밀하게 연관됨. 인산은 소장에서 흡수되며 신장에서 여과, 흡수되어 뼈와 ECF, 세포소기관으로 이동함. vitD₃가 소장에서의 인산 흡수를 촉진함. 신장에서의 인산 방출은 인산 방출을 촉진하는 PTH와 인산 재흡수를 억제하는 vitD₃에 의해 결정됨

(3) 골다공증(osteoporosis)

뼈의 축적을 능가하는 뼈의 흡수에 의해 나타나는 대사장애임

ⓛ 대부분의 뼈 흡수는 스펀지 형의 기둥 모양의 뼈, 특히 척추, 엉덩이, 손목 같은 곳에서 일어남

ⓛ 골다공증은 에스트로겐 농도가 떨어지는 폐경기의 여성에게서 가장 많음. 골다공증은 유전적, 환경적 요인의 복잡한 병으로서 위험 요인으로는 작고 여윈 몸, 폐경기의 나이, 흡연, 식품에서의 낮은 Ca^{2+}섭취 등임

ⓒ 에스트로겐 단독이나 에스트로겐/프로게스테론의 호르몬 대체요법(hormone replacement therapy; HRT)이 골다공증을 방지하기 위하여 사용되어졌으나 에스트로겐 단독처방은 자궁내막이나 다른 형태의 암의 위험을 증가시키며 최근 결과는 에스트로겐/프로게스테론 HRT가 심장마비나 뇌졸중의 위험을 증가시킬지도 모른다는 것을 제시함. 노년기의 골다공증을 방지하기 위해 젊은 여성은 적당한 양의 칼슘을 섭취하고 뼈의 밀도를 증가시키는 근육 운동을 해야 함

27 뉴런과 신경신호

1 정보처리 서론

(1) 신경계 구성

㉠ 중추 신경계(central nervous system): 정보를 통합하여 뇌, 척수로 구성

㉡ 말초 신경계(peripheral nervous system): 중추신경계와 신체의 다른 부위를 연결하며 체성신경계와 자율신경계(교감신경, 부교감신경)로 구성

(2) 신경세포의 구조와 기능

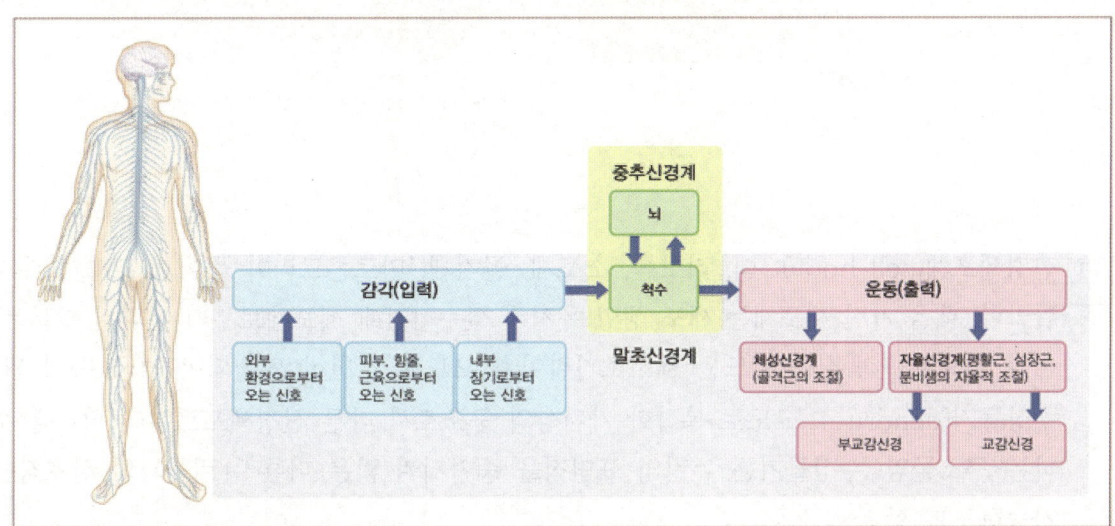

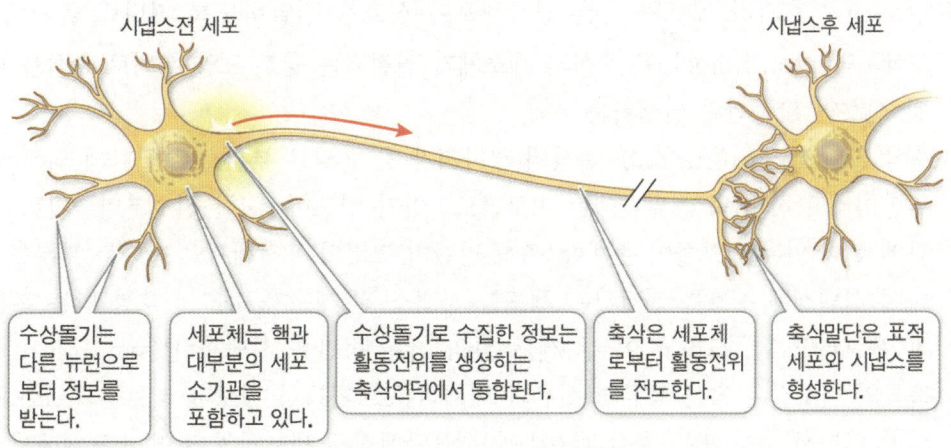

수상돌기는 다른 뉴런으로부터 정보를 받는다.	세포체는 핵과 대부분의 세포 소기관을 포함하고 있다.	수상돌기로 수집한 정보는 활동전위를 생성하는 축삭언덕에서 통합된다.	축삭은 세포체로부터 활동전위를 전도한다.	축삭말단은 표적 세포와 시냅스를 형성한다.

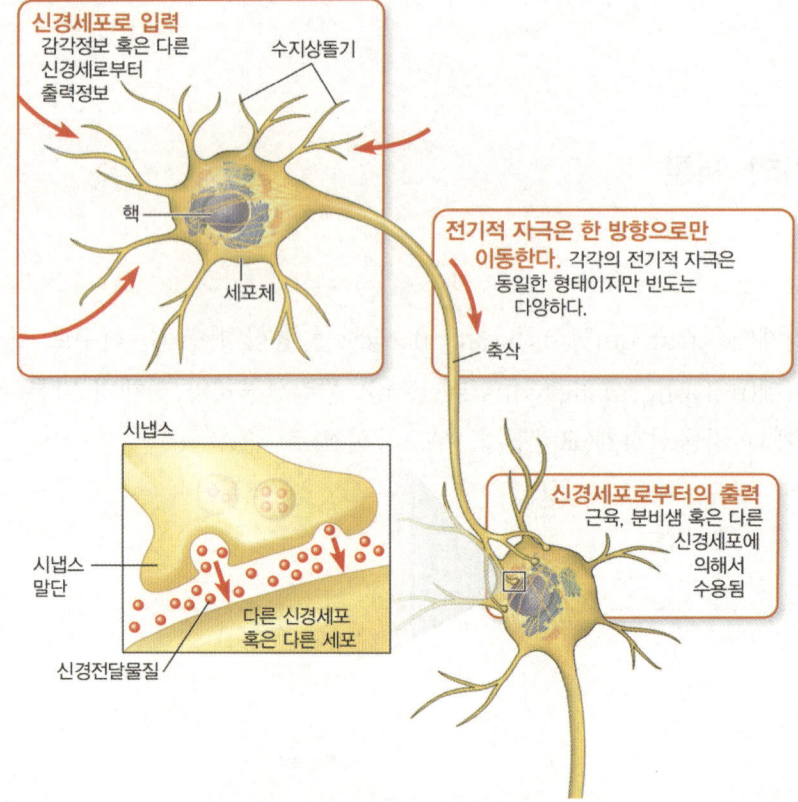

ⓘ 신경세포체(cell body): 핵, 리보솜, 소포체, 골지체, 미토콘드리아 등이 있고 물질대사가 활발함. 핵을 가진 세포체는 세포 생명 유지에 필수적인데 세포체로부터 분리된 부분은 더 이상 필요한 단백질을 만드는 세포소기관이 없으므로 천천히 퇴행되어 결국 죽게 됨

ⓛ 수상돌기(dendrite): 고도로 복잡한 가지상의 구조로서 다른 신경세포로부터 정보를 수용하는 구조물임. 수상돌기는 뉴런의 표면적을 증가시켜 많은 다른 뉴런들과의 상호작용을 가능하도록 함

ⓒ 축삭(axon): 효과가 세포와 다른 신경세포에 신호를 전달하도록 기다란 돌기로 되어 있음

　ⓐ 축삭둔덕(axon hillock)은 축삭과 세포체가 연결되는 원추 모양 부위로 축삭을 따라서 전달될 신호인 활동전위 발생하는 부분

　ⓑ 축삭 말단(axon terminal): 축삭의 곁가지가 융기 같은 부분으로 끝나게 되는데 이를 축삭 말단이라고 하며 축삭 말단에는 미토콘드리아가 있으며 EH한 신경분비물질로 채워진 세포막에 붙어 있는 소포들이 존재함. 축삭 말단이 그것의 표적세포와 만나는 부분을 시냅스라고 하며 시냅스에 신호를 전달하는 세포를 시냅스 전 세포가 하고 신호를 받는 부분을 시냅스 후 세포라고 함. 그리고 이 두 세포 간의 작은 공간을 시냅스 틈(synaptic cleft)이라 함

　ⓒ 죽삭의 세포질은 많은 종류의 섬유와 미세섬유로 가득차 있으나 리보솜과 소포체는 가지고 있지 않아서 축삭 또는 축삭말단에 필요한 단백질은 세포체의 조면 소포체에서 합성되어야

함. 만들어진 단백질은 소포 안에 포장되어 축삭수송(axonal transport)으로 알려진 과정에 의해 축삭으로 운반됨

1. 느린 축삭수송(slow axonal transport): 세포질의 흐름에 의해 세포체로부터 축삭말단까지 물질을 운반되는 것을 가리키는데 운반속도가 느리기 때문에 느린 축삭수송은 효소나 세포골격단백질처럼 세포에서 빨리 소모되지 않는 요소들을 운반하는데 주로 이용됨

2. 빠른 축삭수송(fast axonal transport): 뉴런의 고정된 미세소관을 길로 삼아 미세소관에 결합되어 이TSms 운동단백질의 도움으로 운반되는 것을 가리키는데 전방수송(anterograde trasport),은 세포체로부터 축삭 말단까지 미토콘드리아, 분비소포들을 운반하고 역행수송(retrograde transport)은 축삭말단으로부터 세포체까지 노후된 세포 구성물을 재활용을 위해 운바하게 됨

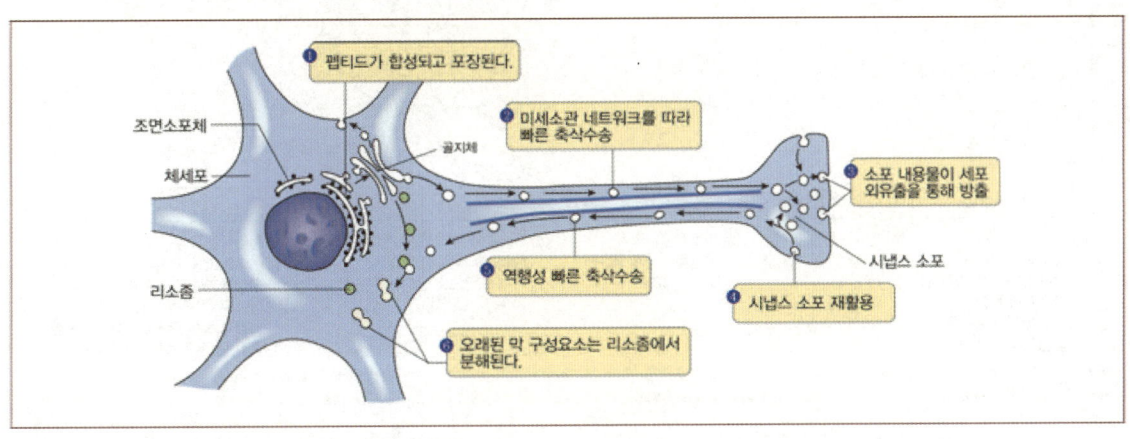

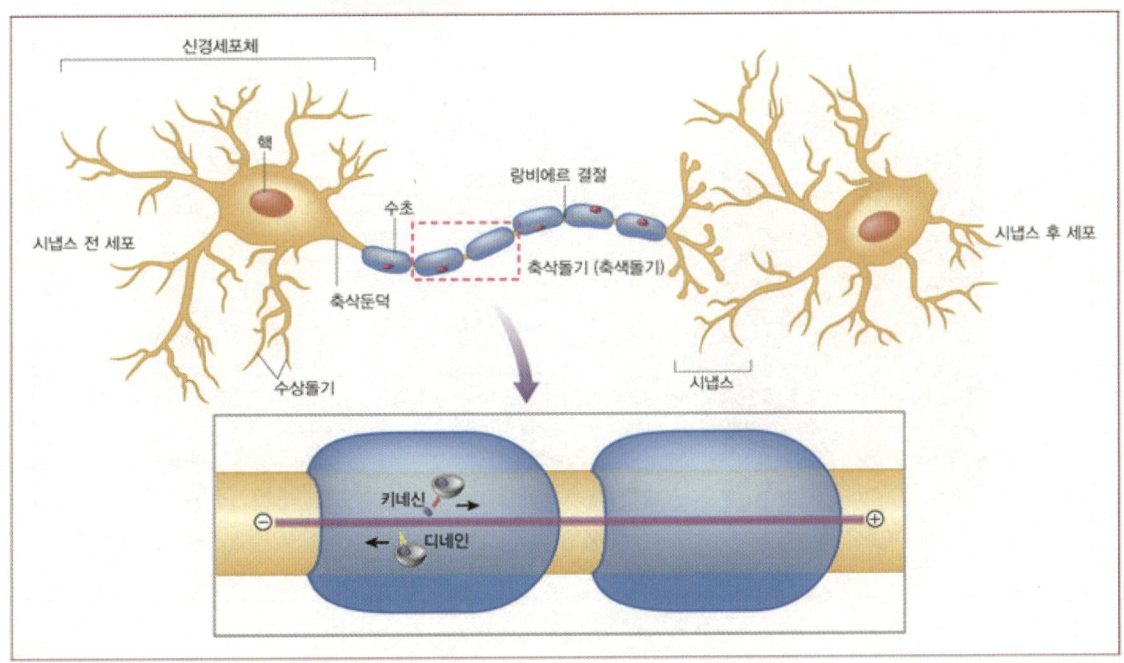

(3) 정보의 전달과 신경세포의 종류

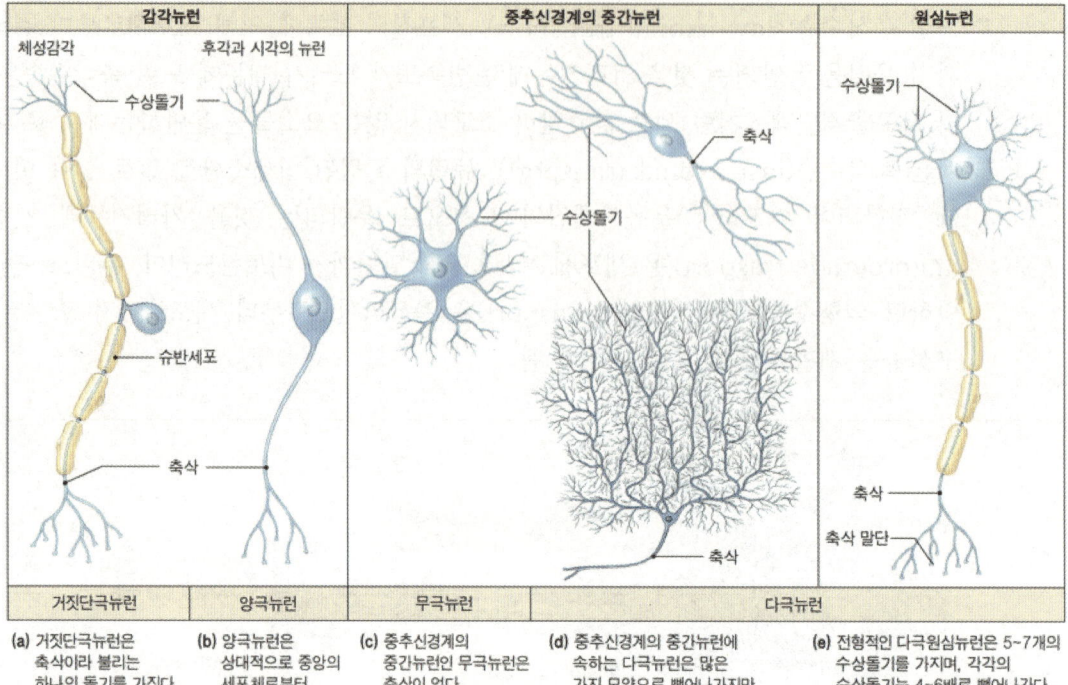

감각뉴런		중추신경계의 중간뉴런		원심뉴런
거짓단극뉴런	양극뉴런	무극뉴런	다극뉴런	

(a) 거짓단극뉴런은 축삭이라 불리는 하나의 돌기를 가진다. 발생과정 동안 수상돌기와 뉴런은 융합된다.

(b) 양극뉴런은 상대적으로 중앙의 세포체로부터 뻗어나간 같은 수의 돌기를 가진다.

(c) 중추신경계의 중간뉴런인 무극뉴런은 축삭이 없다.

(d) 중추신경계의 중간뉴런에 속하는 다극뉴런은 많은 가지 모양으로 뻗어나가지만 긴 확장은 없다.

(e) 전형적인 다극원심뉴런은 5~7개의 수상돌기를 가지며, 각각의 수상돌기는 4~6배로 뻗어나간다. 하나의 긴 축삭은 몇 배의 가지 모양으로 뻗어나갈 것이고 넓혀진 축삭 말단에 축삭이 종료된다.

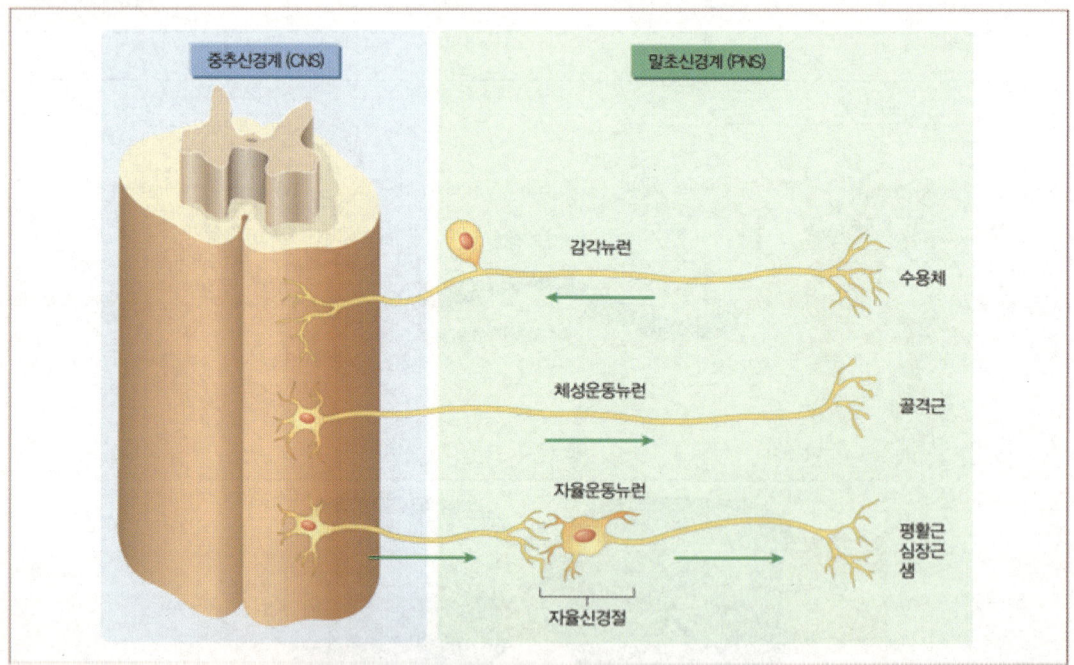

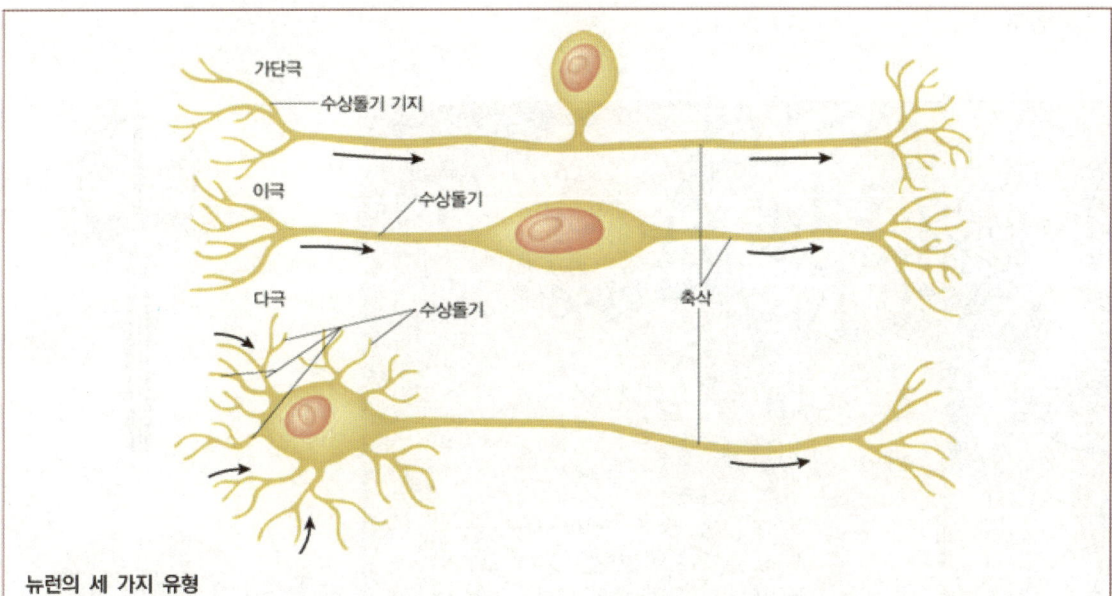

뉴런의 세 가지 유형
감각뉴런인 가단극 뉴런은 T자 모양의 하나의 돌기를 갖고 있다. 눈의 망막과 내이의 달팽이관에서 발견되는 이극 뉴런은 2개의 돌기를 갖고 있다. 다극 뉴런(예 운동뉴런과 연합뉴런)은 많은 수상돌기와 하나의 축삭을 갖고 있다.

㉠ 감각신경세포: 감각수용기로부터 중추신경계로 온도, 압력 그리고 여러 다른 자극에 대한 정보를 보내는데 구심성 감각뉴런은 구들의 구조와 길이에 있어서 특징적인 형태를 보임. 예를 들어 말초감각뉴런은 중추신경계에서 가까운 곳에 세포체가 있고 팔다리 부분에 있는 감각수용기 까지 이르는 긴 돌기를 지님

㉡ 연합신경세포: 현재의 상황과 과거의 경험 등을 토대로 통합적으로 분석, 해석하며 그 형태는 다양하지만 종종 매우 복잡한 가지 형태의 돌기가 있으며 다른 많은 뉴런들과 시냅스를 구성함

㉢ 운동신경세포: 체성운동신경계와 자율신경계의 원심성 뉴런은 표준적인 뉴런의 모양과 흡사하며 자율신경계의 일부 뉴런들은 축삭을 따라 염주라는 부풀려진 부분이 있음. 중추 신경계로부터 효과기 세포로 정보를 전달함

(4) 지지세포 (아교세포)

㉠ 기능
ⓐ 뇌의 90% 이상을 차지함
ⓑ 신경세포에 필요한 물질을 공급함
ⓒ 신경세포의 활동에 적합한 화학적 환경을 조성함

ⓛ 종류

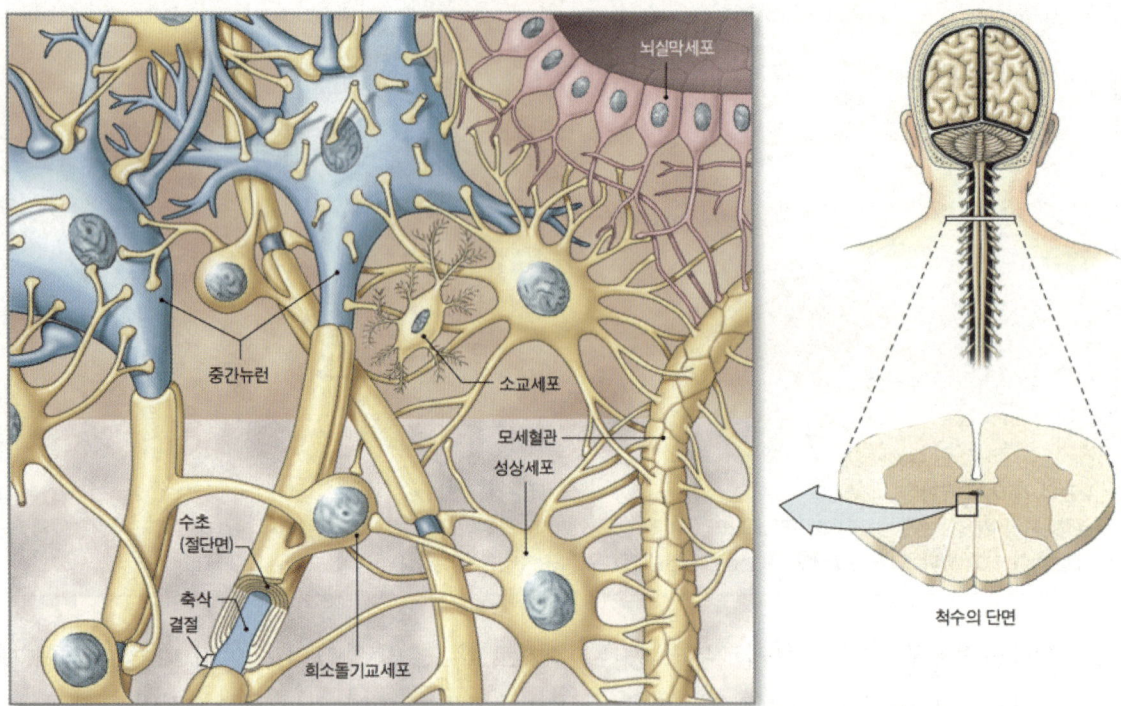

ⓐ 성상교세포(astrocyte): 이온 및 신경전달물질의 세포외 농도를 조절하며 활발히 활동중인 신경세포 주변의 혈관벽을 확장시켜 혈류량을 증가시킴. 발생 단계에서 뇌, 척수의 모세혈관벽 내피세포간의 밀착연접을 유도하여 뇌혈관장벽(blood-brain barier) 형성에 관여하게 됨. 성상교세포들은 간극연접을 통해 서로 정보를 교환함

ⓑ 방사성글리아(radial glia): 배아시기에 신경관으로부터 형성된 신경세포들이 이동할 수 있는 경로를 제공하여 중추신경계 발생에 중요한 역할을 수행함

ⓒ 소신경교세포(microglia): 뇌혈관장벽으로 둘러싸여 있는 뇌에서 대식세포의 역할을 수행하여 뇌조직 내의 변성된 뉴런과 이물질을 잡아먹는 청소자의 역할을 수행함

ⓓ 뇌실막세포(ependymal cell): 뇌실의 주변을 둘러싸고 있으며 뇌척수액의 흐름을 유도할 수 있는 섬모구조를 지님. 뇌실막은 뉴런이나 신경교세포로 분화될 수 있는 미성숙한 세포인 신경 줄기세포(neural stem cell)의 근원인 곳이기도 함

ⓔ 희소돌기아교세포(oligodendrocyte): 중추신경계 구성 뉴런의 수초를 형성함. 뉴런의 손상 시 성장 억제 인자 방출하여 뉴런의 재생을 억제함

ⓕ 슈반세포(Schwann cell): 말초신경계 구성 뉴런의 수초를 형성함. 뉴런의 손상 시 재생관을 형성하여 뉴런의 재생을 촉진함

ⓖ 위성세포(satellite cell): 수초를 형성하지 않는 슈반세포로서 신경절에 있는 신경세포체 주위를 둘러싸는 피막을 형성함

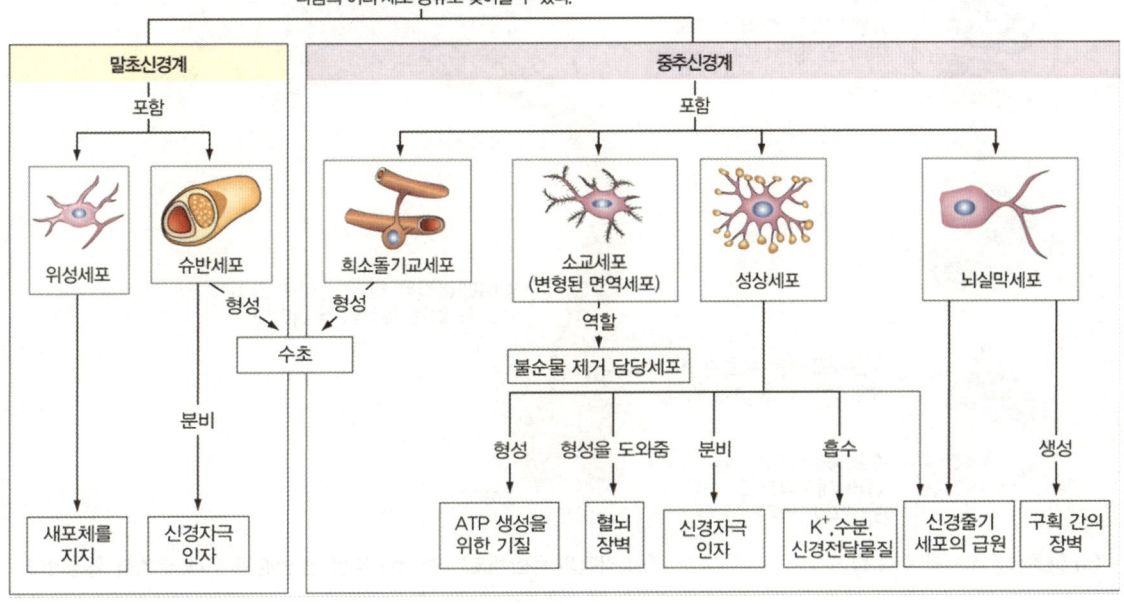

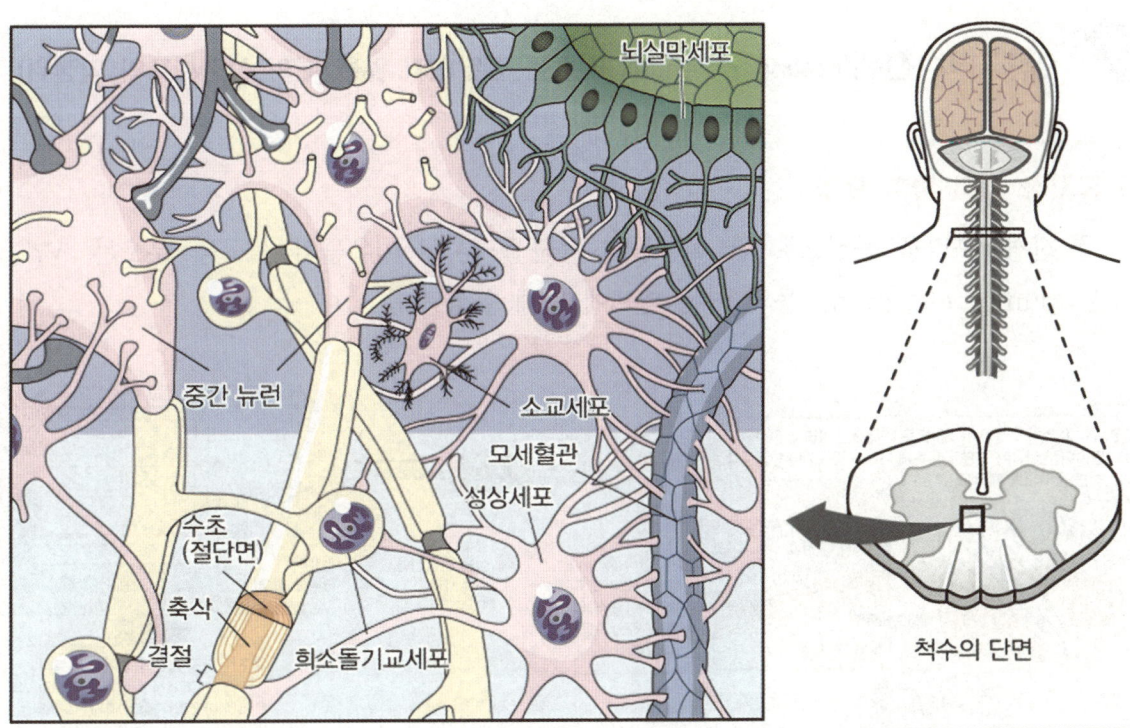

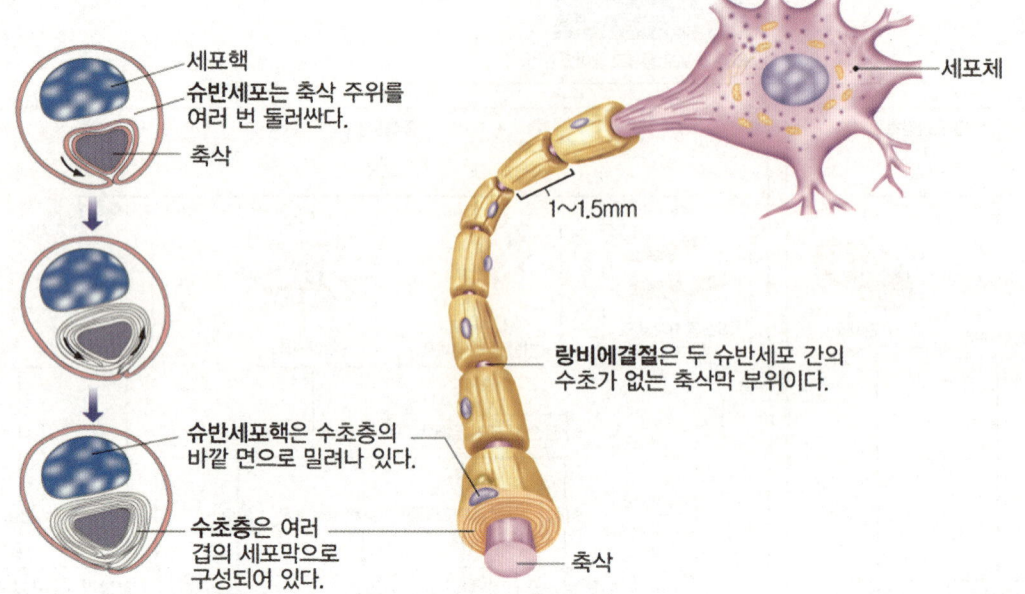

세포핵
슈반세포는 축삭 주위를 여러 번 돌러싼다.
축삭

세포체

1~1.5mm

랑비에결절은 두 슈반세포 간의 수초가 없는 축삭막 부위이다.

슈반세포핵은 수초층의 바깥 면으로 밀려나 있다.

수초층은 여러 겹의 세포막으로 구성되어 있다.

축삭

(a) 말초신경에서의 수초 형성

(b) 각각의 슈반세포는 축삭의 작은 한 분절 주위에 수초를 형성한다.

2 휴지막 전위(resting potential; 신호를 전달하지 않을 때의 신경세포의 막전위)

(1) 휴지막 전위 형성 요인

㉠ 신경세포막을 중심으로 한 이온들의 불균등 분포. 이온들의 불균등 분포는 Na^+/K^+ pump, Ca^{2+} pump 등의 이온 펌프에 의해 형성됨

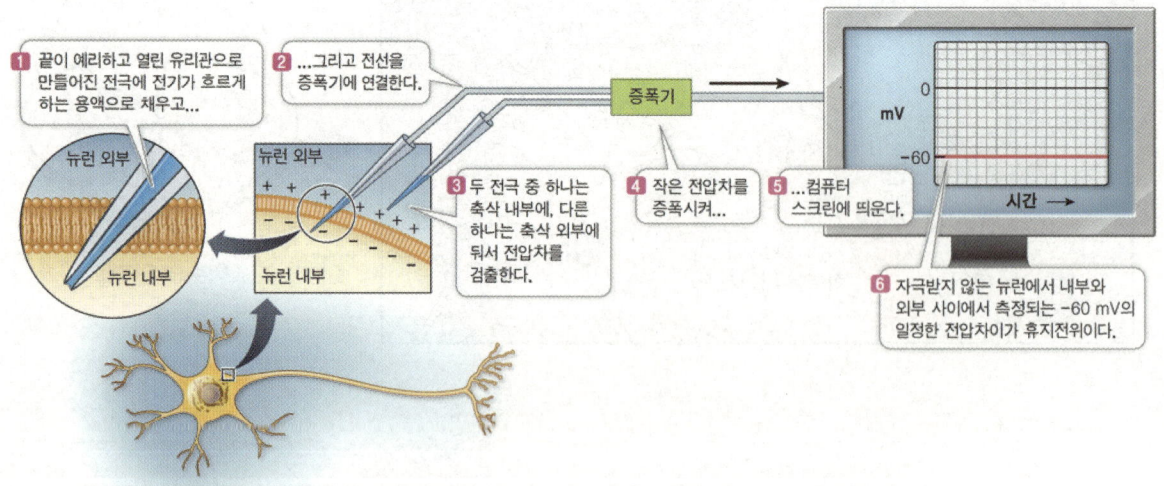

1 끝이 예리하고 열린 유리관으로 만들어진 전극에 전기가 흐르게 하는 용액으로 채우고...

2 ...그리고 전선을 증폭기에 연결한다.

증폭기

뉴런 외부

뉴런 외부

3 두 전극 중 하나는 축삭 내부에, 다른 하나는 축삭 외부에 둬서 전압차를 검출한다.

뉴런 내부

뉴런 내부

4 작은 전압차를 증폭시켜...

5 ...컴퓨터 스크린에 띄운다.

0
mV
−60

시간 ⟶

6 자극받지 않는 뉴런에서 내부와 외부 사이에서 측정되는 −60 mV의 일정한 전압차이가 휴지전위이다.

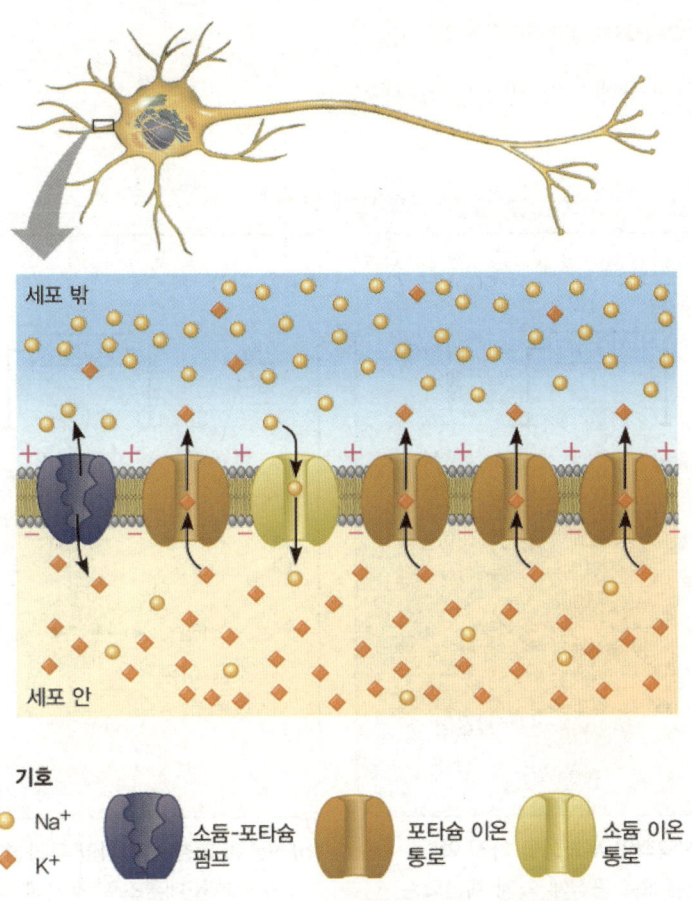

기호

- ◯ Na⁺
- ◆ K⁺
- 소듐-포타슘 펌프
- 포타슘 이온 통로
- 소듐 이온 통로

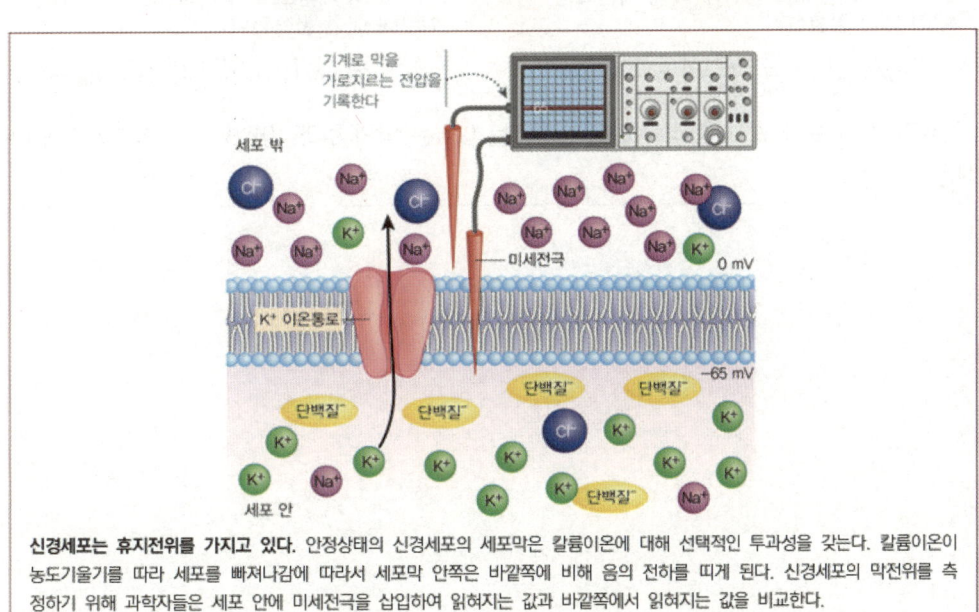

신경세포는 휴지전위를 가지고 있다. 안정상태의 신경세포의 세포막은 칼륨이온에 대해 선택적인 투과성을 갖는다. 칼륨이온이 농도기울기를 따라 세포를 빠져나감에 따라서 세포막 안쪽은 바깥쪽에 비해 음의 전하를 띠게 된다. 신경세포의 막전위를 측정하기 위해 과학자들은 세포 안에 미세전극을 삽입하여 읽혀지는 값과 바깥쪽에서 읽혀지는 값을 비교한다.

ⓛ 세포막의 선택적 투과성: 축색의 원형질막은 Na^+에 대한 투과성이 낮고, K^+에 대한 투과성이 높음

(2) 평형전위(eqilibrium potential: E_{ion})

전기화학적 평형상태에서의 막전압의 세기

네른스트 공식(Nernst equation)을 통한 평형전위 계산

ⓐ $E_{ion} = \dfrac{62}{z} log \dfrac{[ion]_{out}}{ion} (E_{K^+} = -90mV, E_{Na^+} = +62mV)$

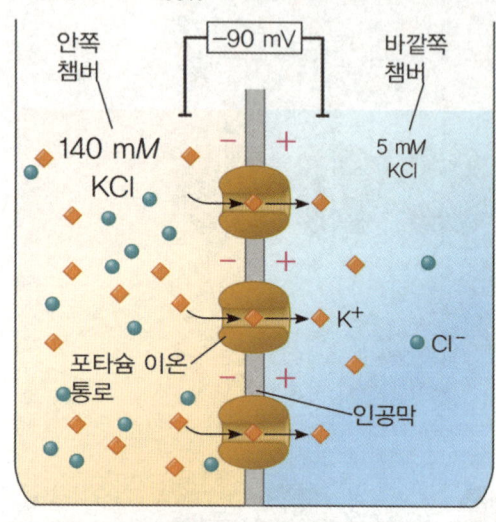

(a) K⁺에 대한 선택적인 투과성을 가진 막

37℃에서 네른스트 공식에 의해 계산되는 K⁺에 대한 평형전위:

$E_K = 62 \text{ mV} \left(\log \dfrac{5 \text{ m}M}{140 \text{ m}M} \right) = -90 \text{ mV}$

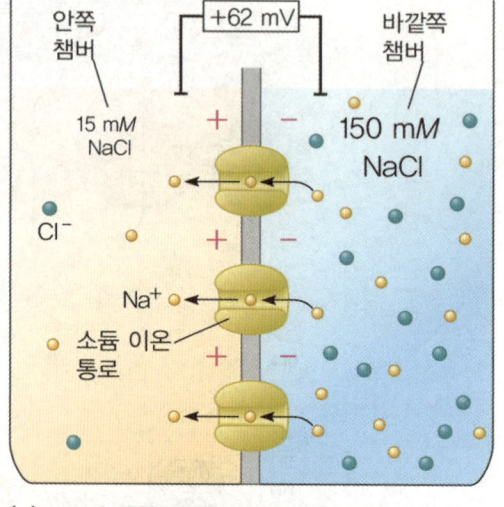

(b) Na⁺에 대한 선택적인 투과성을 가진 막

37℃에서 네른스트 공식에 의해 계산되는 Na⁺에 대한 평형전위:

$E_{Na} = 62 \text{ mV} \left(\log \dfrac{150 \text{ m}M}{15 \text{ m}M} \right) = +62 \text{ mV}$

ⓑ 휴지막 전위가 E_{Na^+}보다 E_{K^+}에 더 가까이 형성되는 이유는 막의 투과성이 Na^+보다는 K^+에 대해서 훨씬 높기 때문

차등성 전위와 활동전위

(1) 차등성 전위(graded potential)

막전위의 변화 정도가 자극의 크기에 따라 결정되는 전위

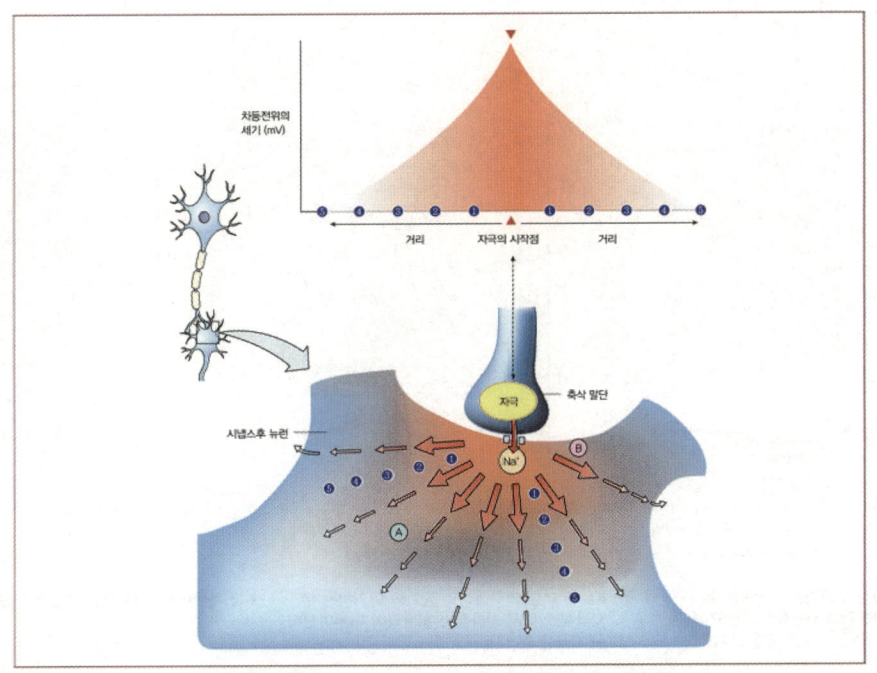

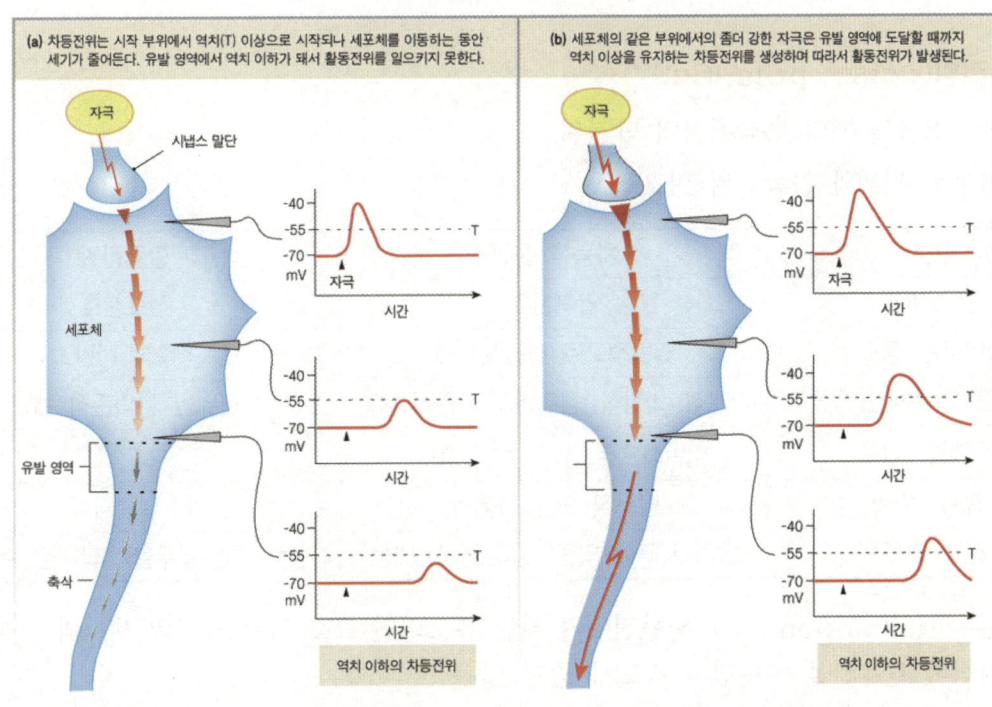

(a) 차등전위는 시작 부위에서 역치(T) 이상으로 시작되나 세포체를 이동하는 동안 세기가 줄어든다. 유발 영역에서 역치 이하가 돼서 활동전위를 일으키지 못한다.

(b) 세포체의 같은 부위에서의 좀더 강한 자극은 유발 영역에 도달할 때까지 역치 이상을 유지하는 차등전위를 생성하며 따라서 활동전위가 발생된다.

㉠ 차등성 전위는 이온채널이 열리거나 닫힘으로써 뉴런으로부터 이온이 나가거나 들어올 때 발생하는데 차등성 전위라고 하는 이유는 전위의 크기나 진폭이 막전위 변화를 일으키게 한 자극의 강도에 직접적으로 비례하기 때문임

㉡ 전류소실과 세포질 저항으로 인해 차등성 전위는 전도되면서 강도를 잃게 되는데 축삭언덕에서 차등성 전위가 역치 전압(threshold voltage)에 이르면 활동전위를 형성하지만 그렇지 않으면 소멸됨

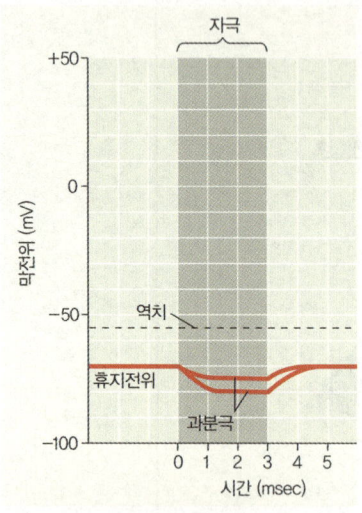

(a) **K⁺에 대한 막투과성의 증가를 야기하는 두 자극에 의해서 막전위의 차등적인 과분극이 이루어진다.** 큰 자극은 큰 과분극을 야기한다.

(a) Graded hyperpolarizations

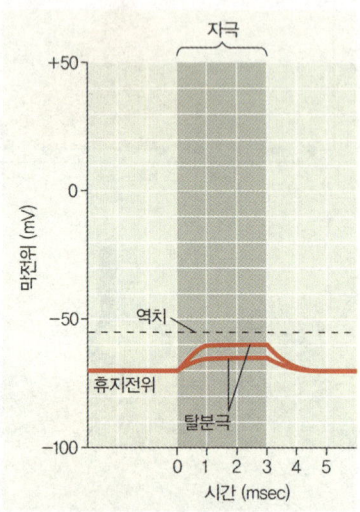

(b) **Na⁺에 대한 막투과성의 증가를 야기하는 두 자극에 의해서 차등적인 탈분극이 이루어진다.** 큰 자극은 큰 탈분극을 유도한다.

(b) Graded depolarizations

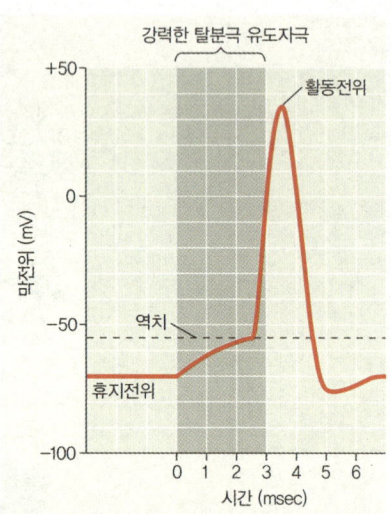

(c) **탈분극이 역치값에 도달하면 활동전위를 생성한다.**

(c) Action potential

(2) 활동전위(action potential)

신호가 전달될 때의 축삭에서의 막전위

㉠ 차등성 전위와 활동전위 비교

구분	차등성 전위	활동전위
신호형태	입력신호	전도신호
일어나는 장소	일반적으로 신경세포체	축삭 전반
관여하는 이온채널 종류	기계적, 화학적, 전위변화 의존적 채널	전위변화 의존적 채널
관여하는 이온	일반적으로 Na^+, Cl^-, Ca^{2+}	Na^+, K^+
막전위 변화	탈분극 또는 과분극	탈분극
신호 강도	초기 자극에 의존; 합해질 수 있음	항상 같은(실무율); 합해질 수 없음

㉡ 실무율(all or non law): 활동전위가 일단 유도되면 그 크기는 자극의 세기와는 상관없이 일정하고 뉴런을 지나면서 강도가 줄지 않음

ⓒ 활동전위의 형성은 전압 의존성 Na^+ 채널과 K^+ 채널은 세포의 탈분극에 의해 둘 다 활성화되는데 Na^+ 채널은 매우 빠른 속도로 열리는 반면 K^+ 채널은 좀 더 천천히 열림. 그 결과 초기에 Na^+이 세포막을 통과하고 그 이후 K^+이 유출되는 것임

전압작동 Na^+ 채널 모델

① 휴지막 전위시 활성게이트는 채널을 담고 있음
② 탈분극성 자극이 채널에 도착함
③ 활성게이트가 열리면서 Na^+이 세포로 유입됨
④ 비활성게이트는 닫히고 Na^+ 유입은 중단됨
⑤ 세포에서 유출되는 K^+ 이온에 의해 유발되는 재분극 동안 두 게이트는 원래 상태로 되돌아감

ⓔ 활동전위는 이온 농도 기울기를 바꾸지 못함. 하나의 활동전위 범위 내에서는 아주 극소량의 이온만이 세포막을 거쳐 이동하므로 따라서 상대적인 Na^+과 K^+ 농도는 근본적으로 변하지 않는다는 것을 이해해야 함. 예를 들어 활동전위의 하가 단계인 +30mV에서 -70mV로 세포막전위를 바꾸기 위해서는 10만개의 K^+중 오직 하나만이 세포 밖으로 이동하면 됨. 또한 활동전위 동안에 세포 안팎으로 이동하는 이온들은 급속히 Na^+-K^+-ATPase에 의해 회복됨

ⓕ 활동전위 형성 과정

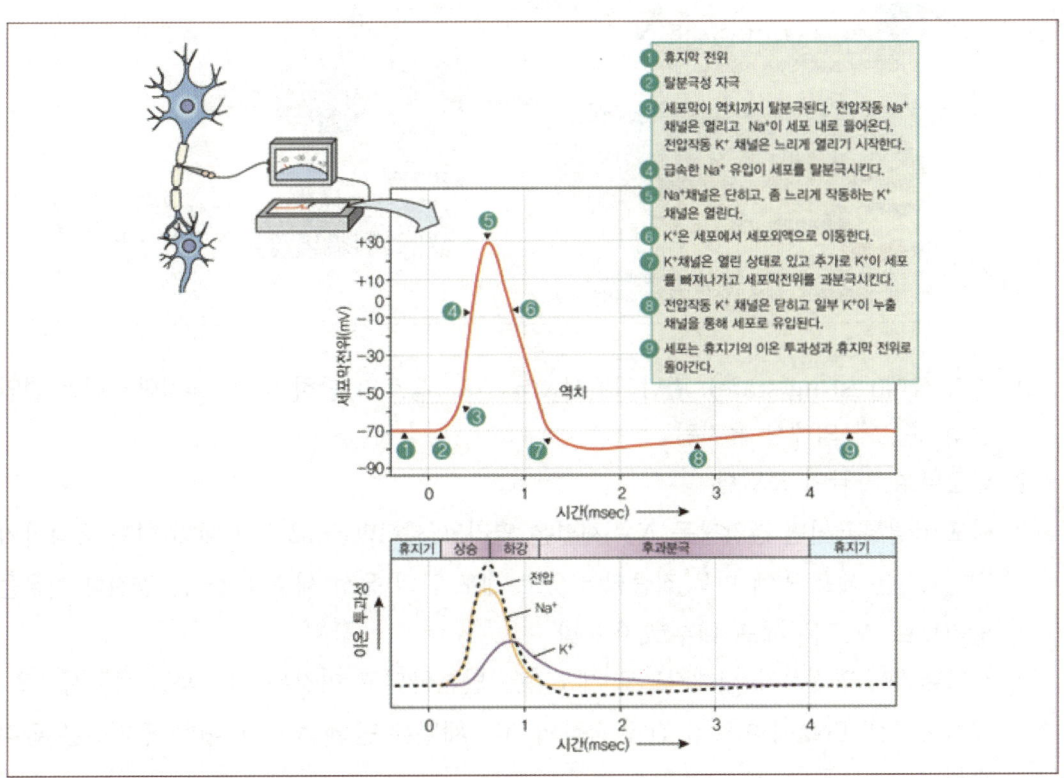

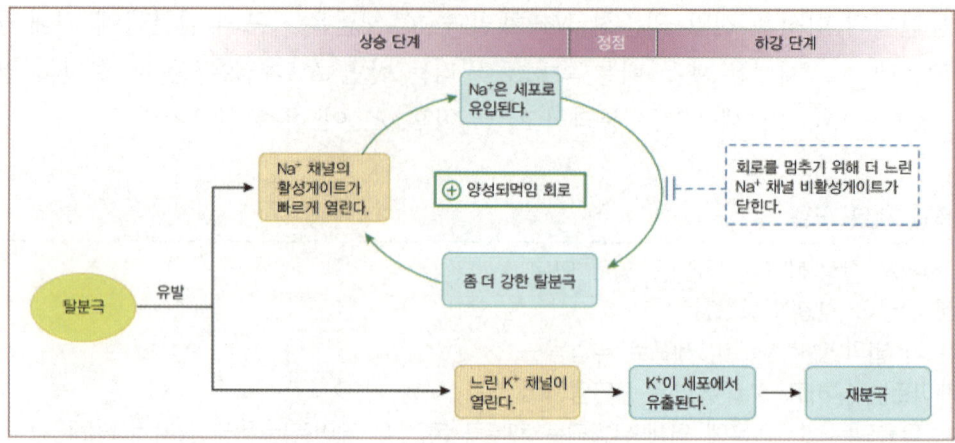

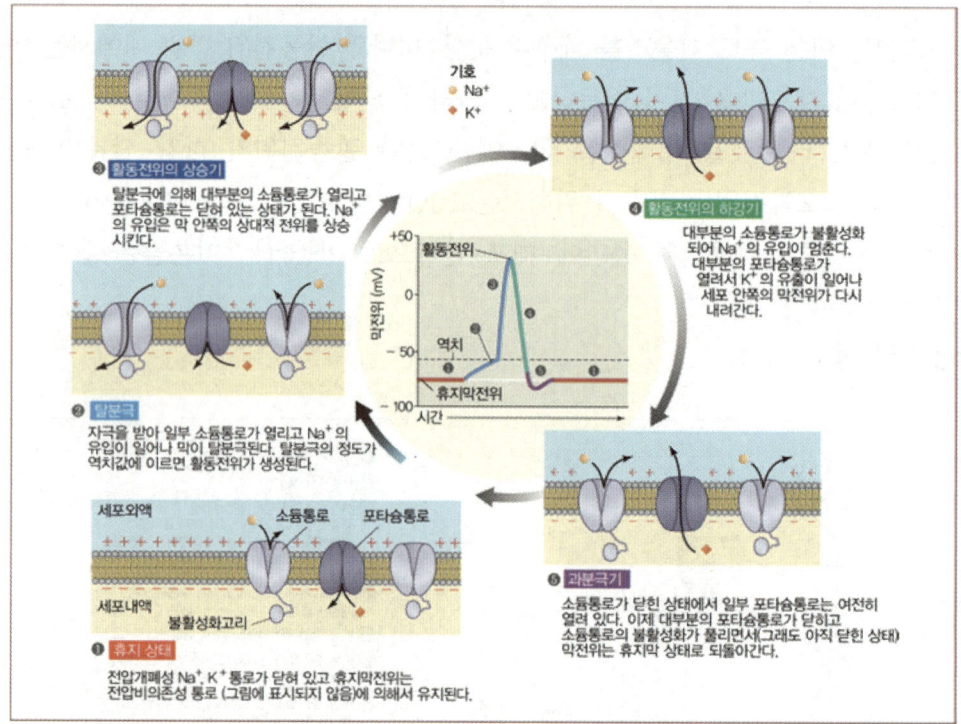

① 휴지 상태(resting state): 전압의존성 Na^+, K^+ 통로가 닫혀 있고, 휴지막전위는 전압 비의 존성 통로에 의해서 유지됨

② 탈분극성 자극이 도달함

③ 세포가 탈분극되면 전압작동 Na^+ 채널은 열리고 세포막은 Na^+에 대해 더욱 통과하기 쉬워 짐. Na^+은 세포 밖에 더욱 집중되어 있고 세포 안의 음성 세포막전위는 양전하 이온을 끌어 당기므로 Na^+은 세포 내부로 이동함

④ 세포내액에 양선하가 더해지므로 세포막은 탈분극되고 이것은 세포막을 섬자석으로 좀 더 양성화시킴. ENa에 이르기 전에 축삭의 Na^+ 채널은 닫혀 Na^+에 대한 투과성은 급격히 감 소됨

⑤ 활동전위는 +30mV에서 최대치에 이름

⑥ Na^+채널이 활동전위의 최대치에서 닫힐 때 K^+채널은 완전히 열린 상태로 세포막은 K^+에 대한 투과성이 높아짐. 양성 세포막전위에서 K^+의 농도 기울기와 전기적 기울기는 세포 밖으로의 K^+의 유출을 촉진함. K^+이 세포 밖으로 이동함에 따라 세포막전위는 급속히 조금 더 음성화됨

⑦ 하강하는 세포막전위가 -70mV에 다다랐을 때 전압작동 K^+채널은 아직 닫히지 않은 상태이고 K^+은 계속해서 세포 밖으로 나가고 세포막은 과분극되며 E_K의 -90mV에 다다름

⑧ 일단 느린 전압작동 K^+채널이 완전히 닫히게 되면 K^+의 세포안으로의 이동이 세포 밖으로의 이동보다 많게 됨

⑨ 세포막 전위는 다시 -70mV의 정상 휴지막전위 상태로 가게 됨

ⓑ 불응기(refractory period): 활동전위 직후에 활동전위를 재개할 수 없는 시기. 불응기 형성은 이온의 농도기울기 변화에 의한 것이 아니라 Na^+통로의 불활성에 기인한 것임. 불응기의 길이는 활동전위가 생성될 수 있는 최대한의 빈도를 제한함. 활동전위가 한 방향으로만 진행하는 이유도 활동전위가 지나간 자리는 불응기에 놓여있기 때문임

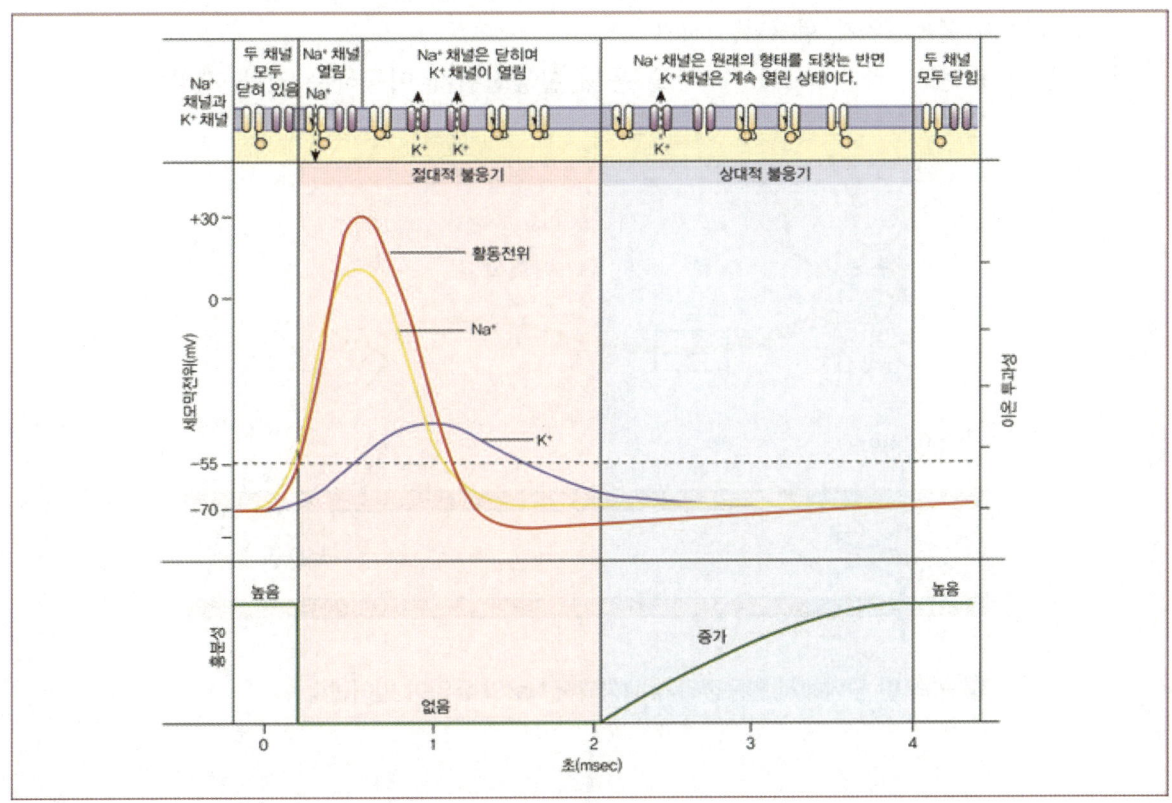

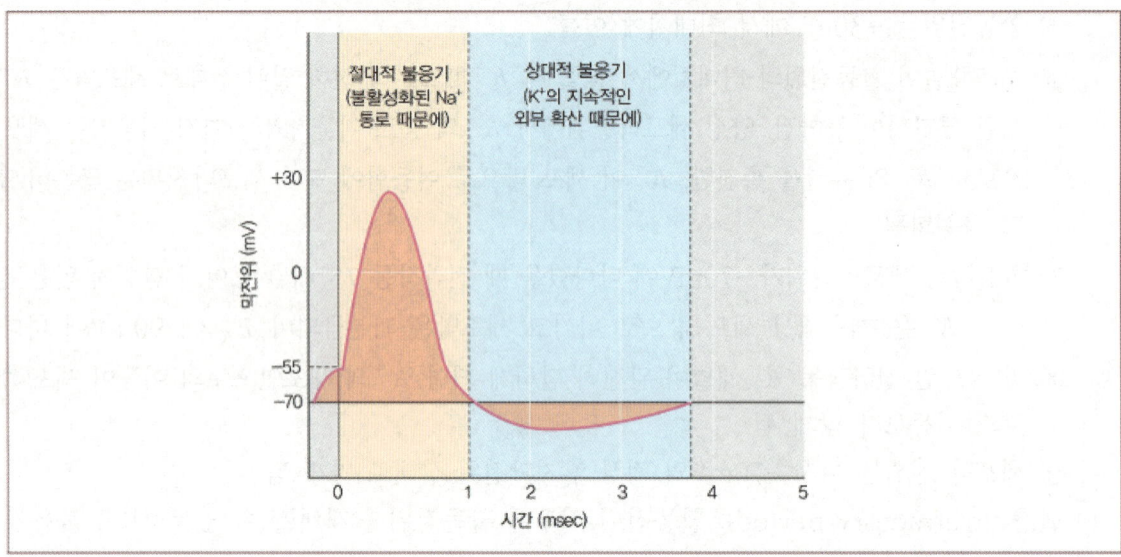

ⓐ 절대적 불응기(absolute refractory period): 이 시기에는 아무리 큰 자극이 가해져도 두 번째 활동전위가 형성되지 않음

ⓑ 상대적 불응기(relative refractory period): 정상적인 탈분극 정도보다 더 강한 자극이 가해져야 활동전위가 형성되는 시기

ⓢ 활동전위 전도: 빠른 속도로 축삭을 통해 활동전위가 이동하는 것을 가리킴

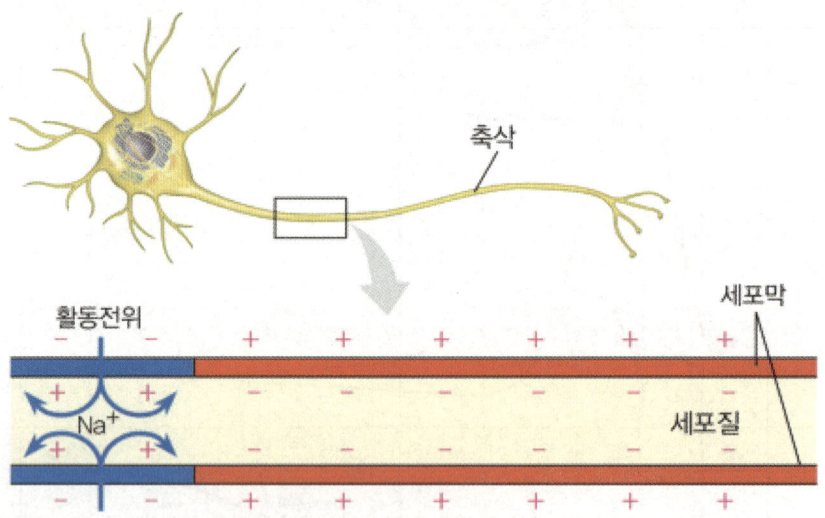

 막의 한 부위에서 활동전위가 생성되어 Na^+의 유입이 일어난다.

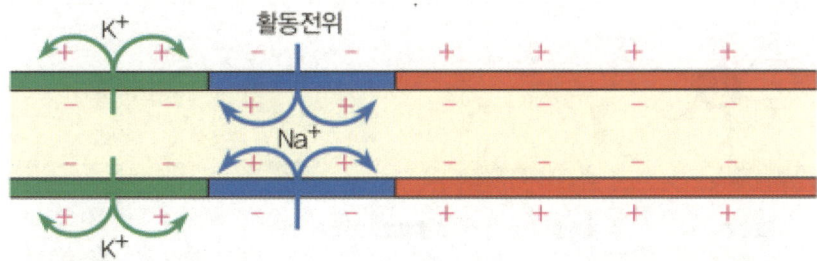

❷ 활동전위에 의한 탈분극이 이웃한 막 부위로 퍼져나가면서 그 부위에서
새로운 활동전위를 일으킨다. 활동전위가 지나온 부위의 막은 K⁺의 유출로
인해 재분극된다.

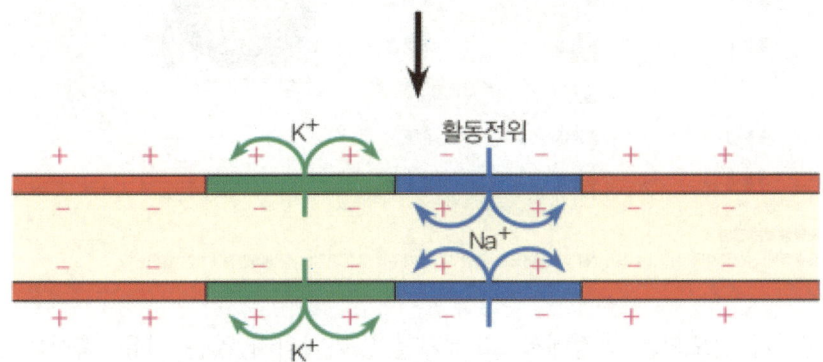

❸ 이와 같은 탈분극-재분극의 과정이 다음 막 부위에서도 반복된다.
이런 방법으로 세포막을 사이에 두고 발생하는 국부적인 전류는
활동전위가 축삭의 말단까지 이동할 수 있게 한다.

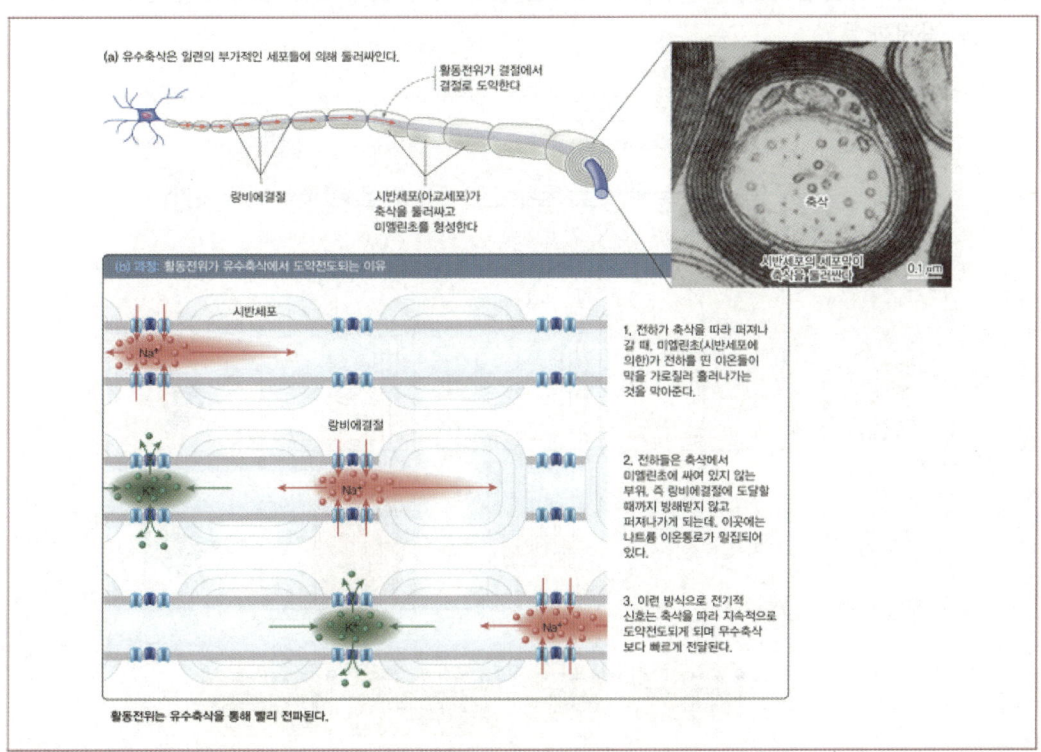

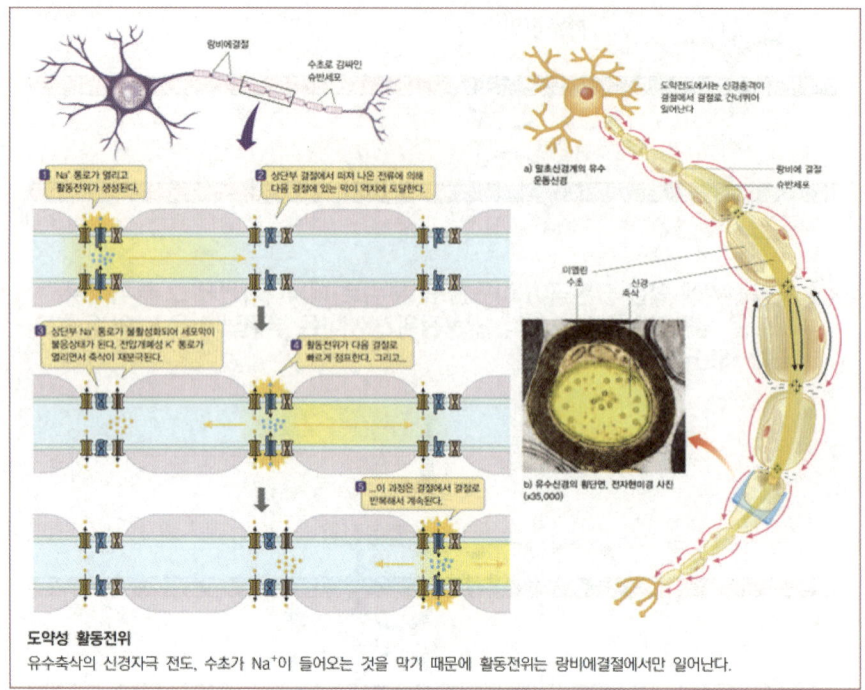

도약성 활동전위
유수축삭의 신경자극 전도, 수초가 Na⁺이 들어오는 것을 막기 때문에 활동전위는 랑비에결절에서만 일어난다.

ⓐ 활동전위가 전도되는 과정에서 그 세기를 잃어버리지 않는 이유: 축삭의 탈분극시 유입된 양성전하는 인접부위로 확산되어 인접부위의 Na^+ 채널을 열게 하여 활동전위 형성을 유발하는 양성되먹임 고리가 진행됨

ⓑ 활동전위의 발생 빈도수: 자극의 세기는 활동전위 빈도에 반영되어 신경전달물질의 방출량을 결정함

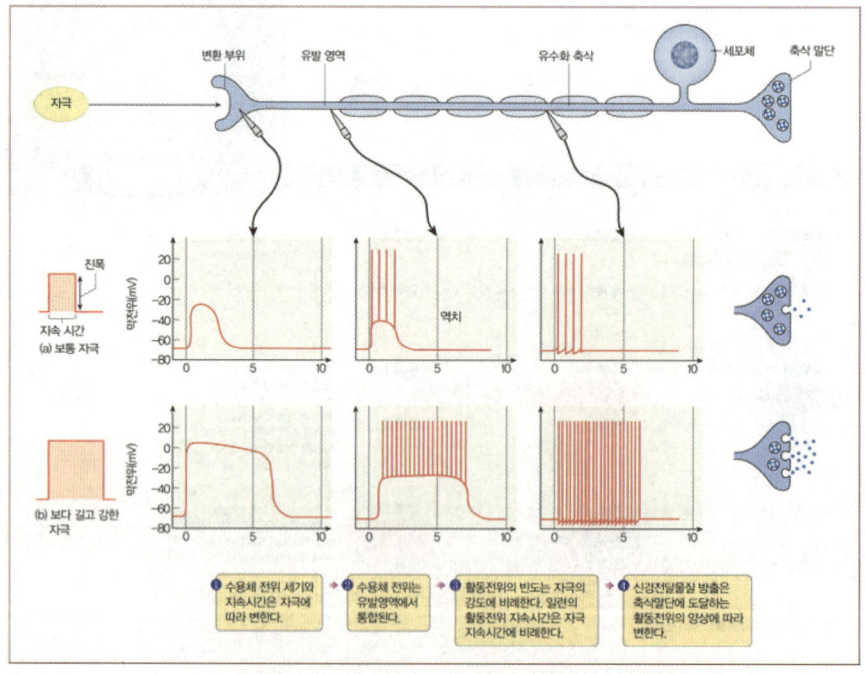

ⓒ 활동전위의 전도속도

1. 축삭의 굵기: 축삭의 굵기가 굵을수록 활동전위의 전도속도는 빨라짐

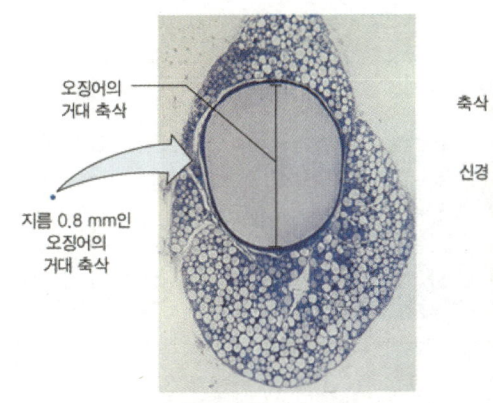

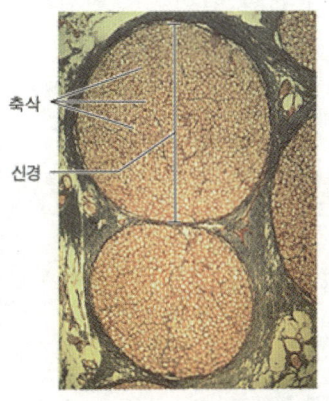

(a) 거대한 축삭은 전류의 흐름에 더 적은 저항성을 갖지만 공간을 차지한다.

(b) 작은 크기의 유수축삭은 더 큰 크기의 무수축삭처럼 빠르게 활동전위를 전도시킨다. 이러한 축삭 200개가 (a)의 거대 축삭 하나가 차지하는 면적에 들어갈 수 있을 것이다.

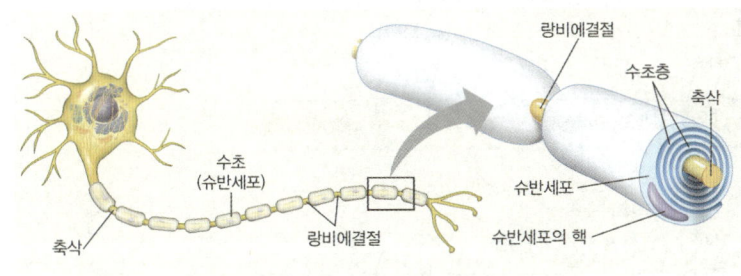

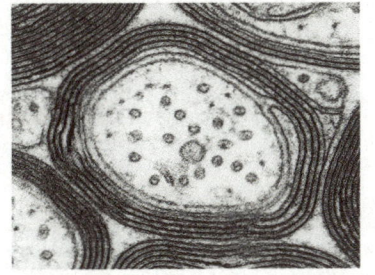

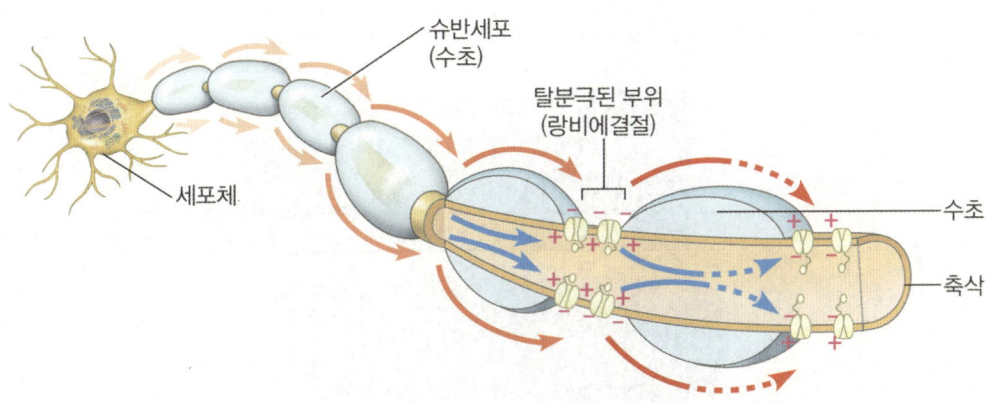

2. 수초의 유무: 수초가 있는 유수신경의 신경전도 속도가 수초가 없는 무수신경의 신경전도 속도보다 빠름. 유수신경의 경우 활동전위는 랑비에르 결절에서만 형성되기 때문에 활동전위가 결절에서 다음 결절로 뛰는 듯한 양상이 나타나는데 이를 도약전도(saltatory conduction)라 함. 척추동물 뉴런의 수초 손실인 탈수초성 질환(demyelinating disease)은 뉴런신호에 대해서 치명적인 영향을 미치게 됨. 중추신경계와 말초신경계에서 수초의 상실은 활동전위의 전도를 느려지게 함. 게다가 이제 더 이상 전류가 절연되지

않는 랑비에르 결절 사이의 세포막 부위에서 전류가 누출되면 탈분극이 결절에 도착하게 될 때 역치값을 넘을 수 없게 되며 전도는 중단됨. 다발성 경화증(multiple sclerosis)은 탈수초성 질환 중 가장 잘 알려진 질환임

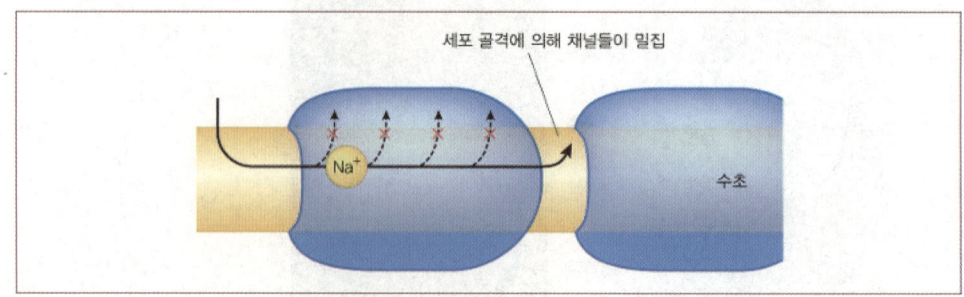

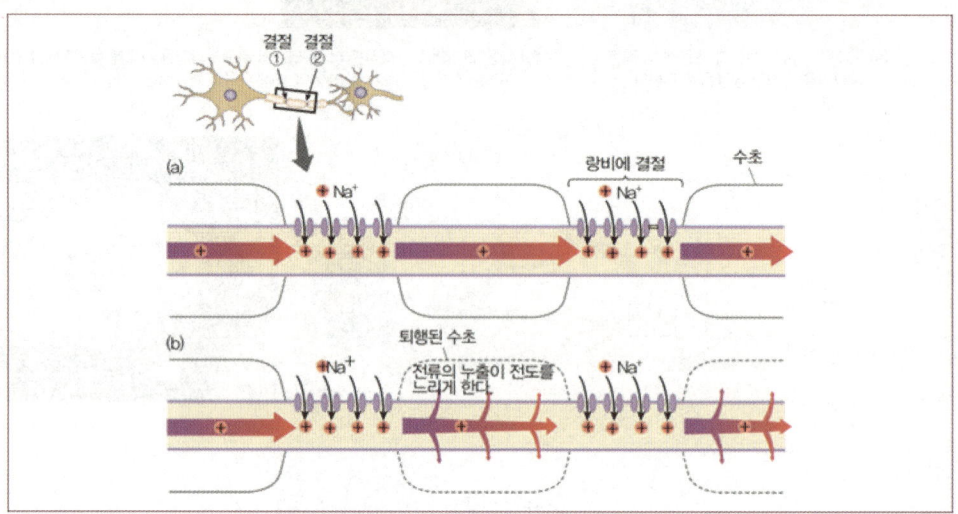

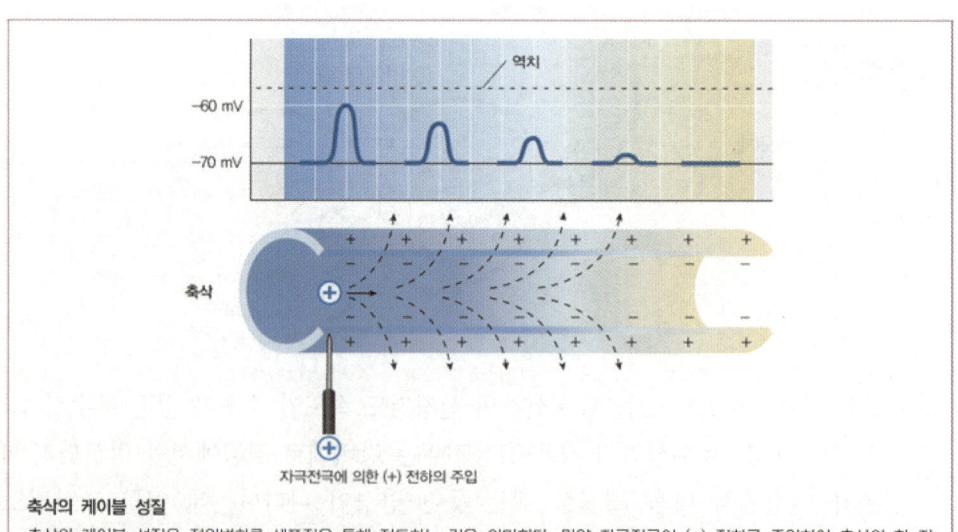

축삭의 케이블 성질

축삭의 케이블 성질은 전위변화를 세포질을 통해 전도하는 것을 의미함다. 만약 자극전극이 (+) 전하를 주입하여 축삭이 한 지점에서 탈분극(푸른색)을 일으킬 경우, 탈분극이 활동전위를 일으키지 않으면 탈분극은 빠른 속도로 사라지게 될 것이다. 탈분극의 감소는 축삭막을 통해 일어나는 전하의 누수 때문이다(점선 화살표). 이는 축삭이 전위의 변화를 전도하는 능력이 취약함을 의미한다.

◎ 활동전위 형성에 영향을 미치는 여러 가지 요인

ⓐ 활동전위 관련 채널에 결합하여 활성을 변화시키는 물질 ex) 프로카인(procaine) 및 신경독소(neurotoxin): Na^+ 채널을 차단하여 감각을 느끼지 못하도록 함

ⓑ 세포외액의 이온 농도의 변화: K^+ 농도는 세포의 휴지막전위를 결정하는 주요 결정인자로서 만일 혈액 속에 있는 K^+ 농도가 3.5~5mmol/L의 정상적인 범위를 벗어나면 세포막의 휴지막전위가 변하게 됨

1. 고칼륨혈증(hyperkalemia): 혈액 내의 K^+ 농도가 증가하면 뉴런의 휴지막전위가 역치 값에 더 가깝게 되고 적은 차등성 전위에 대해서도 활동전위를 일으키게 할 수 있음

2. 저칼륨혈증(hypokalemia): 혈액 내의 K^+ 농도가 아주 낮게 떨어지면 세포의 안정전위가 과분극화되며 역치 값에서 멀어져 정상적인 자극보다 더 강한 자극만이 활동전위를 일으킬 수 있음

4 시냅스를 통한 신호전달

(1) 시냅스(synapse)

뉴런과 뉴런 간의 접합구조로 신호전달이 수행됨

㉠ 전기적 시냅스(electrical synapse): 심장이나 뇌 등에 분포함. 간극연접의 connexin을 통해 이온이 직접 이동하는 것이 특징이며, 신호전달이 빠르나 신호의 변경이 불가능하고, 정보는 양방향으로 전해질 수 있음

㉡ 화학적 시냅스(chemical synapse): 시냅스 틈(synaptic cleft)을 통해 신경전달물질이 이동하여 시냅스 후 뉴런의 수용체에 결합하며 신호변형과 합(summation)이 가능함

ⓐ 직접적 시냅스: 이온성 수용체(리간드 개폐성 이온채널)를 통한 신호전달 ex) 아세틸콜린에 대한 이온성 수용체를 통한 신호 전달

ⓑ 간접적 시냅스: 시냅스 후 뉴런의 대사성 수용체를 통한 신호전달 ex) 노르에피네프린에 대한 G단백질 연결 수용체를 통한 신호 전달

(2) 화학적 시냅스(직접적 시냅스)의 신호전달 과정

① 활동전위가 시냅스말단의 세포막을 탈분극시킴

② 탈분극에 의해서 전압의존성 Ca^{2+} 통로가 열려 Ca^{2+}가 유입됨

③ 칼슘 농도가 높아지면 시냅스 전 신경세포막과 시냅스 소포막이 융합됨

④ 소포로부터 시냅스 틈으로 신경전달물질이 방출됨

⑤ 신경전달물질이 시냅스 후 신경세포막에 존재하는 리간드 의존성 이온통로의 수용체 부위와 결합하면 이온통로가 열려서 Na^+와 K^+이 통과함

⑥ 신경전달물질이 수용체로부터 떨어져 나오면 이온통로가 닫힘. 시냅스 전달은 신경전달물질이 시냅스 틈으로부터 확산되어 사라지거나, 시냅스말단이나 다른 세포에 의해서 재흡수되거나, 혹은 특정 효소에 의해서 분해됨으로써 종결됨

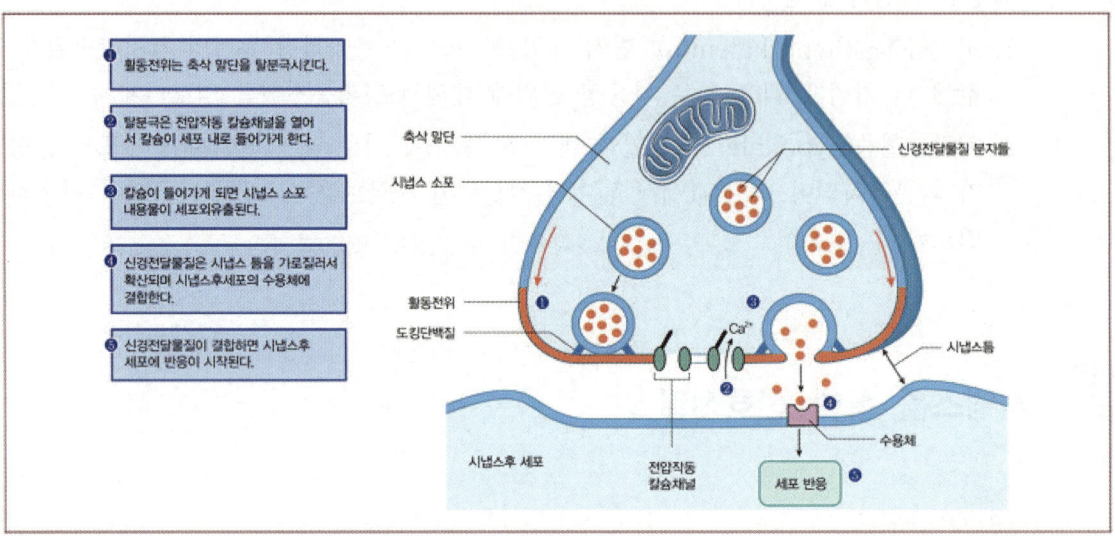

(3) 신경전달물질의 비활성화

신경신호전달의 주된 특징은 신경전달물질이 시냅스 틈에서 빠르게 제거되거나 또는 불활성화되어 그 지속기간이 짧음

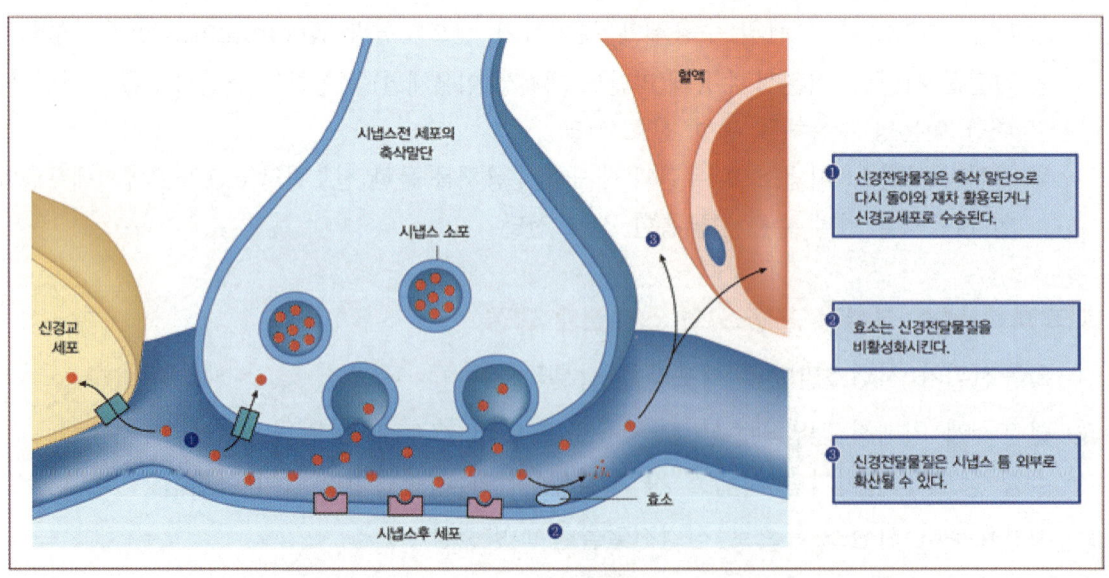

ⓐ 일부 신경전달물질은 단순히 수용체로부터 분리, 확산되어 흩어져 버림
ⓑ 일부 신경전달물질은 시냅스 틈에 존재하는 효소들에 의해 불활성화 상태로 전환되어 세포 외액으로부터 시냅스 전 세포나 또는 주변의 뉴런이나 신경교세포로 재차 운반되어 제거됨
  ex) 아세틸콜린의 아세틸콜린 에스터라아제에 의한 불활성화

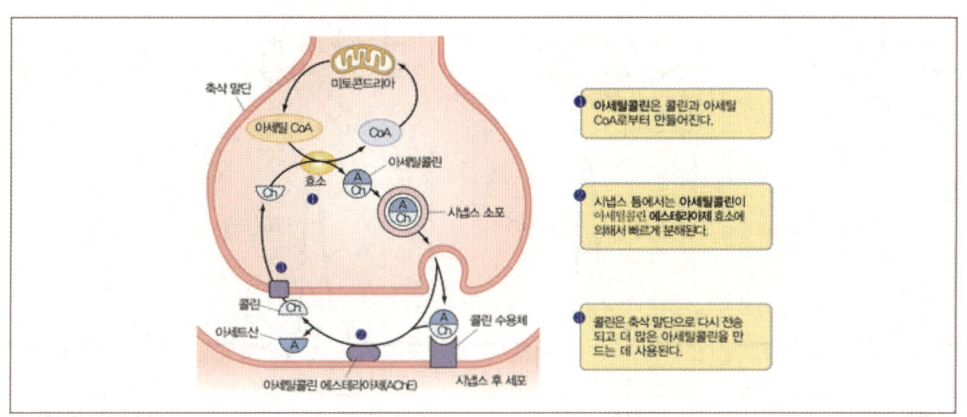

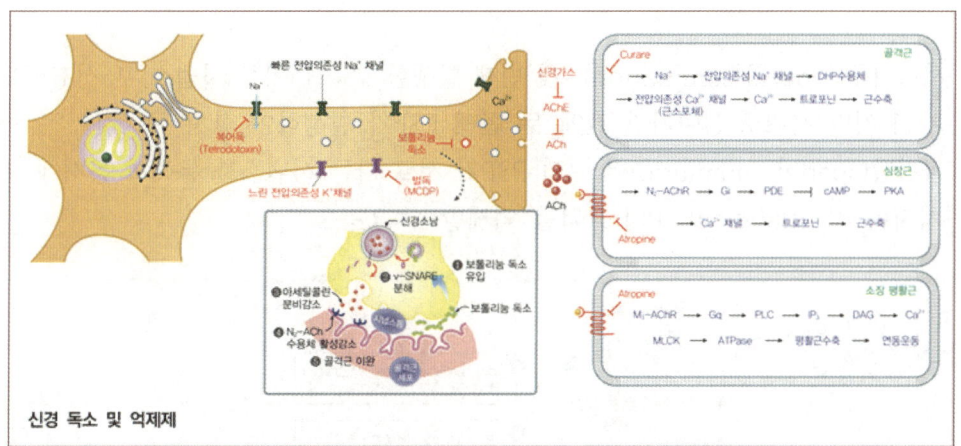

신경 독소 및 억제제

ⓒ 노르에피네프린의 경우 신경전달물질이 시냅스 전 축삭 말단으로 다시 수송되면 시냅스를 통한 신호전달이 종결됨. 노르에피네프린이 일단 축삭말단으로 운반되면 노르에피네프린은 소포 안에 다시 채워지거나 또는 미토콘드리아에서 발견된 모노아민 산화효소(monoamine oxidase; MAO) 같은 세포 내 효소들에 의해 분해됨

(4) 시냅스 후 전위(postsynaptic potential: PSP)

신경전달물질에 반응하여 형성되는 시냅스 후 신경세포의 차등성 전위

ⓐ 시냅스 후 전위의 구분

  ⓐ 흥분성 시냅스 후 전위(excitatory postsynaptic potenial: EPSP): 탈분극 형태의 차등성 전위

ⓑ 억제성 시냅스 후 전위(inhibitory postsynaptic potenial; IPSP): 과분극 형태의 차등성
전위
ⓛ 시냅스 후 전위의 합

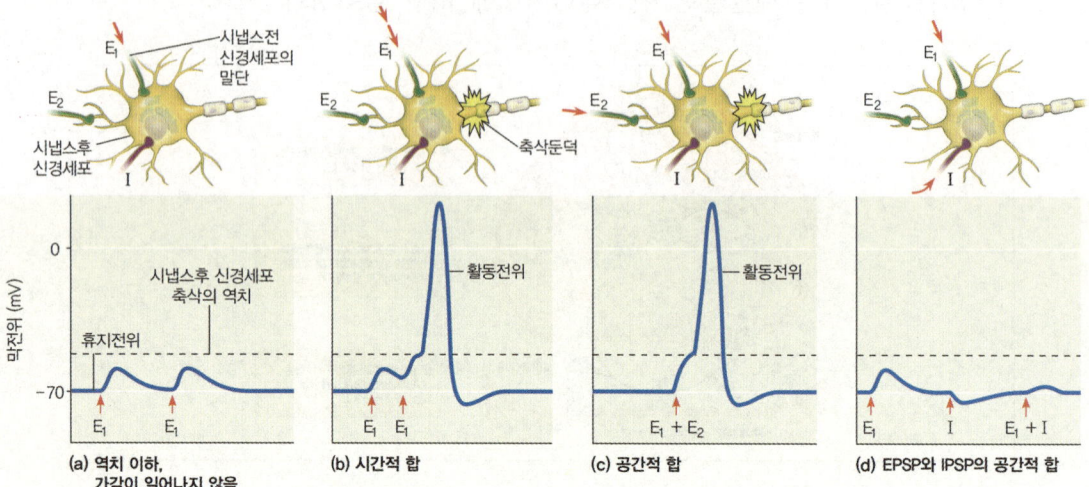

ⓐ 시간합(temporal summation): 첫 번째 발생한 PSP에 의한 시냅스 후 신경세포의 막전위
가 휴지막 전위로 돌아가기 전에 두 번째 PSP가 발생하여 합쳐지는 것
ⓑ 공간합(spatial summation): 여러 PSP가 서로 다른 시냅스를 통해서 동시에 도달하여 합
쳐지는 것. IPSP는 EPSP의 효과를 억제할 수 있음

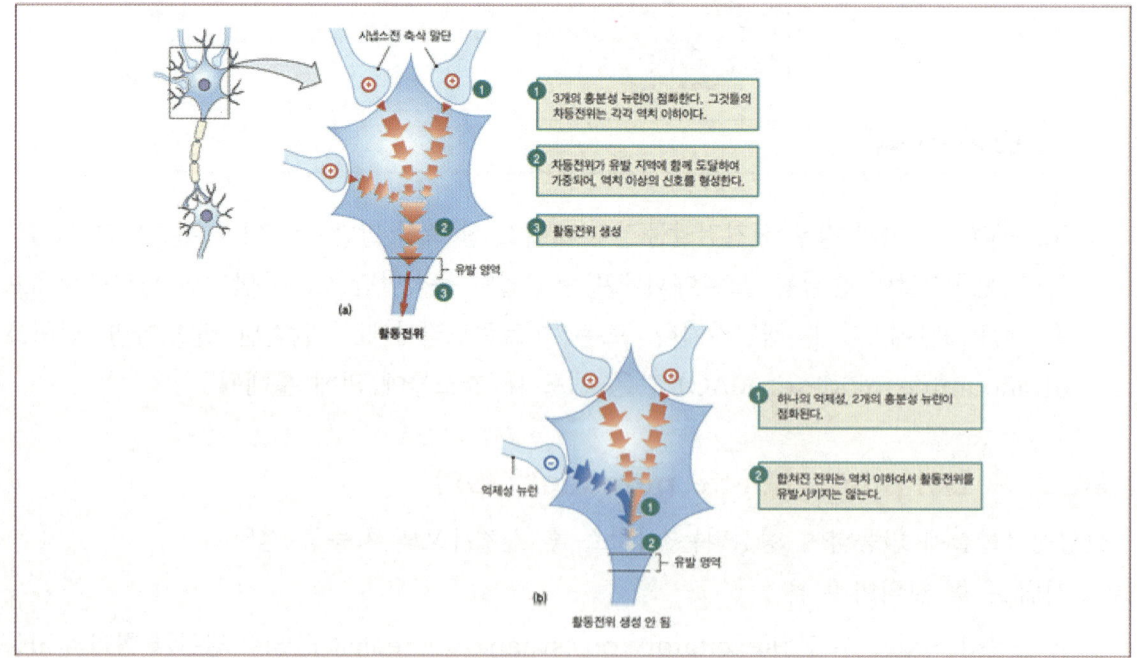

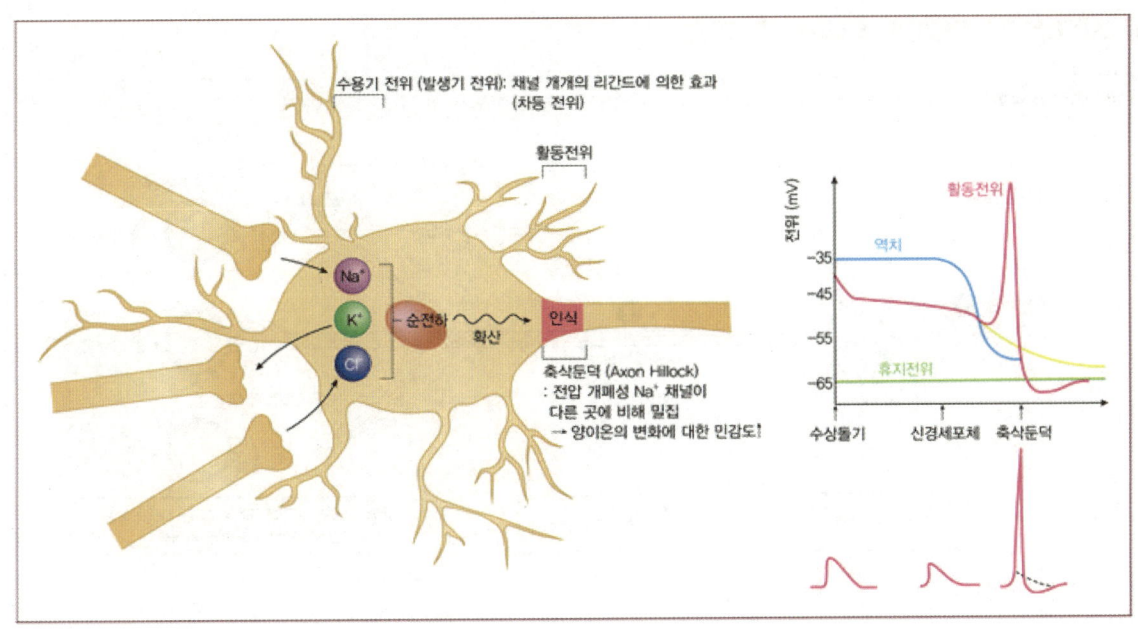

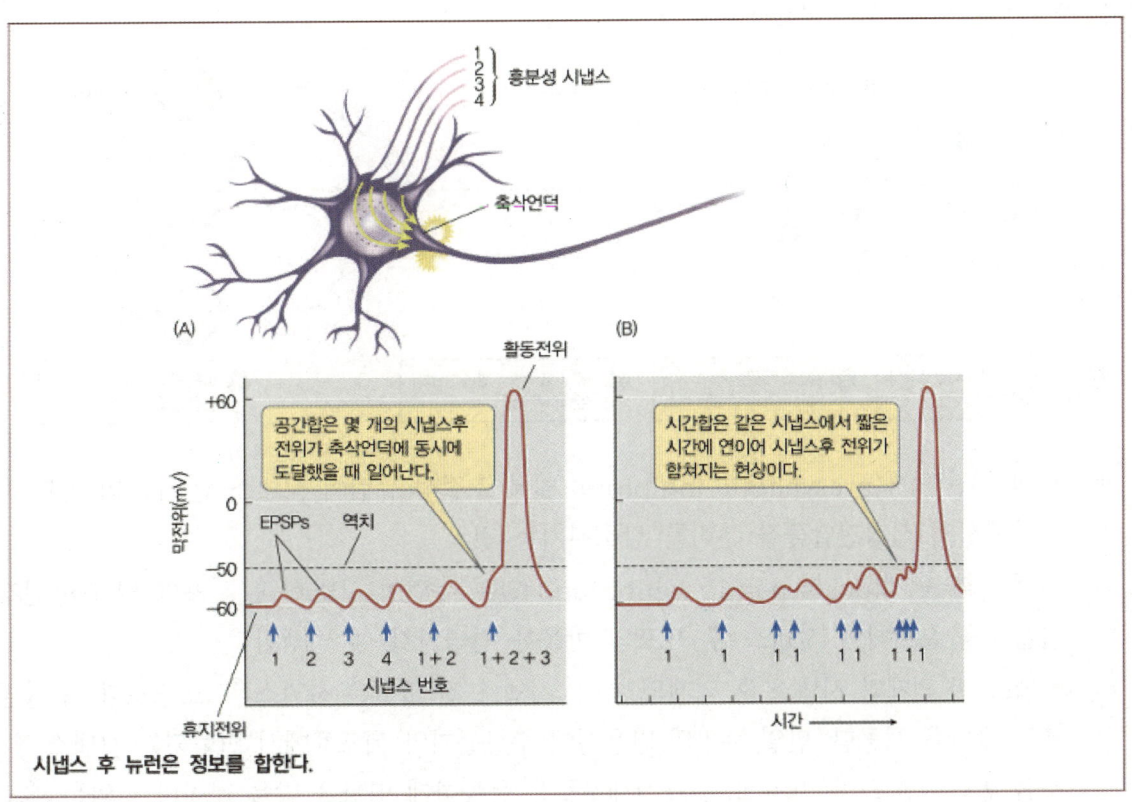

시냅스 후 뉴런은 정보를 합한다.

(5) 시냅스 전 억제와 시냅스 후 억제

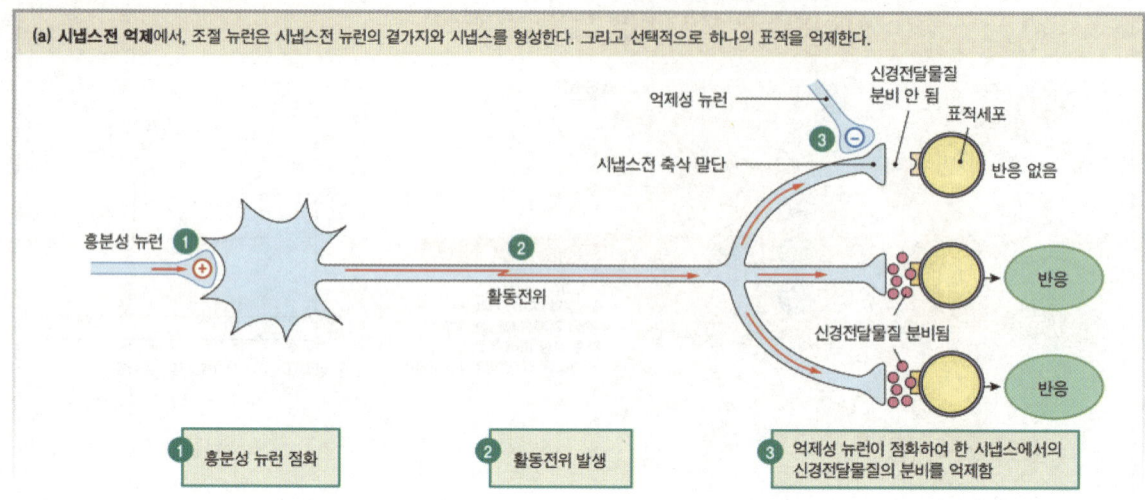

(a) **시냅스전 억제**에서, 조절 뉴런은 시냅스전 뉴런의 곁가지와 시냅스를 형성한다. 그리고 선택적으로 하나의 표적을 억제한다.

흥분성 뉴런 ①
활동전위 ②
억제성 뉴런
시냅스전 축삭 말단
신경전달물질 분비 안 됨
표적세포
반응 없음
③
신경전달물질 분비됨
반응
반응

① 흥분성 뉴런 점화
② 활동전위 발생
③ 억제성 뉴런이 점화하여 한 시냅스에서의 신경전달물질의 분비를 억제함

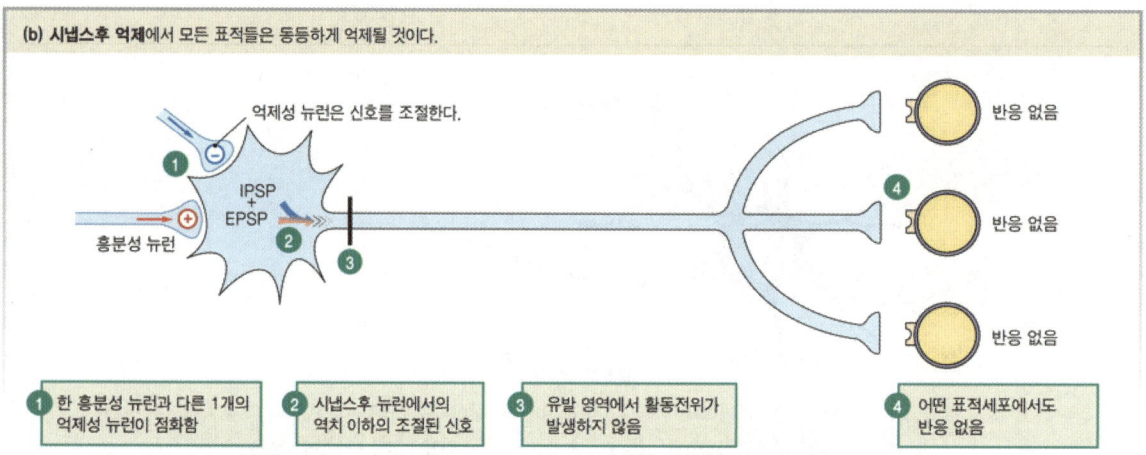

(b) **시냅스후 억제**에서 모든 표적들은 동등하게 억제될 것이다.

억제성 뉴런은 신호를 조절한다.
①
IPSP + EPSP
흥분성 뉴런
②
③
반응 없음
④
반응 없음
반응 없음

① 한 흥분성 뉴런과 다른 1개의 억제성 뉴런이 점화함
② 시냅스후 뉴런에서의 역치 이하의 조절된 신호
③ 유발 영역에서 활동전위가 발생하지 않음
④ 어떤 표적세포에서도 반응 없음

㉠ 시냅스 전 억제(presynaptic inhibion): 일부 조절성 뉴런이 시냅스 전 세포의 일부 축삭 말단에서의 신경전달물질 분비를 감소시키는 것

㉡ 시냅스 후 억제(postsynaptic inhibition): 일부 뉴런이 시냅스 후 세포에 억제성 신경전 달물질을 분비하여 시냅스 후 세포의 반응을 변경시킬 때 발생함

㉢ 시냅스 전 억제와 시냅스 후 억제의 차이: 시냅스 전 조절은 시냅스 후 조절보다 더 정밀한 조절 수단을 제공함. 만일 뉴런의 반응성이 수상돌기와 세포체에서 변화되는 시냅스 후 조 절을 받는다면 그 뉴런의 모든 표적세포들은 동등하게 영향을 받을 것이나 이와는 대조적 으로 분기되어 있는 뉴런들에 대한 시냅스 전 조절은 그것들의 표적과 곁가지를 선택적으 로 조절할 수 있게 됨

(6) 신경전달물질(neurotransmitter)의 종류와 기능

	종류	특징
	ACh	• 척추동물의 근육에서는 흥분성(PNS) • 뇌(CNS)의 일부경로에서 흥분성 또는 억제성으로 신경전달 • ACh esterase에 의해 분해됨. 이 효소의 억제제는 강한 독으로 작용
모노아민	NE, EP	• CNS와 PNS에서 발견
	도파민	• CNS, PNS에서 발견 • 일반적으로 흥분성이나 억제작용도 나타남 • 정신분열증, 파킨슨씨병과 관련
	히스타민	수면에 빠지지 않도록 하는 것으로 밝혀짐
	세로토닌	• CNS에서 발견 • 통증, 각성, 수면, 감정 조절 • 부족 시 우울증 유발
아미노산	glutamate	• CNS의 대표적 흥분성 • 조미료(monosodium glutamate, MSG)에 민감한 사람은 이 물질이 신경계에 영향을 주기 때문
	glycin, GABA	• CNS의 대표적 억제성 물질 • glycin은 척수에서 억제성으로 작용
펩티드	엔돌핀, 엔케팔린	• CNS • 체내 마약성분(opioid) • 일반적으로 억제성
	substance P	• CNS, PNS • 일반적으로 흥분성, 통증과 관련
기체	NO	• CNS, PNS • 흥분성, 억제성 • 고전적인 신경전달물질은 아니다. • 다른 대부분의 신경전달물질과는 달리 세포질의 소낭에 간직되지 않으므로 필요에 따라 합성하고 합성 즉시 확산되어 이웃세포에 작용하고 빠르게 분해된다. • 시냅스 작용으로 분비되는 것이 아니라 확산에 의해 통과한다. • 시냅스 후 세포가 전 세포에 영향을 주는 수단이 된다.

ⓐ 아세틸콜린(acetylcholine): 중추신경계 및 말초신경계의 가장 일반적인 신경전달물질로 작용하며, 심장근을 제외한 나머지 근육에 연접한 시냅스에서 흥분성 신경전달물질로 작용하며, 심장근에서는 억제성 신경전달물질로 작용함

ⓑ 생체내 아민(biogenic amine): 아미노산에서 유래한 신경전달물질

ⓐ 세로토닌(serotonin): 트립토판으로부터 합성되며 중추신경계에서 보통 억제성 신경전달물질로 작용함

ⓑ 도파민(dopamine): 티로신으로부터 합성되며 중추신경계와 말초신경계에서 주로 흥분성으로 작용함. 퇴행성 신경질환인 파킨슨병은 뇌의 도파민 결핍과 관련이 있음. 티로신으로부터 합성되는 생체내 아민을 카테콜아민(catecholamine)이라 함

　- 도파민과 세로토닌은 뇌의 여러 부위에서 분비되어 수변, 분위기, 주의집중, 학습과 연관된 작용에 기여함. LSD, 메스칼린 등의 정신작용 약물들은 세로토닌과 도파민에 대한 수용체와 결합해서 환각작용을 일으키는 것으로 짐작됨

ⓒ 에피네프린(epinephrine)/노르에피네프린(norepinephrine): 티로신으로부터 합성되며 중 추신경계와 말초신경계에서 신경전달물질로 작용하고, 또한 호르몬으로도 가능하게 됨. 특 히 노르에피네프린은 말초신경계의 일부인 자율신경계에서 G단백질 연결 수용체를 통해 EPSP를 형성함

- 우울증 치료 약물은 뇌에서 노르에피네프린 혹은 세로토닌과 같은 생체내 아민의 농도를 높임. 특히 프로작(Prozac)의 경우 분비된 세로토닌의 재흡수를 방지함으로써 세로토닌의 농도를 증가시킴

ⓒ 아미노산(amino acid): 중추신경계의 신경전달물질로 작용함

  ⓐ 감마아미노부틸산(gamma aminobutyric acid; GABA): CNS의 억제성 신경전달물질로서 Cl^- 의 투과성을 증가시켜서 IPSP 생성을 유발함

  ⓑ 글루탐산(glutamate): 뇌에서 가장 일반적으로 이용되는 신경전달물질로서 흥분성임

  ⓒ 글리신(glycine): 뇌를 제외한 CNS의 억제성 시냅스에서 작용함

ⓓ 신경펩티드(neuropeptide): 비교적 짧은 아미노산 사슬로 구성되며 신호전달경로를 활성 화시키는 신경전달물질로 작용. 신경펩티드들은 훨씬 더 긴 전구단백질의 분해 과정을 거 쳐서 만들어짐

  ⓐ 물질 P(substance P): 흥분성 신경펩티드로서 고통을 인지하는 과정에서 중요한 역할을 함

  ⓑ 엔돌핀(endorphin): 출산과 같은 육체적 및 정신적 스트레스를 받는 상황하에서 뇌에서 형 성됨. 통증을 완화시킬 뿐만 아니라 ADH의 분비를 유도하여 오줌의 양을 감소시키고 호흡 률을 떨어뜨리며 쾌감을 유도하는 등의 효과를 보임

ⓔ 기체(gas): 국부적인 조절인자로 작용함

  ⓐ 일산화질소(NO): 남성의 성적 흥분시, 발기조직 내의 혈관벽을 구성하는 평활근을 이완시키 고 결국 혈관의 이완이 유발되어 발기조직의 해면체가 혈액으로 채워짐으로써 발기가 유발 됨. 비아그라(Viagra)는 NO의 분해를 수행하는 효소의 활성을 억제하여 발기 유지에 기여 함. NO는 다른 신경전달물질과는 달리 소포에 저장되지 않고 필요에 의해 합성되는 즉시 주변으로 확산하여 이웃하는 표적세포의 변화를 초래하고 바로 분해됨

  ⓑ 일산화탄소(CO): 헴산화효소(heme oxygenase)에 의해서 합성되는데, 뇌조직에서 CO는 시상하부의 호르몬 분비를 조절하며, 말초신경계에서는 내장을 이루는 근세포의 막전위를 과분극시키는 억제성 신경전달물질로 작용함

28 척추동물의 신경계

1 신경계의 구분

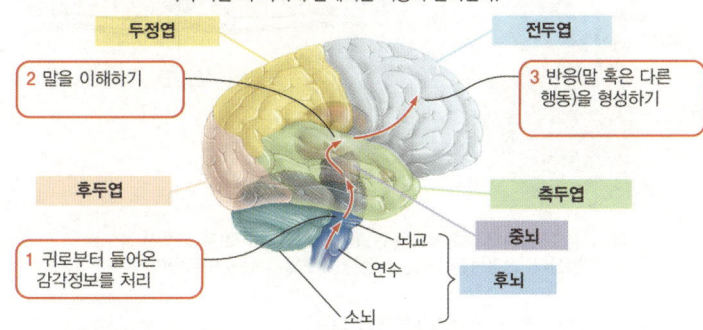

수십억 개의 신경세포는
복잡한 작업을 수행하기 위해서 어떻게 조직되는가?

부위별 특화: 말로 주어진 질문에 반응하는 것과 같이 복잡한 작업은
여러 다른 뇌 지역의 단계적인 기능이 관여한다.

두정엽

전두엽

2 말을 이해하기

3 반응(말 혹은 다른
행동)을 형성하기

후두엽

측두엽

중뇌

후뇌

1 귀로부터 들어온
감각정보를 처리

뇌교

연수

소뇌

기억의 형성: 정보는 특정 신경세포들 간의 활성화된 연결(시냅스)의
강화된 패턴에 의해서 저장된다.

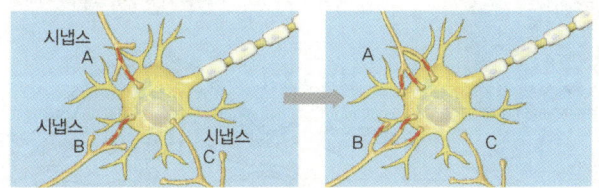

시냅스 A

시냅스 B

시냅스 C

A

B

C

동시에 활성화된 시냅스(A와 B)는 강화된다. 활성화된 회로에 속하지 않은
시냅스(C)는 약화되거나 사라진다.

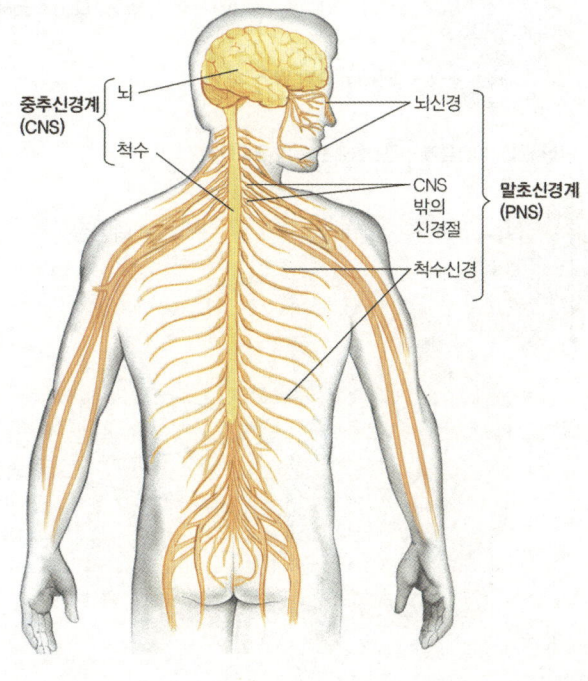

중추신경계
(CNS)

뇌

척수

뇌신경

CNS
밖의
신경절

척수신경

말초신경계
(PNS)

(1) 중추신경계(central nervous system; CNS): 뇌와 척수로 구성

㉠ 중추신경계의 특징

ⓐ 배아시기에 관찰되는 속이 비어있는 등쪽 신경삭으로부터 유래. 성체에서 이 빈 관은 척수의 좁은 중심관(central canal)과 뇌의 4개의 뇌실(ventricle) 형태로 변형

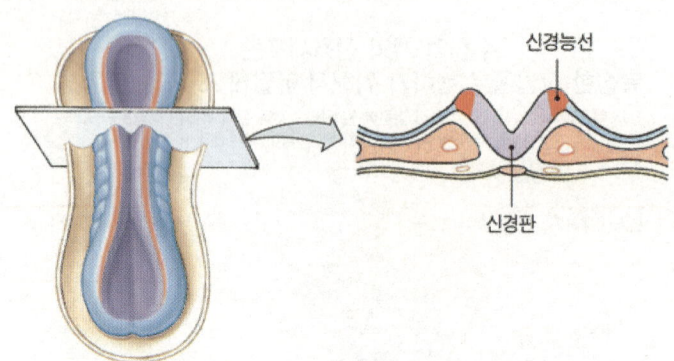

(a) 발생 20일쯤의 배아에서는 신경판세포들(자주색)은 정중선 쪽으로 이동한다. 신경능선세포는 신경판 세포들과 함께 이동한다.

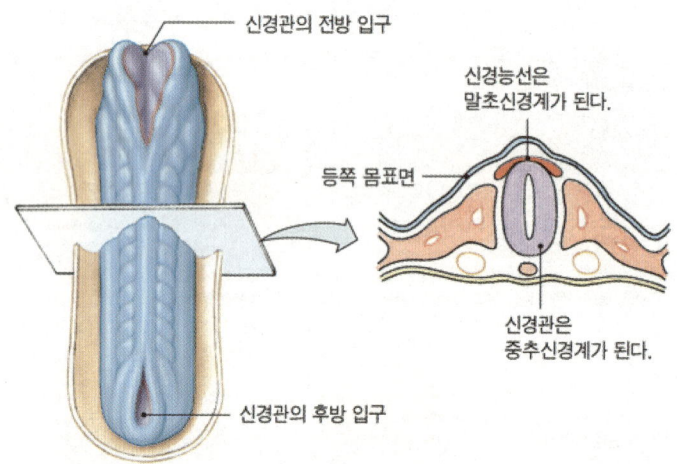

(b) 발생 23일쯤에 신경관형성은 거의 완성된다.

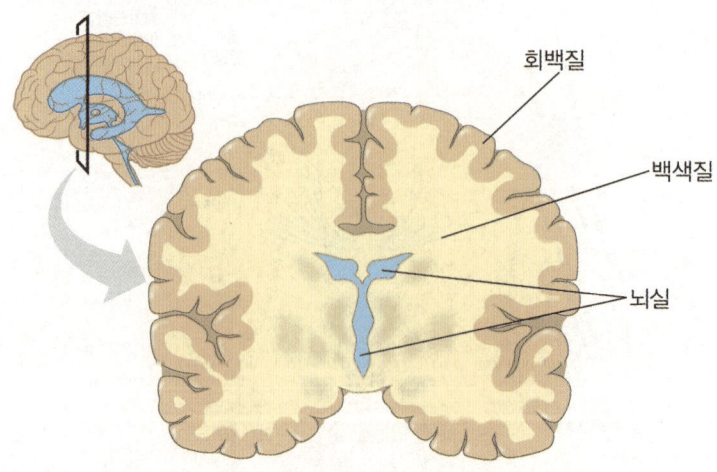

ⓑ 중심관과 뇌실은 뇌척수액(cerebrospinal fluid)으로 채워져 있음. 뇌척수액은 혈액이 여과되어 뇌에서 형성된 것이며 중심관과 뇌실을 천천히 순환한 후 정맥으로 배출되어 영양물질과 호르몬을 뇌의 각 부위에 공급함과 동시에 뇌의 노폐물을 제거하고 뇌와 척수를 외부의 충격으로부터 보호하는 완충작용을 수행함

ⓒ 혈관-뇌 장벽(blood-brain barrier): 중추신경 모세혈관의 내피세포간 밀착연접이 형성된 것으로 세포사이공간을 통한 물질 교환이 차단됨. 소수성 물질은 혈관-뇌장벽을 자유롭게 통과할 수 있으나, 친수성 물질은 선택적 막수송 기작에 의해서만 이동이 가능함

ⓓ 백색질(축삭부위; 축삭이 수초로 싸여 있음)과 회백질(수상돌기, 소초로 싸여 있지 않은 축삭, 신경세포체 등으로 구성)로 구성됨. 뇌의 경우 피질은 회백질, 수질은 백질인 반면 척수의 경우 피질, 수질은 백질이라는 점을 주의해야 함

ⓛ 중추신경계의 구분

ⓐ 뇌(brain): 척추동물의 복잡한 의식적 해동 조절. 대뇌, 간뇌, 중뇌, 뇌교, 연수로 구분

ⓑ 척수(spinal cord): 등뼈 안쪽의 새로 방향으로 형성되며, 뇌로 정보를 전달하거나 뇌로부터의 정보를 다른 부위로 전달하는 기능을 수행하며, 뇌와는 독립적인 자체의 신경회로를 이용하여 특정 자극에 대한 반사작용 수행

1. 구조: 피질(백질; 감각과 운동신경섬유 다발, 중추신경계 신경섬유 다발)과 수질 (회백질; 주로 신경세포체와 무수신경세포로 구성)로 구성

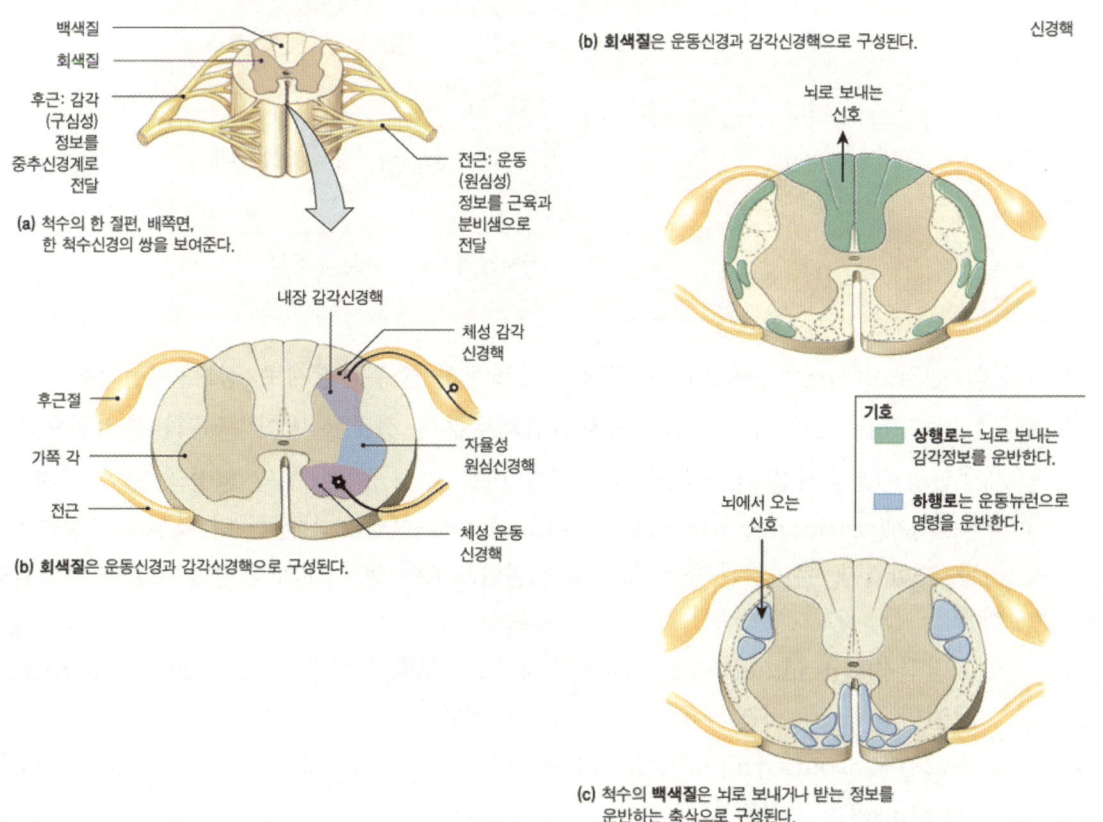

2. 기능: 신경계와 뇌를 연결시키는 기능을 수행함. 신체 대부분의 수용기로부터 유래하는 감각정보는 척수의 상행로에 의해 뇌에 전달되며, 뇌가 운동활동을 지시하는 신경자극은 척수의 하행로를 따라 이동함. 또한 뇌와는 독립적인 자체의 신경회로를 이용하여 특정 자극에 대한 기계적인 반응인 반사작용(reflex)에 관여함

(2) 말초신경계(periphral nervous system; PNS)

말초로부터 중추신경계로, 중추신경계로부터 말초로 정보를 전달하는 역할을 수행하며, 척추 동물의 움직임 및 생체 내 환경을 조절함. 체성신경계와 자율신경계로 구분

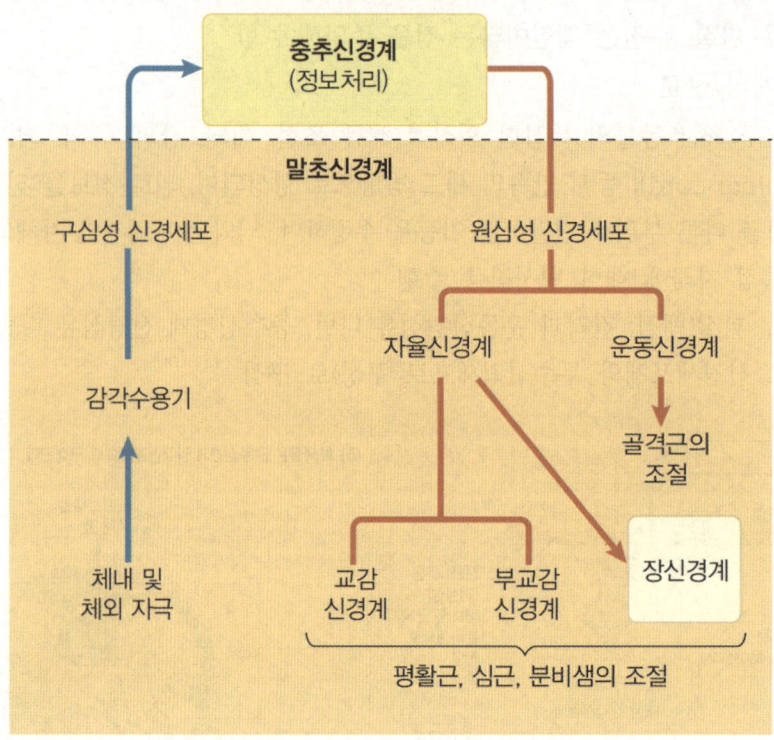

㉠ 구심성 신경(afferent neurons): 말초신경계에서 중추신경계로 정보를 전달함
㉡ 원심성 신경(efferent neurons): 중추신경계로부터 정보를 받아 근육과 분비선으로 전달
  ⓐ 채성신경계(운동신경계): 골격근의 적절한 반응 수행 통제, 체외 환경의 변화 인지
  ⓑ 자율신경계(autonomic nervous system): 불수의근(심근, 내장근)의 활성을 조절하며 소화 기관, 순환기관, 분비기관 등의 활성을 조절함으로써 생체 내의 환경을 조절하는 역할을 수행함
    1. 교감신경(sympathetic division): 싸움 또는 도망가기 반응(fight-or-flight response) 유발함
    2. 부교감신경(parasympathetic division): 휴식 또는 소화 반응(rest-or-digenstion response)을 유발함

3. 장신경계(enteric division): 소화관, 이자, 쓸개에 분포하여 평활근의 활성을 조절하여 연동운동을 돕고 분비를 조절함. 장신경계는 독립적으로 작용할 수 있지만, 일반적으로 교감신경계와 부교감신경계에 의해서 조절됨

2 척추동물의 뇌

(1) 인간의 뇌 발생

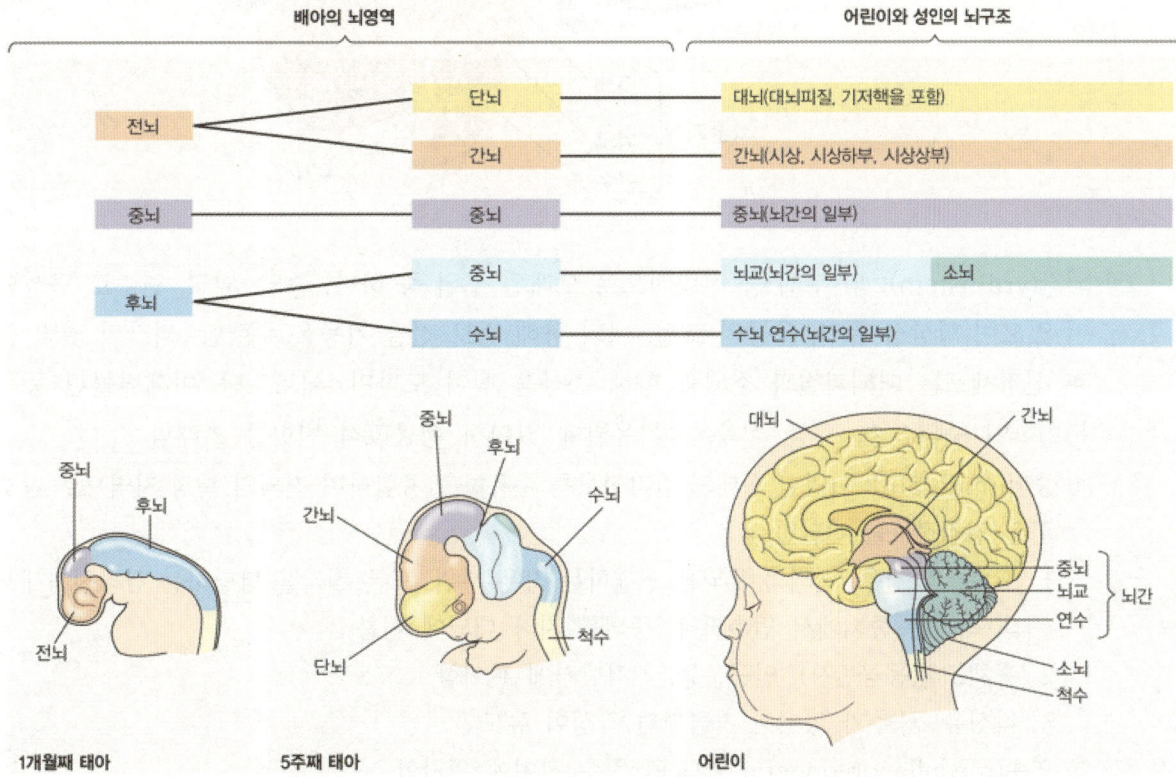

ㄱ 전뇌(forebrain): 단뇌(telencephalon; 성인의 대뇌)와 간뇌(diencephalon; 성인의 간뇌)로 발생

ㄴ 중뇌(midbrain): 중뇌(mesencephalon; 성인의 중뇌)로 발생

ㄷ 후뇌(hindbrain): 후뇌(metencephalon; 성인의 뇌교와 소뇌에 해당)와 수뇌(myelencephalon; 성인의 연수에 해당)로 분화됨

(2) 뇌의 각 부위의 구분과 기능

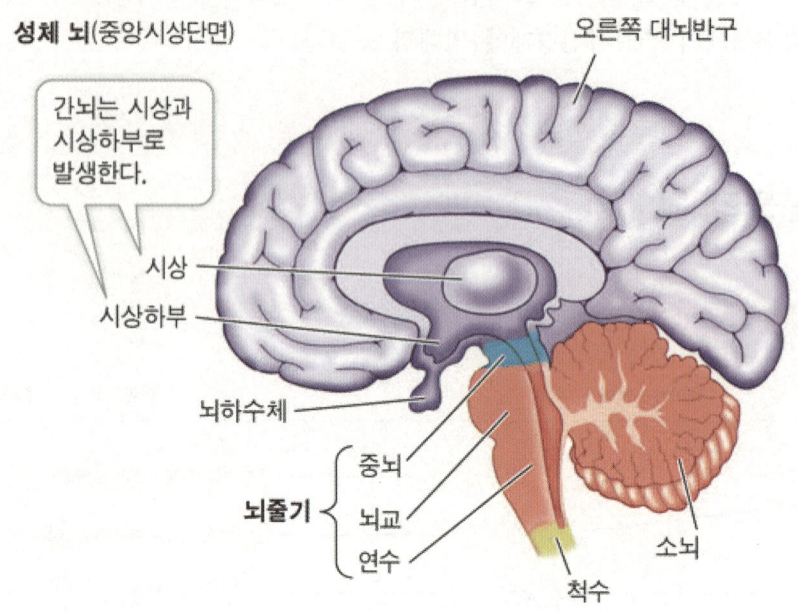

성체 뇌(중앙시상단면)

오른쪽 대뇌반구

간뇌는 시상과 시상하부로 발생한다.

시상

시상하부

뇌하수체

뇌줄기 { 중뇌 / 뇌교 / 연수 }

소뇌

척수

㉠ 뇌간(vrainstem): 뇌 부위 중 진화적으로 오래된 부위 중 하나. 중뇌, 뇌교, 연수로 구성되어 있으며 항상성 유지, 운동의 조절, 대뇌 향해 정보 전달 기능을 수행함. 뇌간의 몇몇 중추 신경세포는 대뇌피질과 소뇌를 향해 축삭을 뻗어 도파민, 세로토닌, 아세틸콜린 등을 분비하여 주의집중, 각성, 식욕, 동기유발에 있어서 행동학적 변화를 초래함

ⓐ 중뇌(midbrain): 다양한 형태의 감각정보를 수용하고 종합하며 전뇌의 특정 지역으로 암호화된 감각정보를 전달함

　1. 포유류의 경우, 전뇌와 후뇌를 연결하는 작은 부위. 모든 청각을 담당하는 감각신경세포의 축삭은 중뇌에서 멈추거나, 중뇌를 지나 대뇌에 이름

　2. 홍채조절(동공반사), 안구운동, 시각반사에 관여함

　3. 각성유도중추가 있어서 자극되면 각성이 유도됨

ⓑ 연수(medulla oblongata): 뇌교와 척수 사이에 위치함

　1. 척수와 뇌를 연결하는 모든 상하행로가 연수를 통과할 때 반대쪽으로 교차하는데 결국 오른쪽 대뇌반구는 신체의 왼쪽에서 오는 감각정보를 받아들이며, 왼쪽 대뇌반구는 신체의 오른쪽에서 오는 감각정보를 받아들이게 됨

　2. 심장박동중추, 혈관중추로 작용하며 뇌교와 함께 호흡중추로도 작용

　3. 삼키기, 구토, 소화 등 내장기관의 자율적이고 항상적인 기능을 조절

　4. 수면중추로 작용함

㉢ 뇌교(pons): 중뇌와 연수 사이에 위치함

　1. 연수와 더불어 호흡조절에 관여함

　2. 수면중추로 작용함

ⓛ 소뇌(cerebellum): 고유수용기를 통해 관절의 위치와 근육의 길이에 관한 정보를 제공받고, 평형기관(전정기관, 반고리관)으로부터 전달되는 각종 정보가 입력되어 운동과 신체 균형에 관여하게 됨

  ⓐ 팔, 다리와 몸의 모든 수의적인 움직임을 조절하며, 자세와 균형을 유지하는 데 관여함

  ⓑ 대뇌에 의하여 지시된 운동과 실제 수행된 운동을 비교하여 정확한 신체 운동을 가능케 함

ⓒ 간뇌(diencephalon): 척추동물의 진화 초기에 나타나기 시작한 전뇌의 한 부위. 시상과 시상하부는 신체의 각 부위로 정보를 중계하는 통합센터의 역할을 수행함

  ⓐ 시상하부(epithalamus): 멜라토닌을 합성하는 송과선을 포함하는 부위이며 모세혈관의 크러스터 구조에서 혈액으로부터 뇌척수액을 형성함

  ⓑ 시상(thalamus): 대뇌로 가는 감각 정보으 입력중추임. 감각기관으로부터 들어오는 정보는 시상에서 정렬되어서 다음 처리를 위해 대뇌의 적절한 중추로 전달됨

  ⓒ 시상하부(hypothalamus): 항상성을 조절하는 매우 중요한 간뇌 부위임

    1. 공복, 갈증, 삼투평형, 대사율, 체온조절, 혈당량 조절에 관여함

    2. 뇌하수체 전엽을 자극하는 호르몬을 분비하거나 뇌하수체 후엽 호르몬인 옥시토신 바소프레신을 직접 생선하여 뇌하수체 후엽을 통해 분비

    3. 성과 짝짓기 행동, 싸움-도망 반응, 쾌락에서 중요한 역할 수행

ⓡ 대뇌(cerebrum): 오른쪽, 왼쪽 2개의 대뇌반구(cerebral hemisphere)로 구성되어 있으며 포유동물의 정보처리를 담당함

  ⓐ 피질, 수질, 기저핵으로 구성됨

    1. 피질: 면적이 넓으며, 인지과정과 수의적 운동, 학습 등이 이루어짐. 인간의 경우 대뇌피질은 전체 뇌 무게의 80%를 차지하며 복잡한 주름을 지님

    2. 기저핵: 일련의 운동을 계획하고 학습하는 중추로서의 역할을 수행함

  ⓑ 뇌량(corpus callosum): 오른쪽과 왼쪽 대뇌반구 사이의 의사소통 중재하는데 뇌량을 절단하면 간질이 완화되나 좌뇌와 우뇌의 소통이 되지 않음. 예를 들어 왼쪽 시야를 통해 들어온 단어를 읽지 못하는 경우가 이에 속함

(3) 각성과 수면 그리고 생체시계

ⓖ 각성과 수면

  ⓐ 망상계 형성(reticular formation): 뇌간의 중심에 퍼져 있는 신경망으로 90개의 독립세포체 클러스터로 구성됨

    1. 각 클러스터의 신경세포는 뇌의 각 부위로 축삭을 뻗어 광범위한 신경망 형성함. 망상계 형성의 활성을 조절하면 뇌의 각 부위의 활성이 동시에 제어됨

    2. 망상활성계(reticular activation system): 수면과 각성을 조절함. 감각필터로 작용하여 대뇌피질에 도달하는 각종 감각저오를 제어함. 뇌교, 연수의 수면중추를 자극하면 수면상

태를 유도하게 되며, 중뇌의 각성중추를 자극하면 각성을 유도하게 됨

3. 멜라토닌(melatonin): 송과선에서 합성되며, 개일주기 형성에 중요한 역할을 수행. 시차적응, 불면증, 계절의 영향을 받는 감정이상질환, 우울증과 동반된 수면장애를 치료하기 위한 식품보조제로 이용. 멜라토닌은 세로토닌으로부터 합성되는데 세로토닌 역시 수면유도 중추에서 사용되는 신경전달물질로 여겨짐. 세로토닌 아미노산 트립토판으로부터 합성됨

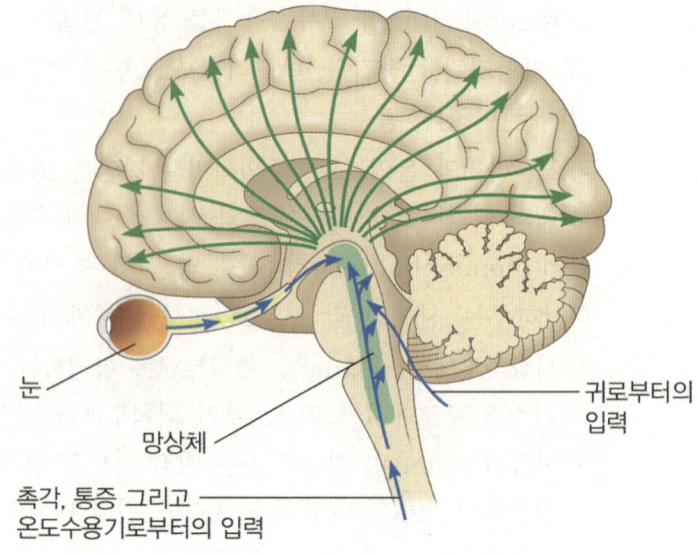

눈

망상체

촉각, 통증 그리고
온도수용기로부터의 입력

귀로부터의
입력

ⓛ 생체시계(biological clock): 포유동물에는 일주기 리듬을 유지하는데 관여하는 생체시계가 있음. 생체시계는 주기적인 유전자 발현과 세포의 활성을 조절하는 분자적 기작으로 이루어짐

ⓐ 호르몬 분비, 배고픔, 외부자극에 대한 과민현상 등의 다양한 생리현상에 영향을 미침

ⓑ 포유류의 생체시계는 시상하부의 한 쌍의 구조물인 시상교차상핵(suprachiasmaic muclei; SCN)에 위치함

ⓒ 생체시계가 외부의 환경적인 주기에 맞게 동시화되려면 외부자극이 필요함

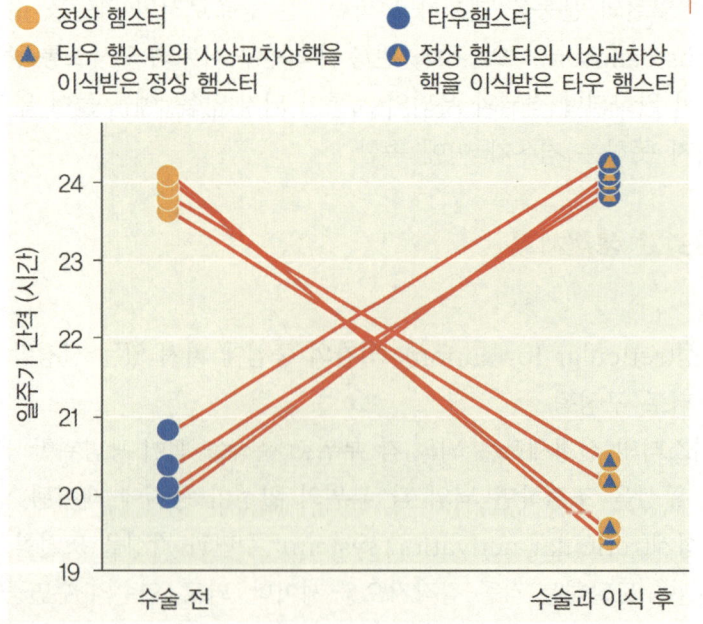

● 정상 햄스터 ● 타우햄스터
▲ 타우 햄스터의 시상교차상핵을 이식받은 정상 햄스터 ▲ 정상 햄스터의 시상교차상핵을 이식받은 타우 햄스터

일주기 간격 (시간)

수술 전

수술과 이식 후

3 대뇌피질

(1) 대뇌피질 구조 개요

깊은 고랑에 의해서 4개의 엽으로 구분. 각각의 엽에는 1차감각영역(특정 유형의 감각정보를 수용하고 처리하는 부위)과 연합영역(정보를 수용하여 종합하는 부위)이 조재함. 포유동물의 진화과정에서 일어난 피질의 증가는 연합영역의 팽창에 의한 것임

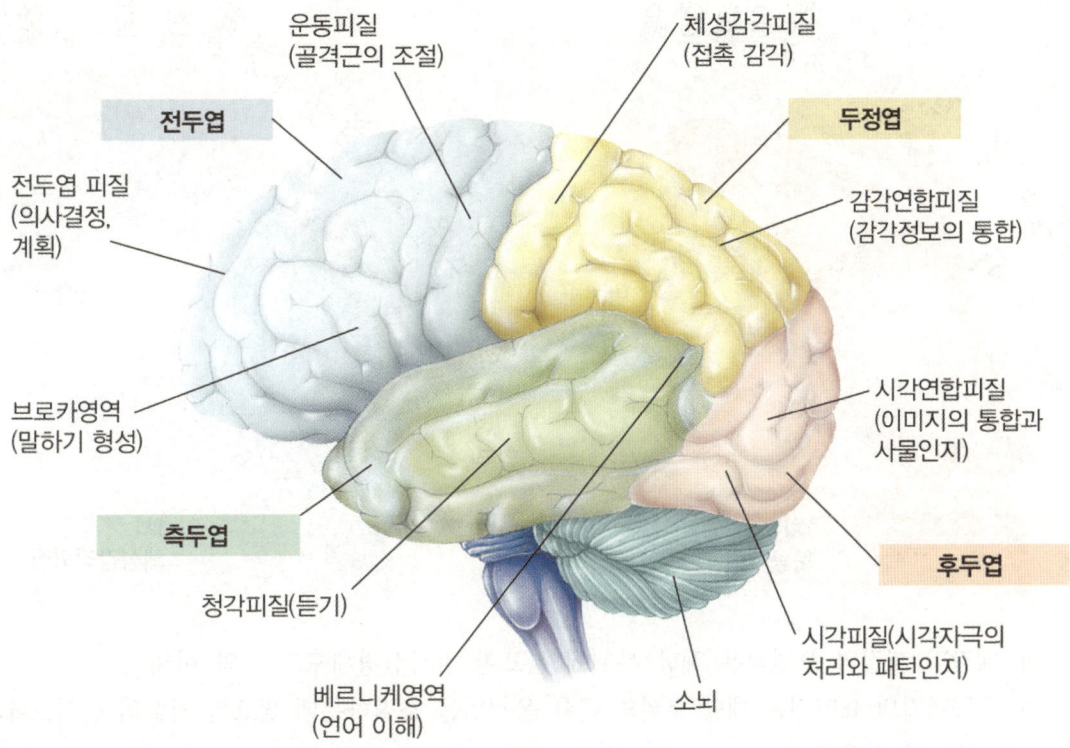

운동피질 (골격근의 조절)
체성감각피질 (접촉 감각)
전두엽
두정엽
전두엽 피질 (의사결정, 계획)
감각연합피질 (감각정보의 통합)
브로카영역 (말하기 형성)
시각연합피질 (이미지의 통합과 사물인지)
측두엽
후두엽
청각피질(듣기)
시각피질(시각자극의 처리와 패턴인지)
베르니케영역 (언어 이해)
소뇌

(2) 대뇌피질의 영역 구분

㉠ 전두엽(frontal lobe): 운동피질이 존재하여 의식적인 움직임 조절에 관여하며, 전두엽의 안쪽부위에 후각중추가 존재함. 전두엽의 앞부분인 전전두엽은 감각정보를 분류하는 기능을 수행함

㉡ 두정엽(parietal lobe): 체감각피질이 존재하여 피부, 근육 등의 감각정보 처리하고 몸의 자세나 위치를 감지하며, 미각중추 존재함. 두정엽이 손상되면 마비상태가 오며, 몸이 뒤틀리는 것과 같은 감각 초래하고, 주위 물체와의 공간적 관계를 제대로 인지하지 못함

㉢ 측두엽(temporal lobe): 청각중추가 존재함

㉣ 후두엽(occipital lobe): 시각중추가 존재함

(3) 대뇌피질의 특징

㉠ 몸의 각 부위를 담당하는 피질의 표면적은 담당하는 몸의 크기와는 무관

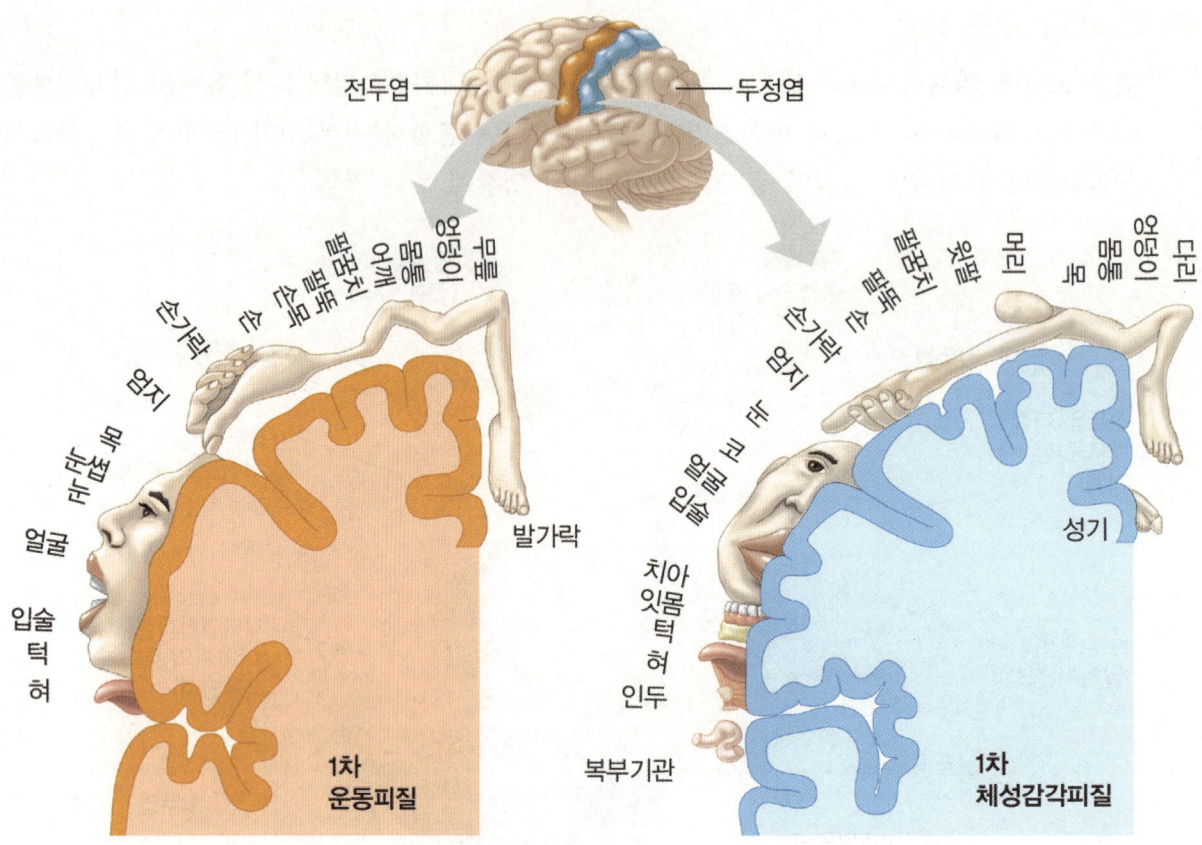

ⓐ 체감각 피질의 표면적은 해당 부위에 분포한 감각신경세포의 수와 비례

ⓑ 운동피질의 표면적은 해당 부위의 근육 움직임을 조절하는데 필요한 기술의 난이도에 비례

㉡ 피질기능의 좌우분화

ⓐ 좌측반구: 집중적인 인지과정에 중요하며 언어능력, 분석, 판단을 수행하여 손상되면 언어장애가 발생하게 됨

ⓑ 우측반구: 상과 그 배경간의 대강의 관계 인지에 중요하며 시공간적 입체의 분석을 수행함. 손상되면 길찾기 능력이나 지도판단 능력이 저하됨

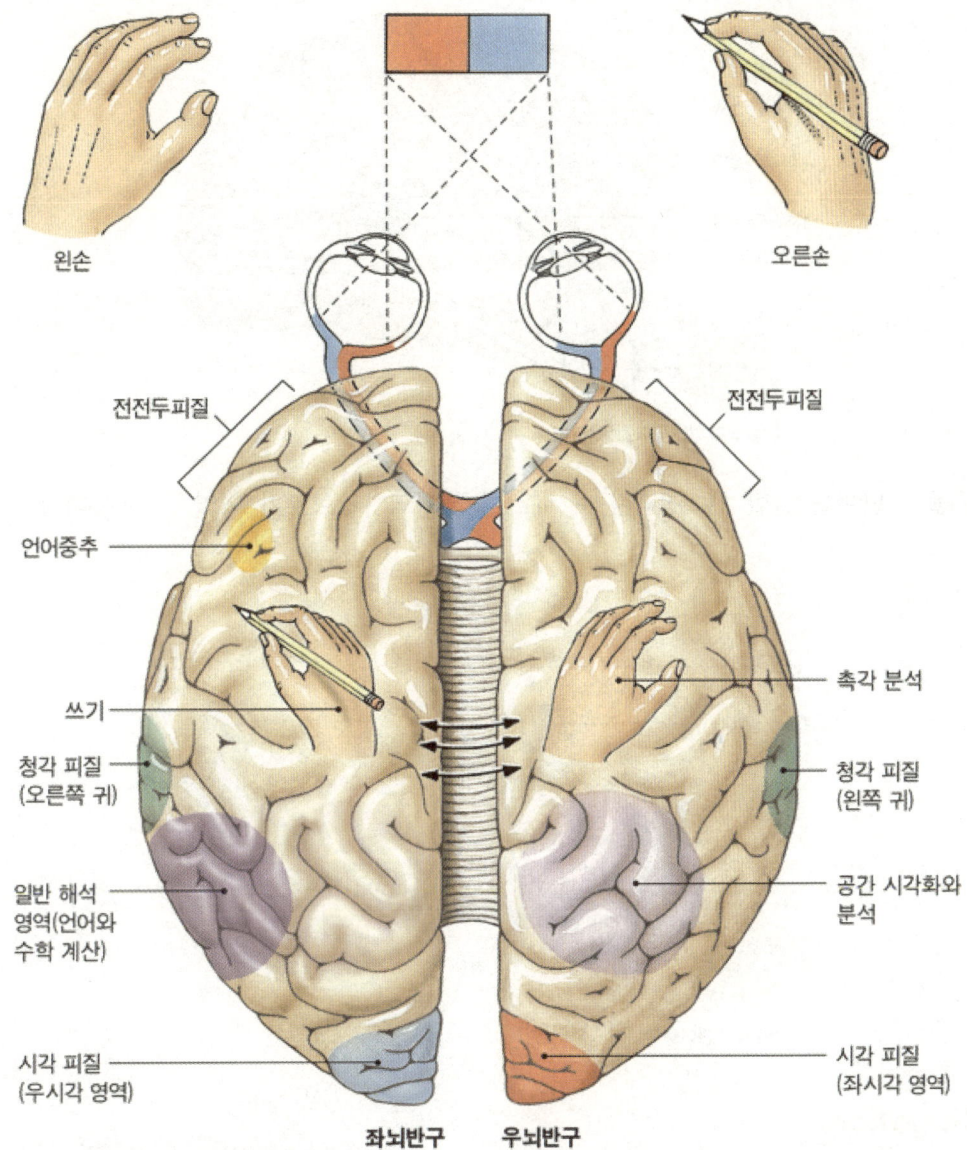

왼손

오른손

전전두피질

전전두피질

언어중추

쓰기

촉각 분석

청각 피질
(오른쪽 귀)

청각 피질
(왼쪽 귀)

일반 해석
영역(언어와
수학 계산)

공간 시각화와
분석

시각 피질
(우시각 영역)

시각 피질
(좌시각 영역)

좌뇌반구　　**우뇌반구**

(4) 언어와 말하기

좌반구 대뇌피질에는 언어관련부위(브로카 영역, 베르니케 영역) 有

㉠ 말하기에 관련된 영역의 기능

ⓐ 브로카 영역(Broca's area): 언어구사에 필요한 근육조절을 담당. 브로카 영역이 손상되면 말이 느려지고 발음이 정확하지 않으나, 말의 의미는 이해할 수 있음

ⓑ 베르니케 영역(Wernicke's area): 언어의 의미 파악을 담당. 베르니케 영역이 손상되면 말은 유창하나 글이나 말의 의미를 이해하지 못함

㉡ 본 단어를 말할 때와 들은 단어를 말할 때의 신호 전달 경로

ⓐ 본 단어를 말할 때: 시각령 → 베르니케 영역 → 브로카 영역 → 운동피질

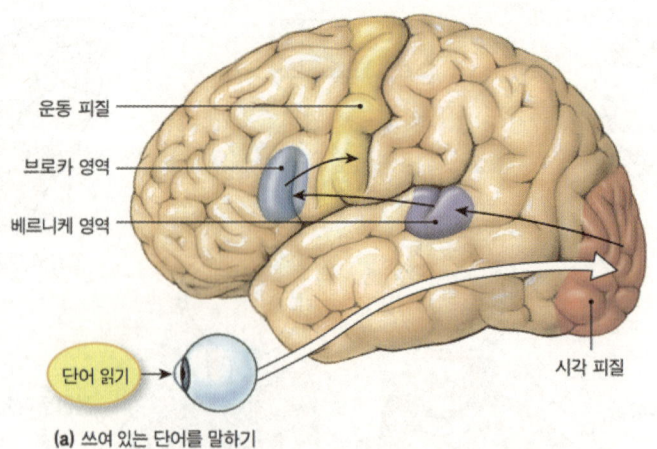

운동 피질
브로카 영역
베르니케 영역
단어 읽기
시각 피질

(a) 쓰여 있는 단어를 말하기

ⓑ 들은 단어를 말할 때: 청각령 → 베르니케 영역 → 브로카 영역 → 운동피질

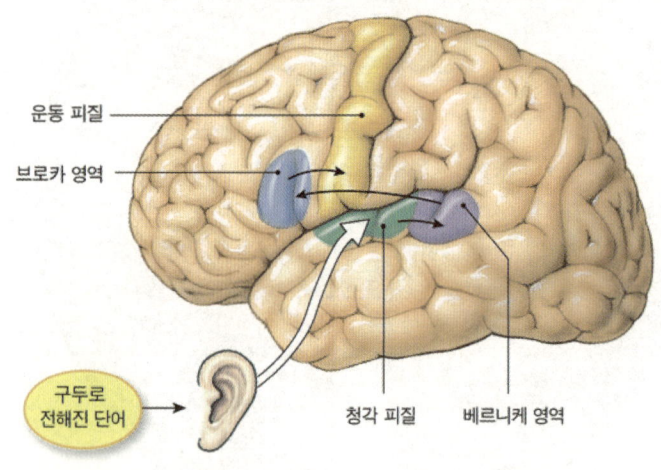

운동 피질
브로카 영역
구두로 전해진 단어
청각 피질
베르니케 영역

(b) 들은 단어를 말하기

(4) 감정(emotion)

다양한 뇌영역 사이의 복잡한 상호작용에 의한 산물이며 변연계가 감정 형성에 중심에 있음. 변연계(limbic system)는 뇌간 주변의 고리상 구조물을 이루며, 편도체, 해마, 시상, 시상하부를 포함하며, 감정, 동기유발, 후각, 행동과 기억 등 여러 가지 기능을 수행함. 대뇌피질의 감각 영역 및 뇌의 고등영역과 상호작용하여 정서를 형성함. 전뇌의 구조물은 뇌간에 의해서 조절되는 기본적이면서도 생존과 관련된 기능에 감정을 부여함

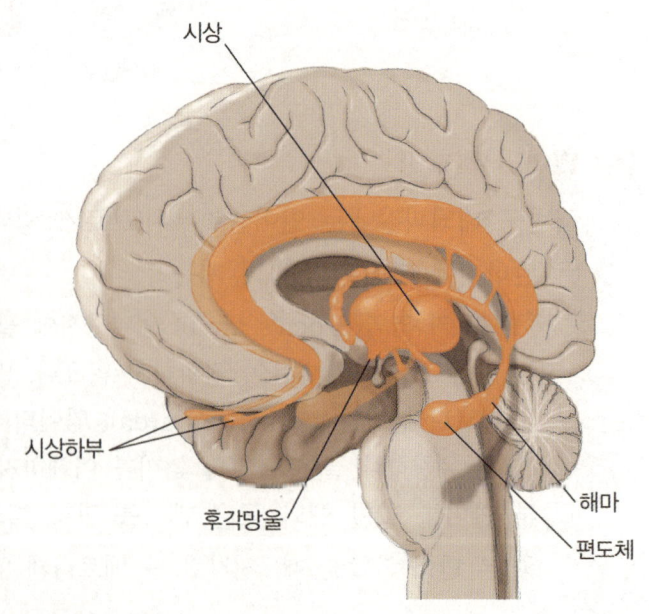

시상
시상하부
후각망울
해마
편도체

㉠ 편도체(amygdala): 감정기억이 저장되는 장소임

㉡ 해마(hippocampus): 정보를 전두엽으로 보내는 데 관여함

㉢ 후각망울(olfactory bulb): 후각수용기로부터 비롯된 정보를 대뇌 피질과 변연계로 전송함

㉣ 전두엽피질(profontal cortex): 의사결정 능력과 감정반응에 중요한 역할 수행하는 부위, 전두엽 부위의 문제발생은 성격변화를 수반하는 것이 일반적임

4 자율신경 조절과 체성신경 조절

(1) 자율신경계(autonomic nervous system)

㉠ 자율신경계는 체내에서 항상성을 유지하기 위해 내분비계와 행동상태체계와 밀접하게 작용함

ⓐ 체성감각수용기와 내장수용기로부터 오는 감각정보는 시상하부, 뇌교, 연수에 있는 항상성 조절중추로 가게 되는데 이러한 중추는 혈압, 체온조절, 수분균형과같은 중요한 기능들을 감시하고 조절함

ⓑ 시상하부는 삼투농도를 감지하는 삼투수용기와 체온을 감지하는 온도수용기와 같은 감지기를 갖고 있는데 시상하부와 뇌간으로부터 체온을 감지하는 온도수용기와 같은 감지기를 갖고 있는데 시상하부와 뇌간으로부터 오는 운동 출력은 자율반응, 내분비반응, 마시기, 음식 탐색, 온동조절과 같은 행동적 반응들을 형성함

ⓒ 대뇌 피질과 변연계에서 통합된 감각정보는 자율신경 출력에 영향을 미치는 감정을 형성하기도 함

ⓓ 일부 자율신경 반사는 뇌로부터의 입력신호 없이 일어날 수 있음 ex) 척수반사(spinal reflex): 배변, 배뇨, 음경 발기

㉡ 교감신경과 부교감신경이 표적조직 및 기관에 대해서 길항적으로 조절함

ⓐ 때로는 하나의 공통적 목적을 달성하기 위해 다른 조직들과 협력적으로 작용함 ex) 음경발기를 위한 혈액 흐름은 부교감신경의 조절을 받으나 정자 사정을 위한 근수축은 교감신경에 의해 지시됨

ⓑ 땀샘과 대부분의 혈관 평활근은 교감신경에 의해서만 자극되고 긴장성 조절에 완전히 의존하게 됨

㉢ 자율신경의 전체적 구조: 자율신경로는 연속하여 2개의 원심성 뉴런을 가지고 있고 교감신경과 부교감신경은 다른 부위에서 척수를 빠져나감

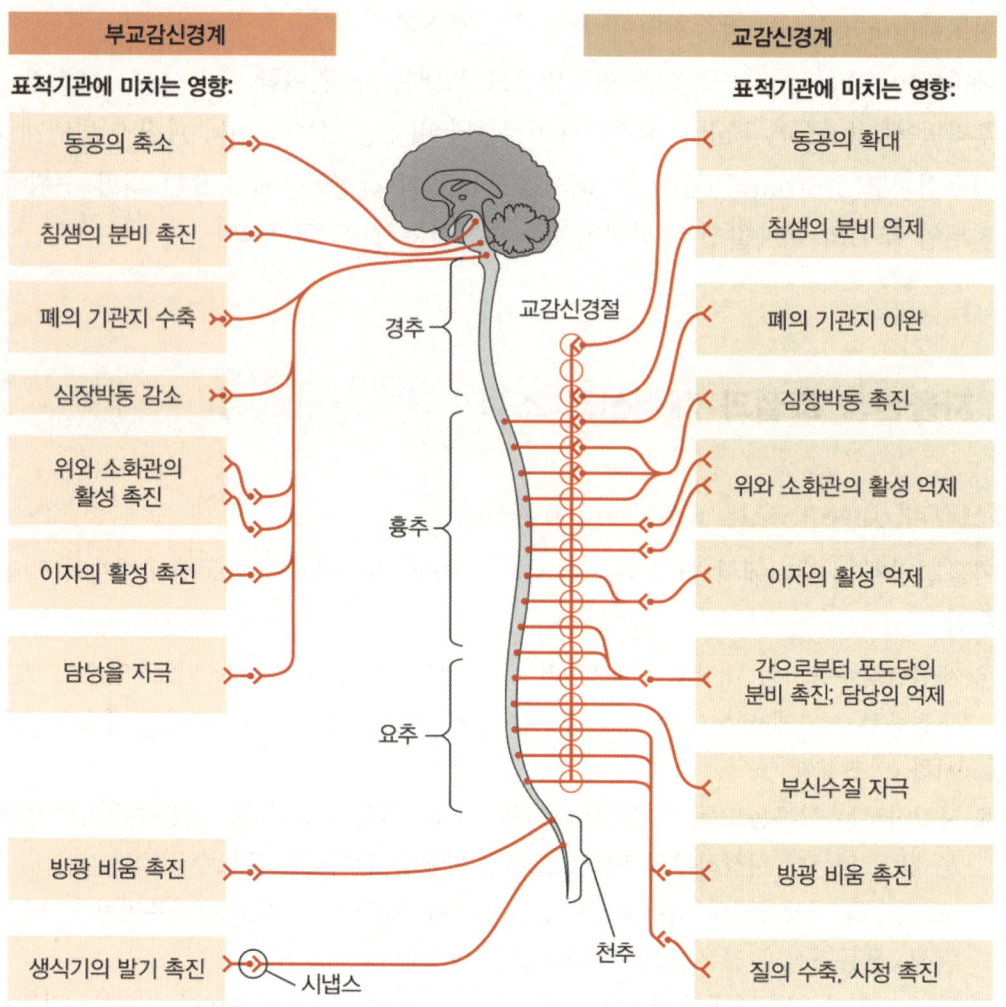

부교감신경계		교감신경계
표적기관에 미치는 영향:		표적기관에 미치는 영향:
동공의 축소		동공의 확대
침샘의 분비 촉진		침샘의 분비 억제
폐의 기관지 수축		폐의 기관지 이완
심장박동 감소		심장박동 촉진
위와 소화관의 활성 촉진		위와 소화관의 활성 억제
이자의 활성 촉진		이자의 활성 억제
담낭을 자극		간으로부터 포도당의 분비 촉진; 담낭의 억제
		부신수질 자극
방광 비움 촉진		방광 비움 촉진
생식기의 발기 촉진		질의 수축, 사정 촉진

경추 / 흉추 / 요추 / 교감신경절 / 천추 / 시냅스

구분	부교감신경계	교감신경계
신경절전 신경세포 위치	뇌간과 척수의 천추	척수의 흉추와 요추
신경절전 신경세포 분비 신경전달 물질	아세틸콜린	아세틸콜린
신경절후 신경세포 위치	표적기관 내에 혹은 가까운 곳에 위치한 신경절	표적기관과 가까운 곳에 위치한 신경절 혹은 척수와 이웃한 연쇄 신경절
신경절후 신경세포 분비 신경전달 물질	아세틸콜린	노르에피네프린
표적 기관에 미치는 영향	동공의 축소	동공의 확장
	침 분비 촉진	침 분비 억제
	폐 기관지 수축	폐 기관지 이완

구분	부교감신경계	교감신경계
	심장박동 억제	심장박동 촉진
	위와 소화관의 활성 촉진	위와 소화관의 활성 억제
	이자의 활성 촉진	이자의 활성 억제
	담장을 자극	간으로부터의 포도당 분비 촉진, 담낭의 억제
		부신수질 자극
	방광 축소	방광 이완
	생식기 발기 촉진	질의 수축, 사정 촉진

ㄹ 자율신경의 표적은 평활근, 심장근, 많은 외분비선, 소수의 내분비선, 림프조직 그리고 일부 지방조직임. 신경절후 뉴런과 그것의 표적세포 사이의 시냅스는 신경효과기이음부(neuroeffector junction)라고 함

    ⓐ 자율신경 축삭은 마치 줄을 따라 일정한 간격을 두고 있는 구슬처럼 그것의 원위 말단에 일련의 팽창된 부분을 가지고 끝나는데 이를 염주라고 하며 이러한 각 팽창부는 신경전달물질로 채워진 소포들을 함유하고 있음

    ⓑ 신경전달물질은 단순히 간질액으로 방출되어 수용체가 있는 곳이라면 어디라도 확산되는데 그 결과 체성신겨과 골격근 사이에서 일어나는 것보다 덜 통제된 형태의 의사소통을 나타냄

    ⓒ 자율신경전달물질의 방출은 다양한 출처로부터 조절받기 쉬움. 호르몬과 히스타민과 같은 조절인자들은 신경전달물질 방출을 촉진하거나 억제할 수 있음

    ⓓ 자율신경 전달물질 합성은 축삭 염주에서 일어남

ㅁ 자율신경계의 신경전달물질과 수용체

    ⓐ 교감 신경: 대부분의 교감 신경은 아드레날린성 수용체에 노르에피네프린을 분비함

구분	α_1 수용체	α_2 수용체
분포	대부분의 교감 신경 표적조직	위장관과 췌장
특징	에피네프린보다 노르에피네프린에 대해 더욱 민감함	에피네프린보다 노르에피네프린에 대해 더욱 민감함
작용 기전	phospholipase C 활성화	adenylyl cyclase 활성 억제와 cAMP 감소

구분	α_1 수용체	α_2 수용체
분포	심근, 신장	특정 혈관과 기관의 평활근
특징	노르에피네프린이나 에피네프린에 대해 동일하게 민감함	노르에피네프린보다 에피네프린에 대해 더욱 민감함
작용 기전	adenylyl cyclase 활성 촉진과 cAMP 증가	adenylyl cyclase 활성 억제와 cAMP 감소

   ⓑ 부신 수질: 교감신경계와 관련되어 있는 특수화된 신경내분비조직으로 부신 수질은 종종 변형된 교감신경절로 묘사되며 신경절전 교감 신경은 척수에서 부신 수질로 뻗어 있어서 시냅스를 형성하고 부신 수질은 교감 신경에 의해 자극을 받으면 에피네프린을 분비하게 됨

   ⓒ 부교감 신경: 무스카린성 수용체로 아세틸콜린을 분비함. 무스카린성 수용체는 모두 G단백질 연결 수용체로서 수용체 활성화는 2차 전령 경로를 개시하는데 그 중 일부는 K^+이나 Ca^{2+} 통로를 열게 함

(2) 체성운동신경계(somatic motor neuron)

  ㉠ 체성운동신경은 하나의 뉴런으로 구성되어 있음

   ⓐ 체성신경 운동뉴런의 세포체는 척수의 전각이나 외에 위치하며 골격근 표적으로 뻗어 있는 하나의 긴 축삭을 지님

   ⓑ 근섬유에 있는 체성신경 운동뉴런의 시냅스를 신경근육이음부(neuromuscular junction)이라 하며 신경근육이음부 시냅스 후 측면에서 축삭말단 맞은편에 놓인 근세포막은 얕은 도랑처럼 보이는 오목한 부위인 운동종판(motor end plate)으로 변형됨

     1. 운동종판에는 니코틴성 Ach 수용체들이 활성 영역 안에 존재함. 시냅스 틈은 섬유성기질로 채워지는데 기질 내에는 아세틸콜린을 아세트산과 콜린으로 분해시킴으로써 빠르게 Ach을 불활성화시키는 효소인 아세틸콜린에스터라아제를 함유하고 있음

     2. 니코틴 콜린성 수용체는 화학적으로 작동되는 이온채널인데 Ach에 대한 2개의 결합자리를 가지고 있음. Ach이 수용체와 결합하면 채널의 문이 열리고 1가의 양이온들이 이를 통하여 흐르게 되는데 근섬유 안으로의 Na^+의 순유입은 근섬유를 탈분극시켜 활동전위를 일으키고 수축하게 함

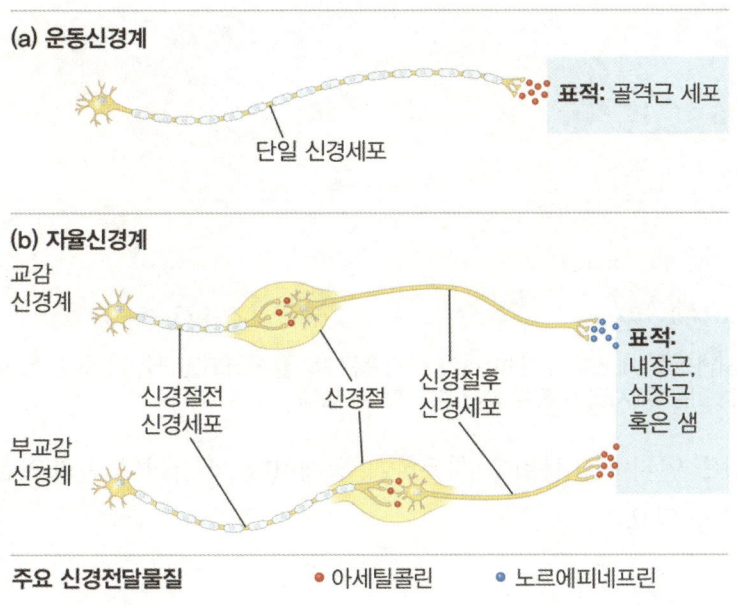

(a) 운동신경계

표적: 골격근 세포

단일 신경세포

(b) 자율신경계

교감
신경계

부교감
신경계

신경절전
신경세포

신경절

신경절후
신경세포

표적:
내장근,
심장근
혹은 샘

주요 신경전달물질 ● 아세틸콜린 ● 노르에피네프린

(1) 신경계 발생 주요기작

제한된 성장조절인자를 확보한 신경세포만이 선택적으로 생존하며, 발생 초기의 시냅스 절반 정도가 불안정해져 결국 사라짐

(2) 신경세포의 가소성(neural plasticity)

신경계가 자체 활성에 반응하여 구조적으로 재조정 될 수 있는 능력

㉠ 시냅스의 활성이 높아지면 시냅스의 연결이 강화되며, 시냅스의 활성이 사라지면 시냅스의 연결이 끊김

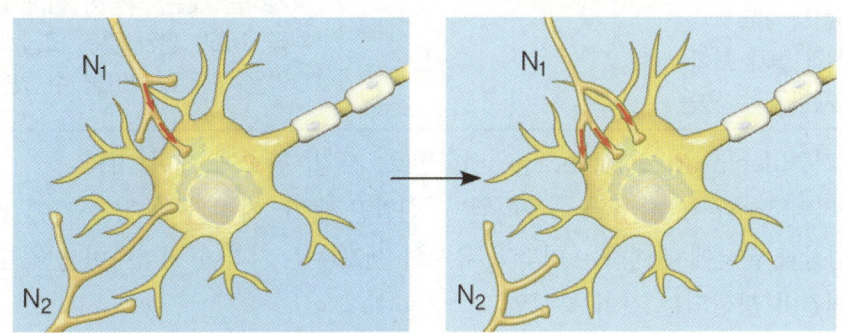

(a) 신경세포 N_1의 시냅스에서 높은 활성은 이 신경세포의 추가적인 축삭 말단을 생성한다. 신경세포 N_2의 시냅스에서 활성이 사라지면 이 신경세포와의 연결이 소실된다.

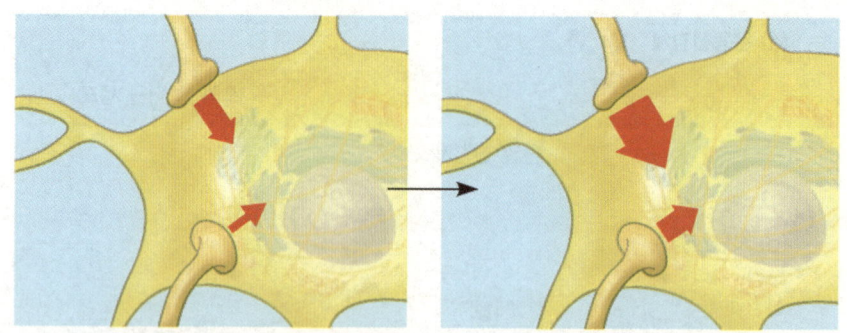

(b) 시냅스후 세포에 두 시냅스가 종종 동시에 활성화되면 시냅스후 반응의
강도는 두 시냅스 모두에서 증가할 수 있다.

ⓛ 개체가 환경을 인지하는 능력을 획득하기 위해서나, 손상이나 질환으로부터 회복될 때 신
경계의 재구성 필요

(3) 기억(memory)

단기기억(한번에 7~12개 정도의 정보를 지닐 수 있는 제한된 정보의 저장형태)과 장기기억으
로 구분. 단기기억과 장기기억 모두 대뇌피질에 저장되며, 단기기억을 장기기억으로 전환시키
는데 해마가 필수적이지만, 해마는 장기기억을 유지하는 데는 관련이 없음

㉠ 기억의 기간에 따른 구분

　　ⓐ 단기기억(short-term memory): 대뇌피질에 저장되며, 그 정보는 해마에서 형성되는 일시
　　　적인 연결 또는 연합을 통해 접근이 가능함

　　ⓑ 장기기억(long-term memory): 대뇌피질에 저장되며, 해마에서의 연결이 대뇌 피질 내의
　　　보다 영구적인 연결로 교체됨

㉡ 기억의 성격에 따른 구분

절차기억	서술기억
*삼가는 것은 자동적으로 되며　의식적인 집중을 요하지 않음 *반복을 통해 천천히 획득 *운동기술과 규칙과 절차 포함 *기억은 실례로 재현될 수 있음	*상기하는 것은 의식적 집중 요함 *추리, 비교, 평가 같은 고급사고에 의존 *기억은 구두로 보고될 수 있음

　　ⓐ 서술기억(declarative memory): 전화번호, 사건, 장소에 대한 기억

　　ⓑ 절차기억(procedural memory): 걷기, 신발끈 묶기, 자전거 타기, 쓰기에 관련된 기억. 뇌
　　　의 성장과 발달에 관여하는 기작과 유사한 세포수준 기작이 일어나며 신경세포들간의 새로
　　　운 연결이 형성되는 것이 특징임

(4) 장기상승작용(long-term potentialtion: LTP)

시냅스 전달의 강도가 장기간 증가되는 세포 수준의 학습 기작. LTP는 시냅스 전 신경세포에서 짧은 시간 동안 높은 빈도의 연속적인 활동전위가 발생했을 때 일어남. 그리고 이러한 연속적인 활동전위는 시냅스 후 신경세포에서 발생한 탈분극 신호와 동시에 일어나야 함

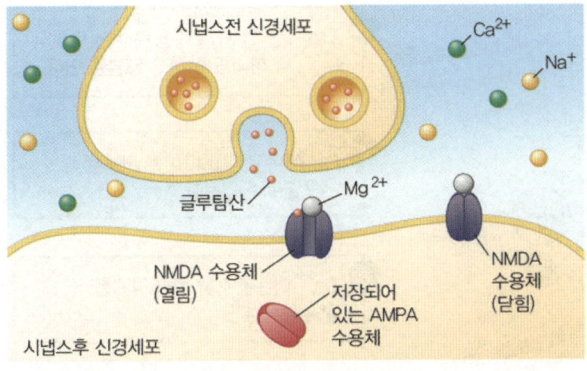

(a) 장기상승작용(LTP) 이전의 시냅스. NMDA 글루탐산 수용체가 글루탐산에 의하여 열리지만 Mg²⁺에 의해서 저해된다.

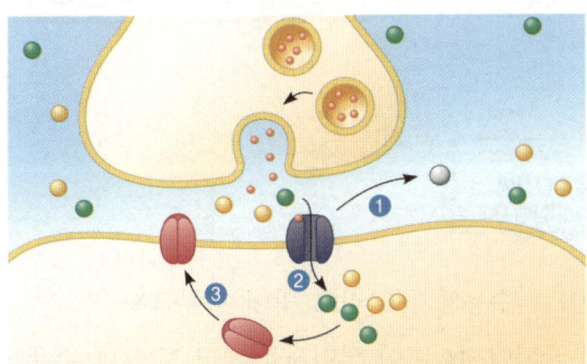

(b) LTP의 생성. 근처 시냅스의 활성이 증가하여 시냅스후 막이 탈분극되고, ① Mg²⁺에 의한 저해가 풀린 수용체는 열려서 ② Na⁺과 Ca²⁺이 세포 안으로 유입된다. Ca²⁺의 유입은 ③ AMPA 수용체가 시냅스후 막으로 이동하는 것을 증가시킨다.

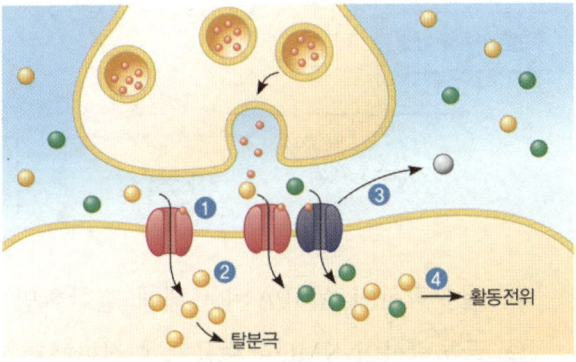

(c) LTP를 나타내는 시냅스. 글루탐산의 방출은 ① AMPA 수용체를 활성화시켜 ② 막전위의 탈분극을 유도한다. 탈분극에 의해서 ③ NMDA 수용체가 열린다. AMPA, NMDA 수용체는 다른 시냅스의 도움 없이도 ④ 활동전위를 만들 수 있을 만큼 충분히 큰 시냅스후 막전위를 유도한다. 여기에서는 제시되지 않았지만 단백질 인산화효소에 의한 수용체의 인산화 등을 포함한 부가적인 기작이 LTP 현상에 기여한다.

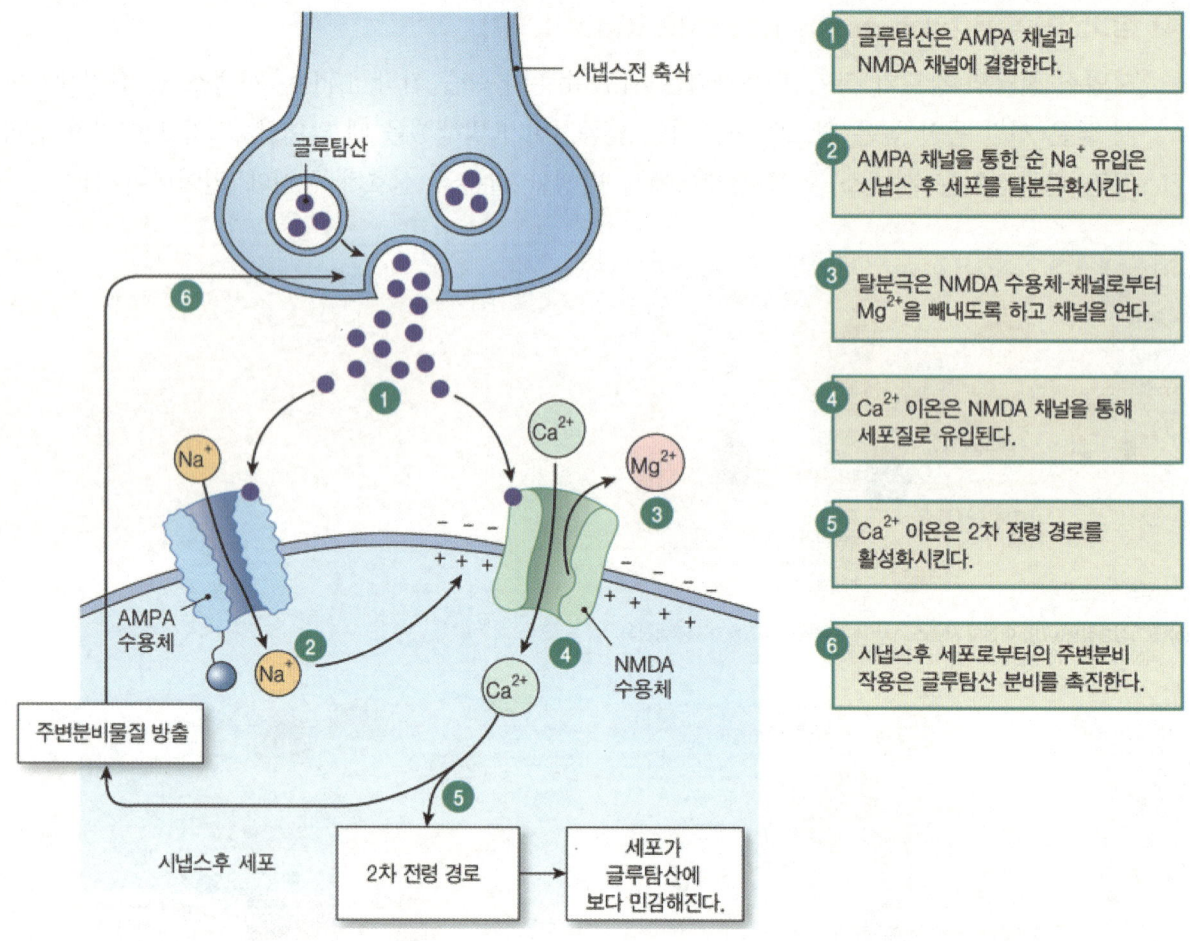

시냅스전 축삭

글루탐산

AMPA 수용체

주변분비물질 방출

시냅스후 세포

2차 전령 경로

세포가 글루탐산에 보다 민감해진다.

NMDA 수용체

1. 글루탐산은 AMPA 채널과 NMDA 채널에 결합한다.

2. AMPA 채널을 통한 순 Na^+ 유입은 시냅스 후 세포를 탈분극화시킨다.

3. 탈분극은 NMDA 수용체-채널로부터 Mg^{2+}을 빼내도록 하고 채널을 연다.

4. Ca^{2+} 이온은 NMDA 채널을 통해 세포질로 유입된다.

5. Ca^{2+} 이온은 2차 전령 경로를 활성화시킨다.

6. 시냅스후 세포로부터의 주변분비 작용은 글루탐산 분비를 촉진한다.

① 글루탐산이 AMPA 수용체에 결합하면 AMPA 수용체가 열리고 막이 탈분극됨

② 글루탐산이 NMDA 수용체에 결합하면 탈분극되어 Mg^{2+}이 떨어져 나가고 NMDA 수용체가 열려 Ca^{2+}이 유입됨

③ Ca^{2+}은 AMPA 수용체의 인산화를 유도하고 더 많은 AMPA 수용체의 발현을 유도하며 NO 생성을 유도함. NO는 시냅스 전 세포로 확산되어 글루탐산 분비를 촉진함

6 중추신경계 질환

(1) 정신분열증(schizophrenia)

정상적으로 통합된 형태를 보이는 뇌기능들이 분열되어 나타나는 증상

㉠ 전형적으로 환각과 망상 증세를 겪음

㉡ 도파민을 신경전달물질로 이용하는 신경경로에 영향을 줌

ⓐ 도파민의 분비를 촉진하는 암페타민은 정신분열증 유사 증상을 유도함

ⓑ 정신분열 증상 완화 약물은 공통적으로 도파민 수용체 저해함

ⓒ 글루탐산 수용체도 관련: PCP(천사의 가루라 불림)는 글루탐산 수용체를 저해함으로써 강력한 정신분열 증세를 나타냄

(2) 기분장애(affectice depression)

기분조절이 어렵고 비정상적인 기분이 장기간 지속되는 장애

㉠ 우울증(major depression): 유쾌한 활동에도 아무런 즐거움이나 관심을 보이지 않는 바닥으로 떨어진 기분상태가 몇 개월씩이나 지속되는 증상

㉡ 조울증(bipolar disorder): 기분이 고조된 상태와 저조한 상태의 양극단을 오가는 정신질환

ⓐ 조증 시기(manic phase): 자아존중으로 충만하고 에너지가 넘치며, 아이디어가 샘솟고, 말이 많아지는 등의 행동과 함께 때로는 위험한 결정을 하기도 함

ⓑ 우울증 시기(depreesice phase): 기쁨을 잘 느끼지 못하며, 무관심해지고, 잠을 자지 못하며, 자신이 무가치하다고 느끼는 증상을 동반함

(3) 알츠하이머병(Alzheimer's disease)

혼동, 기억 상실 등의 다양한 증상을 일으키는 노인성 치매

㉠ 해마와 대뇌피질을 포함하는 뇌의 대부분의 부위에서 신경세포가 사멸함

㉡ 뇌조직에서 노인반(β-아밀로이드)과 신경섬유 응집체(주로 타우 단백질)가 관찰됨

ⓐ β-아밀로이드: 정상 상태에서 신경세포의 막상에 존재하는 단백질이 시크리테이즈(secreatase)라는 효소에 의해서 분해되어 나온 불용성 펩티드로서 세포 밖에 축적되어 응집체의 형태로 존재함

ⓑ 타우 단백질: 타우단백질의 정상적 기능은 미세소관을 따라 이동하는 영양물질의 공급을 조절하는 것인데 이러한 타우 단백질의 구조 변형에 의해, 타우단백질간 결합이 발생함으로써 신경섬유 응집체가 형성됨

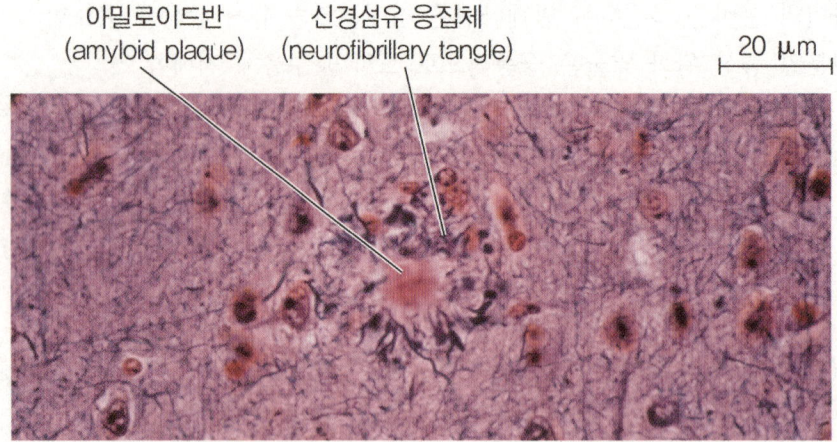

아밀로이드반 (amyloid plaque)   신경섬유 응집체 (neurofibrillary tangle)   20 μm

(4) 파킨슨병(Parkinson's disease)

움직임의 개시가 힘들어지고, 움직임이 느려지며, 근육이 강직되는 현상을 보이는 진행성 뇌질환

ㄱ 얼굴의 표정이 굳어지고, 근육이 떨리며, 균형을 잡지 못하고, 풀어진 자세를 하며, 발을 끌며 걷는 증상을 보임

ㄴ 중뇌의 신경세포가 사멸하면서 증상이 발생함

ㄷ 단백질 응집체가 발견됨

ㄹ 미토콘드리아 기능을 담당하는 유전자 결함과 관련 있는 것으로 추측

ㅁ 증상완화 방법으로 L-dopa 투여, 뇌수술, 심뇌 자극 방법이 시행되나 근본적인 치료방법으로 중뇌와 기저체에 도파민을 분비하는 신경세포를 이식하는 것이 제기됨

29 감각과 운동

1 수용기와 적합자극

(1) 수용기와 감각기관

자극을 받아들일 수 있는 세포를 감각수용기(sensory receptor)라 하며, 외부자극을 효과적으로 받아들일 수 있도록 수용기가 분화되어 있는 기관을 감각기관(sensory organ)이라 함

(2) 적합자극

특정 감각 기관만을 자극하여 흥분시킬 수 있는 자극

감각기관	수용기	적합자극	감각
눈	망막	빛(가시광선)	시각
달팽이관	음파	청각	
	전정기관	몸의 기울기	평형감각
	반고리관	림프의 관성	
코	후각, 상피	기체 상태의 화학물질	후각
혀	미뢰	액체 상태의 화학물질	미각
피부	압점, 촉점	압력, 접촉	압각, 촉각
	통점	열, 물질, 강한 압력	통각
	온점	온도의 상승	온각
	냉점	온도의 하강	냉각

2 자극과 반응의 일반적 특징

(1) 실무율(All or None law)

수용기 세포에 반응을 일으킬 수 있는 최소한의 자극의 세기를 역치라 하고, 역치가 작을수록 예민한 감각기임. 단일 근섬유나 단일 신경섬유에서는 역치 미만의 자극에는 반응이 없고, 역치 이상의 자극에서는 반응의 크기가 일정한데 이를 실무율이라 함

(2) 베버의 법칙

자극의 변화를 느낄 수 있는 최소한의 변화량은 처음 자극 세기에 비례함

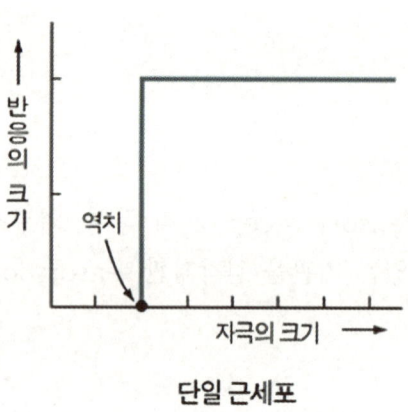

단일 근세포

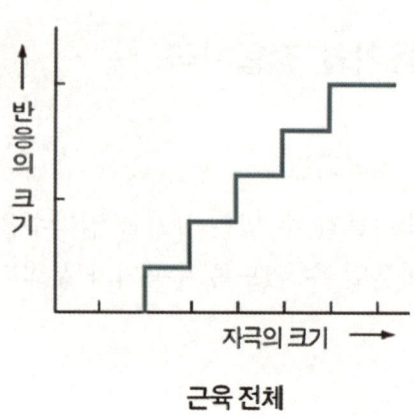

근육 전체

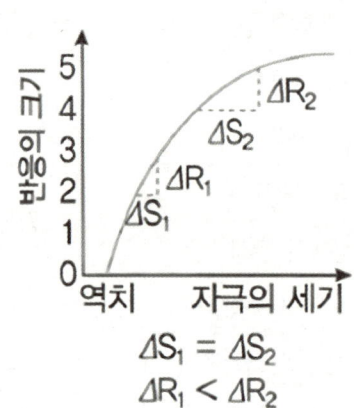

$\Delta S_1 = \Delta S_2$
$\Delta R_1 < \Delta R_2$

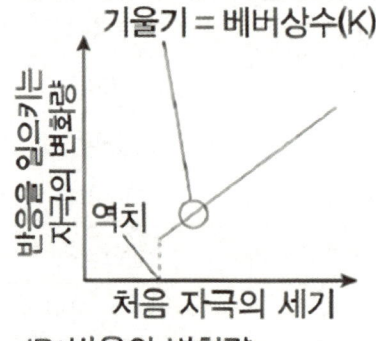

ΔR:반응의 변화량
ΔS:자극의 변화량

㉠ $K = \dfrac{\triangle R}{R_1}$ $\triangle R = KR_1$

(R_1: 처음 자극의 세기, R_2: 나중 자극의 세기, K :베버 상수)

㉡ $\triangle R$과 K는 비례관계에 있음. 감각기에 따라 K값이 일정함. K값이 작을수록 예민한 감각기임

(1) 감각경로과정에서 나타나는 특징

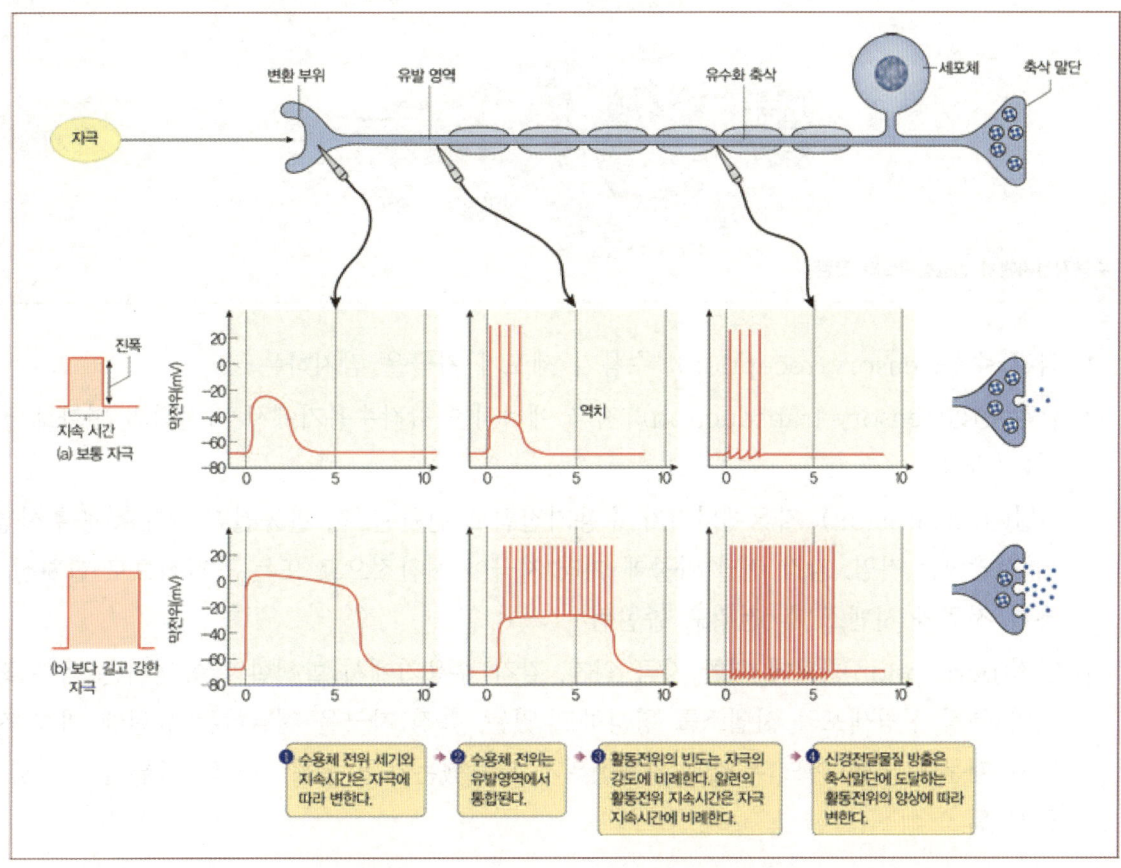

❶ 수용체 전위 세기와 지속시간은 자극에 따라 변한다.

❷ 수용체 전위는 유발영역에서 통합된다.

❸ 활동전위의 빈도는 자극의 강도에 비례한다. 일련의 활동전위 지속시간은 자극 지속시간에 비례한다.

❹ 신경전달물질 방출은 축삭말단에 도달하는 활동전위의 양상에 따라 변한다.

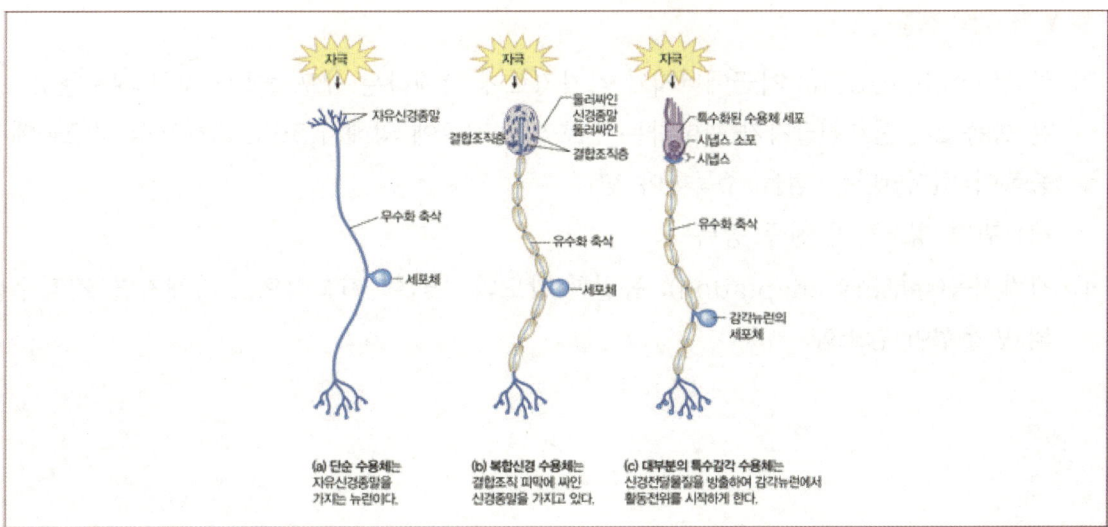

(a) 단순 수용체는 자유신경종말을 가지는 뉴런이다.

(b) 복합신경 수용체는 결합조직 피막에 싸인 신경종말을 가지고 있다.

(c) 대부분의 특수감각 수용체는 신경전달물질을 방출하여 감각뉴런에서 활동전위를 시작하게 한다.

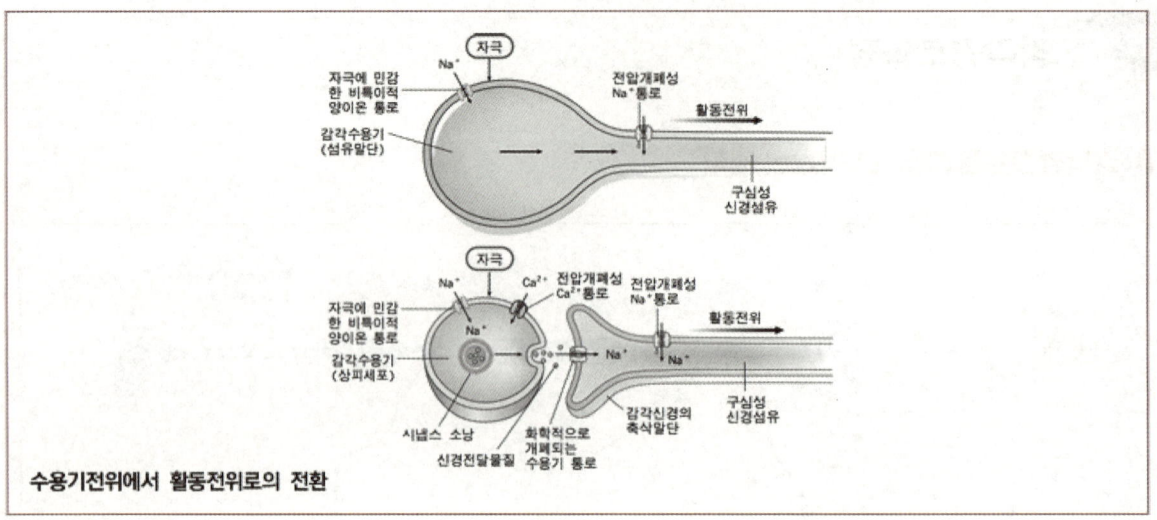

수용기전위에서 활동전위로의 전환

① 감각 수용(sensory reception): 수용기 세포가 자극을 감지하는 것

② 감각 변환(sensory transduction): 자극 에너지를 감각수용기에서 막전위의 변화로 전환하는 과정

③ 전달(transmission): 자극에너지가 수용기전위로 변환된 후, 활동전휘 형태로 중추신경계에 전달되는 것임. 감각 전달 와중에 여러 자극이 시간적으로 또는 공간적으로 합쳐짐. 수용기 전위와 시냅스 후 전위도 종합됨

④ 인지(perception): 뇌에 의한 자극 인지. 감각 수용기에서 발생한 활동전위는 척수 혹은 뇌의 특징 신경세포와 시냅스를 형성하고 있는, 특정 자극을 전달하는 뉴런에 의해 전달되기 때문에 뇌의 어느 부위에 활동전위가 도달했는가를 통해 자극의 종류를 구별할 수 있게 됨

(2) 증폭과 감각적응

㉠ 증폭(amplification): 자극에너지가 감각경로에 존재하는 세포들에서 강화되는 현상. 증폭은 종종 2차 신호전달자가 관여하는 신호전달 경로에 의해서 조절. 비세포성 구조물에서도 증폭이 일어난다는 점을 주목해야 함.

cf) 귀의 청소골의 진동 증폭

㉡ 감각적응(sensory adaptation): 동일한 강도의 자극이 지속적으로 가해지면, 감각수용기의 반응성이 감소함

감각 수용기의 구분

(1) 자극의 종류에 따른 구분

ㄱ 외부 수용기: 몸 밖으로부터 오는 자극을 감지하는 감각수용기이며, 열, 빛, 압력, 화학물질 등을 적합자극으로 함

ㄴ 내부 수용기: 몸 안의 자극을 감지하는 감각수용기이며 혈압, 몸 위치 등을 파악함

(2) 구조에 따른 구분

ㄱ 1차 수용기: 감각뉴런이 직접 수용기 세포로 작용하는 경우. 수용기 전위가 활동전위로 변환됨. ex) 촉각 수용기, 통각 수용기

ㄴ 2차 수용기: 특수자극을 수용하기 위해 뉴런 이외의 세포가 수용기로 분화된 경우. 수용기 전위가 활동전위로 변환되지 않음 ex)시각, 청각, 미각수용기

(3) 지속되는 자극에 대한 반응에 따른 구분

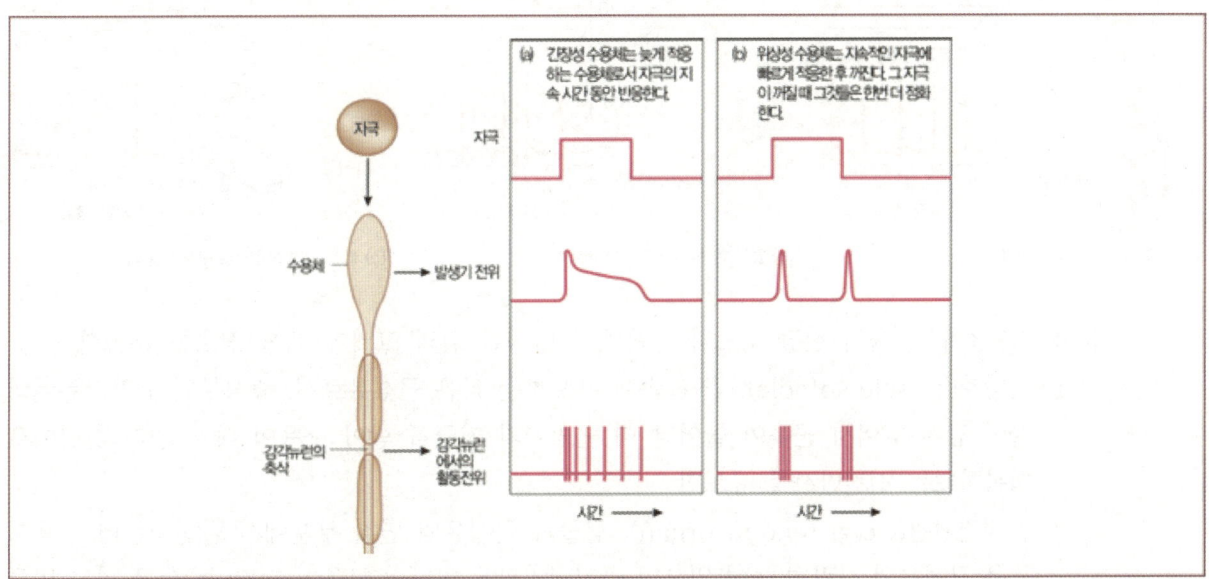

ㄱ 긴장성 수용기(tonic receptor): 느리게 적응하는 수용기로서 처음 활성화되었을 때 신속하게 점화되고 그 다음에는 늦어지며 자극이 존재하는 한 유지됨 ex) 압력 수용기, 통각 수용기, 일부 촉각과 고유감각수용기

ⓛ 위상성 수용기(phasic receptor): 빠르게 적응하는 수용기로서 처음에 자극을 받을 때는 흥분하지만 그 자극의 세기가 일정하게 유지되면 흥분을 멈추게 되고 자극이 멈출 때 다시 한 번 흥분하게 됨 ex) 후각 수용기

(4) 기능에 따른 구분

㉠ 기계적 수용기(mechaoreceptor): 압력 접촉, 신장, 움직임, 소리와 같은 자극에 의해 일어나는 물리적 변형을 감지. 세포골격과 같은 세포 내 구조물은 물론, 섬모와 같은 세포의 구조물과 연결된 이온통로응 지녀, 세포막이 구부러지거나 늘어나게 되면 장력이 발생하여 이온통로의 투과성이 변하여 탈분극이나 과분극을 유발함

ⓐ 유모세포(hair cell): 섬뫄 있는 기계적 수용기 ex) 청세포

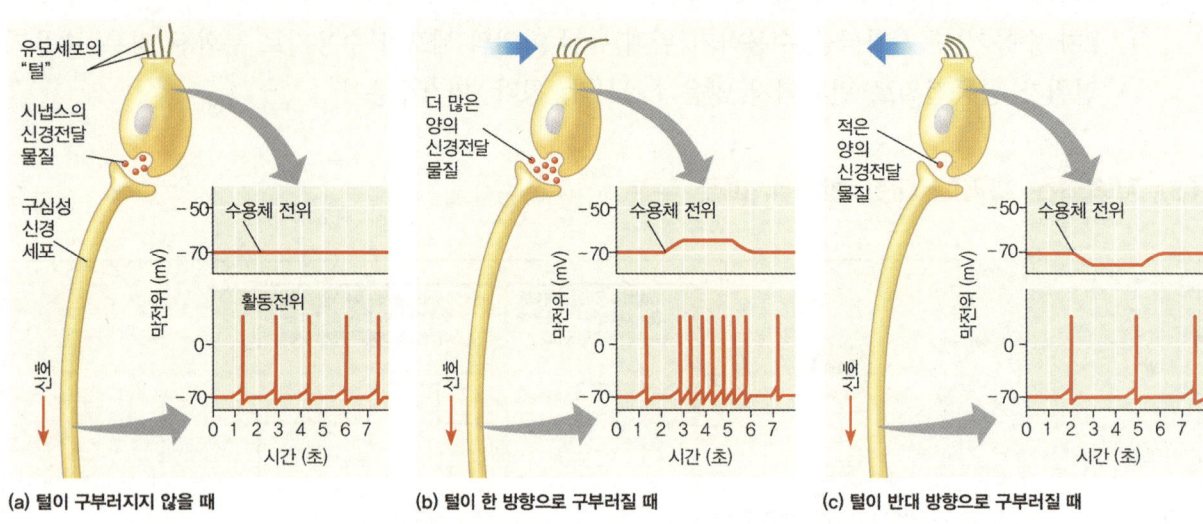

(a) 털이 구부러지지 않을 때   (b) 털이 한 방향으로 구부러질 때   (c) 털이 반대 방향으로 구부러질 때

ⓑ 신장수용기: 근육의 신장 정도나 근육에서 발생한 힘의 크기에 대한 정보를 제공함

   1. 근방추(muscle spindle): 근육 속에 분포하는 작은 근섬유로서, 중심부위에 감각뉴런의 끝이 감겨 있어서 근육이 늘어날 때 근방추가 자극을 받아 근육이 다시 원래의 길이로 회복하려는 신전반사를 유도함

   2. 골지건기관(Golgi tendon organ): 힘줄과 근섬유의 연결 부분에서 발견되는데 수용기들은 근섬유와 나란히 놓여 있으며 골지건기관은 하나의 근육이 제길이수축을 하고 있을 때 생기는 장력에 반응하여 이완반사를 일으킴

ⓒ 피부감각 수용기: 감각신경세포의 수상돌기를 통해 감각수용

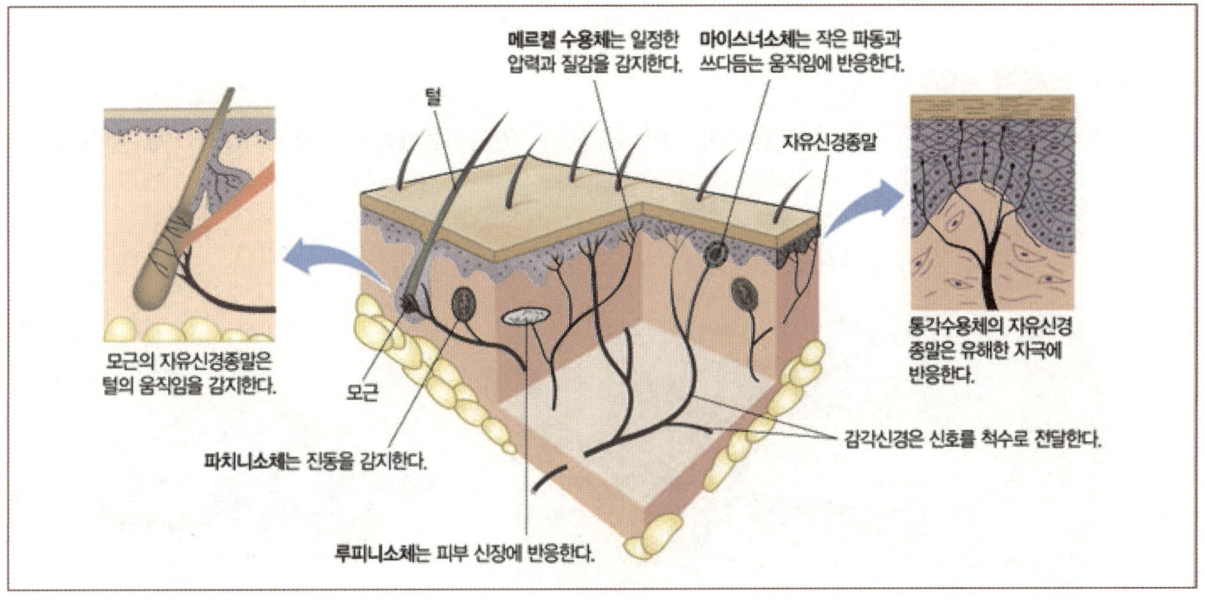

ⓛ 화학 수용기(chemoreceptor): 화학수용기 세포막에 존재하는 수용체에 자극분자가 결합하여 막 투과성을 변화시킴

    ⓐ 일반수용기: 녹아있는 모든 용질의 농도를 전반적으로 감지함 ex)시상하부의 삼투수용기

    ⓑ 특수수용기: 특정분자에만 선택적으로 반응함 ex) H^+ 화학수용기

ⓒ 전자기 수용기(electromagneic receptor): 가시광선, 전기, 자기력 등 다양한 형태의 전자기 에너지를 감지하는 수용기 ex) 광수용기(photoreceptor): 가시광선으로 알려진 빛의 방사를 감지하는 수용기로 일부늬 생물은 눈을 형성함

ⓒ 온도 수용기(thermoreceptor): 열과 차가움에 반응하여 체온을 유지하는데 기여함 ex) 피부, 시상하부 앞쪽의 온도수용기는 시상하부 뒤쪽의 항온조절장치에 정보를 보냄

ⓒ 통각 수용기(nocireceptor): 과도한 압력이나 온도 혹은 특정 화학물질과 같은 유해한 자극을 감지하는 수용기. 신체 내의 거의 모든 부위에 분포하나 특히 피부에 많이 분포하는 노출된 신경말단으로 구성됨

    ⓐ 노출된 수상돌기에 의해 통증을 유발하는 열 자극, 기계적, 화학적 자극 감지

    ⓑ 개체 스스로 생성한 화학물질이 통증을 야기하기도 함 ex) 손상된 조직은 프로스타글란딘을 생성하여 국부적으로 염증을 조절하거나 수용기의 역치를 낮춤으로써 통증을 증가시킴

5 사람의 청각

(1) 귀의 전체적 구조

공기진동(음파)의 자극을 감지함. 사람이 들을 수 있는 주파수는 20~2000Hz에 해당함

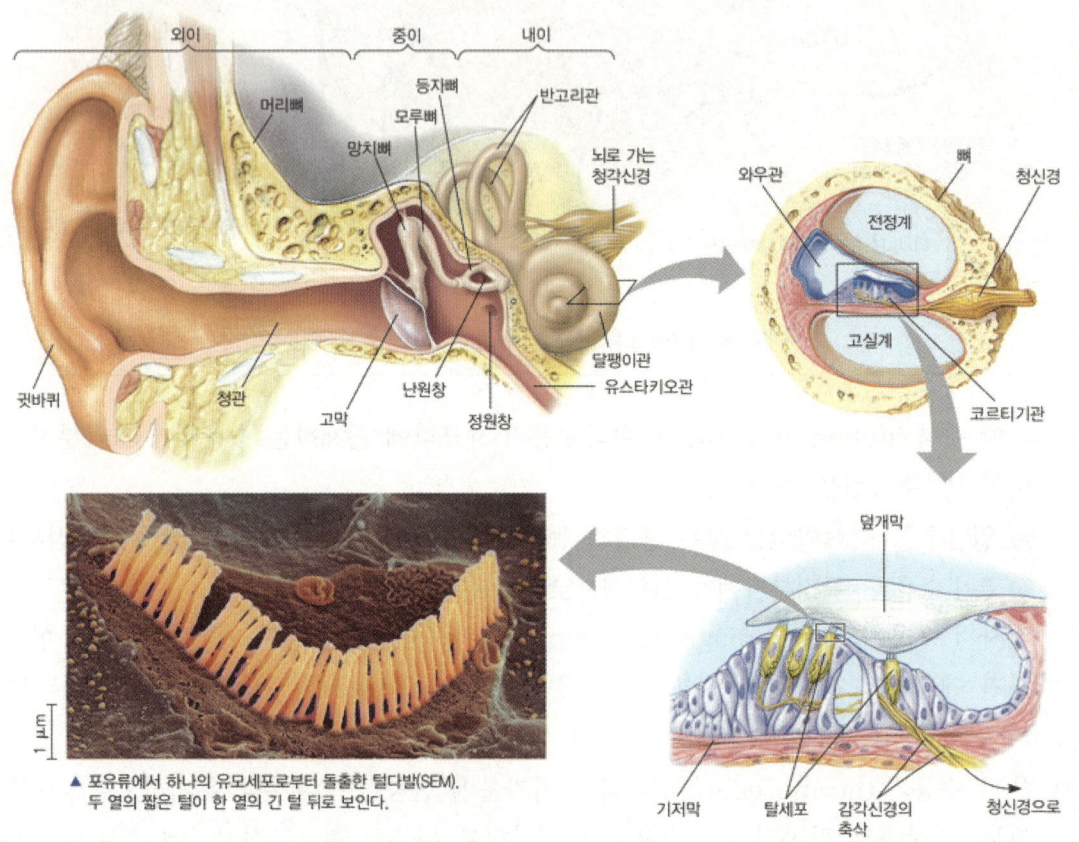

▲ 포유류에서 하나의 유모세포로부터 돌출한 털다발(SEM).
두 열의 짧은 털이 한 열의 긴 털 뒤로 보인다.

ⓐ 외이(outer ear): 귓바퀴와 청관으로 구성되며 음파를 모아 고막에 전달하는 역할을 수행함

ⓑ 고막(tympanic membrane): 외이와 중이의 경계를 이루며, 진동을 청소골의 망치뼈에 전달함

ⓒ 청소골: 망치뼈(malleus), 모루뼈(incus), 등자뼈(stapes)로 구성되며, 고막으로부터 전달된 진동을 증폭하여 달팽이관의 등자뼈와 맞닿아 있는 막구조인 난원창에 전달함

ⓓ 유스타키오관(Eustachian tube): 인두와 중이를 연결하는 관이며, 외부와 중이의 압력을 일치시키는 역할을 수행함

ⓔ 내이(inner ear): 체액으로 차 있는 미로로서 두개골의 관자뼈 내에 존재하며, 달팽이관과 반고리관이 존재하여, 각각 청각과 평형감각을 맡음

(2) 소리의 인식 과정과 청각 장애

㉠ 소리의 인식 과정: 음파 → 고막진동 → 청소골 → 난원창 → 전정계 → 고실계 → 기저막
진동 → 코르티기관의 유모세포에서 수용기 전위 발생 → 청신경 → 대뇌

㉡ 청각장애: 고막이나 청소골이 손상된 전도성 난청과 내이, 청각신호 경로에 이상이 생긴
신경성 난청으로 구분됨

(3) 달팽이관(cochlea)

전정계와 고실계의 두 큰 관이 있고, 그 사이에 작은 통로인 와우관이 존재함. 전정계와 고실
계는 외림프액으로, 와우관은 내림프액으로 차 있음

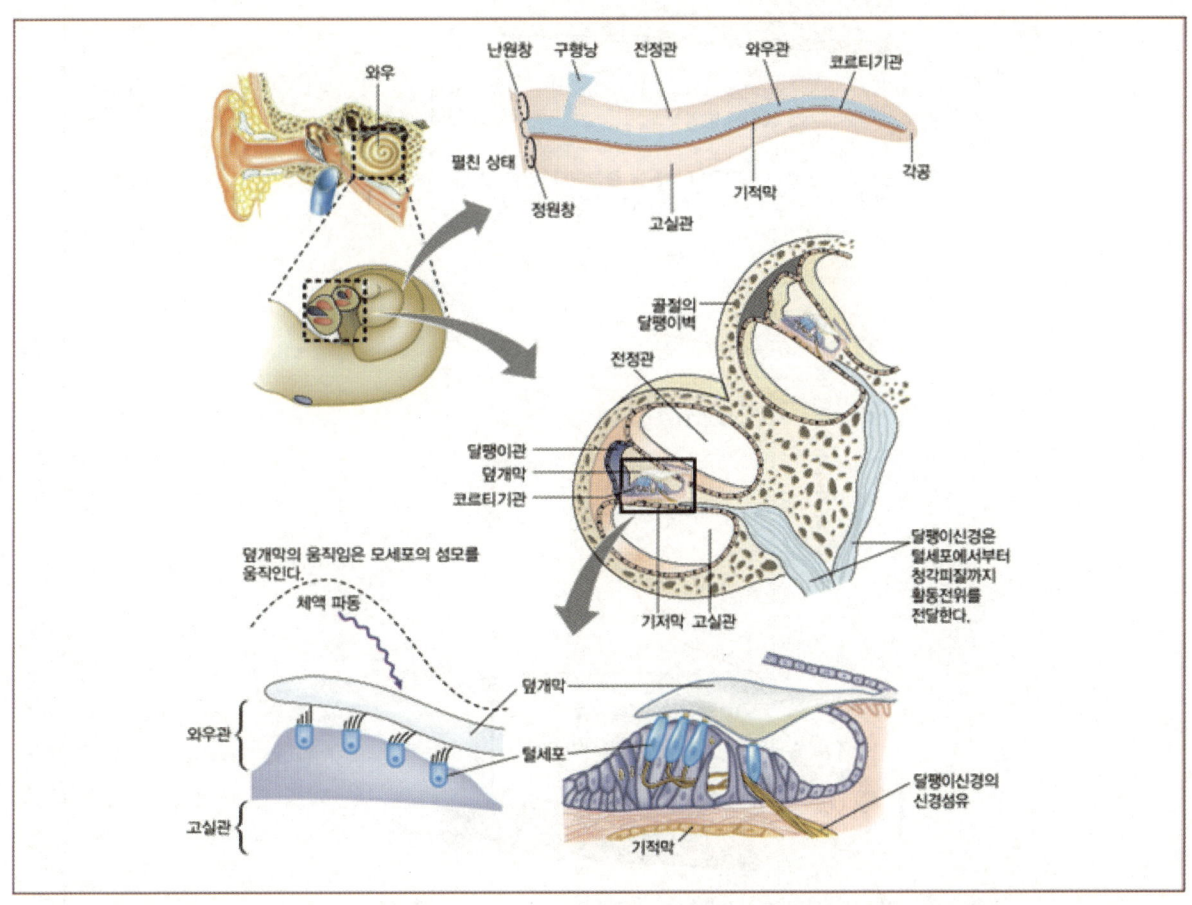

㉠ 난원창(oral window): 등자뼈와 맞닿아 있는 달팽이관의 막구조로, 청소골의 증폭과 진동
을 받아들임

㉡ 전원창(round window): 달팽이관 내의 파동을 소멸시키는 음파의 제동현상을 유발하여
다음에 연속적으로 도달하는 진동을 감지할 수 있도록 귀를 초기화시킴

ⓒ 코르티기관(organ of Corti): 와우관의 바닥인 기저막 상에 위치하며, 기계적 수용기인 유모세포가 있고, 섬모는 덮개막과 맞닿아 있음. 압력파가 기저막을 진동시키면 유모세포를 흥분시킴

(4) 소리 형성의 두 가지 중요한 변인

소리의 크기는 음파의 진폭에 의해 결정되며, 소리의 고저는 음파의 주파수에 의해 결정됨. 오우관의 기저막이 길이방향으로 고르지 않기 때문에 소리의 고저가 구별 가능함

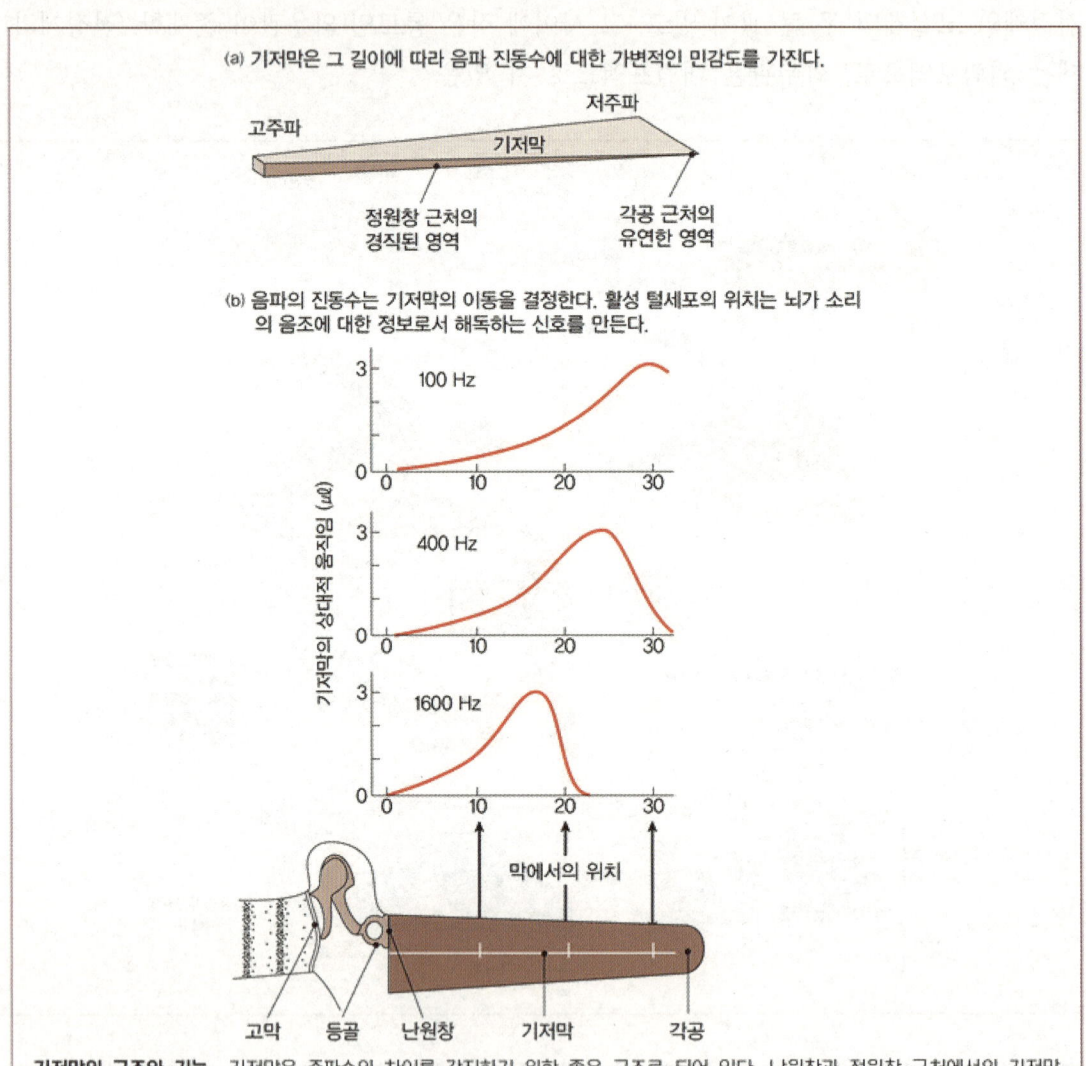

(a) 기저막은 그 길이에 따라 음파 진동수에 대한 가변적인 민감도를 가진다.

고주파   저주파
기저막
정원창 근처의 경직된 영역   각공 근처의 유연한 영역

(b) 음파의 진동수는 기저막의 이동을 결정한다. 활성 털세포의 위치는 뇌가 소리의 음조에 대한 정보로서 해독하는 신호를 만든다.

기저막의 상대적 움직임 (㎛)

100 Hz

400 Hz

1600 Hz

막에서의 위치

고막   등골   난원창   기저막   각공

기저막의 구조와 기능 기저막은 주파수의 차이를 감지하기 위한 좋은 구조로 되어 있다. 난원창과 정원창 근처에서의 기저막은 폭이 좁고 뻣뻣한 구조인데, 와우관 끝으로 갈수록 폭이 넓어지고 유연성이 점점 커진다. 따라서 근거리 기저막은 고음, 원거리의 기저막은 저음에 쉽게 공명할 수 있다.

ⓐ 난원창과 가까운 부위의 기저막: 상대적으로 좁고 딱딱하여 높은 주파수에 반응함
ⓑ 난원창과 먼 부위의 기저막: 상대적으로 넓고 유연하여 낮은 주파수에 반응함

(5) 평형감각

신체의 균형과 위치에 관련된 감각

㉠ 반고리관(semicircular canal): 난형낭과 연결되어 있으며 머리의 회전과 다양한 회전 운동을 감지함

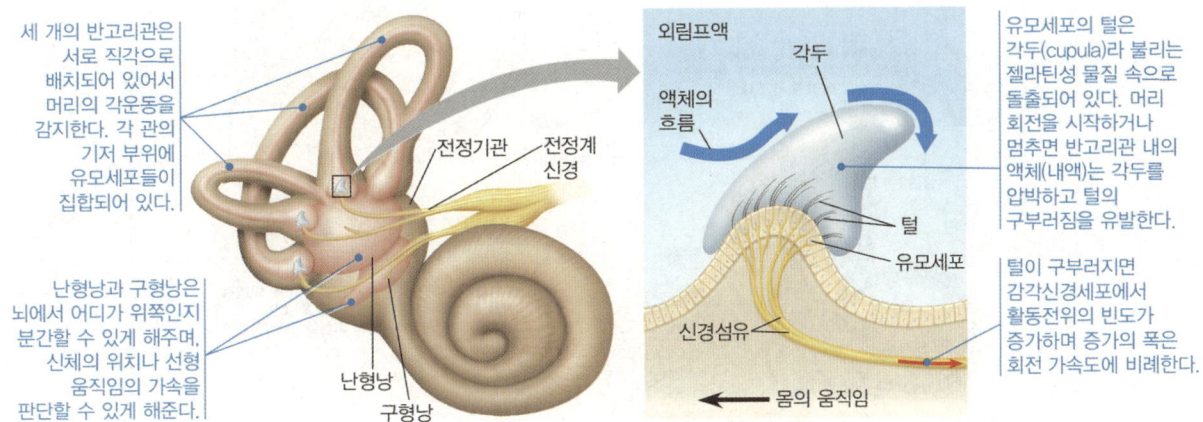

세 개의 반고리관은 서로 직각으로 배치되어 있어서 머리의 각운동을 감지한다. 각 관의 기저 부위에 유모세포들이 집합되어 있다.

난형낭과 구형낭은 뇌에서 어디가 위쪽인지 분간할 수 있게 해주며, 신체의 위치나 선형 움직임의 가속을 판단할 수 있게 해준다.

전정기관 / 전정계 신경 / 난형낭 / 구형낭

외림프액 / 액체의 흐름 / 각두 / 털 / 유모세포 / 신경섬유 / 몸의 움직임

유모세포의 털은 각두(cupula)라 불리는 젤라틴성 물질 속으로 돌출되어 있다. 머리 회전을 시작하거나 멈추면 반고리관 내의 액체(내액)는 각두를 압박하고 털의 구부러짐을 유발한다.

털이 구부러지면 감각신경세포에서 활동전위의 빈도가 증가하며 증가의 폭은 회전 가속도에 비례한다.

ⓐ 각 관의 내부에는 유모세포들이 하나의 집단을 이루고 있으며, 섬모는 정(copula)이라는 젤라틴성 물질 속에 돌출

ⓑ 머리가 회전하게 될 때 반고리관의 액체가 정을 압박하여 섬모를 구부리게 되어 유모 세포를 흥분시킴

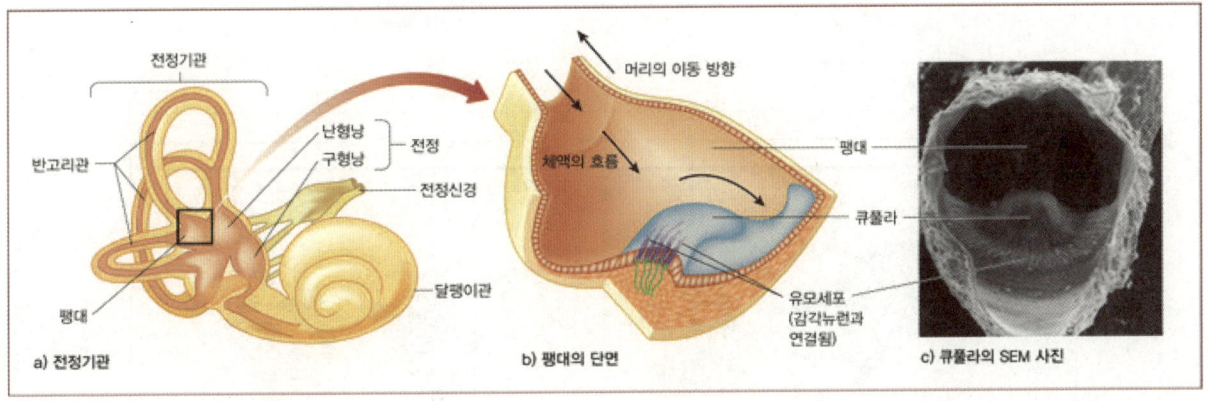

전정기관 / 반고리관 / 난형낭 / 구형낭 / 전정 / 전정신경 / 달팽이관 / 팽대
a) 전정기관

머리의 이동 방향 / 체액의 흐름 / 팽대 / 큐풀라 / 유모세포(감각뉴런과 연결됨)
b) 팽대의 단면

c) 큐풀라의 SEM 사진

㉡ 전정기관: 난원창의 바로 뒤쪽에 있는 구조물로서 난형낭(utricle)과 구형낭(saccule)으로 구성되며, 중력과 선형 움직임에 대한 위치를 파악케 함

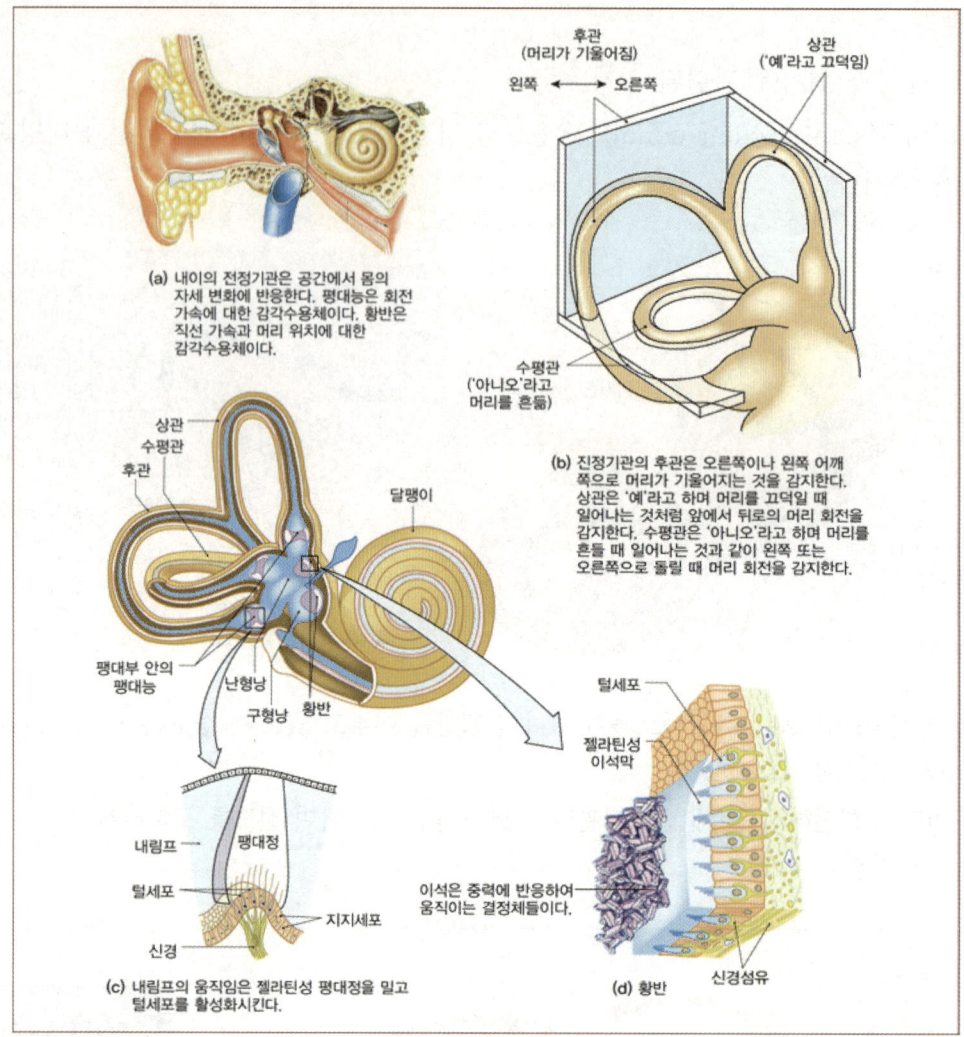

(a) 내이의 전정기관은 공간에서 몸의
자세 변화에 반응한다. 평대능은 회전
가속에 대한 감각수용체이다. 황반은
직선 가속과 머리 위치에 대한
감각수용체이다.

후관
(머리가 기울어짐)

상관
('예'라고 끄덕임)

왼쪽 ↔ 오른쪽

수평관
('아니오'라고
머리를 흔듦)

(b) 진정기관의 후관은 오른쪽이나 왼쪽 어깨
쪽으로 머리가 기울어지는 것을 감지한다.
상관은 '예'라고 하며 머리를 끄덕일 때
일어나는 것처럼 앞에서 뒤로의 머리 회전을
감지한다. 수평관은 '아니오'라고 하며 머리를
흔들 때 일어나는 것과 같이 왼쪽 또는
오른쪽으로 돌릴 때 머리 회전을 감지한다.

상관
수평관
후관
달팽이

평대부 안의
평대능
난형낭
구형낭
황반

내림프
팽대정
털세포
신경
지지세포

(c) 내림프의 움직임은 젤라틴성 팽대정을 밀고
털세포를 활성화시킨다.

털세포
젤라틴성
이석막

이석은 중력에 반응하여
움직이는 결정체들이다.

신경섬유

(d) 황반

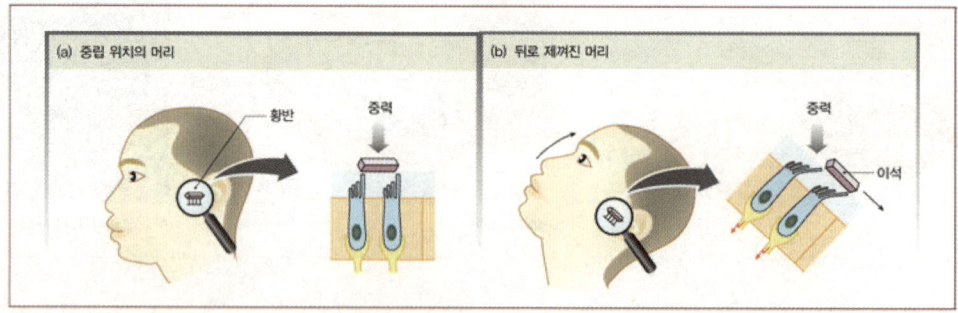

(a) 중립 위치의 머리 / 황반 / 중력

(b) 뒤로 제껴진 머리 / 중력 / 이석

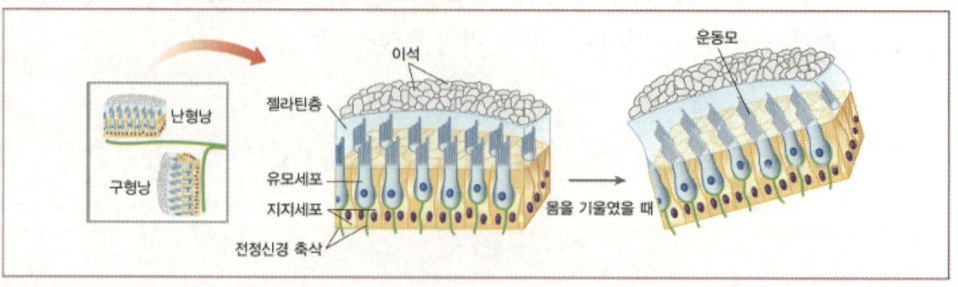

이석 / 운동모
난형낭 / 젤라틴층 / 유모세포 / 지지세포 / 전정신경 축삭 / 구형낭 / 몸을 기울였을 때

     ⓐ 난형낭과 구형낭에는 유모세포들이 무리지어 배열되어 있고, 모든 섬모는 젤라틴성 물질속에 돌출. 수평으로 위치한 난형낭은 전후 방향의 움직임을, 수직으로 위치한 구형낭은 상하 방향의 움직임을 감지함

     ⓑ 젤라틴성 물질 속의 이석(otolith)이라는 탄산칼슘 알갱이가 머리를 기울일 때, 섬모를 구부려 유모세포를 흥분시킴

6 사람의 시각

(1) 눈의 구조

    ㉠ 공막(sclera): 거칠고 하얀 외층의 결합조직으로 눈의 앞쪽에서 투명한 각막으로 변형되어 고정된 렌즈처럼 빛이 눈으로 들어오게 함

    ㉡ 매락막(choroid): 얇은 색소 상피층으로, 일종의 암실 역할을 수행함

    ㉢ 홍채(iris): 맥락막 앞쪽의 도넛 모양의 구조물로, 홍채의 색깔에 의해 눈의 색깔이 결정되며, 홍채의 크기 변화에 의해 동공의 크기가 결정되어 눈으로 들어오는 빛의 양을 조절함

    ㉣ 망막(retina): 안구의 가장 안쪽 층을 형성하며 신경세포와 광수용기(간상세포, 원추세포)로 이루어진 층을 형성함

    ㉤ 시신경원판(optic disk): 눈에 연결된 시신경이 눈을 시신경이 눈을 떠나는 부위로, 광수용기가 존재하지 않아 빛이 감지되지 않기 때문에 맹점(blind spot)이라고도 함

    ㉥ 수정체(lens): 원반 모양의 투명한 단백질체로 모양이 변형되어 초점형성에 기여함

    ㉦ 모양체(ciliary body): 수축과 이완을 통해 수정체의 두께 조절에 관여하며, 안구방수를 분비함

    ㉧ 진대(suspensory ligament): 모양체와 함께 수정체 두께 조절에 관여함

    ㉨ 안구방수(aqueos humor): 수정체와 각막 사이의 공간에 차 있는 액체 성분으로 모양체에서 분비되는데, 안구방수가 빠져나가는 관이 막히면 안압이 높아지고, 실명으로 초래하는 녹내장이 유발됨

    ㉩ 유리체방수(vitreous humor): 수정체 뒤쪽 공간의 젤리성 물질

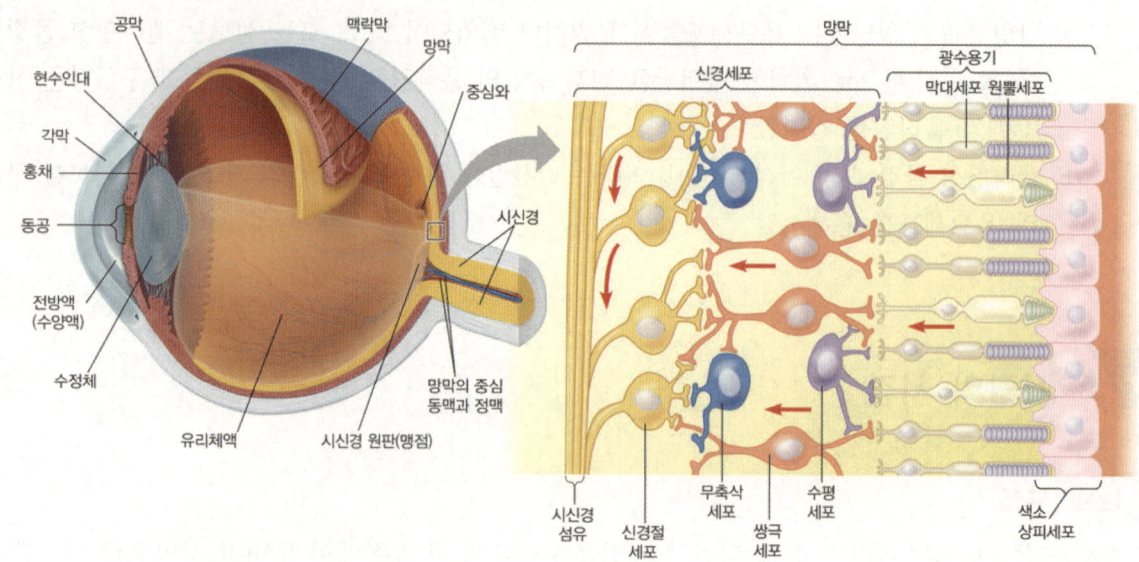

(2) 눈의 조절: 빛의 양과 초점 조절

　㉠ 빛의 양 조절: 홍채에 의한 동공 크기 조절

　　ⓐ 밝을 때: 부교감 신경 자극 → 홍채의 방사근 이완, 원형근 수축 → 동공크기 감소

　　ⓑ 어두울 때: 교감 신경 자극 → 홍채의 방사근 수축, 원형근 이완 → 동공크기 증가

　㉡ 원근 조절: 수정체 두께 변화에 의한 조절

(a) 오목렌즈는 광선을 흩어지게 한다.

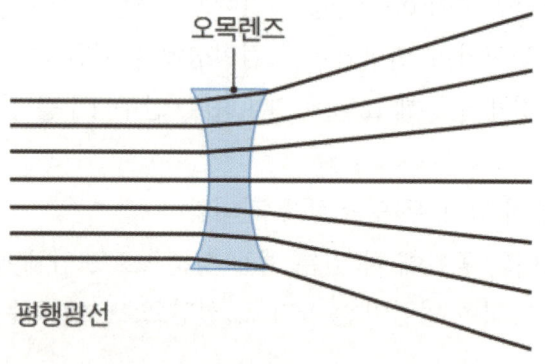

(b) 볼록렌즈는 광선을 모이게 한다.

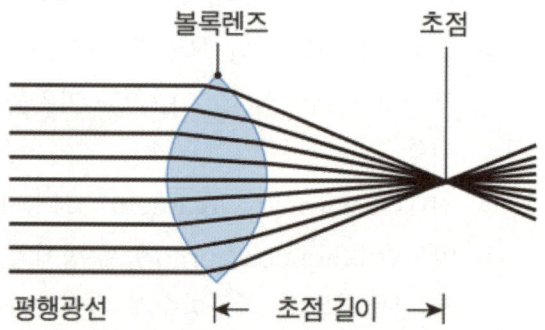

렌즈의 초점 길이는 중앙에서 초점까지의 거리이다.

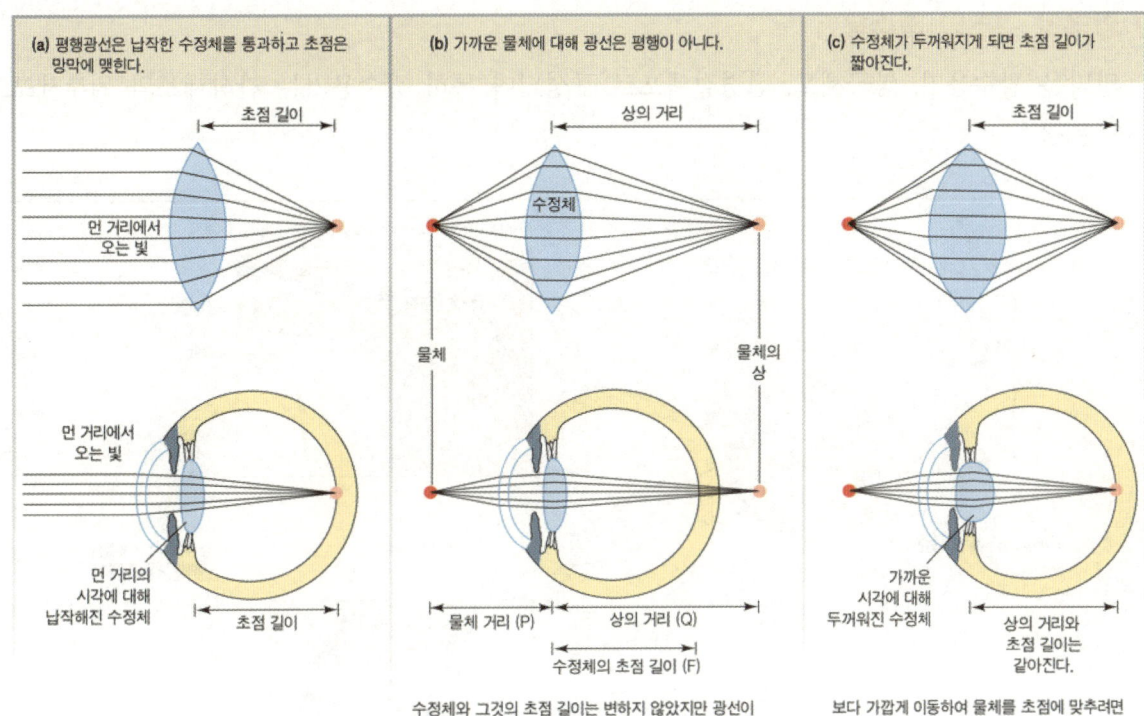

(a) 평행광선은 납작한 수정체를 통과하고 초점은 망막에 맺힌다.

초점 길이

먼 거리에서 오는 빛

먼 거리에서 오는 빛

먼 거리의 시각에 대해 납작해진 수정체

초점 길이

(b) 가까운 물체에 대해 광선은 평행이 아니다.

상의 거리

수정체

물체

물체의 상

물체 거리 (P) 상의 거리 (Q)

수정체의 초점 길이 (F)

수정체와 그것의 초점 길이는 변하지 않았지만 광선이 망막 위에 모아지지 않았기 때문에 그 물체는 초점이 맞지 않게 보인다.

(c) 수정체가 두꺼워지게 되면 초점 길이가 짧아진다.

초점 길이

가까운 시각에 대해 두꺼워진 수정체

상의 거리와 초점 길이는 같아진다.

보다 가깝게 이동하여 물체를 초점에 맞추려면 수정체는 더욱 두꺼워진다.

ⓒ 원시와 근시: 초점이 망막 뒤쪽이나 앞쪽에 맺힐 때 발생함

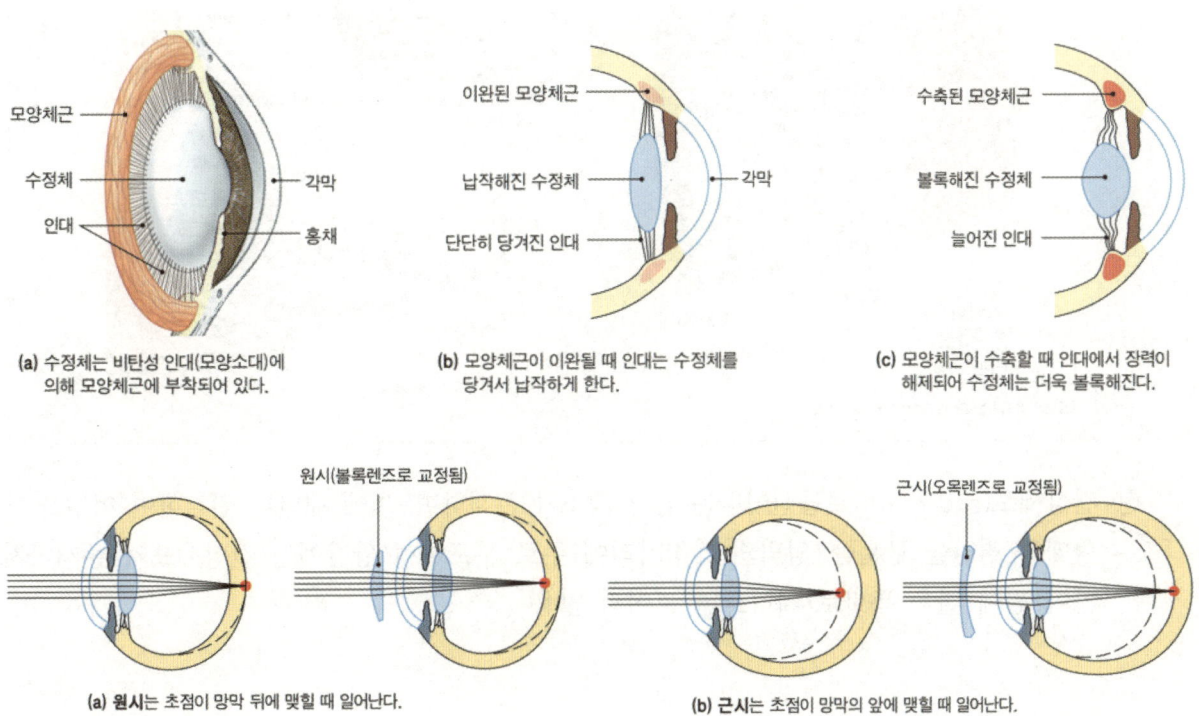

모양체근
수정체
인대
각막
홍채

(a) 수정체는 비탄성 인대(모양소대)에 의해 모양체근에 부착되어 있다.

이완된 모양체근
납작해진 수정체
단단히 당겨진 인대
각막

(b) 모양체근이 이완될 때 인대는 수정체를 당겨서 납작하게 한다.

수축된 모양체근
볼록해진 수정체
늘어진 인대

(c) 모양체근이 수축할 때 인대에서 장력이 해제되어 수정체는 더욱 볼록해진다.

원시(볼록렌즈로 교정됨)

(a) 원시는 초점이 망막 뒤에 맺힐 때 일어난다.

근시(오목렌즈로 교정됨)

(b) 근시는 초점이 망막의 앞에 맺힐 때 일어난다.

(3) 망막의 구조와 광수용기

망막은 광수용기, 쌍극세포, 신경절세포로 구성되며 특히 광수용기는 간상세포와 원추세포로 구분됨

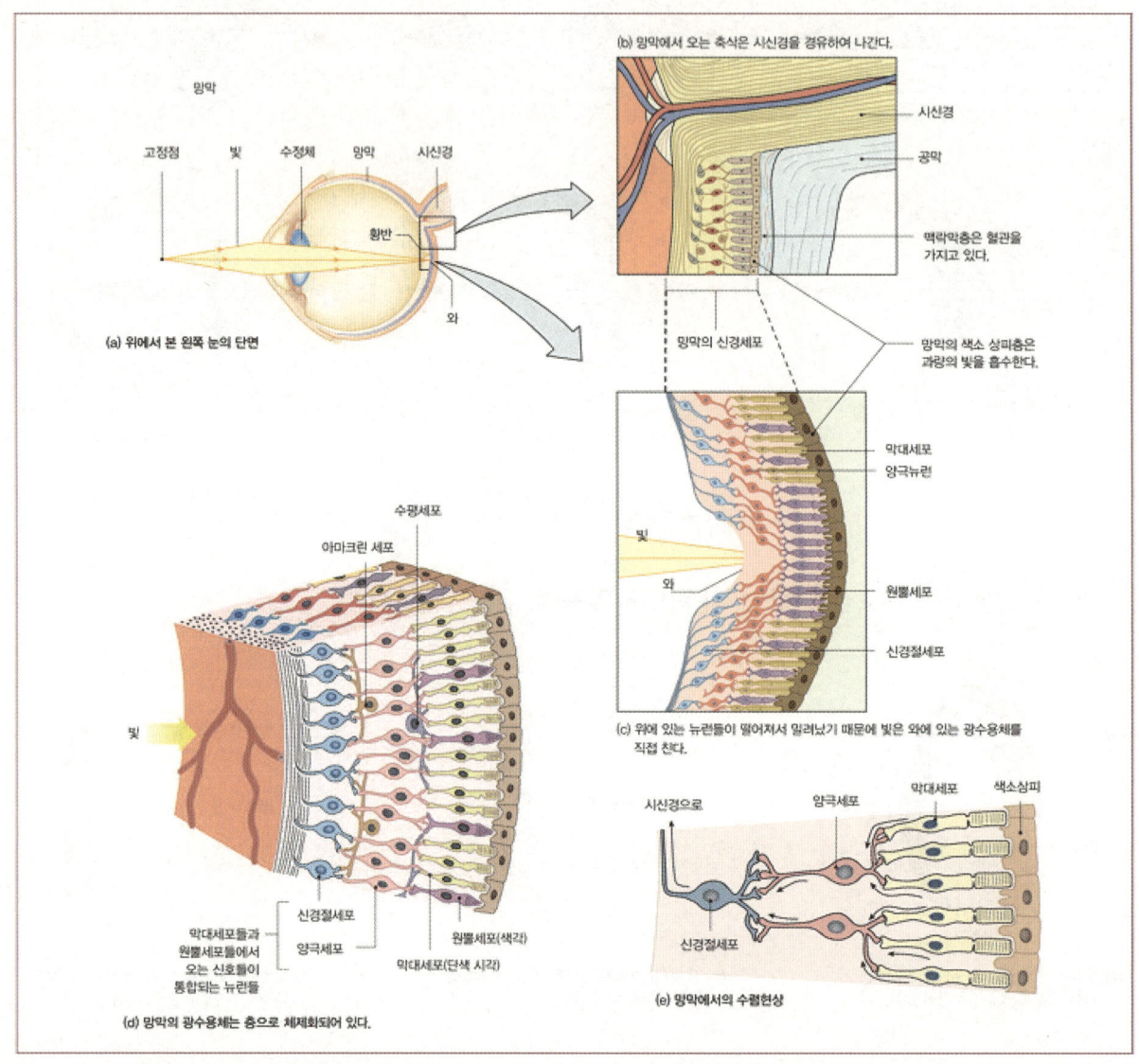

ㄱ 간상세포(rod cell): 로돕신이라는 감광 색소가 존재하며, 빛에 대단히 민감하여 어두울 때 형태와 명암을 구분함. 망막의 가장자리에 주로 분포하며 황반에는 간상세포가 존재하지 않아 밤에 별을 똑바로 쳐다보면 보이지 않음

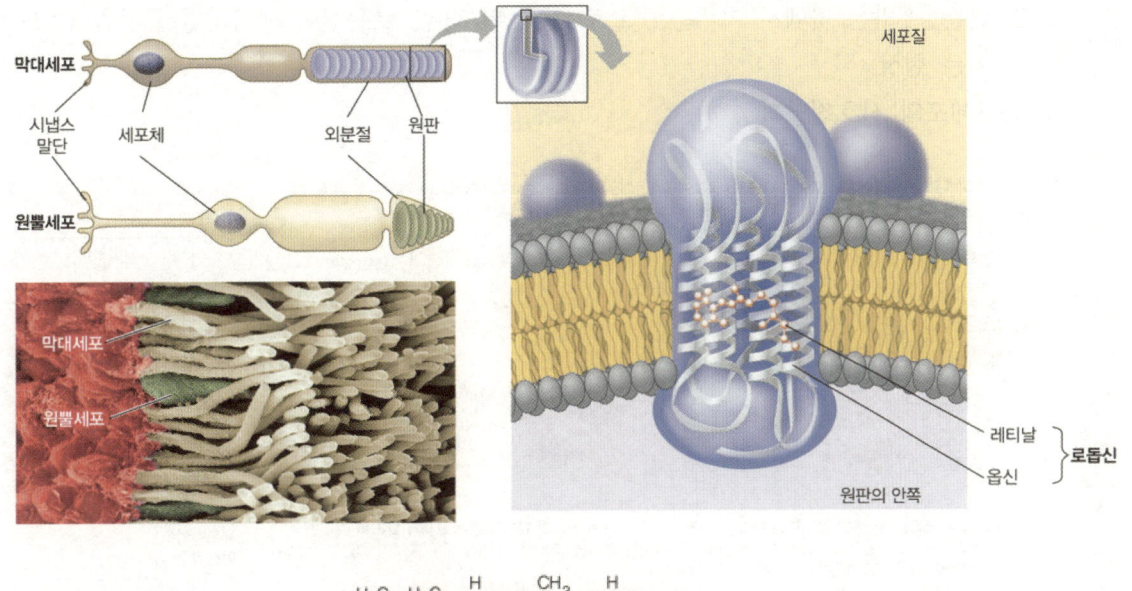

레티날: 시스 이성질체

빛 ↓　↑ 효소

레티날: 트랜스 이성질체

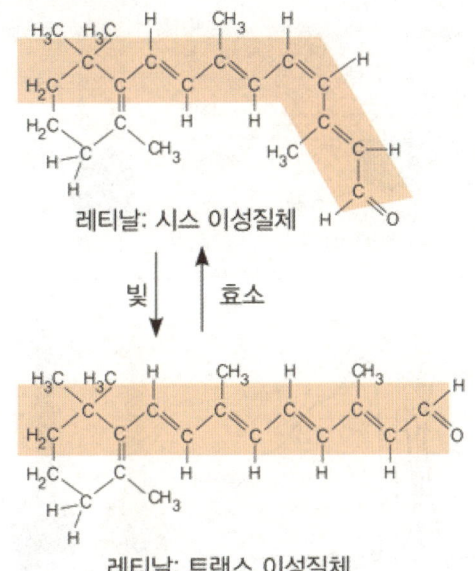

ⓐ 명순응과 암순응

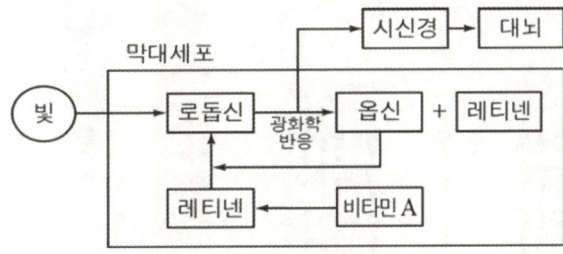

1. 명순응: 어두운 곳에서 밝은 곳으로 가게 된 경우, 강한 빛에 의해 로돕신이 한꺼번에
   분해가 되어 눈이 부시지만 시간이 지나면서 차츰 잘 보이게 되는 현상

2. 암순응: 밝은 곳에서 어두운 곳으로 가게 된 경우, 로돕신이 생성되면서 차츰 잘 보이게 되는 현상

ⓑ 간상세포의 신호전달과정

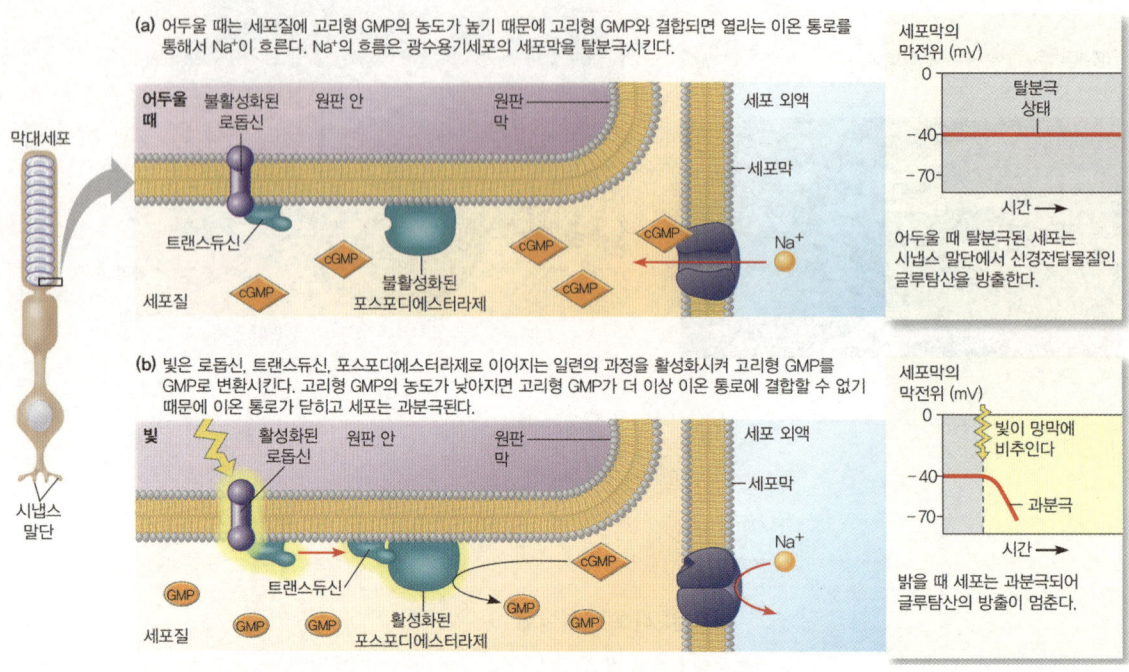

(a) 어두울 때는 세포질에 고리형 GMP의 농도가 높기 때문에 고리형 GMP와 결합되면 열리는 이온 통로를 통해서 Na+이 흐른다. Na+의 흐름은 광수용기세포의 세포막을 탈분극시킨다.

어두울 때 탈분극된 세포는 시냅스 말단에서 신경전달물질인 글루탐산을 방출한다.

(b) 빛은 로돕신, 트랜스듀신, 포스포디에스터라제로 이어지는 일련의 과정을 활성화시켜 고리형 GMP를 GMP로 변환시킨다. 고리형 GMP의 농도가 낮아지면 고리형 GMP가 더 이상 이온 통로에 결합할 수 없기 때문에 이온 통로가 닫히고 세포는 과분극된다.

밝을 때 세포는 과분극되어 글루탐산의 방출이 멈춘다.

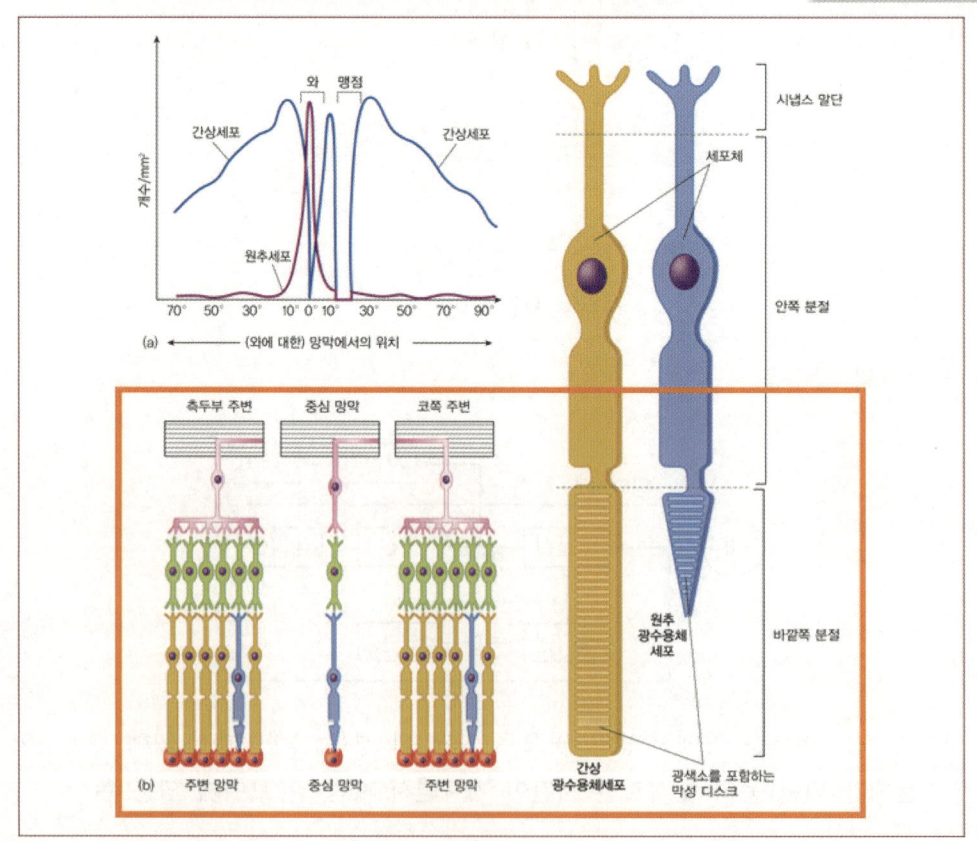

① 빛이 레티날을 시스 이성질체에서 트랜스 이성질체로 변형시켜 로돕신을 활성화시킴. 이 때 로돕신의 색깔이 보라색에서 노란색으로 변화되는 탐색 현상이 일어남

② 활성화된 로돕신은 트랜스듀신이라 불리는 G단백질을 활성화시킴

③ 트랜스듀신(G단백질)은 phosphodiesterase(PDE)를 활성화시킴

④ 활성화된 PDE는 cGMP를 GMP로 가수분해하여 Na^+ 채널이 닫힘. 결국 과분극이 유발됨

ⓛ 원추세포(cone cell): 감광 색소인 포톱신이 조재하며, 빛에 대한 역치가 매우 높아서 밝은 경우에만 형태, 명암, 색 분별을 수행함. 서로 다른 3종류의 원추세포가 존재하는데, 각각 적색, 녹색, 청색 파장의 빛을 가장 잘 흡수함. 망막의 중앙에 주로 분포하기 때문에 낮에는 사물을 똑바로 쳐다보아야 선명함. 비정상적인 색깔의 인지는 전형적으로 포톱신의 이상에 기인하는데, 적색, 녹색의 시각색소 유전자는 X염색체 상에 존재하기 때문에 두 유전자 중 하나가 결핍되면, 적색과 녹색의 구분에 결함이 생기는 적록색맹이 발생함

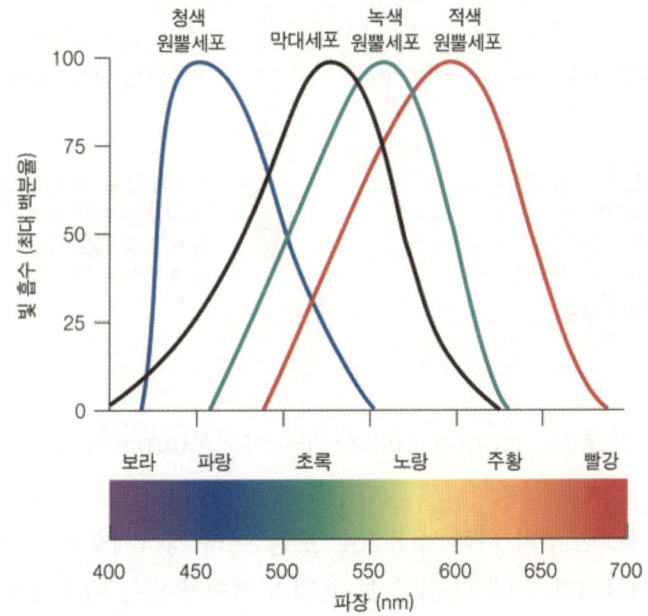

(4) 시각 정보 처리

㉠ 수직적 전달경로: 광수용기 세포(photoreceptor cell) → 쌍극세포(bipolar cell) → 신경 절 세포(ganglion cell)

ⓐ 어둠 속: 광수용기 세포는 탈분극 상태로 존재하며, 글루탐산을 분비하고, 수용체의 유형에 따라 일부 쌍극세포는 탈분극이 유도되고, 일부 쌍극세포는 과분극이 유발됨

ⓑ 밝은 곳: 광수용기 세포는 과분극 상태로 전환되어 글루탐산 방출이 억제되고, 탈분극 쌍극 세포는 과분극, 과분극 쌍극세포는 탈분극이 유발

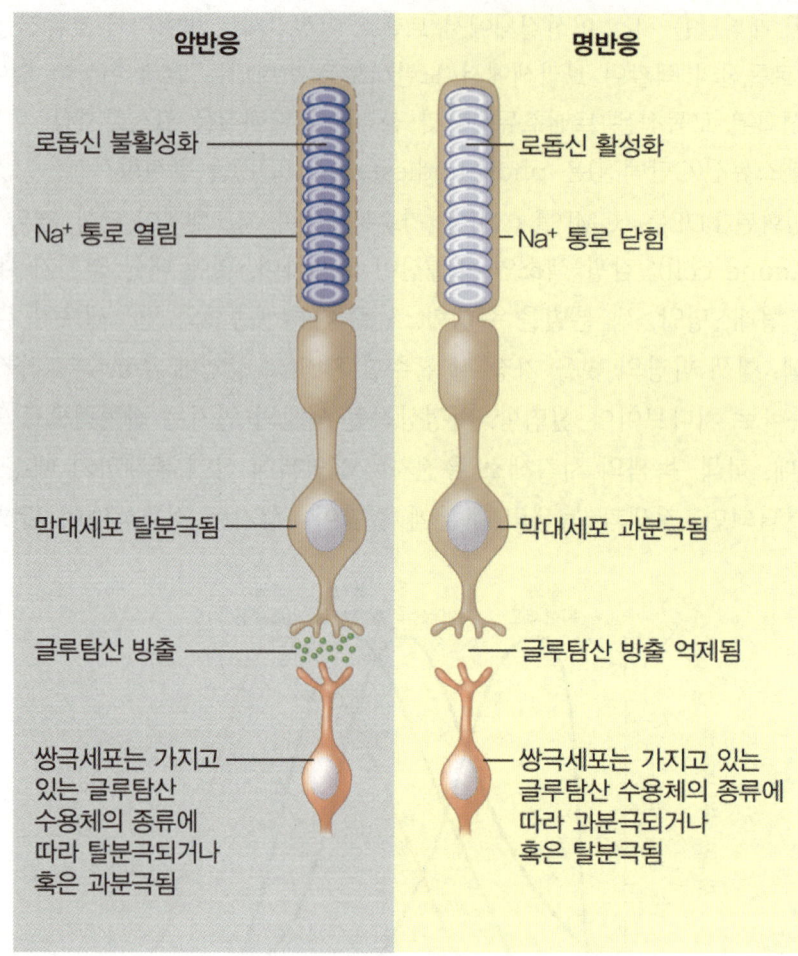

ⓛ 측면 경로: 수평세포(horizontal cell)와 무축삭세포(amacrine cell)에 의한 수평적 신경 전달

ⓐ 수평세포: 수용기로부터 다른 수용기로 또는 여러 쌍극세포로 신호를 전달함. 간상세포나 원추세포가 자극되면 수평세포들은 보다 멀리 떨어져 있는 광수용기 세포들과 쌍극세포들을 억제하여 밝은 부분을 더 밝게 하고, 어두운 부분들을 보다 더 어둡게 하여 상의 대비가 뚜렷해지는데 이를 측면 억제(lateral inhibition)이라고 함

ⓑ 무축삭세포: 하나의 쌍극세포에서 여러 신경절 세포로 신호를 전달함

ⓒ 수용영역(receptive field): 하나의 신경절세포에 정보를 전달하는 간상세포와 원추세포의 집합. 수용영역이 크면 상이 상대적으로 확실치 않고 수용영역이 작으면 상이 상대적으로 확실함. 황반의 신경절세포 수용영역은 아주 작아 상이 선명함

(5) 시신경 전달 경로와 시야에 따른 정보 전달의 차이

　㉠ 시신경 전달 경로: 시신경(optic nerve) → 시신경 교차(optic chiasm) → 시상의 가쪽무
　　릎핵(lateral geniculate nucleus) → 후두엽의 1차 시각피질(primary visual cortex)

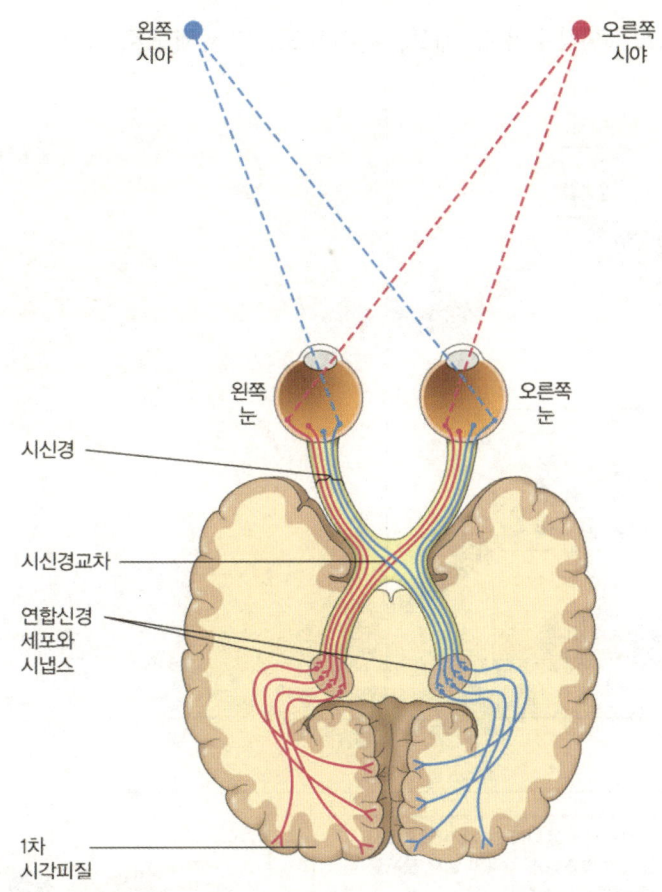

　㉡ 시야에 따른 정보 전달의 차이: 신경절세포의 축삭으로 된 두 개의 시신경다발은 대뇌피질
　　의 기저 중심 부근에서 교차하여 양쪽 눈의 왼쪽 시야는 뇌의 오른쪽으로, 오른쪽 시야는
　　뇌의 왼쪽으로 신호를 보내게 됨

7 **사람의 후각**

(1) 후각상피의 구와 후각 전달 과정

㉠ 후각상피의 구조   후각수용기 세포, 지지세포, 기저세포로 구성

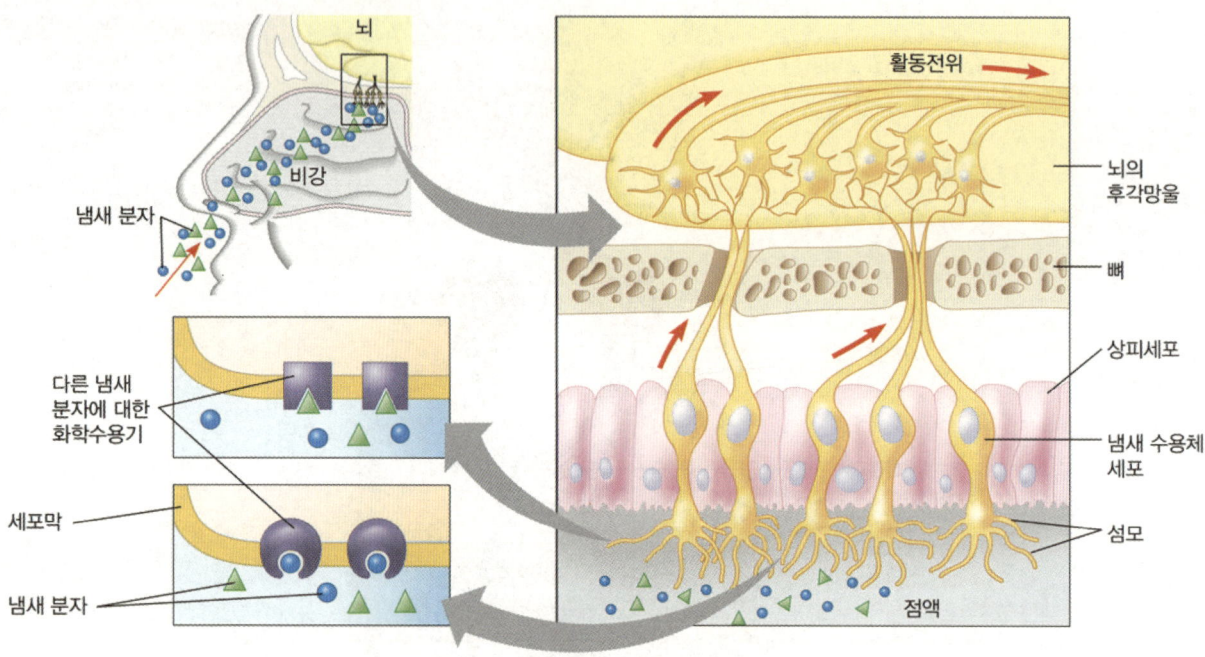

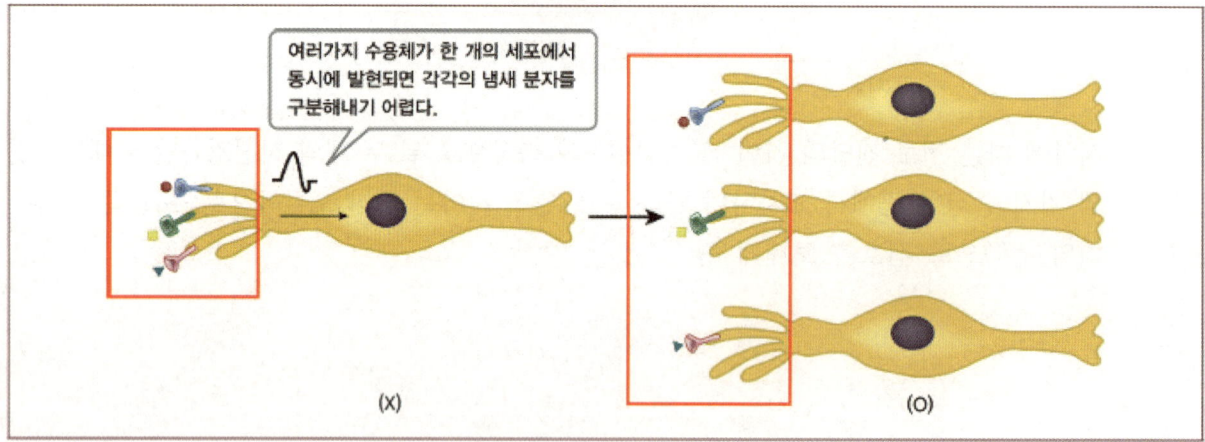

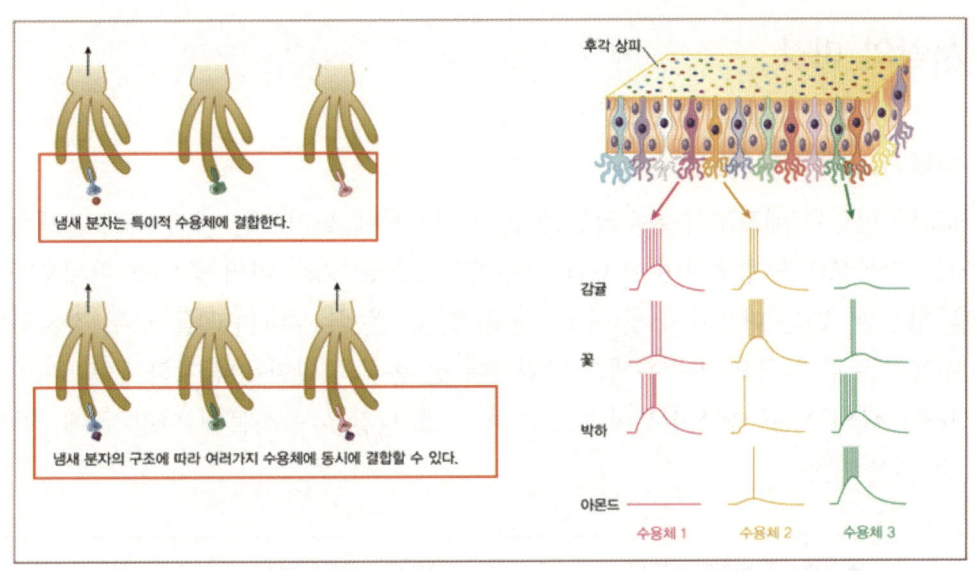

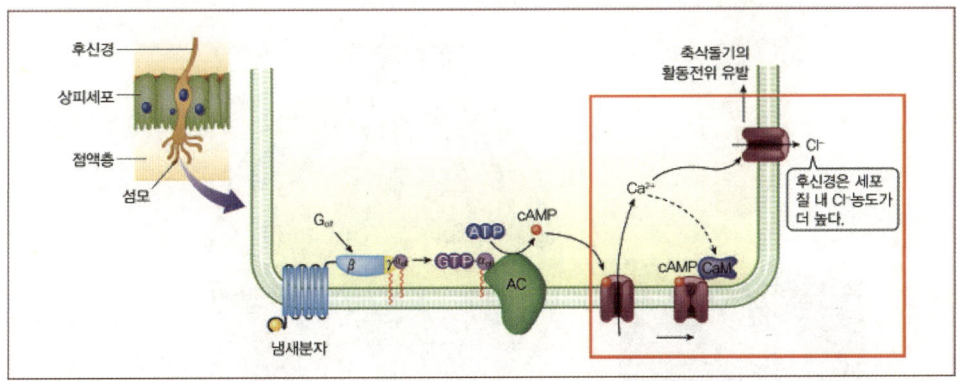

ⓒ 후각 전달 경로: 시상을 경유하는 경우와 시상을 경유하지 않는 경우가 모두 존재함

후각 수용기 → 후각 망울의 2차 감각 신경 → 대뇌 피질의 전두엽

(2) 후각 관련 특징

ⓐ 후각 수용기 세포는 변형된 뉴런으로서 민감하지만 매우 빠른 감각 적응을 보임
ⓑ 후각 수용체를 암호화하는 유전자는 약 1천 가지 이상인데 각각의 후각 수용기는 한 종류의 냄새 수용체 단백질만을 발현함

(3) 후각 수용기의 흥분 과정

ⓐ 냄새물질이 후각 수용기 섬모 세포막에 존재하는 G단백질 연결 수용체에 결합함
ⓑ cAMP 생성이 촉진되어 세포막 상의 Na^+, Ca^{2+} 채널을 열게 되어 탈분극이 유도되고 활동 전위가 형성됨

8 사람의 미각

(1) 미각 수용기의 위치와 특징

상피세포와 변형된 세포로서 유두라는 돌출된 구조물에 둘러싸인 미뢰 내에 존재하는데 미각
수용기는 맛봉오리를 형성하여 분포함. 맛봉오리(taste bud; 여러 종류의 미세포가 꽃봉오리
모양을 형성한 것)는 다섯가지 맛(단맛, 신맛, 짠맛, 쓴맛, 우마미맛)을 모두 감지하나 개개의
미각 수용기는 한 종류의 맛수용체만 발현하여 한 종류의 맛만을 감지하게 됨. 우마미맛은 글
루탐산(조미료의 MSG 핵심성분이며 고기나 치즈와 같은 음식물에 다량 존재) 감지를 통해
느낄 수 있는 맛임

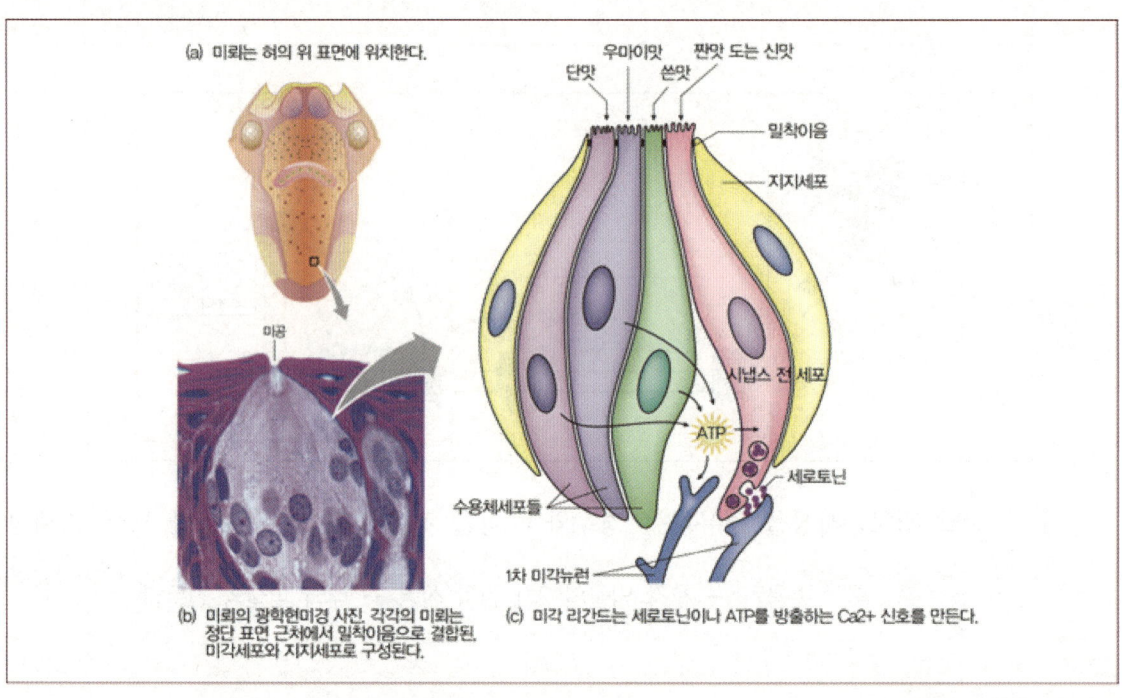

(a) 미뢰는 혀의 위 표면에 위치한다.

(b) 미뢰의 광학현미경 사진. 각각의 미뢰는
정단 표면 근처에서 밀착이음으로 결합된
미각세포와 지지세포로 구성된다.

(c) 미각 리간드는 세로토닌이나 ATP를 방출하는 Ca2+ 신호를 만든다.

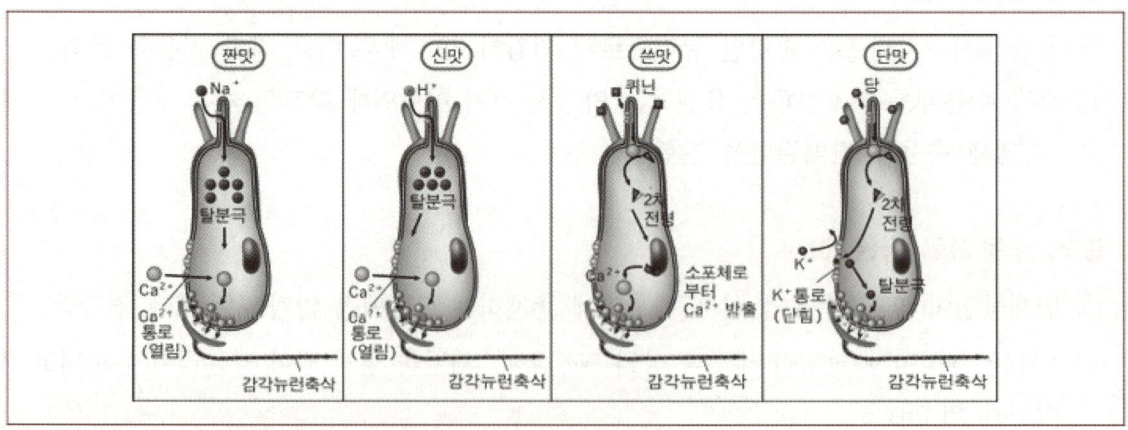

(2) 미각 형성 과정

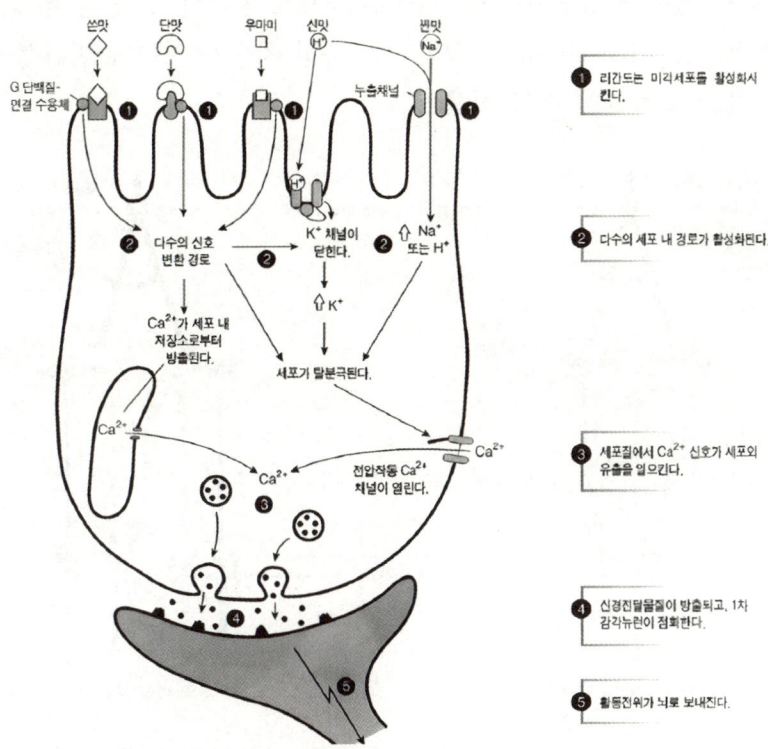

㉠ 단맛, 쓴맛, 우마미맛의 경우
ⓐ G단백질 연결 수용체를 통해 자극이 감지됨
ⓑ 미각자극물질이 수용체와 결합하면, G단백질, phospholipase C, IP_3, Ca^{2+}을 포함하는 신경전달경로가 활성화됨
ⓒ 2차 신호 전달자는 Na^+ 채널을 열어 탈분극이 유도됨
㉡ 신맛의 경우
ⓐ TRP(transmit receptor potential) 종에 속하는 단백질 수용체를 통해 자극이 감지됨
ⓑ 산이나 신맛을 내는 다른 물질이 수용체에 결합하면 K^+ 채널이 닫히면서 탈분극이 유발됨

9 피부 감각 수용기의 구조와 기능

(1) 피부감각

통각, 압각, 촉각, 냉각, 온각으로 구분하며 통점 〉 압점 〉 촉점 〉 냉점 〉 온점 순으로 많이 분포되어 있음. 피부 감각 수용기 세포는 1차 수용기로서 신경세포의 축삭말단으로 통해 감각을 수용함

(2) 피부감각의 특징

㉠ 2점 접촉 역치: 접촉한 두 점을 서로 떨어진 것으로 지각할 수 있는 두 점 간의 최소거리로 서, 수용영역(receptive field)들 간의 거리 측정 치수가 작아야 민감성이 높은 것이며 손 가락 끝이 가장 접촉역치 값이 작음

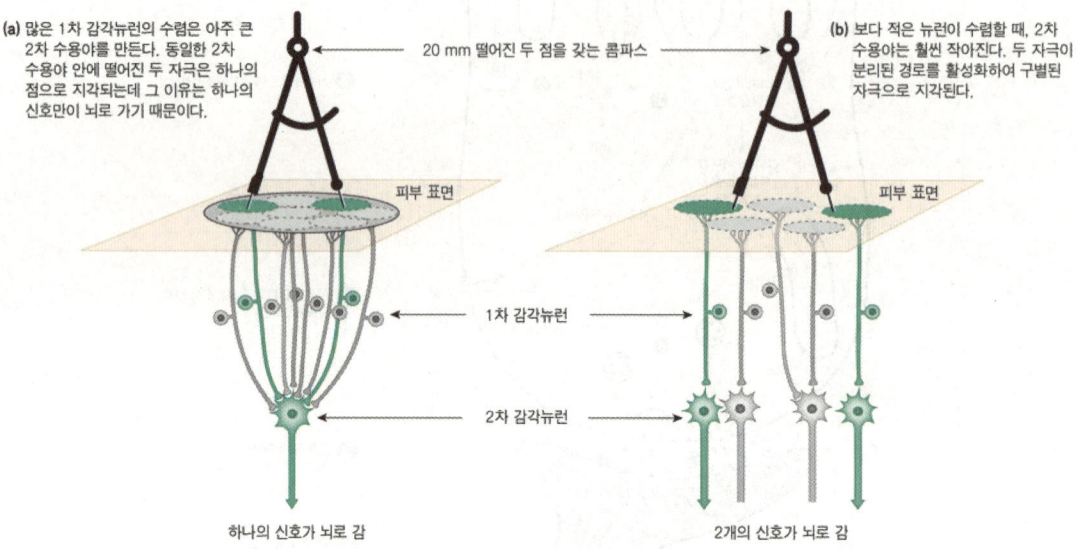

(a) 많은 1차 감각뉴런의 수렴은 아주 큰 2차 수용야를 만든다. 동일한 2차 수용야 안에 떨어진 두 자극은 하나의 점으로 지각되는데 그 이유는 하나의 신호만이 뇌로 가기 때문이다.

(b) 보다 적은 뉴런이 수렴할 때, 2차 수용야는 훨씬 작아진다. 두 자극이 분리된 경로를 활성화하여 구별된 자극으로 지각된다.

20 mm 떨어진 두 점을 갖는 콤파스

피부 표면

1차 감각뉴런

2차 감각뉴런

하나의 신호가 뇌로 감

2개의 신호가 뇌로 감

㉡ 측면억제(lateral inhbition): 중앙부위 더 크게 자극하고 이웃 부위 자극 억제하여 감각 경계가 분명해짐

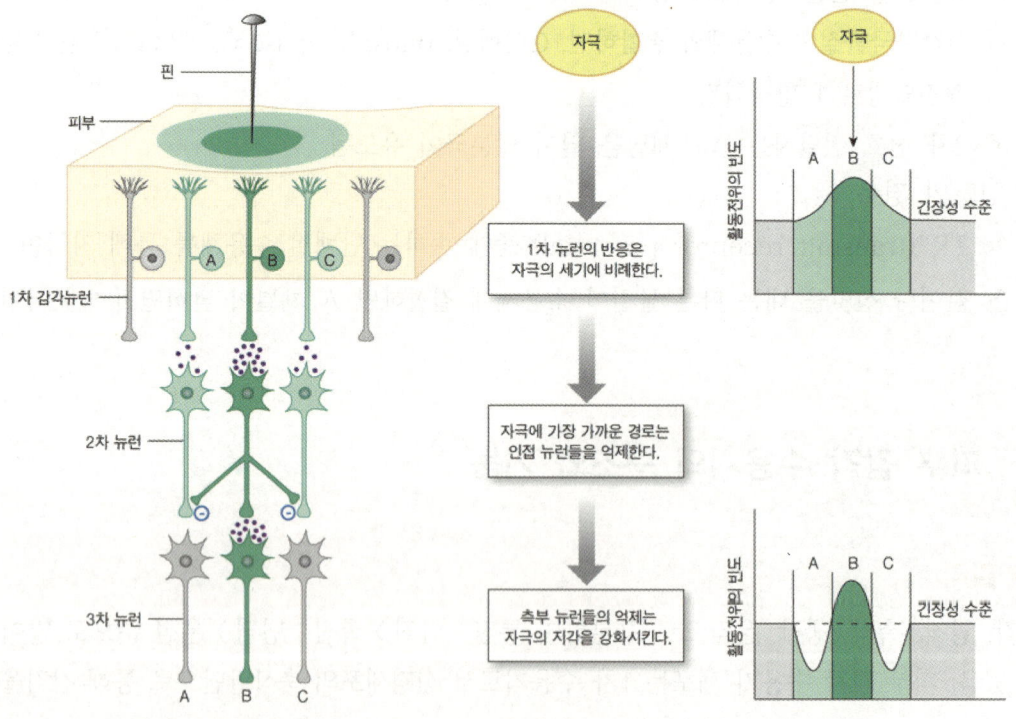

핀

피부

1차 감각뉴런

2차 뉴런

3차 뉴런

A B C

자극

1차 뉴런의 반응은 자극의 세기에 비례한다.

자극에 가장 가까운 경로는 인접 뉴런들을 억제한다.

측부 뉴런들의 억제는 자극의 지각을 강화시킨다.

자극

A B C

긴장성 수준

A B C

긴장성 수준

ⓒ 결합조직의 구조와 위치가 감지하는 기계적 에너지 종류를 결정함

　ⓐ 가벼운 접촉을 감지하는 수용기는 피부 표면에 위치함

　ⓑ 강한 압력이나 진동에 반응하는 수용기는 피부 깊숙이 위치함

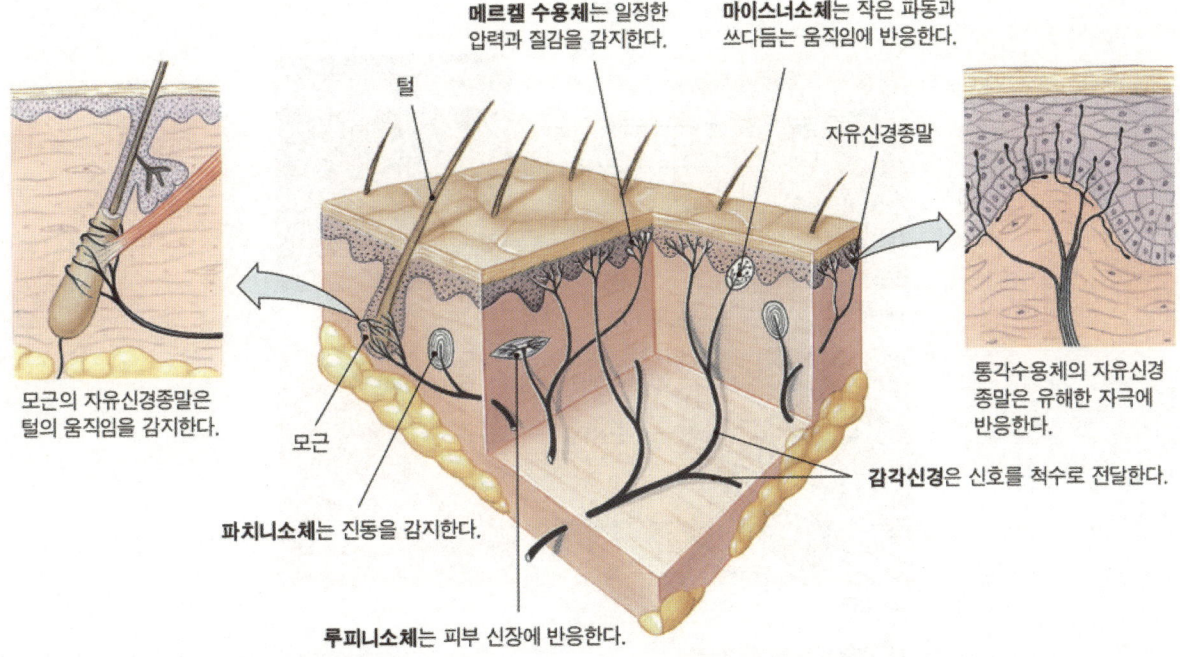

메르켈 수용체는 일정한 압력과 질감을 감지한다.

마이스너소체는 작은 파동과 쓰다듬는 움직임에 반응한다.

털

자유신경종말

모근의 자유신경종말은 털의 움직임을 감지한다.

모근

통각수용체의 자유신경종말은 유해한 자극에 반응한다.

감각신경은 신호를 척수로 전달한다.

파치니소체는 진동을 감지한다.

루피니소체는 피부 신장에 반응한다.

수용기	자극	위치	구조	적응
자유신경종말	다양한 촉각과 압력 자극	모근 주위와 피부 표면 아래	무수화 신경종말	가변적
마이너스소체	작은 파동, 쓰다듬음	피부의 표면 층	결합조직에 둘러싸임	빠름
파치니소체	진동	피부의 표면 층	결합조직에 둘러싸임	빠름
루피니소체	피부 신장	피부의 표면 층	확대된 신경종말	느림
메르켈수용체	일정한 압력, 질감	피부의 표면 층	확대된 신경종말	느림

10 근육(muscle)의 구조와 기능

(1) 근육의 종류

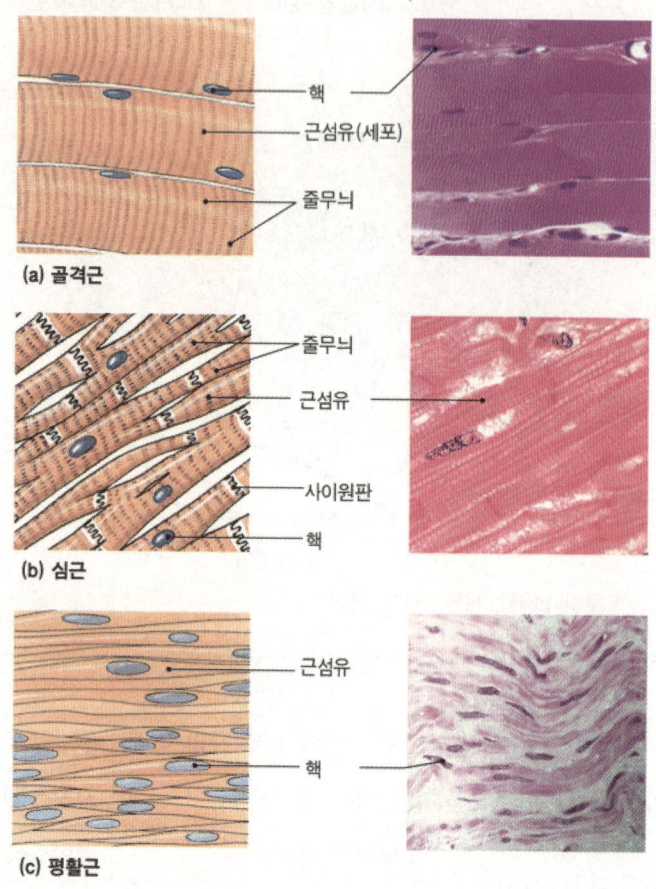

(a) 골격근 — 핵, 근섬유(세포), 줄무늬

(b) 심근 — 줄무늬, 근섬유, 사이원판, 핵

(c) 평활근 — 근섬유, 핵

㉠ 골격근(skeletal muscle): 골격의 움직임에 관여하며, 다핵성이고, 횡문근임

㉡ 심장근(cardiac muscle): 심장 수축에 관여하며, 일핵성이고, 횡문근임

㉢ 평활근(smooth muscle): 혈관이나 소화관 운동에 관여하며, 일핵성이고, 민무늬근임

(2) 골격근의 구조와 기능

㉠ 골격근의 구조

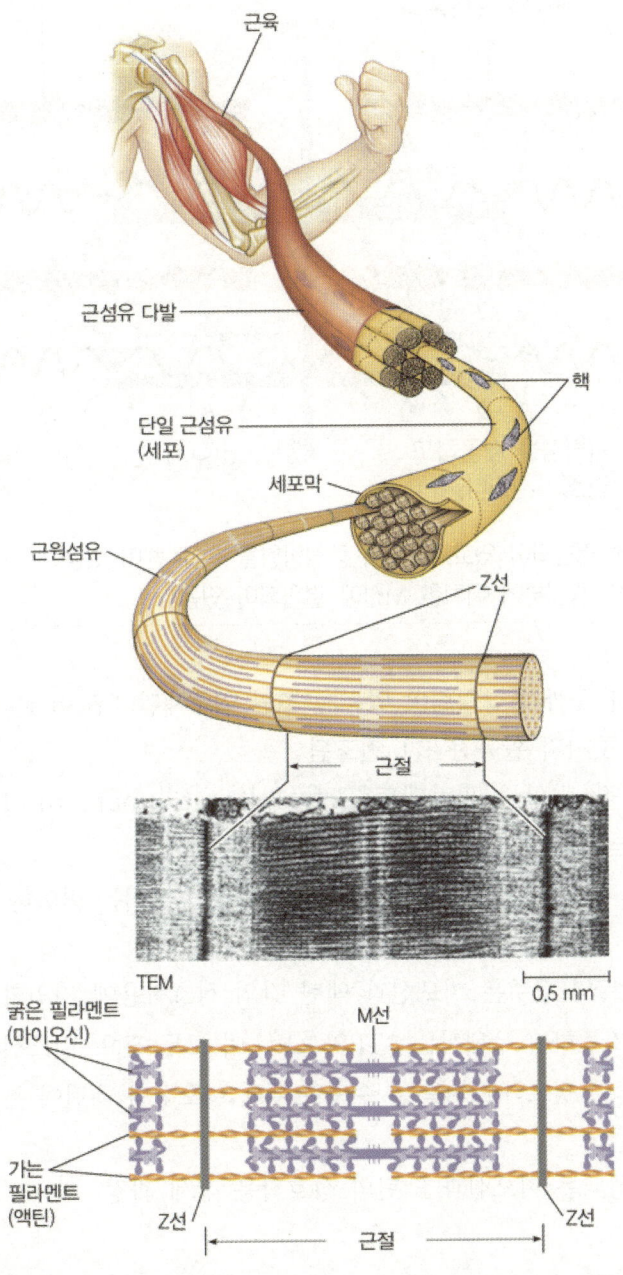

ⓐ 대부분의 골격근은 근육의 길이 방향으로 평행하게 배열된 근섬유 다발로 구성

ⓑ 각 근섬유는 배아시기의 근원세포가 유합하여 이뤄진 다핵성 세포임

ⓒ 근섬유는 근원섬유(myofibril; 가는 액틴 필라멘트와 미오신 굵은 필라멘트로 구성)로 구성됨

ⓓ 근질(sarcomere; 근육수축의 기본단위)로 구성되어 있어서 가로무늬가 나타남. 미오신이 분포한 부분이 어둡게 나타나고, 액틴만 분포한 부분이 상대적으로 밝게 나타남

근절의 구조

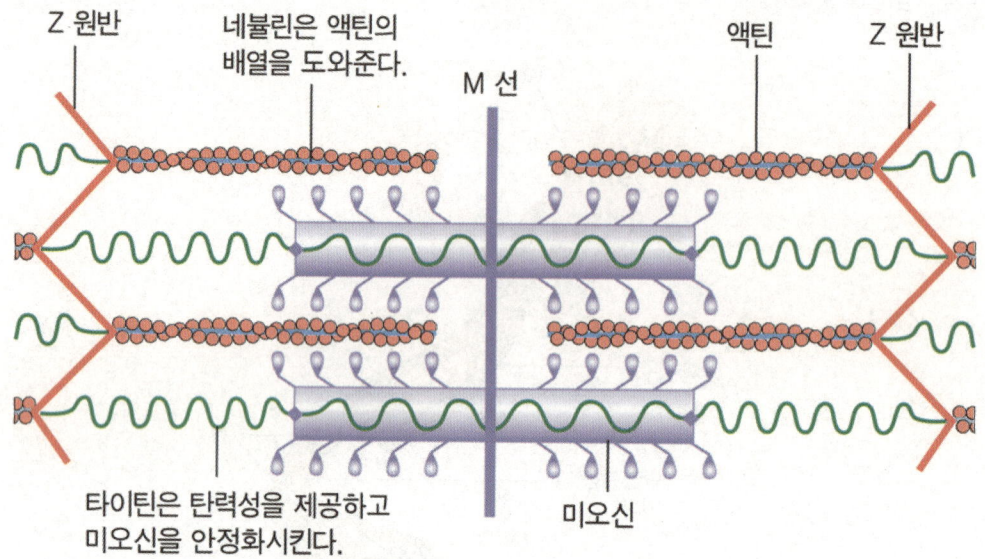

Z 원반　네불린은 액틴의 배열을 도와준다.　M 선　액틴　Z 원반

타이틴은 탄력성을 제공하고 미오신을 안정화시킨다.　미오신

Ⓐ 가는 필라멘트는 Z선에 결합되어 있고, 근절의 중심방향을 향해 뻗어 있음
Ⓑ 굵은 필라멘트는 근절의 중심부에 위치한 M선에 결합되어 있음

ⓔ 근섬유 깊숙한 곳까지 함입되어 있는 구조인 횡주세관(T관)이 존재함. 횡주세관을 통해 서 근육의 깊은 곳까지 활동전위가 전도됨

Ⓛ 골격근 수축 기작 – 활주 필라멘트 모델(sliding filament model)

ⓐ 활주 필라멘트 모델의 특징

  1. 근육 수축 시 가는 필라멘트와 굵은 필라멘트의 길이는 변화하지 않고, 각각의 필라멘트의 활주를 통해 중첩부위가 증가됨

  2. 근 필라멘트의 활주는 미오신과 액틴 간의 상호작용에 기인함

  3. 근수축이 가능하기 우해서는 ATP와 Ca^{2+}이 모두 필요. 미오신이 액틴에 결합하기 위해서는 Ca^{2+}이 필요하고 계속된 수축을 위해 미오신과 액틴이 분리되기 위해서 ATP가 필요함

ⓑ 근수축시 진행되는 미오신과 액틴의 상호작용 상세 과정

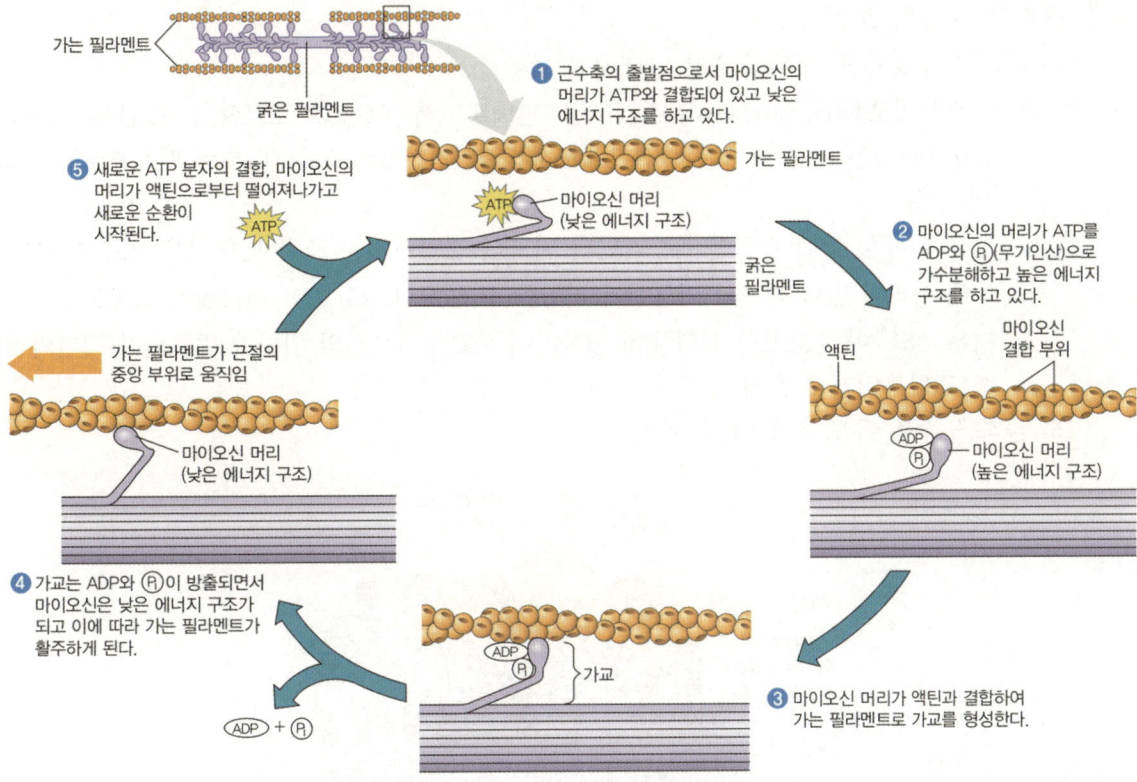

① 근수축의 출발점으로서 미오신의 머리가 ATP와 결합되고 있고 낮은 에너지 구조를 하고 있음

② 미오신의 머리가 ATP를 ADP와 Pi로 가수분해하고 높은 에너지 구조를 하고 있음

③ 미오신의 머리가 액틴과 결합하여 기교를 형성함

④ ADP와 Pi가 방출되면서 미오신은 낮은 에너지 구조가 되고 이에 따라 가는 필라멘트가 활주하게 됨

⑤ 새로운 ATP 분자의 결합되면서 미오신의 머리가 액틴으로부터 떨어져 나가고 새로운 수축 주기가 시작됨

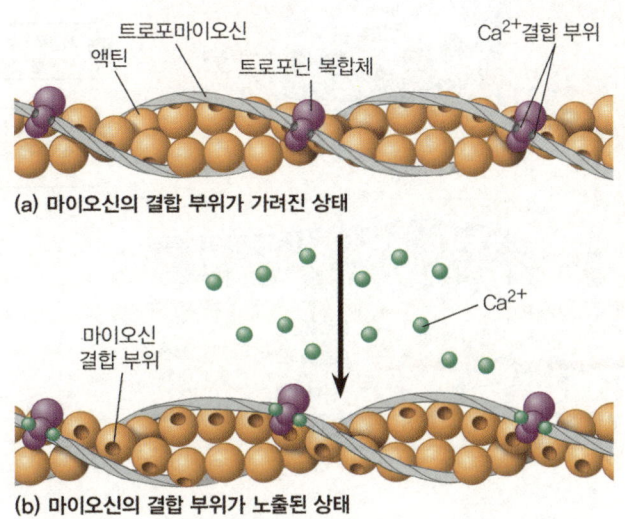

(a) 마이오신의 결합 부위가 가려진 상태

(b) 마이오신의 결합 부위가 노출된 상태

ⓒ 골격근 수축의 조절
  ⓐ 골격근 수축시의 칼슘과 조절 단백질의 역할
    1. 트로포미오신(tropomyosin)은 조절 단백질로서 그리고 트로포닌 복합체(troponin complex)는 조절 단백질의 집합체로서 각각 액틴으로 구성된 가는 필라멘트와 결합되어 있음
    2. 근육이 휴식 상태에 있을 때, 액틴의 미오신 결합부위는 조절 단백질은 트로포미오신에 의해 가려져 있어 액틴과 미오신이 결합할 수 없으나, Ca^{2+}이 세포질에 고농도로 존재할 경우 Ca^{2+}이 트로포닌 복합체에 결합하여 트로포미오신의 위치가 변동되어 액틴의 미오신 결합부위가 노출되고 액틴과 미오신이 결합하게 됨
  ⓑ 골격근 수축 유도 신호 전달 과정

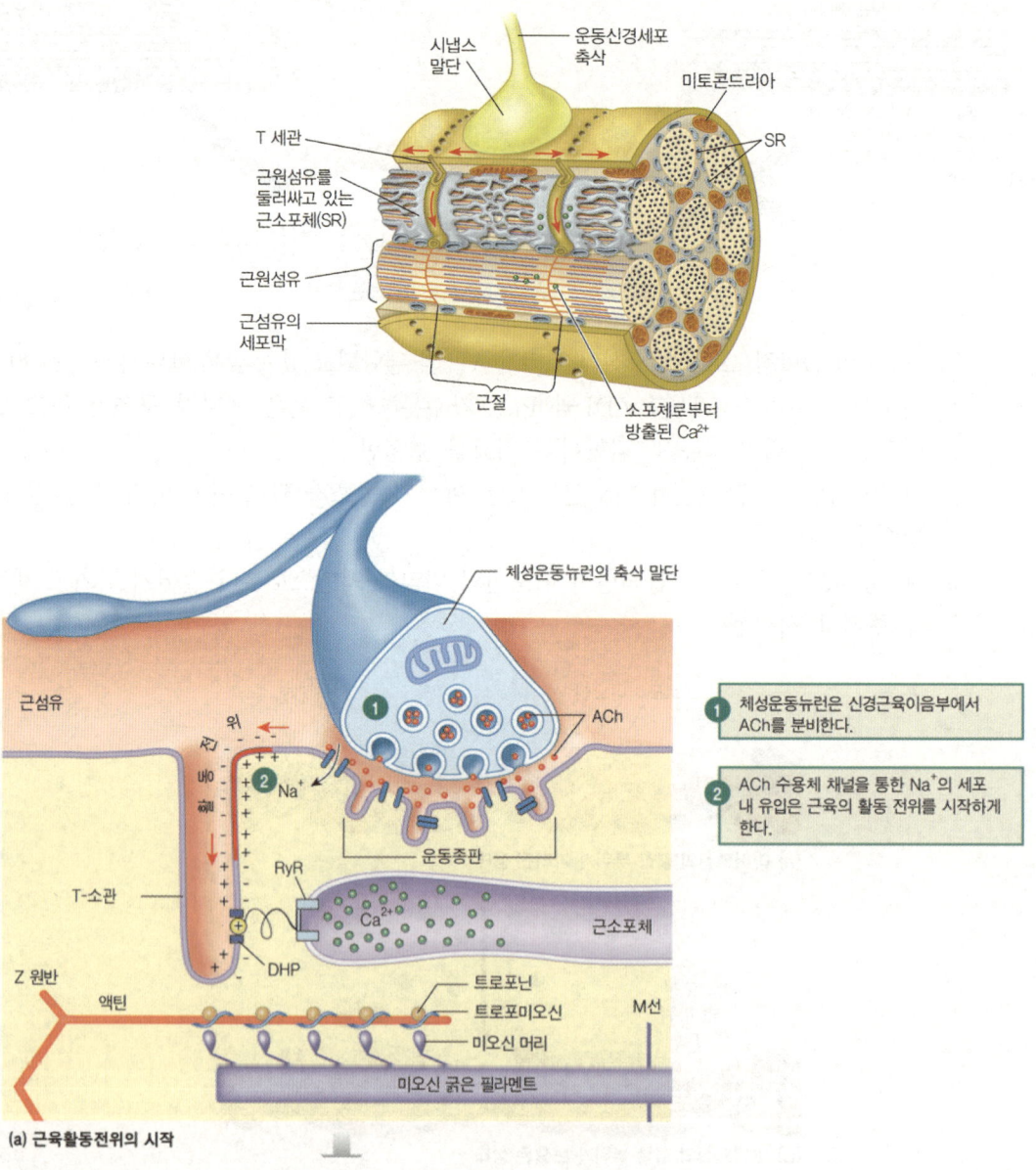

(a) 근육활동전위의 시작

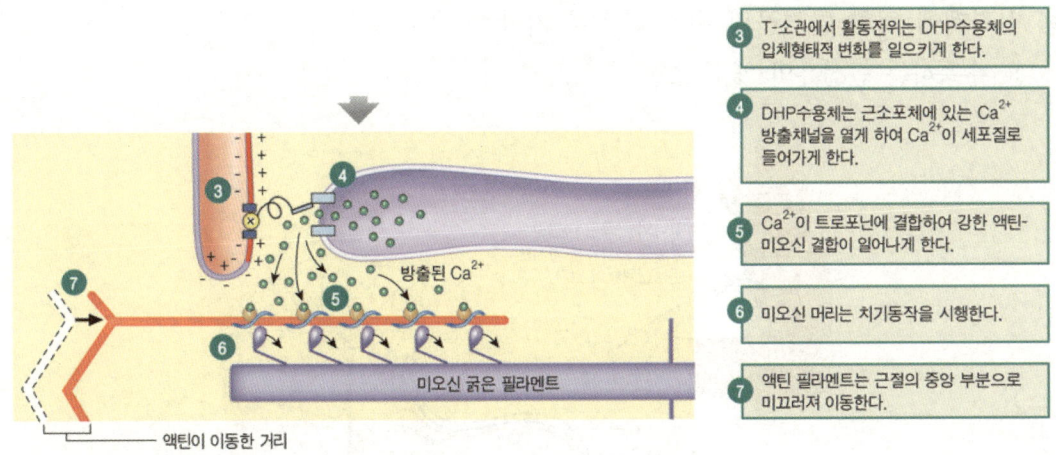

③ T-소관에서 활동전위는 DHP수용체의 입체형태적 변화를 일으키게 한다.

④ DHP수용체는 근소포체에 있는 Ca^{2+} 방출채널을 열게 하여 Ca^{2+}이 세포질로 들어가게 한다.

⑤ Ca^{2+}이 트로포닌에 결합하여 강한 액틴-미오신 결합이 일어나게 한다.

⑥ 미오신 머리는 치기동작을 시행한다.

⑦ 액틴 필라멘트는 근절의 중앙 부분으로 미끄러져 이동한다.

방출된 Ca^{2+}

미오신 굵은 필라멘트

액틴이 이동한 거리

(b) 흥분-수축 짝물림

운동신경 세포의 시냅스 말단

시냅스 틈

T 세관

세포막

ACh

① 시냅스 말단에서 방출된 아세틸콜린(ACh)이 시냅스 틈으로 확산되면 근섬유 세포막의 수용체 단백질과 결합하여 근섬유에서 활동전위를 유발한다.

② 활동전위는 세포막을 따라서 그리고 T 세관을 따라서 이동한다.

근소포체(SR)

근소포체 내 Ca^{2+}

Ca^{2+} 펌프

Ca^{2+} 통로

③ 활동전위는 근소포체로부터 Ca^{2+}의 방출을 유도한다.

ATP

Ca^{2+}

⑦ 세포질 Ca^{2+}이 제거되면 트로포마이오신에 의해서 마이오신의 결합 부위가 다시 차단된다. 수축은 종결되고 근섬유는 이완된다.

⑥ 활동전위가 종료되면 세포기질 내의 Ca^{2+}은 능동적 수송에 의해서 근소포체 내로 제거된다.

세포기질

④ 칼슘 이온이 가는 필라멘트의 트로포닌과 결합하면 마이오신 결합 부위가 노출된다.

⑤ ATP의 가수분해와 연동되어 있고 마이오신의 가교 형성과 와해의 순환은 가는 필라멘트를 근절의 중심으로 활주시킨다.

ㄹ 신경계에 의한 골격근의 수축력 조절 기작

ⓐ 수축하는 근섬유의 개수 조절

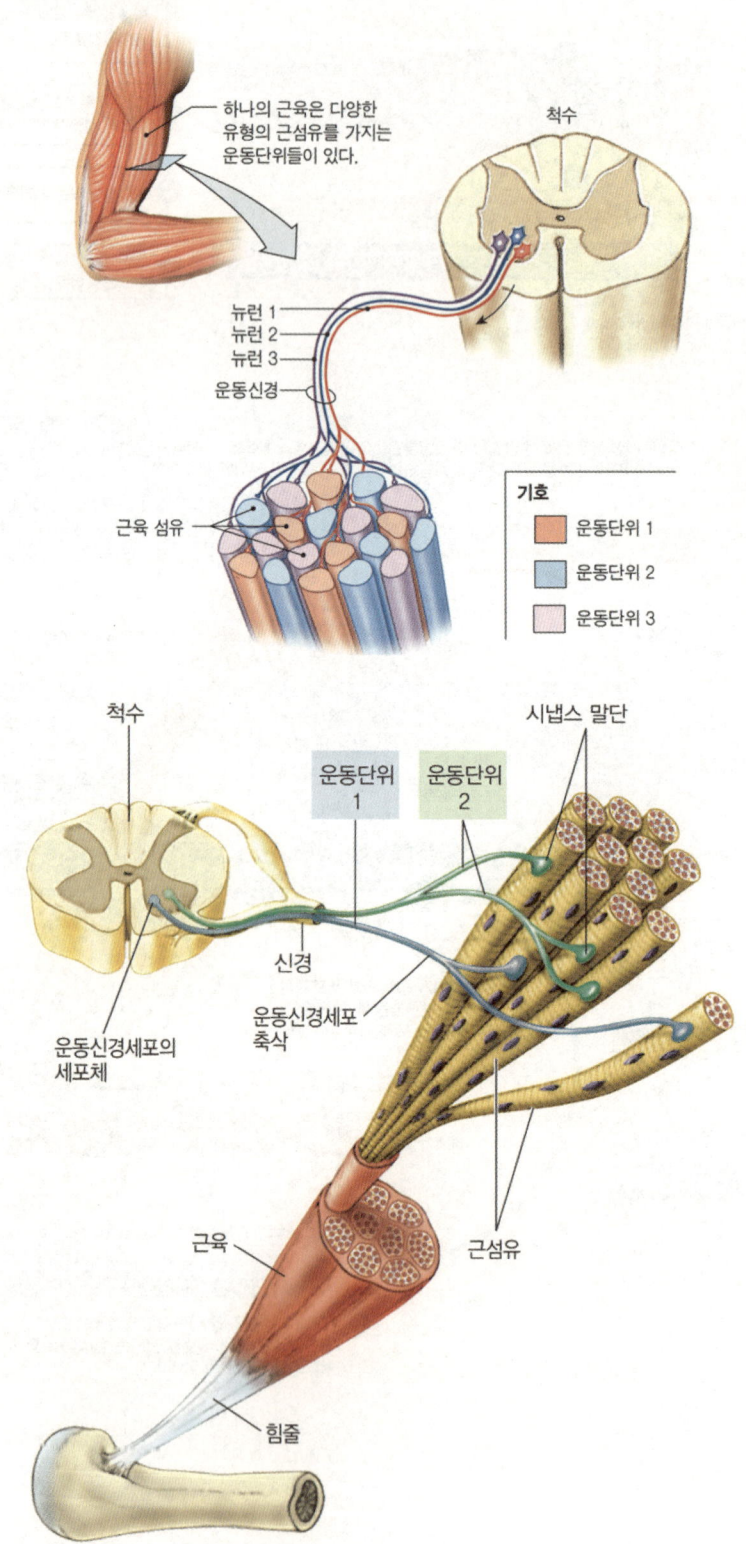

하나의 근육은 다양한 유형의 근섬유를 가지는 운동단위들이 있다.

척수

뉴런 1
뉴런 2
뉴런 3
운동신경

근육 섬유

기호

운동단위 1

운동단위 2

운동단위 3

척수

시냅스 말단

운동단위 1

운동단위 2

신경

운동신경세포의 세포체

운동신경세포 축삭

근육

근섬유

힘줄

1. 운동 단위(motor unit): 하나의 운동신경세포와 그 운동신경세포가 조절하는 근섬유들로 구성됨

2. 한 운동신경세포가 활동전위를 형성하면 이 운동단위에 속한 모든 근섬유들이 하나의 집단으로서 수축함. 따라서 수축강도는 얼마나 많은 근섬유들이 이 운동신경세포에 의해서 조절되고 있느냐에 달려 있음

3. 신경계는 운동단위의 유형과 수를 결정함으로써 전체 근육의 수축 강도를 조절할 수 있음

ⓑ 근섬유의 수축 빈도수 변화

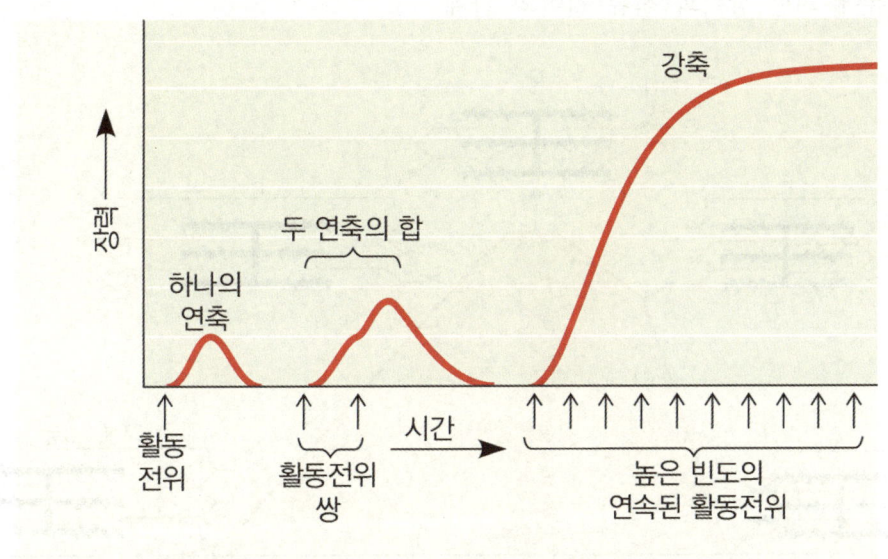

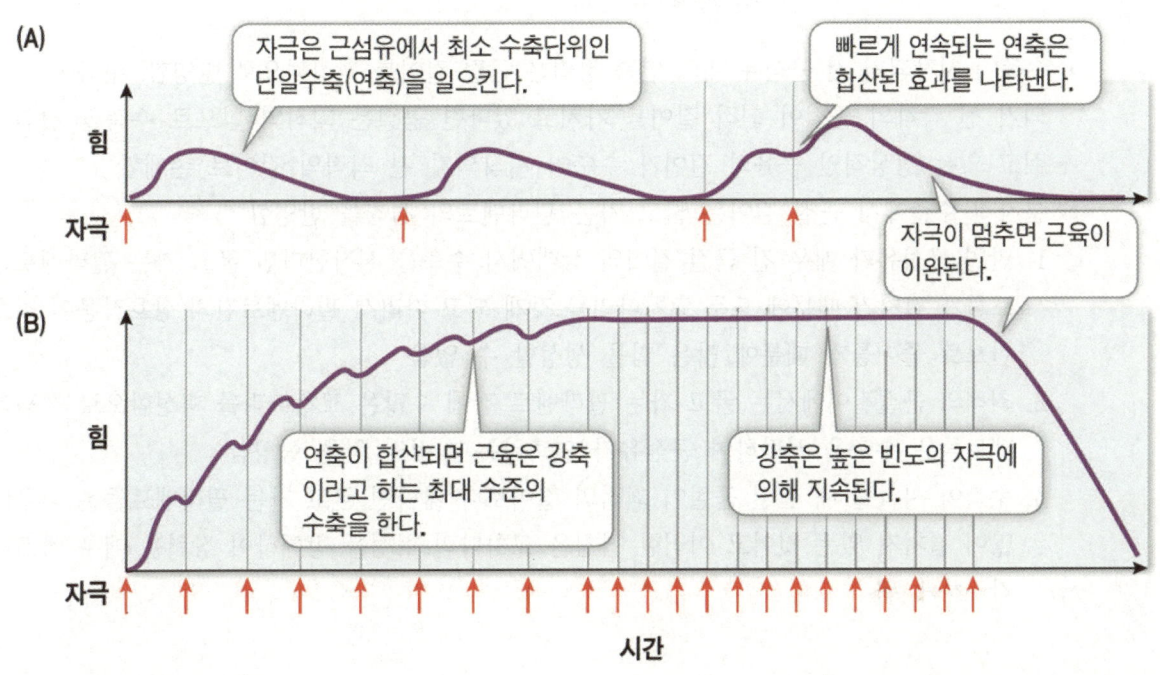

1. 하나의 활동전위는 근육으로 하여금 100ms 이하의 단일 연축(single twitch)을 유발하는데, 만일 두 번째 활동전위가 근섬유의 이완이 완전히 일어나지 않은 상태에서 도달된다면 연축이 합쳐져서 장력이 증가하게 됨

2. 빈도가 충분히 높아서 근섬유가 이완할 틈이 없으면 연속적이고 지속적인 수축인 강축(tetanus)이 유발됨. 운동신경세포는 일반적으로 매우 고빈도의 활동전위를 형성하여 개별적인 연축에 의한 경련성 움직임이 아니라 강축에 의한 부드럽고 자연스러운 움직임을 가능케 함

㉮ 근섬유에 의한 장력과 섬유 길이의 관계

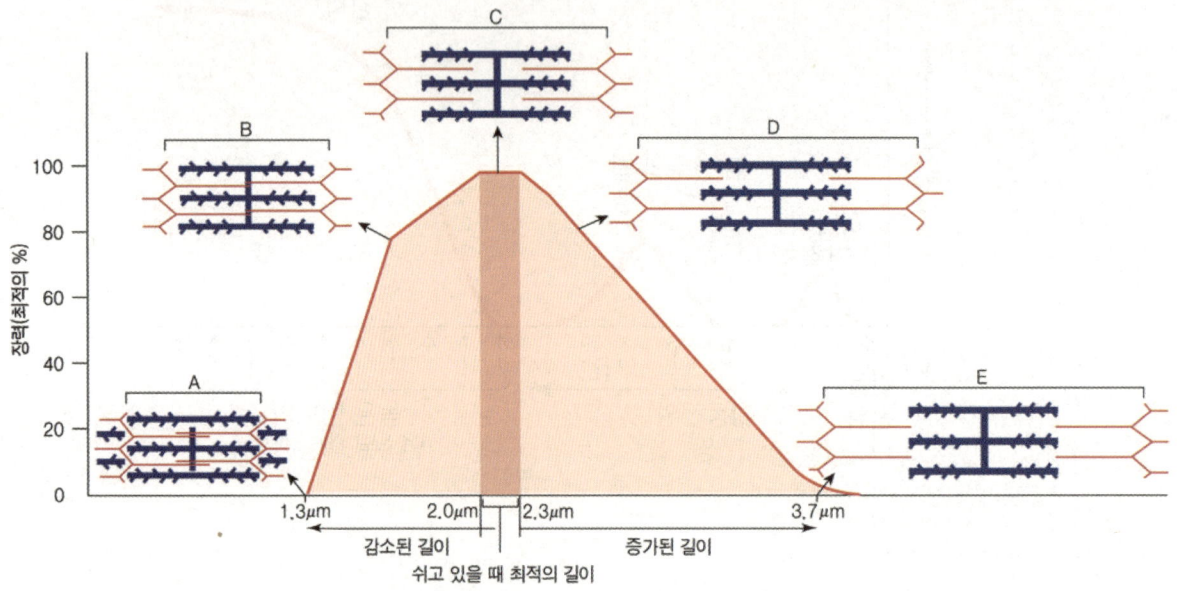

ⓐ 수축이 시작되기 전 근섬유 내의 연축 장력은 근절 길이를 직접적으로 반영함. 수축이 시작되기 전 각각의 근절이 최적 길이를 가지고 있다면 근절은 최적의 힘으로 수축할 것인데 쉬고 있는 정상적인 근육의 길이가 수축이 시작되기 전 최적의 길이로 존재함

ⓑ 분자적 수준에서 근절 길이는 굵고 가는 필라멘트의 겹침을 반영함

1. 만일 근섬유가 매우 긴 근절 길이의 상태에서 수축을 시작한다면 굵고 가는 필라멘트는 드물게 겹치기 때문에 드문 교차다리를 갖게 되고 따라서 필라멘트간의 상호작용이 최소한으로 줄어들기 때문에 많은 힘을 생성할 수 없음

2. 최적의 근절길이에서는 굵고 가는 필라멘트 간에 수많은 교차다리를 형성함으로써 필라멘트들은 수축을 시작하여 근섬유가 연축하는 최적의 힘을 형성함

3. 수축이 시작될 때 만일 근절이 최적의 길이보다 짧다면 굵고 가는 필라멘트들은 너무나 많이 겹쳐져 있는 것이고 이러한 겹침은 교차다리 형성을 방해하여 장력은 매우 빠르게 감소하게 됨

ⓗ 골격근 수축을 위한 ATP 생성

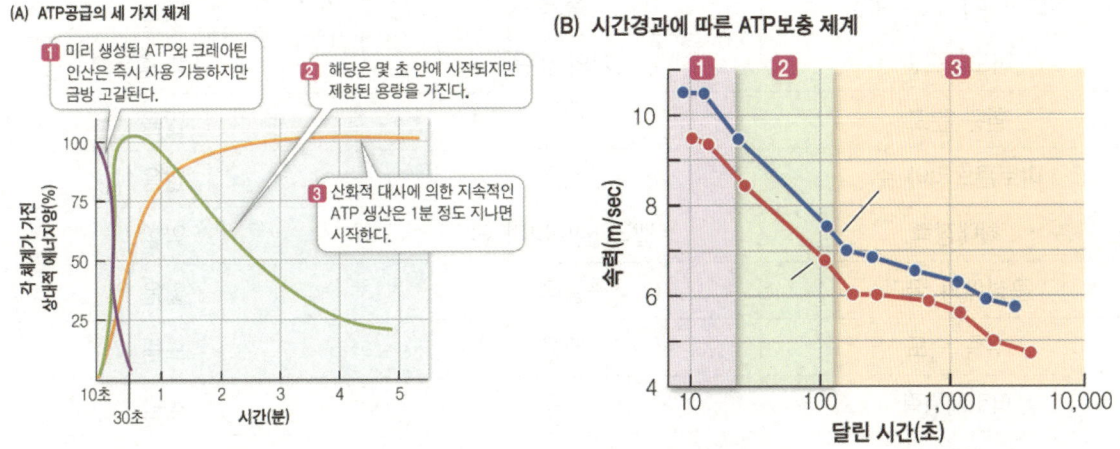

(A) ATP공급의 세 가지 체계

1 미리 생성된 ATP와 크레아틴 인산은 즉시 사용 가능하지만 금방 고갈된다.

2 해당은 몇 초 안에 시작되지만 제한된 용량을 가진다.

3 산화적 대사에 의한 지속적인 ATP 생산은 1분 정도 지나면 시작한다.

(B) 시간경과에 따른 ATP보충 체계

ⓐ 예비 에너지 원천으로 근육은 포스포크레아틴(phophocreatine)을 가지고 있는데 근육이 쉬고 있을 때 포스포크레아틴은 크레아틴과 ATP간에 형성된 고에너지 인산 결합을 가지고 있음. 근육이 활동할 때 포스포크레아틴의 고에너지 인산기는 크레아틴 인산화효소에 의해 ADP로 전이되어 ATP를 형성하게 됨

ⓑ 젖산 발효나 호기성 대사를 통해 ATP를 형성함. ATP 생성을 위해서 쓰일 수 있는 영양물질에는 당이나 지방산 등이 해당되는데 심한 운동시에는 당이 소모되는 경향이 있고 가벼운 운동은 지방산이 소모되는 경향이 존재함. 단백질은 대체적으로 근수축의 에너지원이 아님

ⓢ 골격근 섬유의 종류

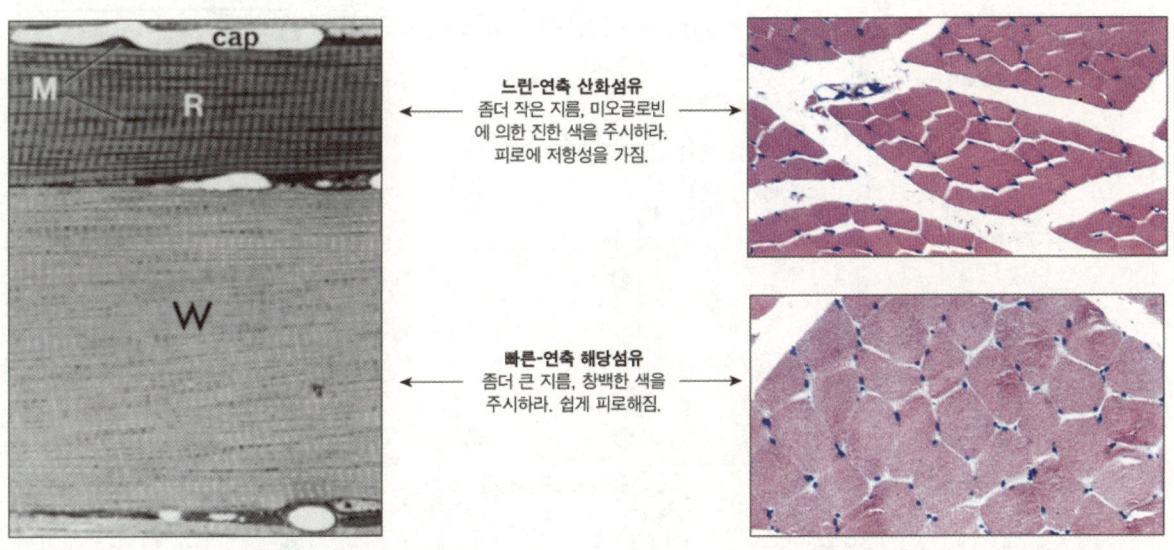

느린-연축 산화섬유
좀더 작은 지름, 미오글로빈에 의한 진한 색을 주시하라. 피로에 저항성을 가짐.

빠른-연축 해당섬유
좀더 큰 지름, 창백한 색을 주시하라. 쉽게 피로해짐.

	속근(백근)	지근(적근)
미오신 ATPase 활성	높음	낮음
미오글로빈	거의 없음	다량 함유
혈관 분포	미약	많음
미토콘드리아 수	적음	많음
최대장력	빨리 일어나며 큼	약함
근섬유의 굵기	굵음	얇음
수축 속도	빠름	느림
피로저항력	낮음	높음
주 에너지원	글리코겐	중성지방
에너지 생성방식	해당과정 의존적	산화적 인산화

(3) 기타 유형의 근육

㉠ 심장근: 유일하게 심장에서만 발견되는 근육

ⓐ 골격근처럼 가루무늬를 지니나 골격근과는 전기적 성질 및 막의 성질이 다름

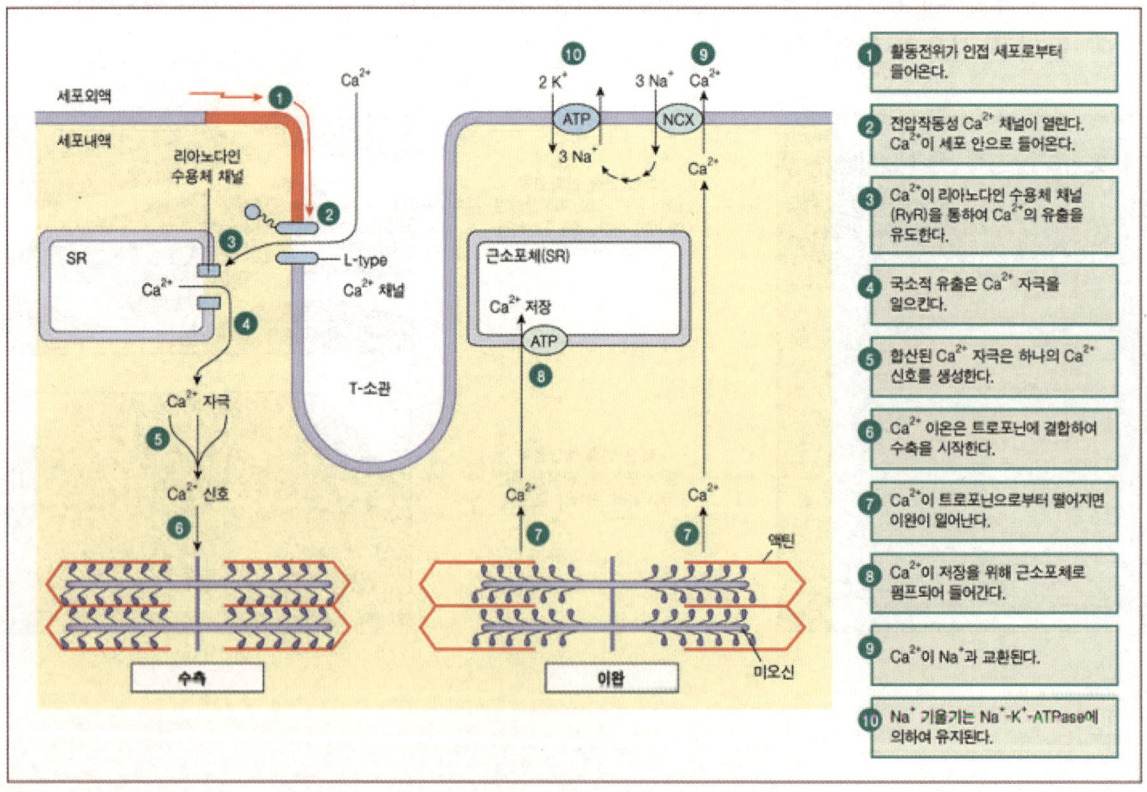

ⓑ 신경계의 입력 신호가 없어도 활동전위를 형성시키는데 필요한 연속적이며 주기적 탈분극이 발생

ⓒ 심장근의 활동전위는 골격근보다 20배 정도 오랫동안 지속되며 활동전위의 길이는 수축 지속기간 조절에 필요한 역할을 수행

ⓓ 이웃한 심장근 세포들의 세포막은 사이원반(ontercalated disk; 데스모좀 발달)을 통해 단단히 연결되어 있으며, 간극연접을 통해 세포들 간의 전기적 신호 전달

ⓛ 평활근: 혈관이나 소화관 같이 속이 비어 이TSms 기관에서 주로 발견됨

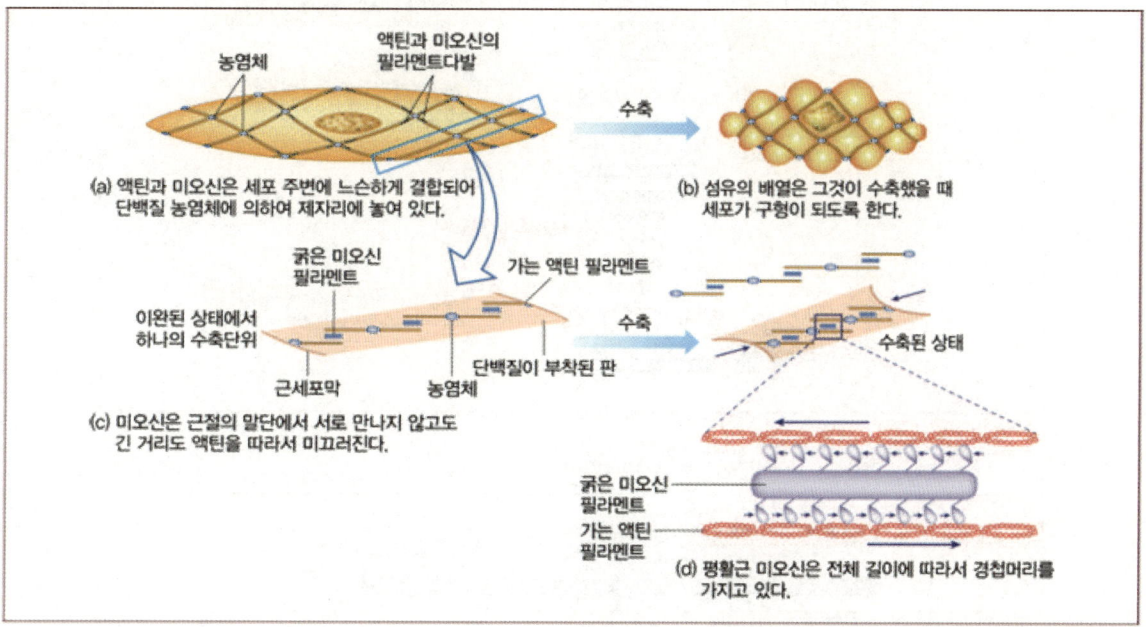

ⓐ 가로무늬가 발견되지 않고, 가로무늬근보다 미오신 함량이 낮음

ⓑ 일부 평활근은 자율신경계의 신경세포로부터 자극을 받았을 때만 수축하지만 많은 경우 평활근은 신경계의 자극 없이도 활동전위를 형성하며 전기적으로 서로 연결되어 있음

ⓒ 골격근보다 천천히 수축하고 이완하며, 트로포닌 복합체나 T관이 없고, 근소포체도 발달되지 않음

ⓓ 활동전위가 발생하면 주로 세포막을 통해 칼슘 이온이 유입되는데 칼슘이온은 칼모듈린이라 불리는 단백질과 결합하여 근육 수축을 유발함

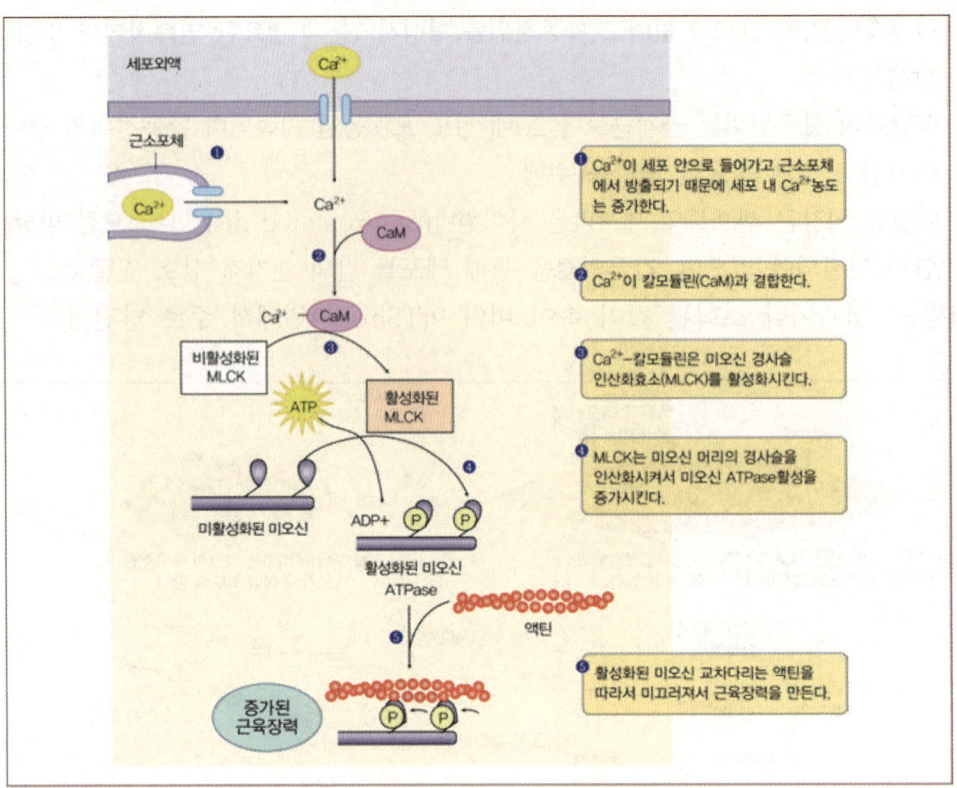

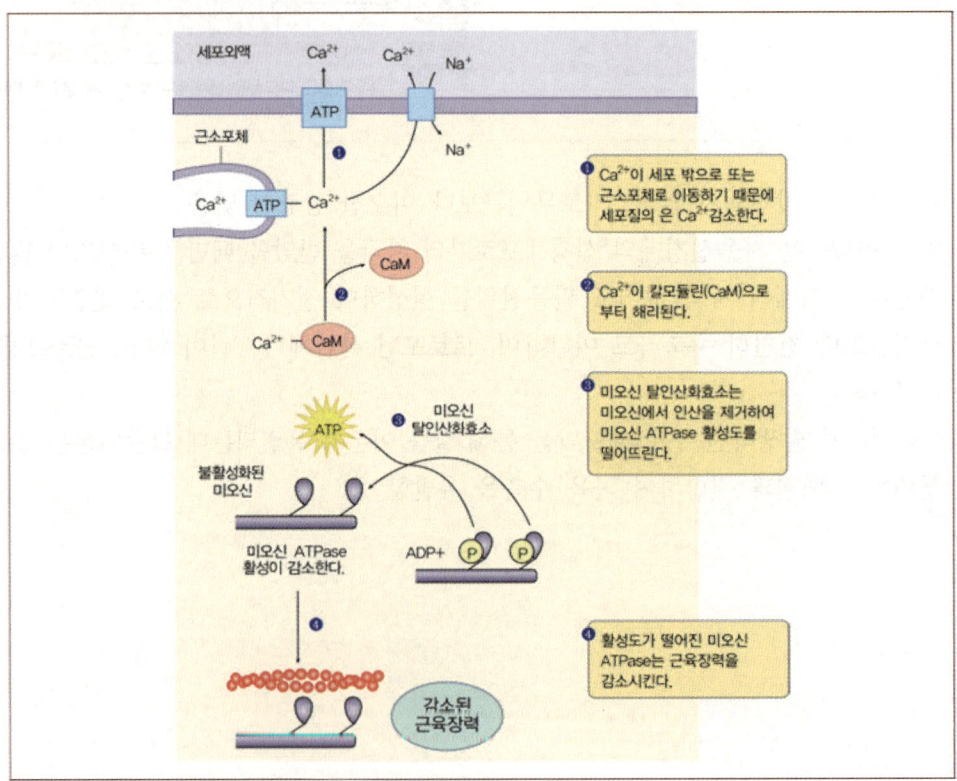

(4) 근섬유 유형 특징 정리

구분	골격근	평활근	심근
광학현미경에서의 모습	가로무늬	민무늬	가로무늬
섬유배열	근절	비스듬한 다발	근절
섬유단백질	액틴, 미오신, 트로포닌, 트로포미오신	액틴, 미오신, 트로포미오신	액틴, 미오신, 트로포닌, 트로포미오신
조절	수의근 Ca^{2+}과 트로포닌 섬유들은 독립적임	불수의근 Ca^{2+}과 칼모듈린 간극 연접	불수의근 Ca^{2+}과 트로포닌 간극 연접
신경조절	체성운동뉴런	자율신경뉴런	자율신경뉴런
호르몬의 영향	없음	다중의 호르몬	에피네프린
위치	뼈에 부착되어 있음 조임근	속이 빈 기관과 튜브의 벽을 구성하고 있음 조임근	심장
모양	다핵이며 크고 원통형임	단핵이며 작고 원추형임	단핵이며 짧고 가지친 모양임
내부구조	T소관과 근소포체	T소관 없음 근소포체가 적거나 없음	T소관과 근소포체
수축속도	가장 빠름	가장 느림	중간
섬유 하나의 수축력	실무율	차등	차등
수축의 시작	운동뉴런에서의 입력이 필요	율동적이기도 함	율동적임

11 신경반사(neuronal relflex)

(1) 신경반사 구분

　㉠ 효과기를 조절하는 원심성 뉴런의 종류에 따른 구분

　　ⓐ 체성반사(somatic reflex): 체성운동뉴런과 골격근을 포함하는 반사

　　ⓑ 자율반사(autonomic reflex): 반응이 자율신경에 의해 조절되는 반사

　㉡ 반사가 통합되는 중추신경계의 위치에 따른 구분

　　ⓐ 척수반사(spinal reflex): 척수 안에서 통합되며 뇌로부터의 입력으로 조정되기도 하지만 이러한 입력 없이도 일어날 수 있음

　　ⓑ 뇌반사(cramnial reflex): 뇌에서 통합되는 반사

ⓒ 반사가 타고난 것인지 학습된 것인지에 따른 구분

　ⓐ 선천적 반사(innate reflex): 유전적으로 결정된 반사

　ex) 무릎반사(knee jerk reflex): 무릎덮개의 아랫부분에 있는 무릎인대를 고무망치로 두드렸을 때 다리가 올라가는 반사

　ⓑ 학습반사(learned reflex): 경험으로 획득되는 반사

　ex) 조건반사(conditioned reflex)

ⓔ 반사경로에 존재하는 뉴런의 수에 따른 구분

　ⓐ 단일시냅스반사(monosynaptic reflex): 구심성 감각뉴런과 원심성체성운동뉴런으로만 구성됨. 체성운동반사만이 단일 시냅스성임

　ⓑ 다중시냅스반사(polysynaptic reflex): 원심성과 구심성뉴런 사이에 하나 이상의 연합뉴런을 갖음. 모든 자율반사는 3개의 뉴런, 즉 1개의 구심성과 2개의 원심성을 가지는 자우 시냅스성임

(2) 자율반사(autonomic reflex)

몸의 내부장기와 관련되어 있기 때문에 내장반사(visceral reflex)로도 알려져 있음

㉠ 자율반사의 예

　ⓐ 척수반사: 배뇨, 배변과 같은 일부 내장반사 등이 이에 포함됨. 척수반사는 고위뇌중추에서 뻗어나온 하행로에 의해서 수행되면서 뇌로부터 온 흥분성 또는 억제성 신호에 의해 조정됨

　ⓑ 시상하부, 시상, 뇌간에 의해 통합되는 반사: 심장박동, 혈압, 호흡, 식사량, 물 균형, 체온조절과 같은 항상성을 유지하는데 필요한 반사. 특히 뇌간은 침 분비, 구토, 재채기, 기침, 삼키기, 구역질과 같은 자율반사를 위한 통합중추를 지님

㉡ 자율반사의 특징

　ⓐ 자율반사는 모두 뇌의 감각뉴런과 신경절전 뉴런 사이에 최소한 1개 이상의 시냅스와 신경절전 뉴런과 신경절후 뉴런 사이의 1개의 추가적인 시냅스를 가지고 있는 다중 시냅스 반사임

　ⓑ 정서적 자극을 내장반응으로 전환시킴. 성욕, 공포, 격노, 공격성, 배고픔과 같은 일차적인 충동의 장소인 변연계가 이와 관련되어 있음. 정서와 연결된 자율반사는 배뇨, 배변, 얼굴의 홍조, 창백해짐, 털의 곤두섬 등을 포함함

(3) 체성반사(somatic reflex)

㉠ 체성반사의 구성요소

　ⓐ 고유수용기(proprioceptor): 골격근, 관절덮개, 인대에 위치하며 사지의 공간적 위치와 움직임, 물체를 들고 있을 때 발휘하고 있는 힘을 감지

　ⓑ 감각뉴런(sensory neuron): 고유수용기들로부터 입력된 신호를 중추신경계로 보냄

　ⓒ 중추신경계(central nervous system): 흥분성과 억제성 연합뉴런들의 네드워크와 경로를 이용하여 입력신호를 통합함. 한 번의 반사에서 감각정보는 준의식적으로 통합되어 행동으

로 나타나지만 일부 감각정보는 대뇌 피질에서 통합되어 지각되며 일부 반사는 의식적 입력에 의해 조정됨

ⓓ 체성운동뉴런(somatic motor neuron): 출력신호를 냄. 골격근의 수축성 섬유에 연결된 체성운동뉴런을 알파운동뉴런(alpha motor neuron)이라고 함

ⓔ 효과기(effector): 수축성 근섬유로서 근방추외 섬유(extrafusal muscle fiber)라고도 알려져 있는데 알파운동뉴런들에서의 활동전위 형성은 근방추외 섬유의 수축을 유도함

ⓛ 근방추와 골지건 기관의 반사

ⓐ 근방추(muscle fiber): 근육길이의 변화에 대한 정보를 척수와 뇌에 보내는 신장수용기(stretch receptor)임

1. 구조: 수축성의 근방추외 섬유들과 나란히 배열된, 작고 가늘고 긴 구조를 가지고 있음. 각각의 근방추는 결합조직인 피막으로 구성되어 있는데 이 피막은 근방추내 섬유로 알려진 작은 근섬유 집단을 둘러싸고 있음. 근방추내 섬유는 변형된 섬유로서 그 끝은 수축성을 지니지만 가운데 부분은 근원섬유들을 지니지 않음. 근방추내 섬유의 비수축성 중앙부분은 신장에 의하여 자극되는 감각신경말단에 의해 감겨져 있음. 감각뉴런들은 척수로 뻗어 방추외 섬유에 연결된 알파운동뉴런과 직접적으로 시냅스를 형성함

2. 작용: 근방추는 근방추외 섬유에 나란히 박혀 있어서 근육 길이가 증가하게 되면 근방추도 같이 신장하여 감각섬유가 조금 더 빠르게 발화되도록 함. 이것은 과도한 신장으로부터 오는 손상을 막는 근육의 반사수축을 유도하는데 이를 신장반사(stretch reflex)라고 함

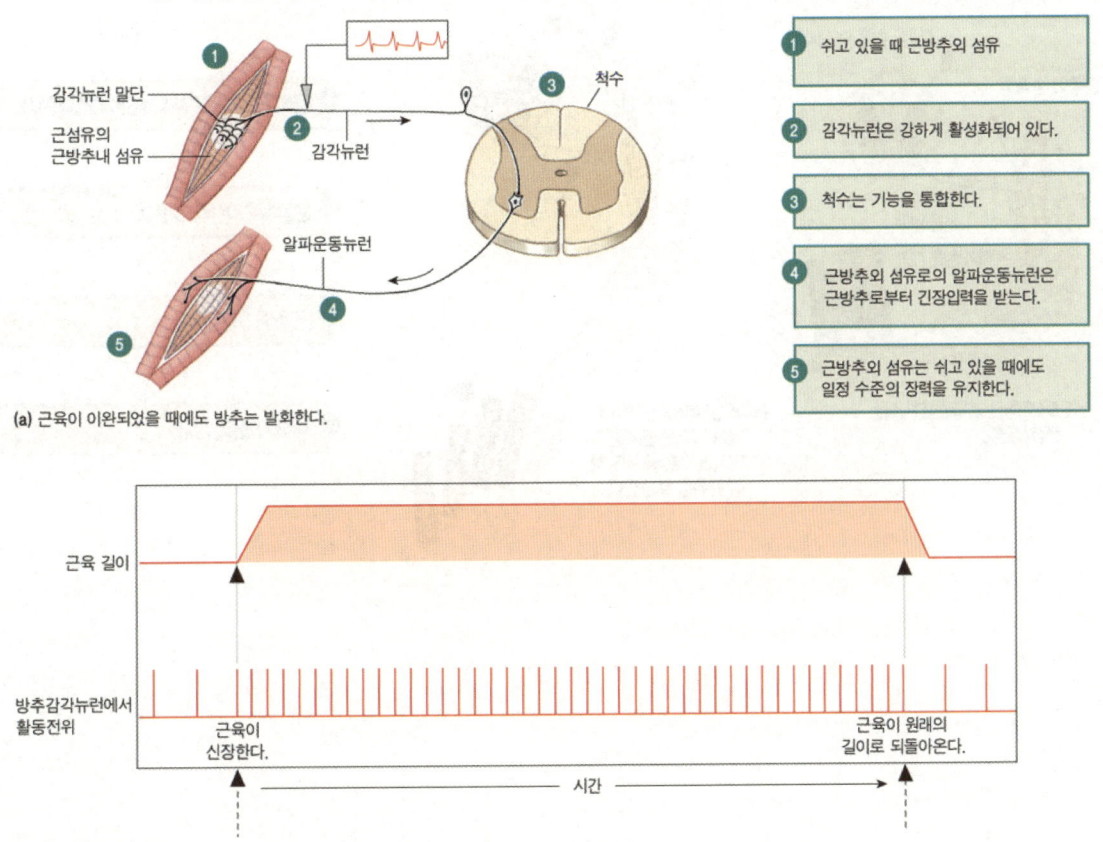

(a) 근육이 이완되었을 때에도 방추는 발화한다.

ⓑ 골지건기관(Golgi tendon organ): 힘줄과 근섬유의 연결 부분에서 발견되는데 수용기들은 근섬유들과 나란히 놓여 있음. 골지건기관은 근육이 제길이 수축을 하고 있을 때 생기는 장력에 반응하여 이완반사를 일으킴

ⓒ 근육방추반사와 골지건반사의 차이

근육방추반사 : 부하의 추가는 근육과 방추를 신장시켜서 반사수축을 일으키게 한다.

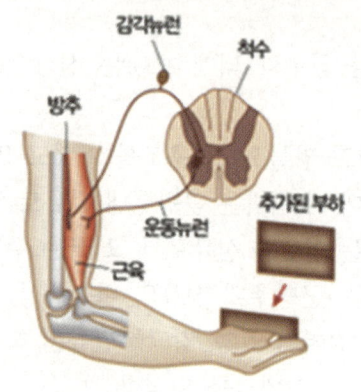

(a)근육에 부하를 추가시킨다.

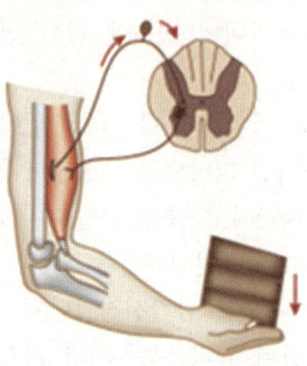

(b)팔이 아래로 당겨질 때 근육과 근방추는 신장된다.

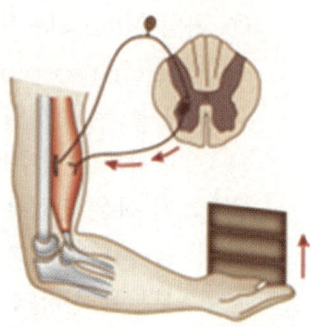

(c)근방추에 의해서 시작된 반사수축은 팔의 위치를 복원시킨다.

골지힘줄반사 : 근육을 이완시켜 부하를 떨어뜨리도록 함으로써 근육을 과도하게 무거운 부하로부터 보호한다.

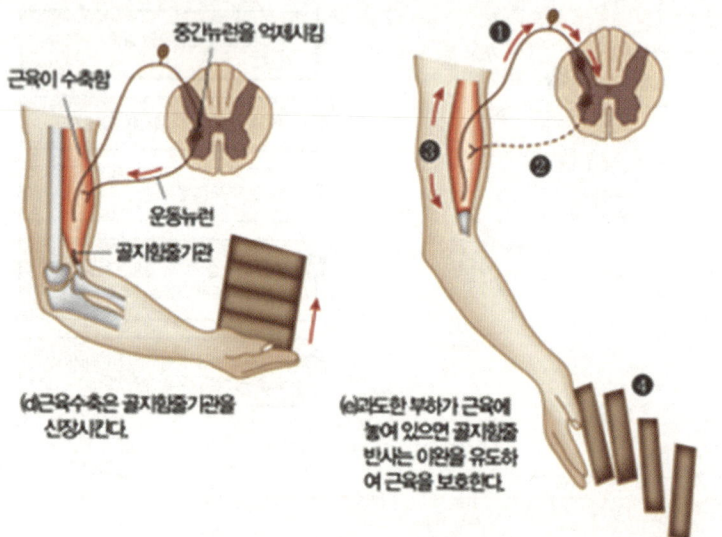

(d)근육수축은 골지힘줄기관을 신장시킨다.

(e)과도한 부하가 근육에 놓여 있으면 골지힘줄반사는 이완을 유도하여 근육을 보호한다.

❶ 골지힘줄기관에서 뉴런이 발화한다.

❷ 운동뉴런이 억제된다.

❸ 근육이 이완한다.

❹ 부하가 떨어진다.

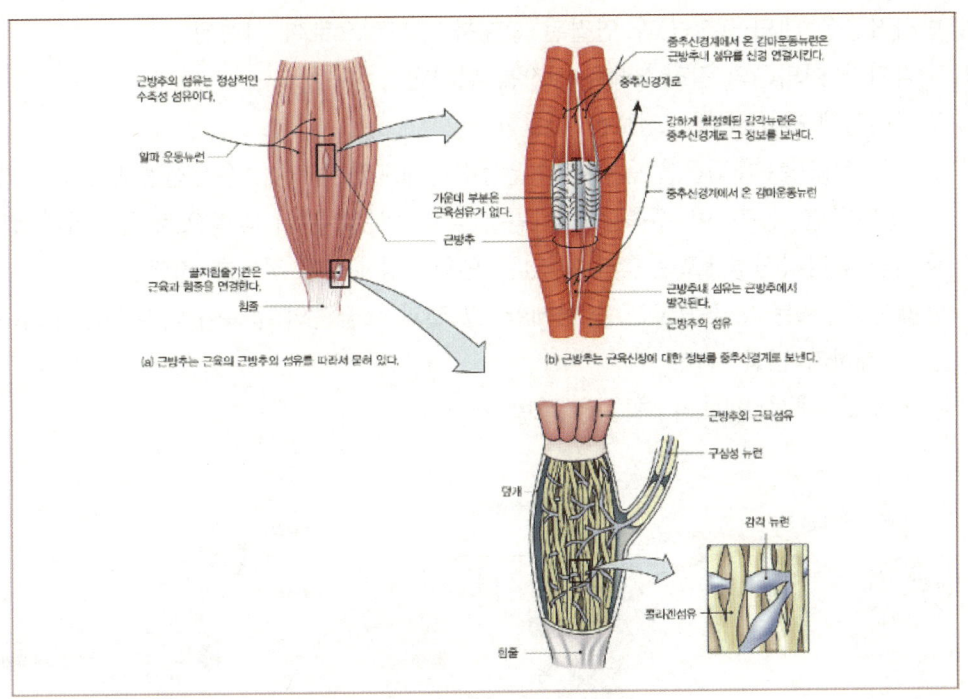

ⓒ 단일 시냅스 체성 반사의 예 - 무릎반사

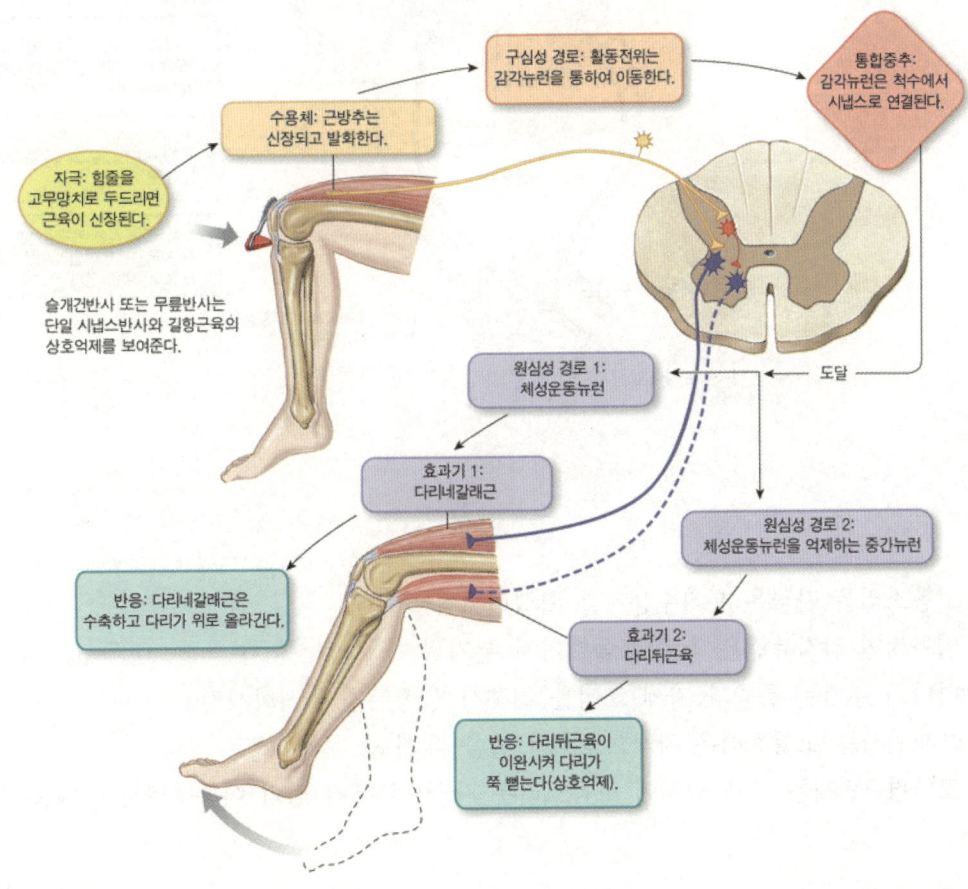

① 반사작용은 대퇴근(신근)과 연결된 인대를 두드림으로써 시작됨

② 감각기가 대퇴근의 갑작스러운 신장을 감각함

③ 감각신경세포가 척수로 정보를 전달함

④ 감각신경세포는 대퇴근을 움직이는 운동신경세포와 연락함. 운동신경세포가 대퇴근에 신호를 전달하면 대퇴근이 수축하게 되면서 다리 아랫부분이 앞쪽으로 움직이게 됨

⑤ 대퇴근의 감각신경세포는 척수에 있는 연합신경세포에 정보를 전달함

⑥ 연합신경세포는 오금근(굴근)을 억제함. 그 결과 오금근의 수축이 억제되어 대퇴근육의 수축을 방해하지 않음

ⓔ 다중 시냅스 체성 반사의 예 - 굽힘반사

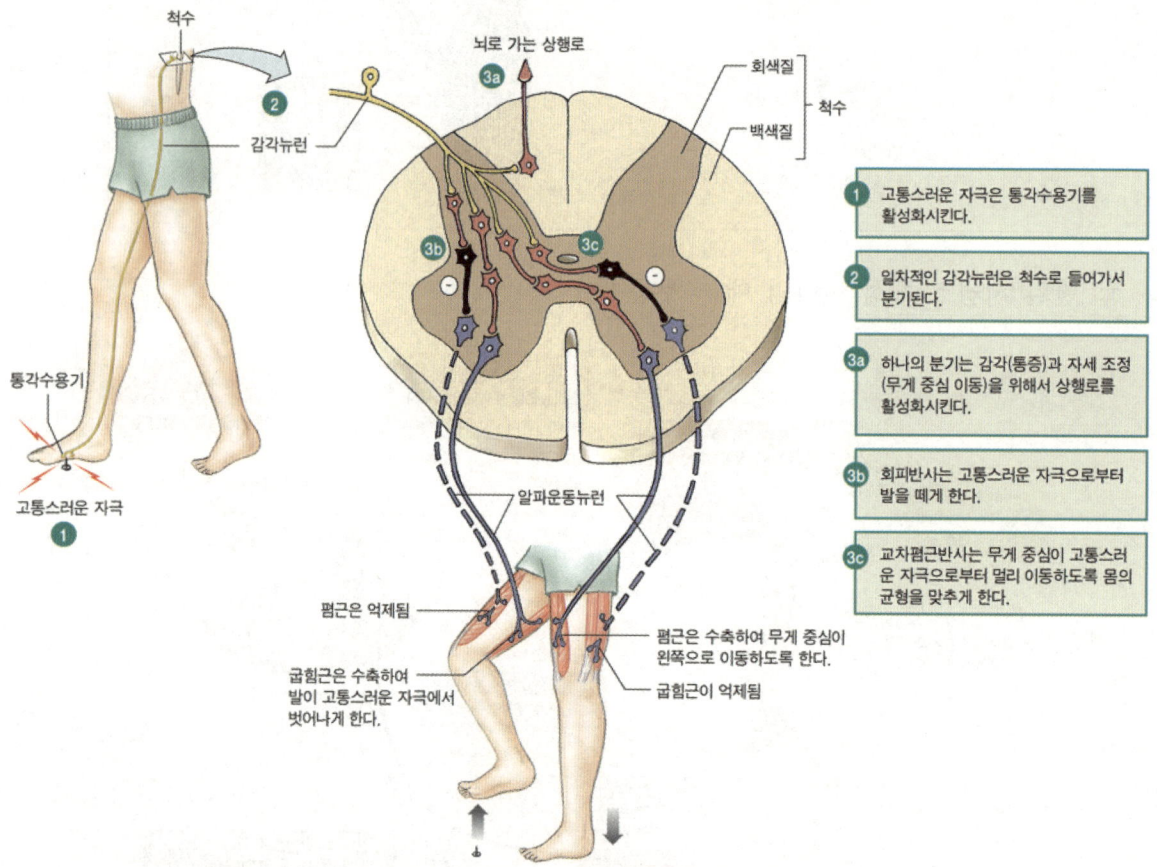

① 고통스러운 자극은 통각수용기를 활성화시킴

② 일차적인 감각뉴런은 척수로 들어가서 분기됨

③ 하나의 분기는 통증과 자세 조정을 위해서 상행로를 활성화시킴

④ 회피반사는 고통스러운 자극으로부터 발을 떼게 함

⑤ 교차펴근반사는 무세 중심이 고통스러운 자극으로부터 밀리 이동하도록 균형을 맞추게 힘

비밀병기
심화편 ③

PART 07

생식과 발생

30 생식(reproduction)

생식의 종류

(1) 무성 생식(asexual reproduction)

생식세포가 형성되지 않거나 생식세포의 융합이 존재하지 않는 생식 방식

㉠ 특징: 유전적 다양성이 떨어져 특정 환경에 적응한 개체군은 성장률이 높으나 절멸가능성이 높음

㉡ 종류

    ⓐ 이분법(binary fission): 세포질의 균등한 분열을 통한 개체 증식 ex. 세균, 짚신벌레

    ⓑ 출아법(budding): 세포질의 불균등한 분열을 통한 개체 증식 ex. 히드라, 효모

    ⓒ 포자법: 포자가 유사 분열하여 개체를 형성함 ex. 녹조류, 식물

    ⓓ 영양생식(vegetative reproduction): 영양기관(뿌리, 줄기, 잎)을 통해 개체 형성 ex. 식물

    ⓔ 절편분리 생장(fragmentation): 재생을 통한 생식 ex. Linckia 속의 불가사리

    ⓕ 단위생식(parthenogenesis): 미수정란을 통한 개체 발생 ex. 벌, 개미

(2) 유성 생식(sexual reproduction)

생식세포가 형성되어 서로 융합되어 개체를 형성하는 생식 방식

㉠ 특징: 제1감수분열 전기의 교차, 염색체의 독립적 분리를 통해 유전적 다양성이 확보되어 변화하는 환경에서도 절멸 가능성이 낮으며, 진화속도 또한 빠름

㉡ 유성 생식 세포의 종류

    ⓐ 정자(sperm): 난자보다 훨씬 작은 운동성 세포

    ⓑ 난자(egg): 상대적으로 더욱 큰 세포로 이동성이 없음

㉢ 수정: 체외수정과 체내수정으로 구분함

    ⓐ 체외 수정(external fertilization): 암컷은 환경에 알을 방출하고, 그곳에서 수컷이 이들을 수정시킴

    ⓑ 체내 수정(internal fertilization): 정자는 암컷 생식관 내부 또는 근처에 보관되며 수정은 생식관 안에서 발생함. 체내수정은 건조한 환경에서 정자가 난자에 도달할 수 있도록 해주는 육상생활에서의 하나의 적응 방식임

생식계의 발생

(1) 성의 분화

생식구조는 발생 7주째까지는 분화를 시작하지 않기 때문에 초기 배아의 성은 결정하기 어려움. 분화 전의 배아 조직은 형태학적으로 남성 또는 여성으로 확인될 수 없기 때문에 양성잠재성으로 간주됨. 양성잠재성 생식샘은 바깥쪽의 피질과 안쪽의 수질을 갖고 있는데 남성으로 분화되면 수질이 정소로 발생하고 여성으로 분화되면 피질이 난소로 발생하게 됨

ⓖ 양성잠재성 내부 생식기과 외부 생식기

    ⓐ 양성잠재성 내부 생식기: 두 쌍의 부속관으로 구성되는데 배아 신장으로부터 유래된 볼프관과 뮐러관이 그것임. 발생이 남성 또는 여성으로 진행되면서 한 쌍의 관은 발달하는 반면 다른 쌍은 퇴화됨

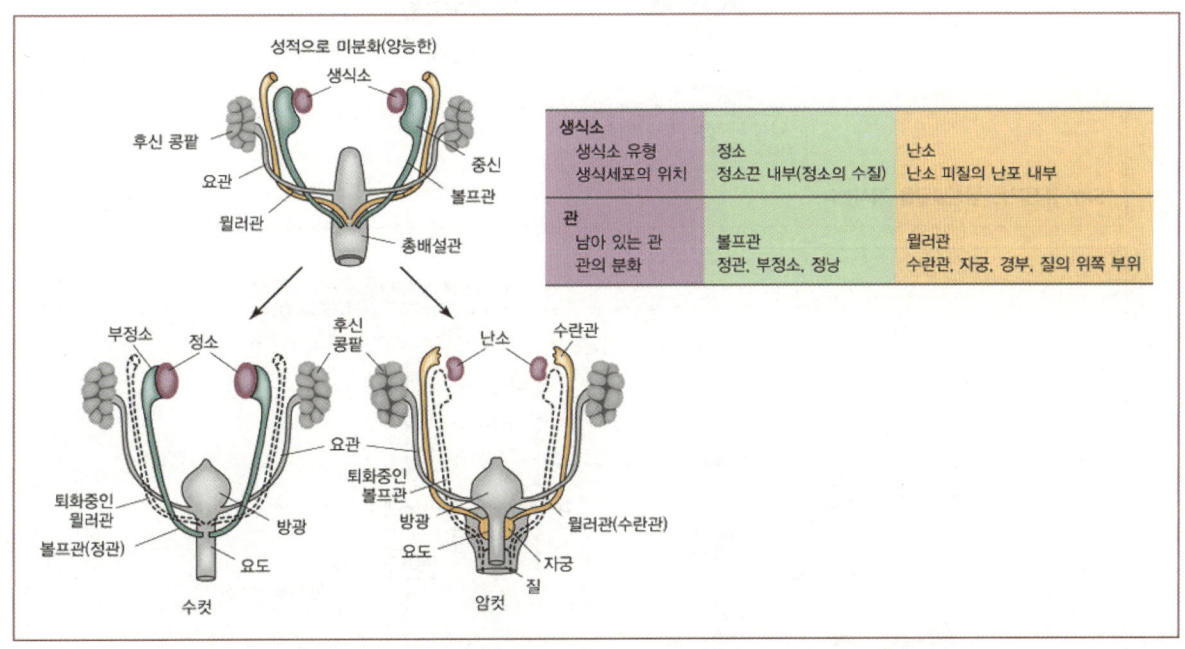

생식소 생식소 유형 생식세포의 위치	정소 정소끈 내부(정소의 수질)	난소 난소 피질의 난포 내부
관 남아 있는 관 관의 분화	볼프관 정관, 부정소, 정낭	뮐러관 수란관, 자궁, 경부, 질의 위쪽 부위

    ⓑ 양성잠재성 외부 생식기: 생식결절, 요도주름, 요도고랑, 음순음낭융기 등으로 구성되어 있음. 이러한 구조들은 발생이 진행되면서 남성과 여성의 생식구조로 분화됨

ⓛ 남성 배아의 발생: Y 염색체의 SRY 유전자는 생식샘수질을 정소로 발생하도록 지시하는데 발생하는 배아는 생식샘이 정소로 분화된 후에 테스토스테론을 분비할 수 있게 됨. 정소가 일단 분화하면 남성의 내부 및 외부생식기의 발생에 영향을 미치는 세 가지 호르몬을 분비하기 시작함

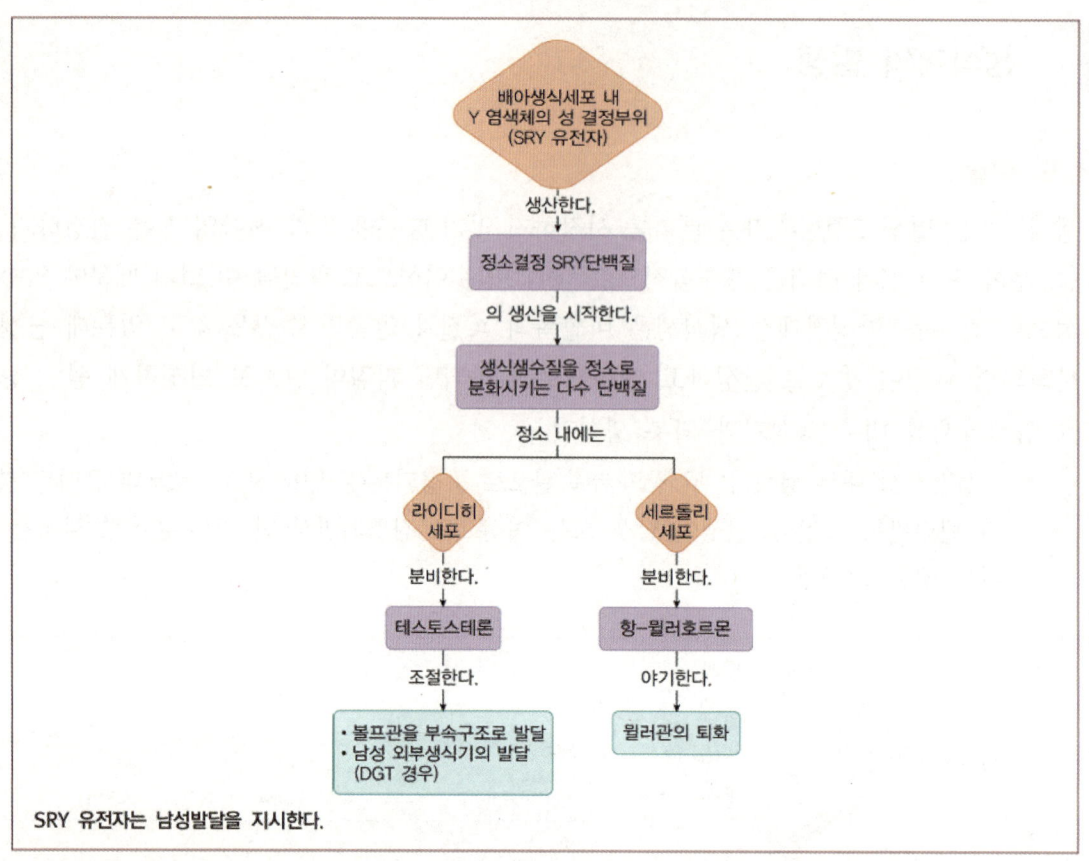

SRY 유전자는 남성발달을 지시한다.

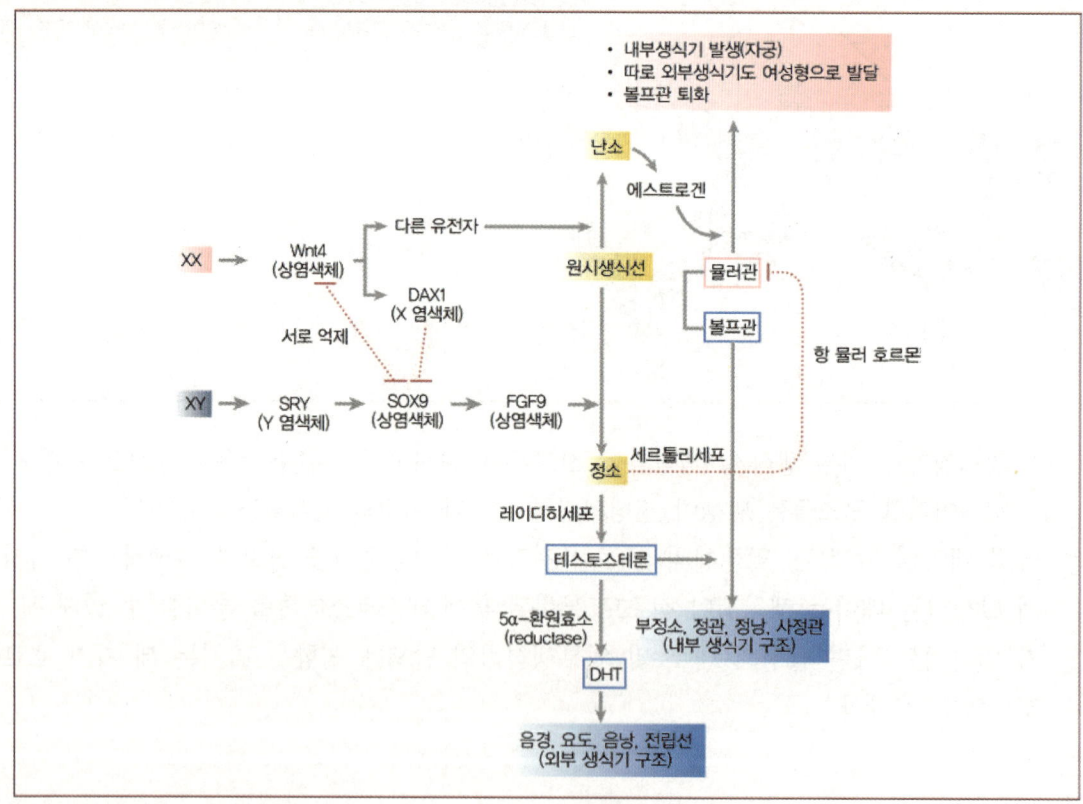

ⓐ 세르톨리 세포(Sertoli cell): 당단백질인 항-뮐러호르몬(anti-Mullerian hormone ;AMH)을 분비하는데 AMH는 배아 뮐러관이 퇴행하도록 야기

ⓑ 라이디히 세포(Leydig cell): 테스토스테론과 그 유도체인 디히드로테스토스테론(dihydrotestosterone; DHT)을 분비하는데 두 호르몬은 동일한 수용체에 결합하여 반응을 유발하지만 서로 다른 반응을 유도함

    1. 테스토스테론과 DHT의 기능: 테스토스테론은 볼프관을 남성의 부속구조인 부정소, 정관, 정낭으로 전환시키고 복부로부터 음낭을 이주시키는 데에도 관여함에 반해서 DHT는 외부생식기의 분화와 같은 남성 성징을 조절하는데 관여함

    2. 남성 가성반음양인: 남성은 테스토스테론을 DHT로 전환시키는 것을 촉매하는 5α-환원효소를 물려받는데 이 효소가 결핍되어 있는 환자는 남성 가성반음양인이 됨. 즉, 남성 외부생식기와 전립선이 태아발생 동안 충분히 발생하지 못하기 때문에 출생 당시 그 신생아는 여성으로 보이나 사춘기가 되면 정소는 다시 테스토스테론을 분비하기 시작하여 외부 생식기의 남성화, 음모의 성장, 굵어지는 성대 등을 경험하게 됨

ⓒ 여성 배아의 발생: SRY 유전자를 갖고 있지 않은 여성의 배아에서는 양성 잠재성 생식샘의 피질이 난소조직으로 발생함

ⓐ AMH의 억제가 없으면 뮐러관은 질의 상부, 자궁, 나팔관으로 발생함

ⓑ 테스토스테론이 없으면 볼프관은 퇴화하고 DHT가 없으면 외부생식기는 여성의 특징을 띠게 됨

(2) 남성과 여성의 호르몬 합성

스테로이드 호르몬은 서로 밀접히 연관되어 있으며 동일한 스테로이드 전구체들로부터 생성됨. 양쪽 성 모두 안드로겐과 에스트로겐을 생성하지만 안드로겐은 남성에서 우세하고 에스트로겐은 여성에서 우세함

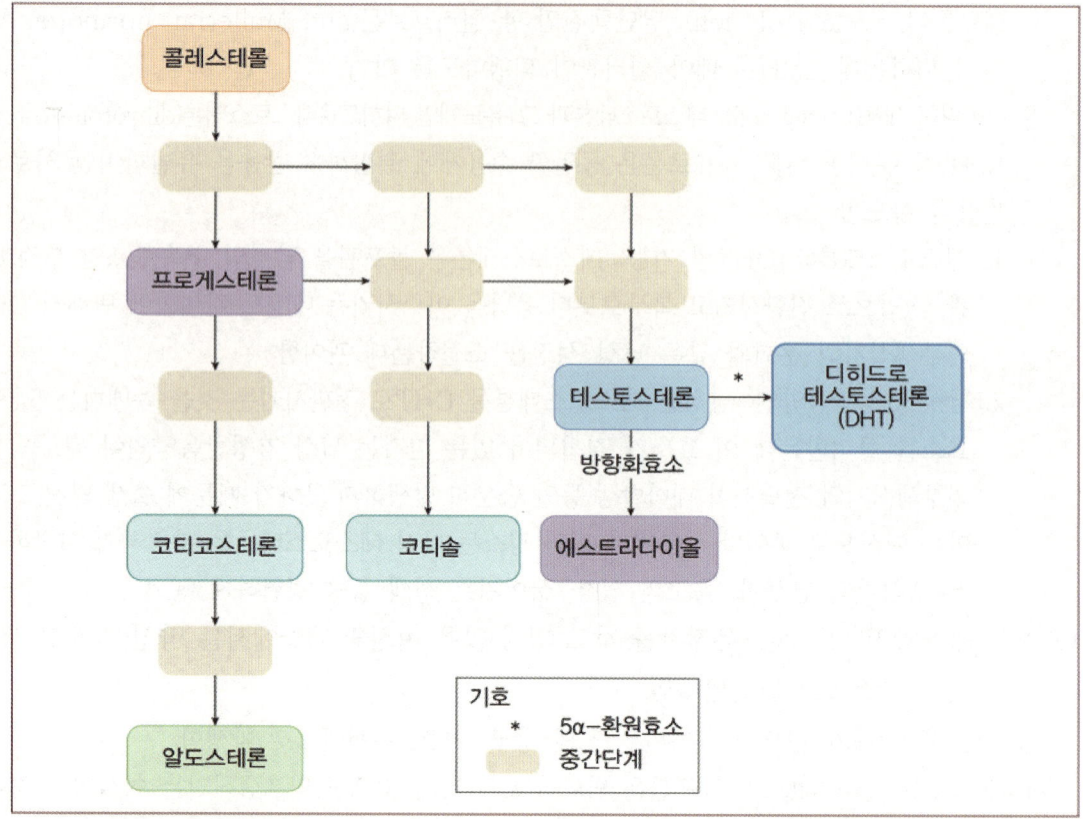

㉠ 남성의 경우: 남성에서 대부분의 테스토스테론은 정소에서 분비되지만 약 5%는 부신피질에서 유래함. 테스토스테론은 말초조직에서 보다 더 강력한 유도체인 DHT로 전환됨. 테스토스테론에 기인한 생리적 효과의 일부는 실제로는 DHT 활성의 결과임

㉡ 여성의 경우: 여성에서는 방향화효소에 의해 테스토스테론을 에스트라디올로 전환시키는데 남성에서는 이 에스트라디올이 아주 적게 만들어짐. 여성은 또한 프로게스테론을 생성하며 난소와 부신피질에서는 적은 양의 안드로겐도 생성함

(1) 여성 생식기관의 구조

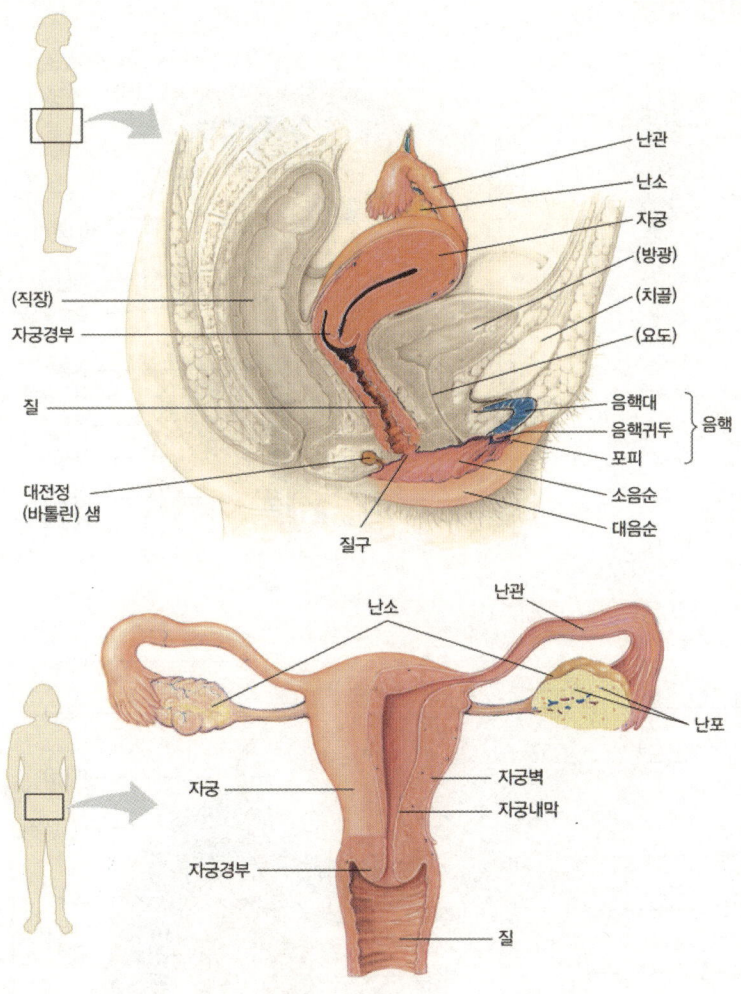

- ㉠ 난소(ovary)
  - ⓐ 복강 내부에 인대에 의해 지지되어 자궁의 양 옆에 위치
  - ⓑ 각 난소의 외부층은 여포(follicle)로 채워져 있고, 각 여포는 지지세포군에 둘러싸인 일부 성숙한 난자인 난모세포(oocyte)를 지님
  - ⓒ 출생시, 난소에는 약 100~200만 개의 여포가 존재하지만, 사춘기에서 폐경기에 이르기까지 단지 500여개의 여포만이 완전 성숙하여 배란됨
- ㉡ 수란관(oviduct): 자궁에서 시작하여 각 난소 쪽으로 뻗어 있는데, 관의 표피에 늘어서있는 섬모가 복강 내의 액체를 관 안으로 흐르게 하면서 난자가 모이도록 도움. 수란관의 파동적 수축과 섬모의 온동이 난자가 자궁에 도달할 수 있는 원동력이 됨

ⓒ 자궁(uterus): 두꺼운 근육질 기관으로 임신 동안에는 4kg의 태아를 받아들이기 위해 늘어날 수 있음. 자궁 내막(endometrium)에는 풍부한 혈관이 존재하며, 자궁의 목부분을 자궁 경부(cervix)라 하는데 질(vagina)을 통해 열려 있음

(2) 남성 생식기관의 구조

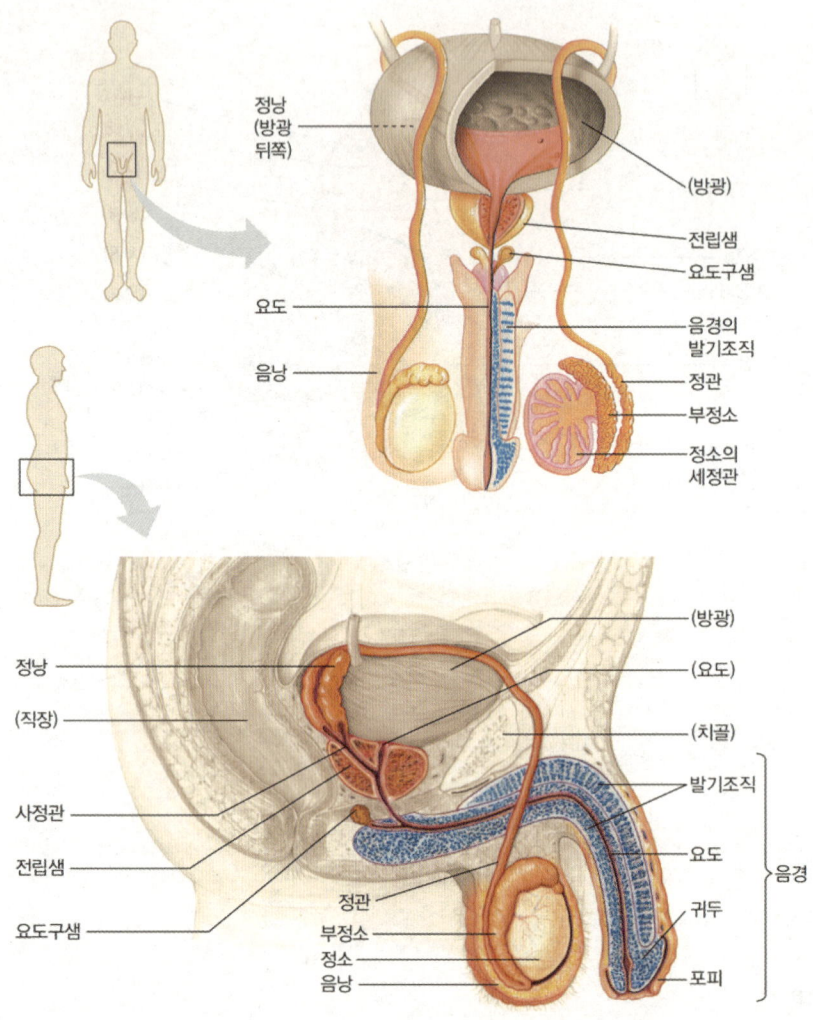

ㄱ 정소(testes)
  ⓐ 복강 외부에 위치한 음낭(복강보다 2℃낮음)에 위치
  ⓑ 몇가지 결합조직층으로 둘러싸인 수없이 꼬여 있는 세정관(seminiferous tubule; 정자가 형성되는 장소)으로 이루어짐
  ⓒ 세정관 사이에 흩어져 있는 레이디히 세포(Leydig cell)는 테스토스테론 등의 남성호르몬을 형성함
ㄴ 사정시 정자 이동 경로: 정소 → 부정소(epididymis; 정자가 운동성과 수정능력을 획득)
  → 정관(vas deferens) → 사정관(ejaculated duct; 정낭에서 나온 관과 정관이 합류) →

요도(urethra; 비뇨계와 생식계의 공통 배출관) → 몸 밖

ⓒ 분비선: 정액을 형성하며 정낭, 전립선, 요도구선으로 구성

   ⓐ 정낭(seminal vesicle): 정액의 60%를 형성하며, 정낭의 액체는 걸쭉하고 노란색을 띠고 알칼리성임. 정액의 알칼리성은 정자의 여성 체내 진입시 질의 산성 환경을 중화시켜 정자를 보호하게 됨. 점액, 과당, 응고효소, 아스코르브산, 프로스타글란딘 등을 함유함

   ⓑ 전립선(prostate gland): 몇 개의 작은 관을 통해 요도로 직접 생성물을 분비함. 액체는 묽고 유백색이며 항응고효소와 시트르산을 함유함

   ⓒ 요도구선(bulbourethral gland): 전립선 아래 요도 양쪽에 위치한 한 쌍의 작은 분비선으로 사정전에 요도에 남아있는 소변의 산성을 중화시키는 맑은 점액을 분비함

4 배우자 형성과정

(1) 정자형성과정

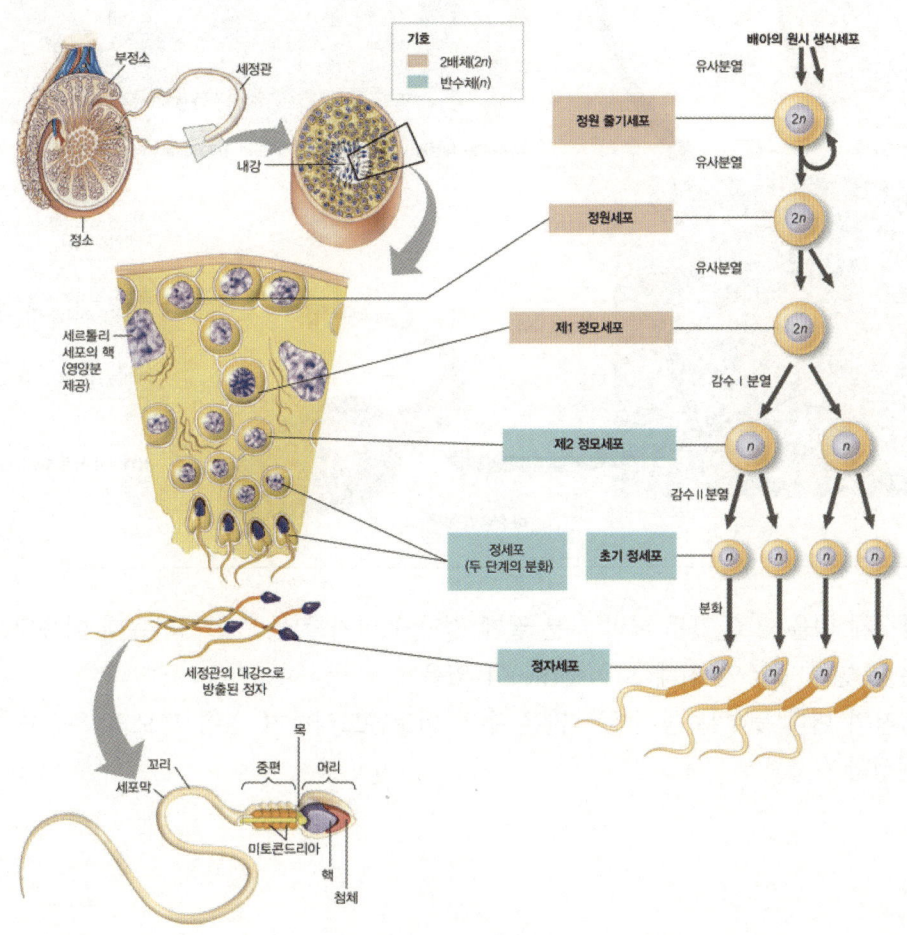

㉠ 배아 정소의 원시 생식세포는 분열하고 분화하여 줄기세포를 만드는데, 이 줄기세포는 유사분열을 통해 정원세포(spermatogonia)가 되며, 이는 역시 유사분열을 통하여 정모세포(spermatocyte)를 만듦. 각 정모세포는 감수분열을 통하여 4개의 정세포(spermatid)가 되는데, 정세포는 모양과 구성의 커다란 변화를 거쳐 정자로 분화함

㉡ 세정관 내에는 중심으로 향하는 일련의 정자 형성 단계가 존재함. 줄기세포는 관의 외부 가장자리 근처에 존재함. 정자형성이 정원세포와 정세포 단계를 따라 진행됨에 따라 세포들은 지속적으로 안쪽으로 이동함. 마지막 단계에서 성숙한 정자는 hrks의 내강으로 방출됨

㉢ 정자의 구조

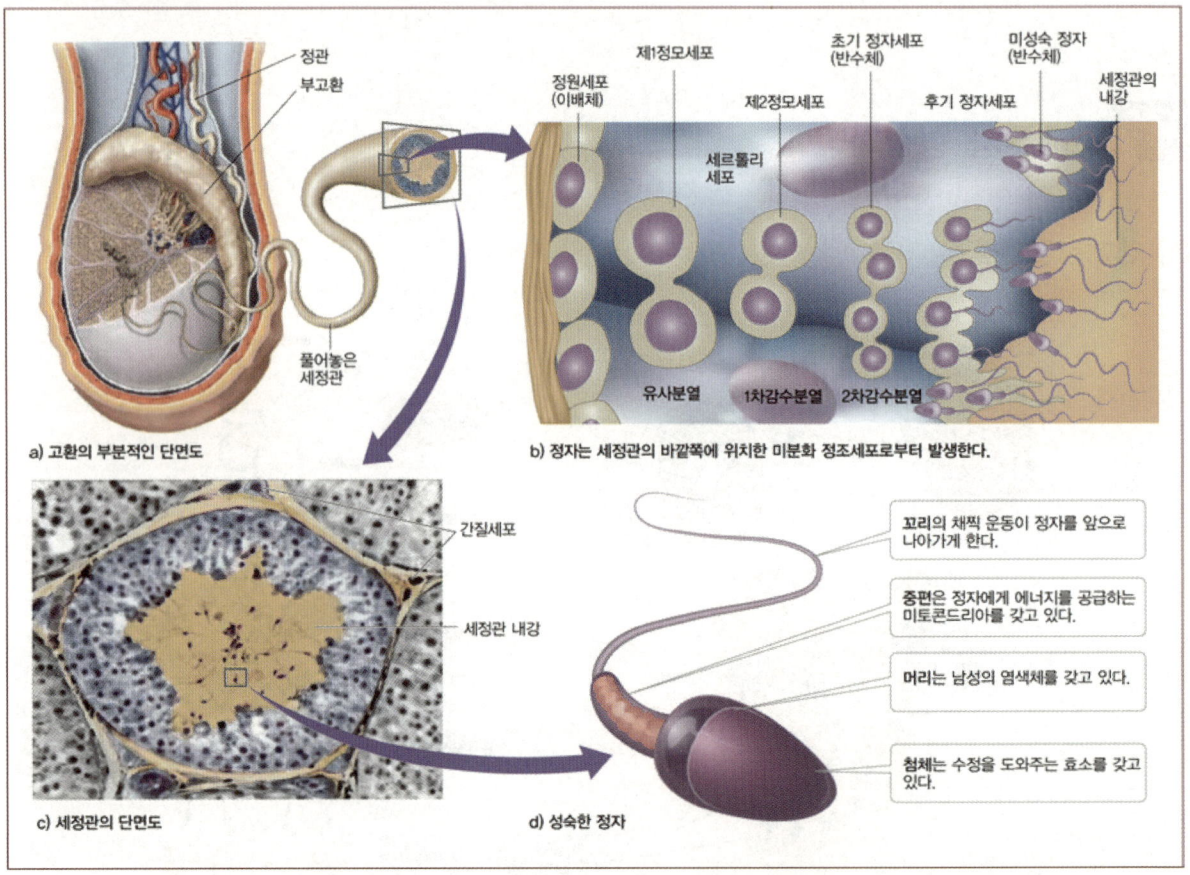

a) 고환의 부분적인 단면도
b) 정자는 세정관의 바깥쪽에 위치한 미분화 정조세포로부터 발생한다.
c) 세정관의 단면도
d) 성숙한 정자

ⓐ 반수체 핵을 담고 있는 머리 부분 끝에 정자가 난자를 뚫고 들어가는데 이용되는 효소를 담은 특별한 구조인 첨체(acrosome)이 있음

ⓑ 정자의 머리 뒷부분 중편에는 많은 수의 미토콘드리아가 있어 편모의 운동을 위한 ATP를 생성함

㉣ 정소에서의 호르몬 조절

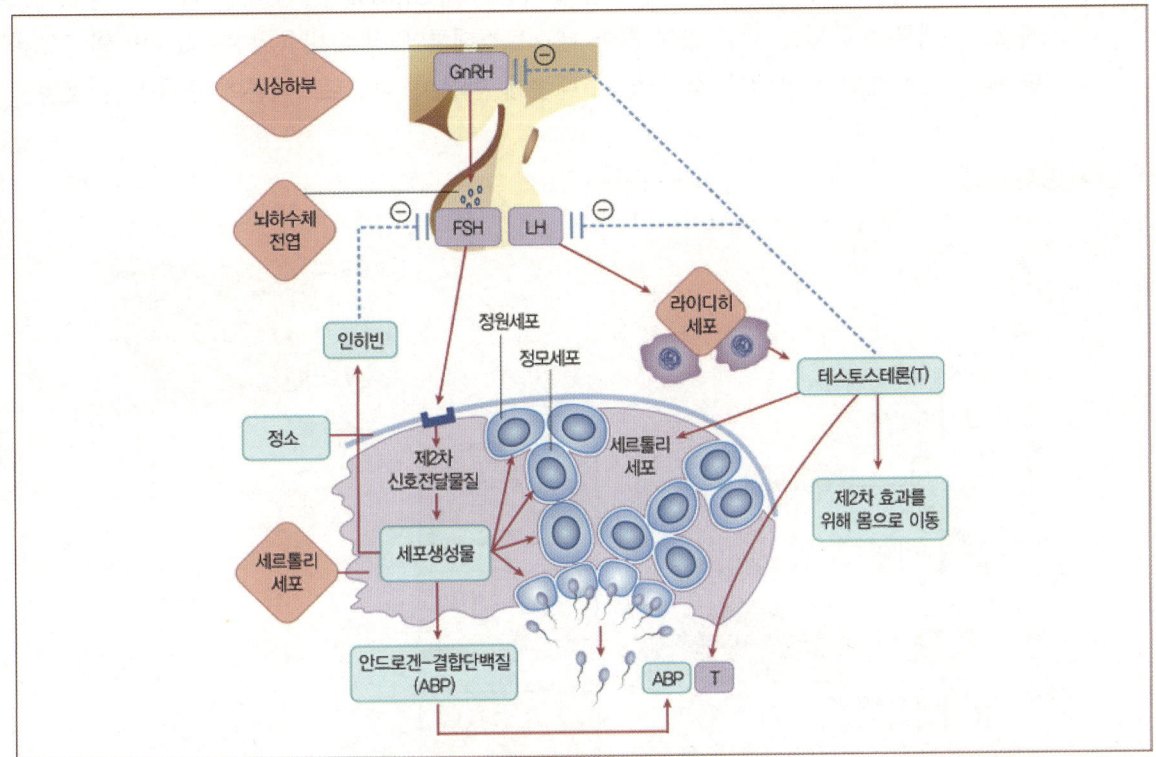

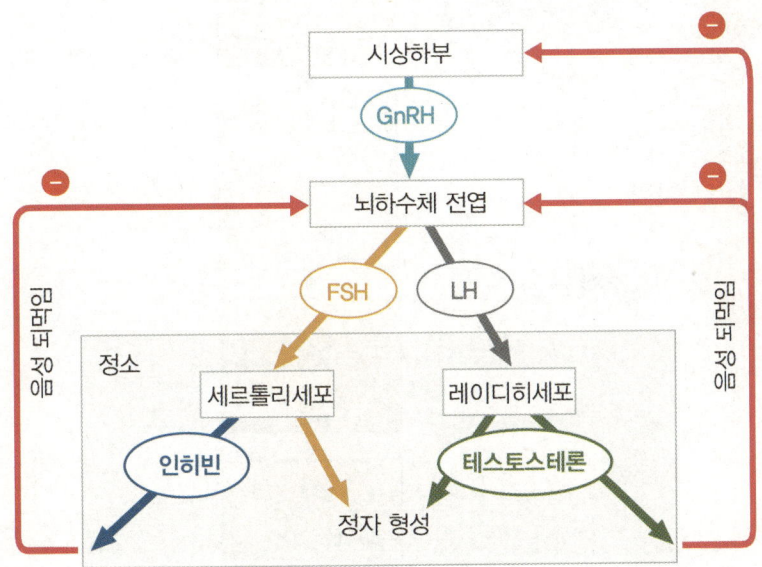

ⓐ FSH: 세르톨리 세포를 자극하여 정원세포 유사분열과 정자형성에 필요한 주변분비분자들의
합성을 촉진함. 또한 FSH는 안드로겐결합 단백질과 인히빈의 생성을 촉진함. 세르톨리 세포
에서 생성된 인히빈은 뇌하수체 전엽에 작용하여 FSH 분비를 억제함

ⓑ LH: 세정관 사이의 간질 공간에 위치한 라이디히 세포를 자극하여 테스토스테론과 세정관에

서의 정자형성을 촉진하는 기타 안드로겐의 분비를 촉진함. 라이디히 세포로부터 분비된 테스토스테론은 시상하부와 뇌하수체 전엽에 작용하여 GnRH, LH 분비를 억제함. 정모세포는 테스토스테론 수용체를 갖고 있지 않아 테스토스테론에 직접 반응할 수 없지만 안드로겐결합 단백질에 대한 수용체를 갖고 있기 때문에 반응이 테스토스테론에 반응하는 것임

(2) 난자형성과정

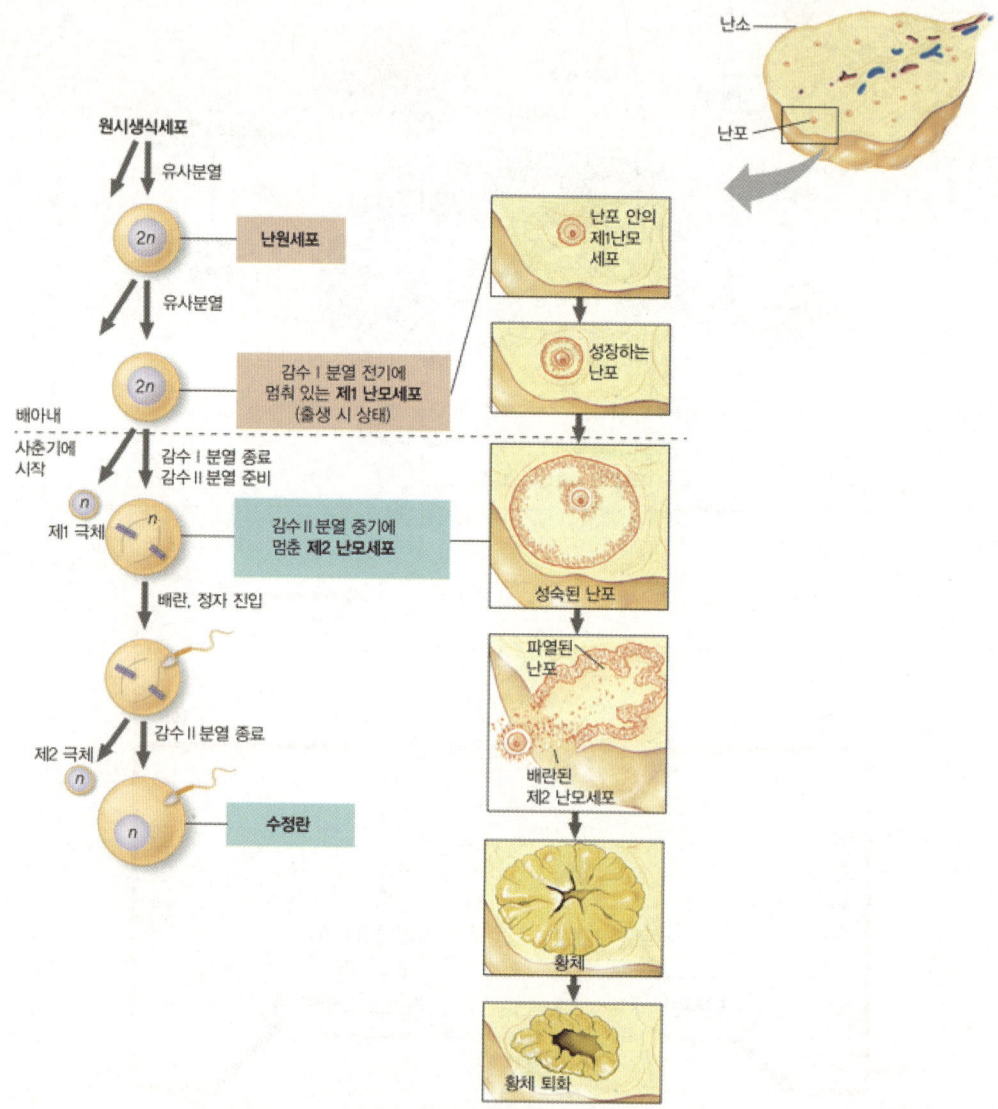

㉠ 난자형성과정은 배아시기의 여성에서 원시생식세포(primodial germ cell)로부터 난원세포(oogonia)가 형성되면서부터 시작됨. 난원세포는 감수분열을 시작하지만 제 1 감수분열 전기에서 멈추게 됨. 이 상태의 세포를 제 1 난모세포(primary oocyte)라고 하며, 작은 여포의 안쪽에서 출생 전까지 분열을 멈춘 상태로 있음

ⓛ 사춘기가 시작되면 FSH가 주기적으로 일부 여포들을 자극하여 성장과 발달을 재개하도록 함. 일반적으로 하나의 여포만이 한 달에 한 번씩 성숙을 완료하여 여포 내의 제 1 난모세포는 제 1 감수분열을 마치고 제 2 감수분열을 시작하지만 중기에 멈추게 됨. 제 2감수분열에서 멈춘 제 2 난모세포(secondary oocyte)는 여포가 파열되어 배란됨

ⓒ 정자가 난모세포 안으로 들어오면 제 2 감수분열은 재개되는데, 두 번의 감수분열의 각각에서 불균등한 세포질 분열을 통해 형성된 작은 세포(극체)는 결국 퇴화됨. 따라서 난자형성과정을 마친 기능적 산물은 이미 정자가 진입한 하나의 성숙한 난나임

ⓔ 배란 후 남겨진 파열된 여포는 황체(corpus luteum)로 발생함. 배란된 난모세포가 수정되지 않아 난자형성과정을 완료하지 못하면 황체는 퇴화하게 됨

5 여성의 생식주기

(1) 특징

자궁내막이 두터워지기 시작하고 혈액 공급이 왕성해진 후에만 배란이 일어남. 임신이 되지 않는 경우 자궁의 벽은 떨어져 나오고 또 다른 주기가 시작되는데, 자궁경부와 질을 통해 흘러나오는 자궁에서의 주기적인 내막 붕괴를 월경(menstrulation)이라 함. 자궁에서의 변화를 월경주기(menstrual cycle)라 하고, 난소에서의 주기적 현상을 난소주기(ovarian cycle)이라 함

(2) 여성 생식주기의 호르몬 조절

① 시상하부에서 GnRH를 분비하는 것으로 시작됨

② 뇌하수체를 자극하여 소량의 FSH와 LH가 분비되도록 함

③ 여포자극호르몬은 LH의 도움을 받아 여포의 성장을 촉진함

④ 성장하는 여포의 세포들은 에스트로겐을 만들기 시작함. 낮은 농도의 에스트로겐은 GnRH 의분비를 억제하여 생식선 자극 호르몬인 FSH와 LH의 농도를 비교적 낮은 수준으로 유지함

⑤ 성장하는 여포가 분비하는 에스트로겐의 농도가 급격히 상승함

⑥ FSH와 LH의 농도가 급격히 상승함. 높은 농도의 에스트로겐은 GnRH의 분비를 증가시키고, 생식선 자극 호르몬의 분비를 촉진시키게 됨. 이러한 효과가 LH에 대해서 더욱 분명하게 나타나는 것은 높은 농도의 에스트로겐이 뇌하수체에 있는 LH 분비세포의 GnRH 민감성을 높이는 작용을 하기 때문임. LH는 여포의 최종적인 성숙을 유도함

⑦ 성숙 과정의 여포는 액체로 가득 찬 내부공간을 만들고 매우 크게 자라 난소 표면 근처에 돌출부를 형성함. LH 농도가 최고가 되면 여포와 인접한 난소의 벽이 파열되어 제2난모세

포를 방출하게 됨

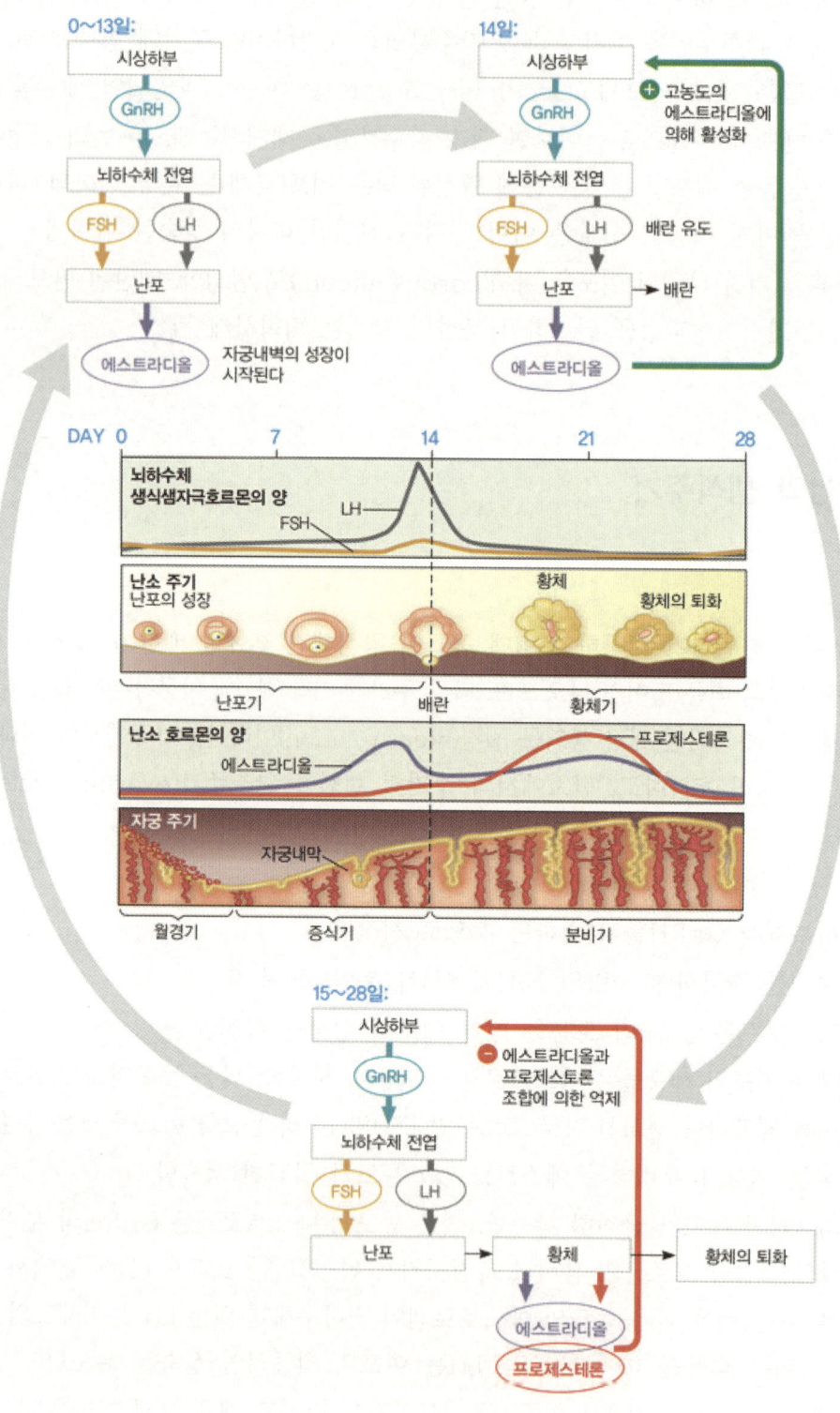

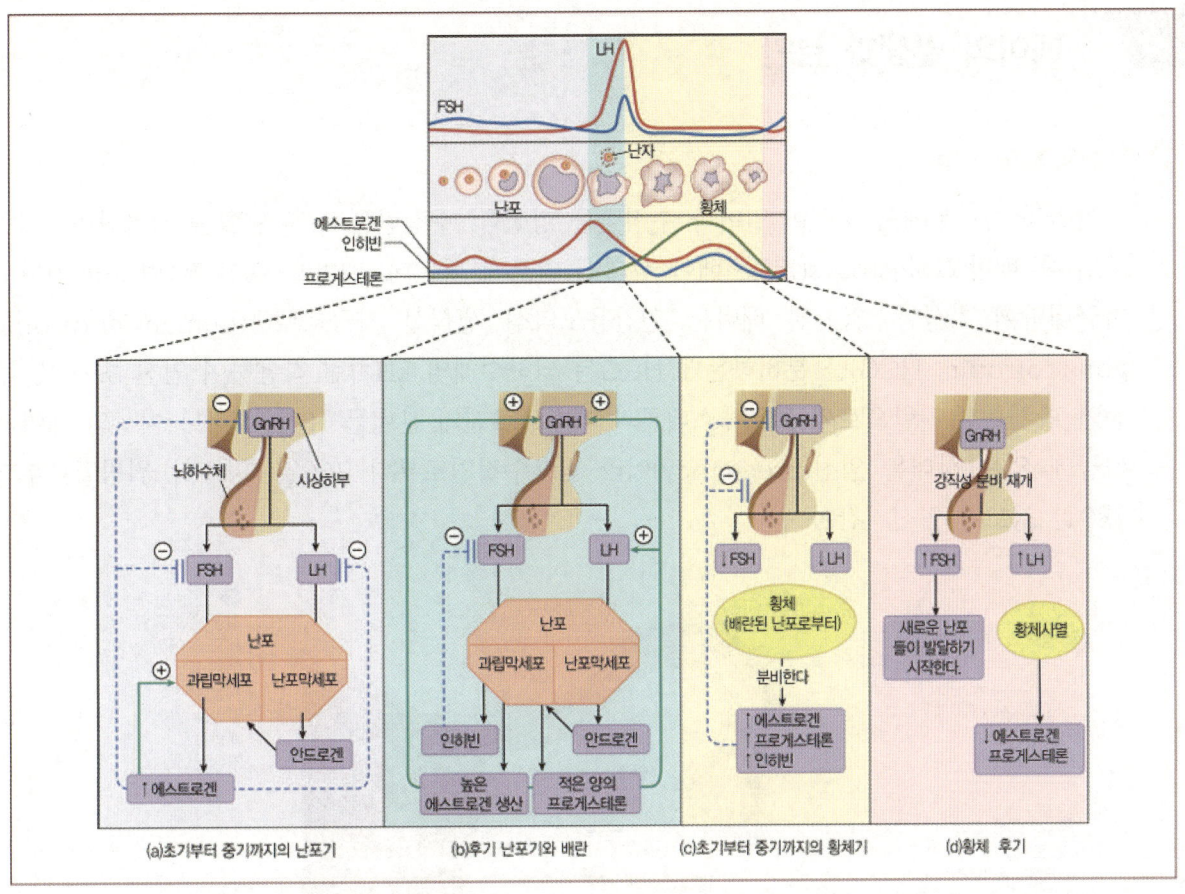

⑧ LH는 난소에 남아 있는 여포조직이 분비선 구조인 황체를 형성하도록 유도함. 지속적인 LH의 자극으로 황체는 프로게스테론과 에스트로겐을 분비하는데, 프로게스테론과 에스트로겐의 농도가 올라감에 따라 시상하부와 뇌하수체에 음성되먹임으로 작용하여 LH와 FSH의 분비를 억제함. 황체가 퇴화되어가면서 에스트로겐과 프로게스테론의 농도가 급격히 떨어지는데 이로 인해 시상하부와 뇌하수체의 호르몬 분비 억제 현상이 풀어지면서 새로운 여포의 생장을 촉진하기에 충분한 FSH의 분비가 시작되고, 다음 생식주기가 시작됨

⑨ 황체에서 분비된 에스트로겐과 프로게스테론은 동맥의 확장과 자궁내막 분비선의 성장을 포함하는, 자궁내막의 지속적인 발달과 유지를 촉진함. 이들 분비선은 초기 배아가 실제로 자궁내막에 착상되기 전이더라도 배아를 유지할 수 있도록 영양분 함유 액체를 분비하는데, 난소주기의 황체기는 자궁주기의 분비기와 동조된 것도 이와 연관된 것으로 보임

⑩ 황체가 퇴화되면서 프로게스테론과 에스트로겐의 분비가 급격히 감소하면 월경이 유발됨. 프로스타글란딘 분비에 의해 자궁내막이 수축하고 내막의 조직이 액체와 함께 혈액을 분비하는 현상이 일어남

6 태아의 발생과 분만

(1) 착상까지의 과정

수란관의 상단부에서 수정이 일어나 수정란을 형성함. 수정란은 이후 난할을 지속하여 약 일 주일 후 배반포(blastocyst)라는 배아 상태에 이르게 되는데, 배반포 형성 후 며칠이 지나면 자궁내막에 착상함. 착상된 배아는 인간융모막성 생식선 자극호르몬(human chorionic gonadotropin; HCG)을 분비하는데 HCG는 뇌하수체의 LH처럼 작용하여 임신 초기 몇 주 동안 황체를 유지함으로써 프로게스테론과 에스트로겐의 분비를 유지함. 하나 이상의 배아가 자궁에 있는 상태를 임신(pregnancy)이라 함. 수정일로부터 266일, 마지막 월경일로부터 280일 정도가 임신기간이 됨

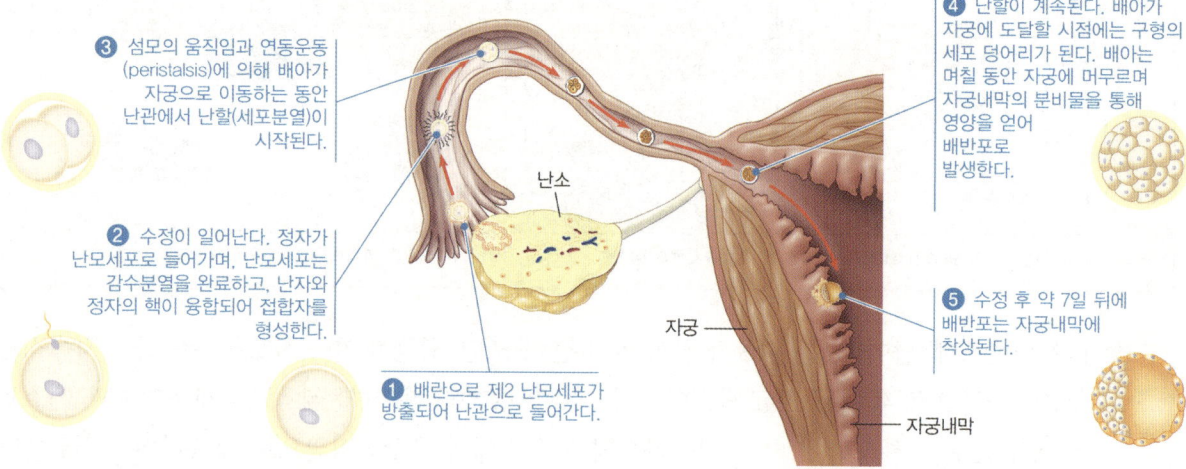

❸ 섬모의 움직임과 연동운동(peristalsis)에 의해 배아가 자궁으로 이동하는 동안 난관에서 난할(세포분열)이 시작된다.

❷ 수정이 일어난다. 정자가 난모세포로 들어가며, 난모세포는 감수분열을 완료하고, 난자와 정자의 핵이 융합되어 접합자를 형성한다.

❶ 배란으로 제2 난모세포가 방출되어 난관으로 들어간다.

난소

❹ 난할이 계속된다. 배아가 자궁에 도달할 시점에는 구형의 세포 덩어리가 된다. 배아는 며칠 동안 자궁에 머무르며 자궁내막의 분비물을 통해 영양을 얻어 배반포로 발생한다.

❺ 수정 후 약 7일 뒤에 배반포는 자궁내막에 착상된다.

자궁

자궁내막

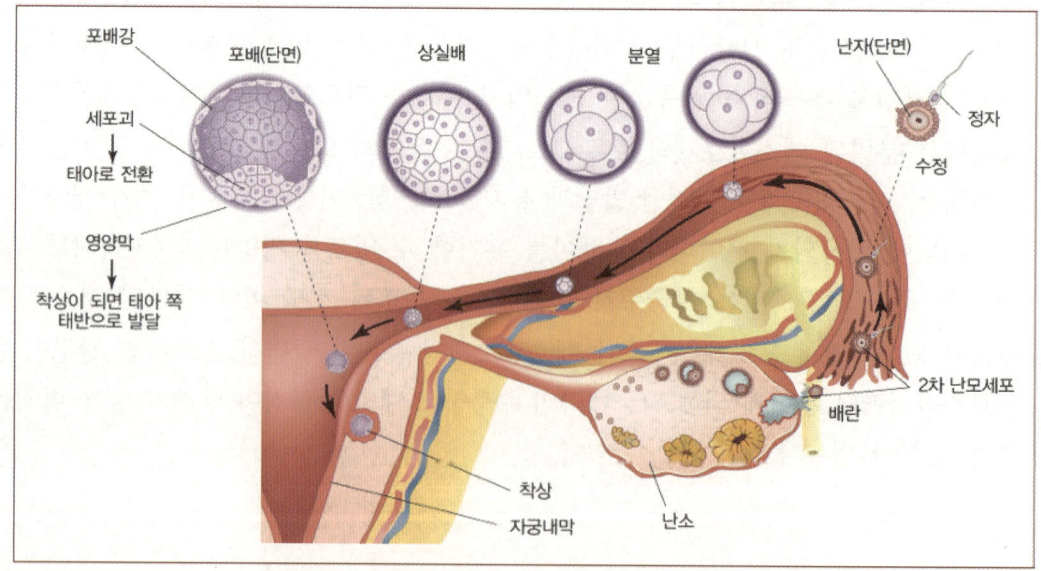

포배강

포배(단면)

상실배

분열

난자(단면)

정자

세포괴

태아로 전환

영양막

착상이 되면 태아 쪽 태반으로 발달

수정

2차 난모세포

배란

착상

자궁내막

난소

(2) 임신기간의 구분

ⓧ 첫 번째 임신 3분기: 임산부와 배아 모두에게 가장 급격한 변화가 일어나는 시기임

   ⓐ 배반포가 성장함에 따라 자궁내막은 착상에 반응하고 배아의 신체구조 분화가 시작됨

   ⓑ 발생 초기 2~4주 동안 배아는 자궁 내막에서 직접 영양분을 얻고, 영양세포층(trophoblast) 은 확장되어 태반 형성에 기여하게 됨

   ⓒ 기관형성(organogenesis): 첫 번째 임신 3분기는 주로 신체기관이 발생하는 기관형성의 시기인데, 8주 이후가 되면 성체의 모든 주요 구조가 초기 상태로 존재하며 이 시기부터 태아(fetus)라 부름

   ⓓ 배아를 발생의 첫 한 달 중에 떼어 놓으면 일란성 쌍생아(monozygotic twin)가 될 수 있음. 이란성 쌍생아(dizygotic twin)는 하나의 생식 주기 중에 두 여포가 성숙되고 독립적으로 수정되어 유전적으로 두 개의 서로 다른 배아가 착상되어 생김

『태반 순환』

태반(placenta): 배아의 조직, 모체 혈관을 포함하며 물질 확산을 통해 영양물질의 공급, 호흡기체의 교환, 배아의 노폐물 배설이 이루어짐. 배아로부터의 혈액은 탯줄의 동맥을 통해 태반을 거치고, 태반의 정맥을 통해 배아로 되돌아감

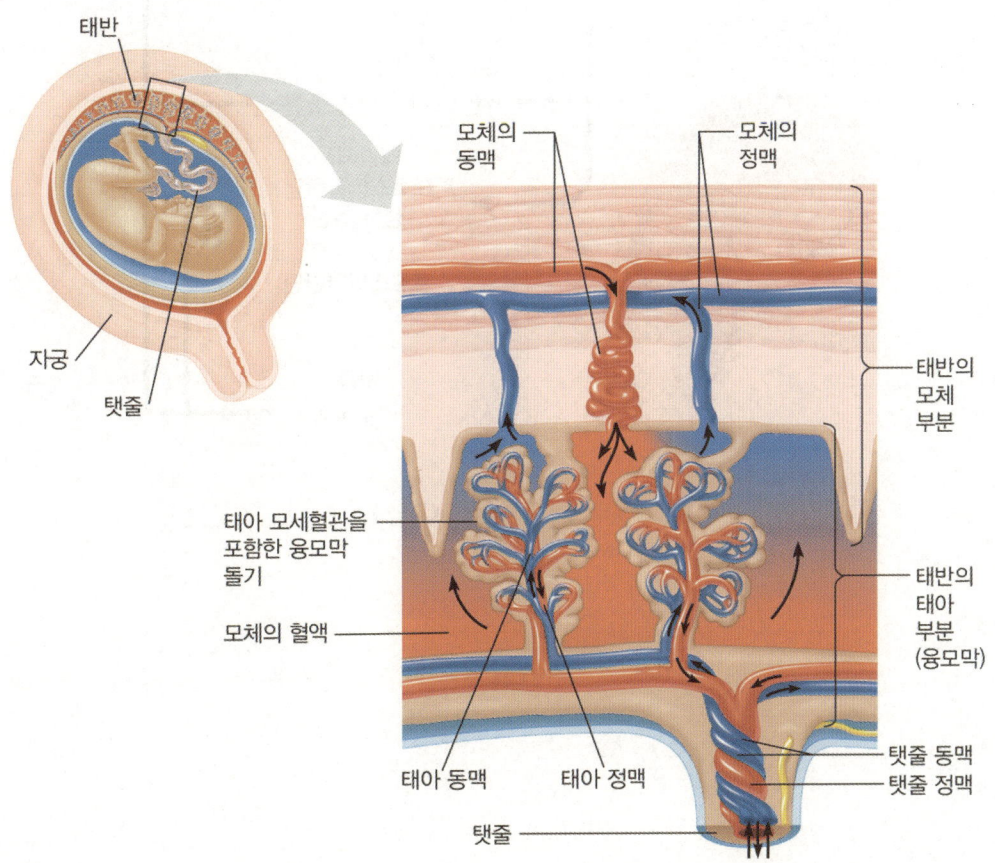

ⓛ 두 번째 임신 3분기

   ⓐ 자궁이 커져 임신이 명확하게 확인됨

   ⓑ 태아의 움직임이 감지되며, 첫 한 두달 후에는 복부의 체벽을 통해 태아의 움직임을 볼 수 있음

   ⓒ HCG 분비량 감소하여 황체가 퇴화하고 태반에서 프로게스테론 분비되어 임신이 유지됨

   ⓓ 높은 농도의 프로게스테론 분비로 인해, 자궁경부의 보호마개를 형성하는 점액의 증가, 모체 부위 태반의 성장, 자궁의 확장 및 난소와 월경주기 정지 등이 일어남

ⓒ 세 번째 임신 3분기

   ⓐ 태아가 가용공간을 채움에 따라 태아의 움직임이 감소함

   ⓑ 태아가 성장하고 자궁이 확장함에 따라 복부기관이 압축되고, 위치가 바뀌어 소화불량, 빈뇨, 근육경직 등이 유발됨

   ⓒ 프로스타글란딘과 에스트로겐, 옥시토신 등의 상호작용이 분만을 유도

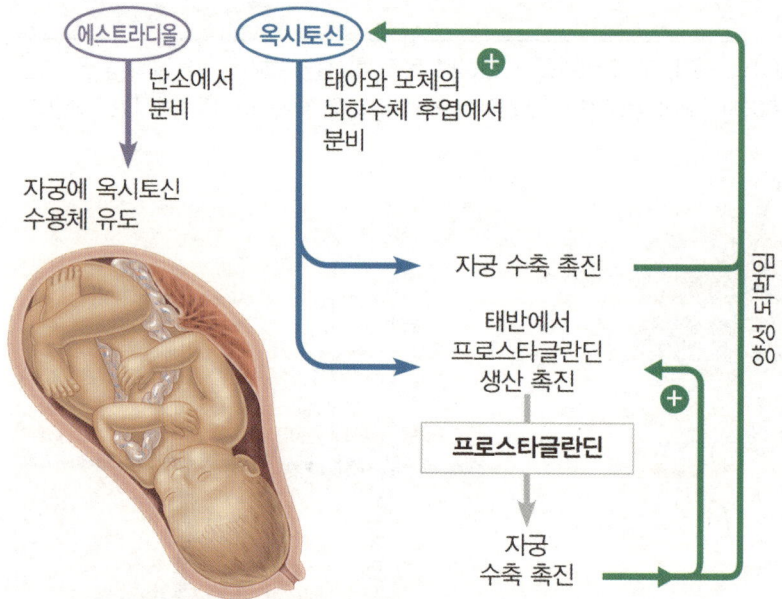

(3) 수유(lactation)

신생아를 돌보는 방법으로 포유동물 고유의 특징임. 출산 후 프로게스테론 농도가 떨어지면서 뇌하수체 전엽으로부터 프로락틴이 분비되어 유선을 자극하고 젖 분비가 가능해짐. 신생아의 젖 빨기와 출산 후 에스트라디올의 변화에 의해 시상하부는 뇌하수체 전엽에게 프로락틴을 분비하게 하고 옥시토신의 분비도 촉진시킴

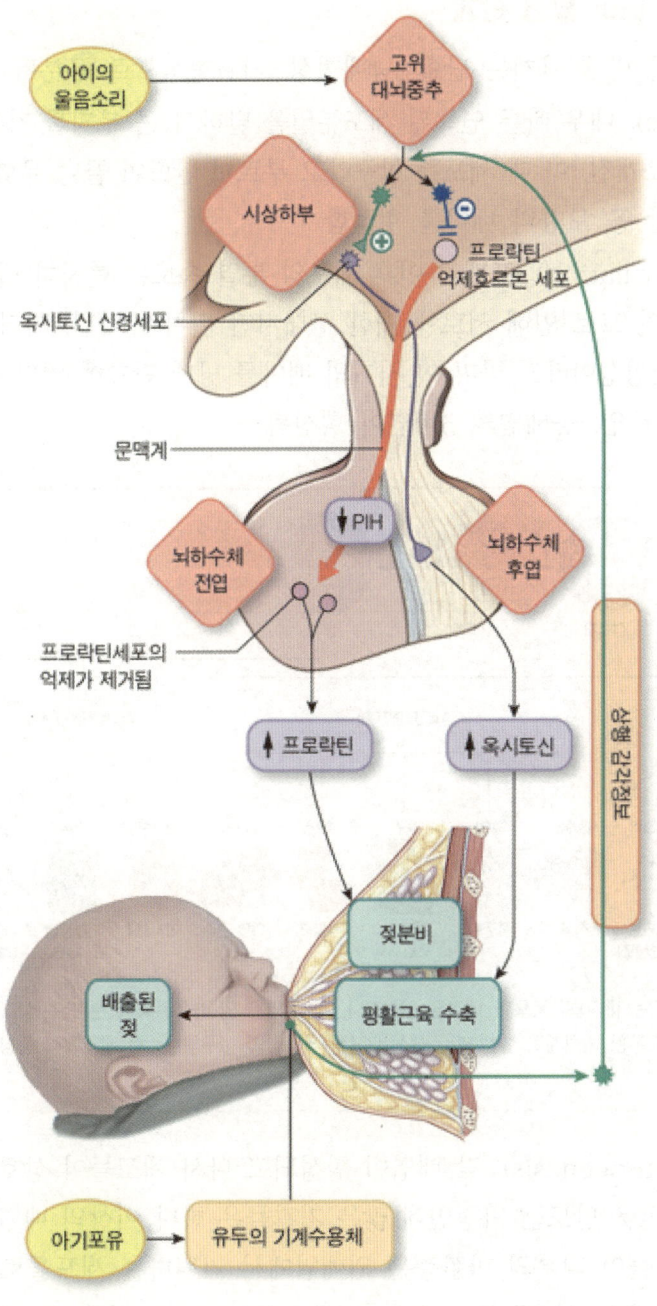

 발생(development)

1 배아 발생(embryonic development)

(1) 일반적인 동물이 배아 발생 단계

동물 발생의 배아 발생 단계는 난할, 낭배형성, 기관형성으로 구분됨

- ㉠ 난할(cleavage): 매우 빠른 연속된 세포분열을 말하며 큰 부피를 가진 접합자는 많은 수의 작은 세포로 쪼개짐. 이 때 세포를 할구라고 부르며 난할이 끝날 무렵에 할구는 일반적으로 포배로 알려진 공 모양의 배아를 형성함

- ㉡ 낭배형성(gastrulation): 포배기 이후 세포의 분열 속도는 현저히 떨어지는데 할구들은 많은 이동을 하며 그로 인해 서로에 대한 상대저긴 위치가 바뀜. 이러한 적극적인 세포들의 재배열을 낭배형성이라고 하며 이 시기의 배아를 낭배 단계에 있다고 함. 낭배형성의 결과로 외배엽, 내배엽, 중배엽의 3배엽이 형성됨

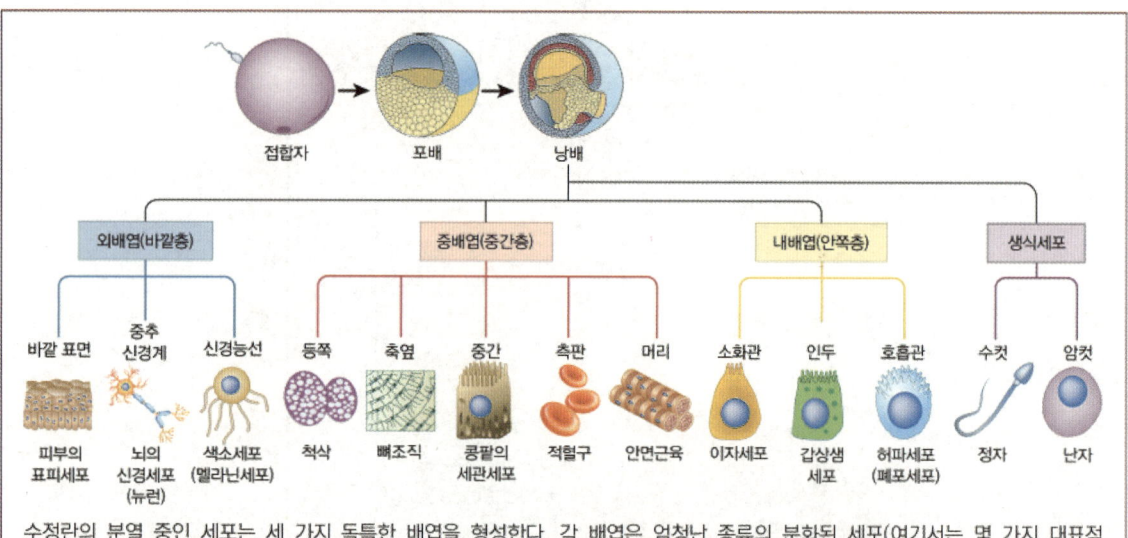

수정란의 분열 중인 세포는 세 가지 독특한 배엽을 형성한다. 각 배엽은 엄청난 종류의 분화된 세포(여기서는 몇 가지 대표적인 세포만을 보여줌)와 고유한 기관계로 발생한다. 생식세포(정자와 알의 전구체)는 세 배엽에서 생성되는 것이 아니라 별도로 설정된다.

- ㉢ 기관형성(organogenesis): 각 배엽이 형성되고 나서 세포들이 상호작용을 통해 재배열하여 조직과 기관을 만드는 과정인데 많은 기관들은 하나 이상의 배엽에서 유래된 세포들로 구성됨. 예를 들어 피부의 비깥층은 외배엽에서 기인히는 세포들로 이뤄지지만 안쪽층은 중배엽에서 유래한 세포들로 구성됨. 기관형성과정에서 일부 세포들은 원래 있는 장소를 떠나 최종 목적지를 향해 이동함

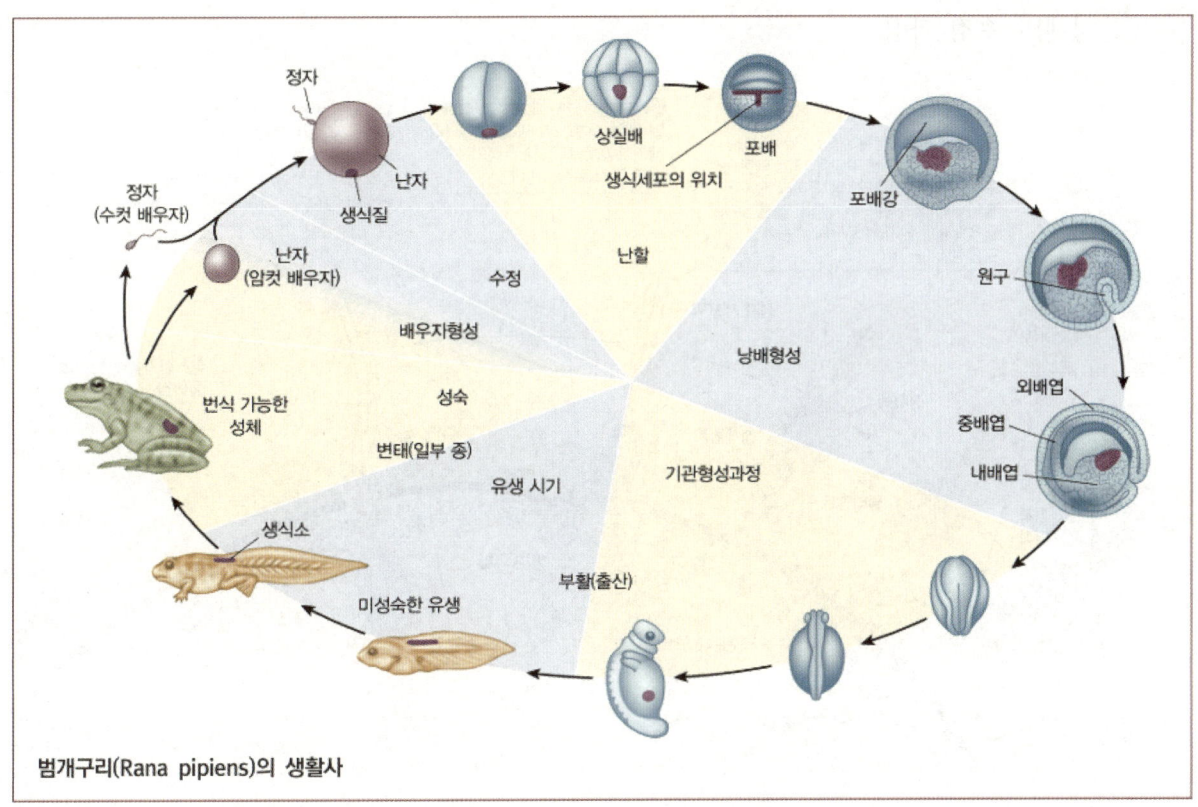

범개구리(Rana pipiens)의 생활사

(2) 수정(fertilization)

㉠ 수정의 기능

ⓐ 부모 각각으로부터 만들어진 반수체 염색체들을 지닌 정자와 난자를 융합하여 배수체 상태의 접합자 형성

ⓑ 난자의 활성화: 정자가 난자의 표면에 접촉하게 되면 배아발생 유도 물질대사가 수정란에서 진행

ⓛ 성게의 수정 과정

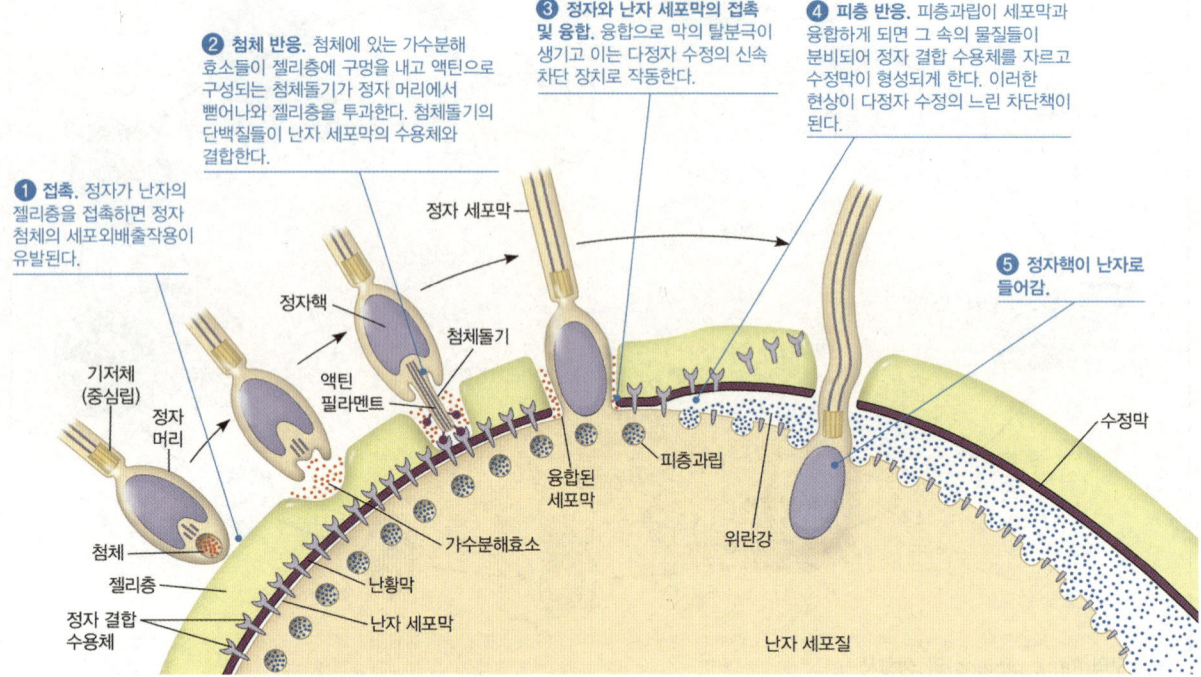

❶ **접촉.** 정자가 난자의 젤리층을 접촉하면 정자 첨체의 세포외배출작용이 유발된다.

❷ **첨체 반응.** 첨체에 있는 가수분해효소들이 젤리층에 구멍을 내고 액틴으로 구성되는 첨체돌기가 정자 머리에서 뻗어나와 젤리층을 투과한다. 첨체돌기의 단백질들이 난자 세포막의 수용체와 결합한다.

❸ **정자와 난자 세포막의 접촉 및 융합.** 융합으로 막의 탈분극이 생기고 이는 다정자 수정의 신속 차단 장치로 작동한다.

❹ **피층 반응.** 피층과립이 세포막과 융합하게 되면 그 속의 물질들이 분비되어 정자 결합 수용체를 자르고 수정막이 형성되게 한다. 이러한 현상이 다정자 수정의 느린 차단책이 된다.

❺ 정자핵이 난자로 들어감.

정자 세포막 · 정자핵 · 첨체돌기 · 기저체(중심립) · 정자 머리 · 액틴 필라멘트 · 첨체 · 젤리층 · 정자 결합 수용체 · 가수분해효소 · 난황막 · 난자 세포막 · 융합된 세포막 · 피층과립 · 위란강 · 수정막 · 난자 세포질

ⓐ 정자세포가 난자의 젤리층에 접촉하면 정자의 첨체(acrosome)로부터 가수분해효소들이 외포작용을 통해 배출됨

ⓑ 정자 첨체로부터 방출된 가수분해효소가 젤리층에 구멍을 만들고, 성장하는 액틴섬유는 첨체돌기를 만듦. 정자의 머리에서 튀어나온 이 첨체돌기(acrosomal process)의 빈딘(bindin)은 젤리층을 통과한 후 난황막(vitelline layer)을 통과해서 뻗어 있는 난자막상의 수용체와 결합하는데 이 때 종특이적 인식이 일어남. 이 빈딘은 같은 종의 젤리를 제거한 알에만 붙는 것을 확인함. S. purpuratus에서 추출한 빈딘은 같은 종의 젤리가 제거된 알에만 붙고 Arbacia punctulata의 알에는 붙지 않음

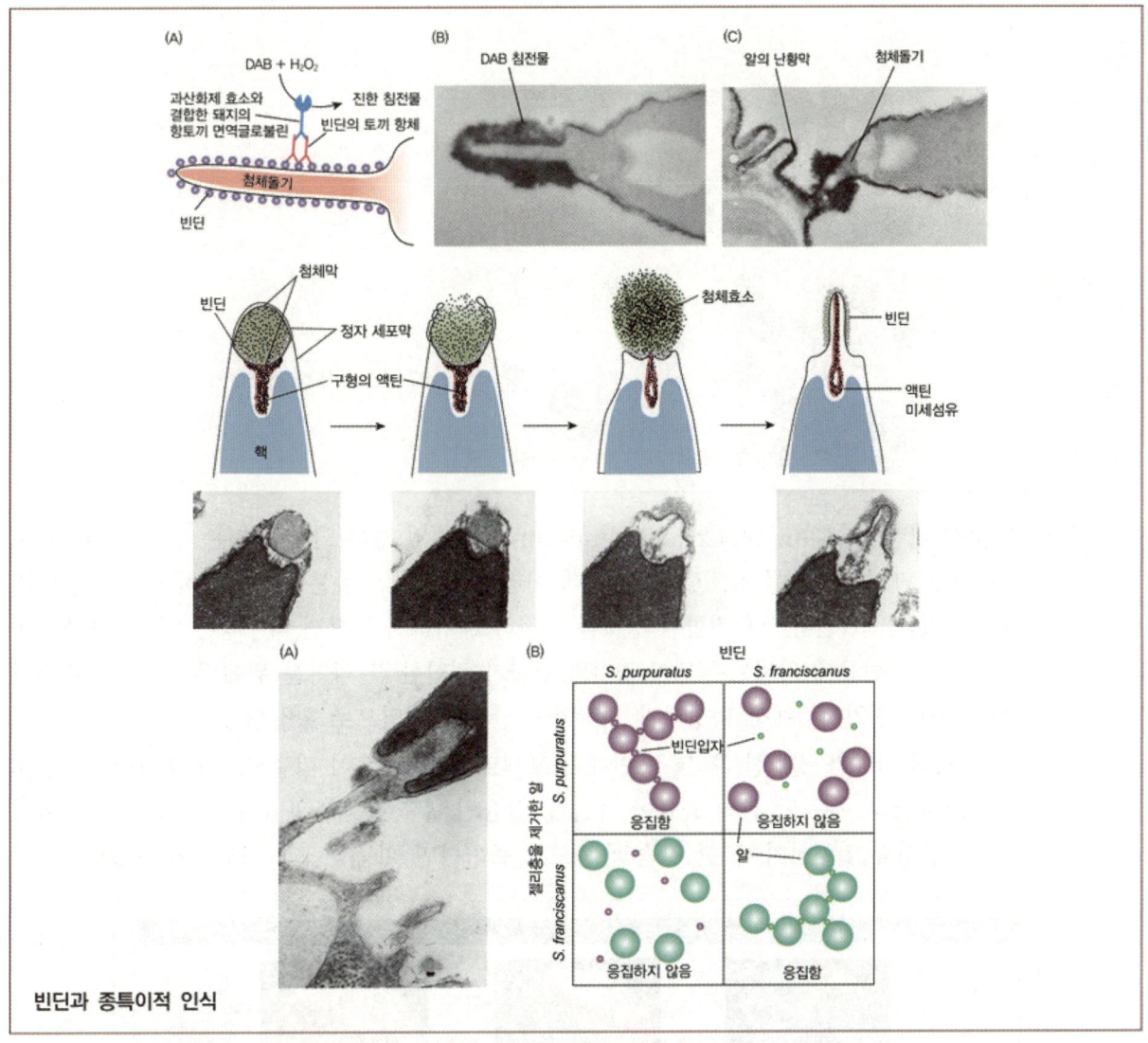

빈딘과 종특이적 인식

ⓒ 난황막에 구멍이 형성되면 난자와 정자의 세포막이 융합함. 이 때 서로 다른 기작의 다수정 방지기작(block to polyspermy)이 수행됨

ⓓ 정자핵이 난자로 진입함

Ⓛ 다수정의 방지

ⓐ 다수정 급속방지(fast block to polyspermy): 난자의 막전위 변화 변화로써 성취되는데 첫 번째 정자가 난자의 원형질막에 닿으면 1~3초 내에 막전위가 +20mV로 바뀜. 이 변화는 주로 Na^+이 난자 밖에서부터 세포질 안으로 유입됨으로써 일어남. 정자는 정상적인 휴지막 전위를 유지하고 있는 난자의 막과는 융합할 수 있으나 탈분극된 막과는 융합할 수 없음

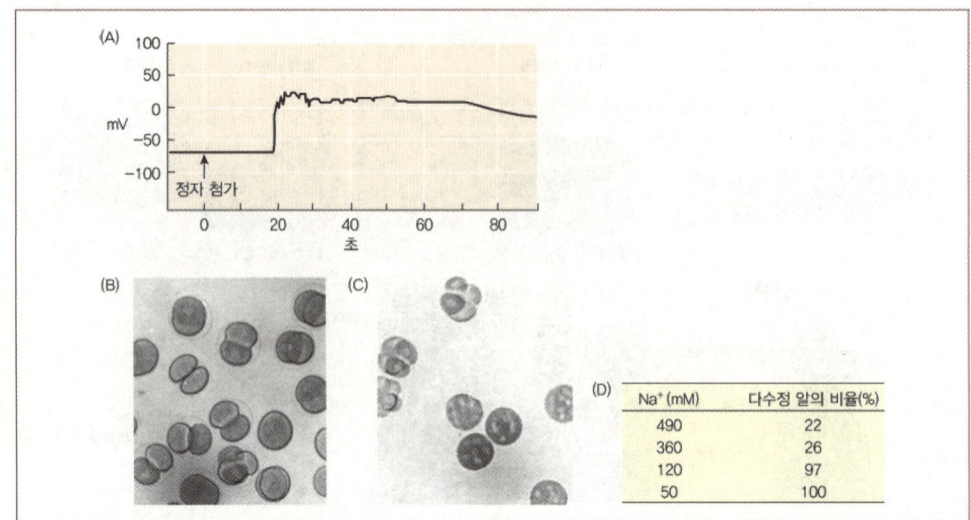

(D) Na⁺ (mM)	다수정 알의 비율(%)
490	22
360	26
120	97
50	100

ⓑ 다수정 완만방지(slow block to polyspermy): 성게의 경우 급속 방지는 일시적이며 단지 1분 정도만 수정전위를 유지할 수 있는데 이러한 일시적인 탈분극은 영구히 다수정을 방지할 수 없음. 즉, 난황막에 결합된 정자를 완전히 제거하지 않으면 다수정은 일어나게 됨. 이 과정은 피층반응에 의해 수행되어 정자와 난자가 결합한 후 약 1분 뒤에 일어나는데 수정막은 정자의 침입지점에서 형성되기 시작하여 난자의 전역으로 확산됨

1. 정자와 난자가 결합한 후 몇 초만에 소포체로부터 Ca^{2+}이 방출되어 피층과립(cortical granule)과 세포막 간의 융합이 촉진됨. 칼슘의 방출은 피층과립의 외포작용 및 수정막의 형성과 일치하며, 또한 칼슘의 농도가 증가하면 피층과립과 세포막이 융합함

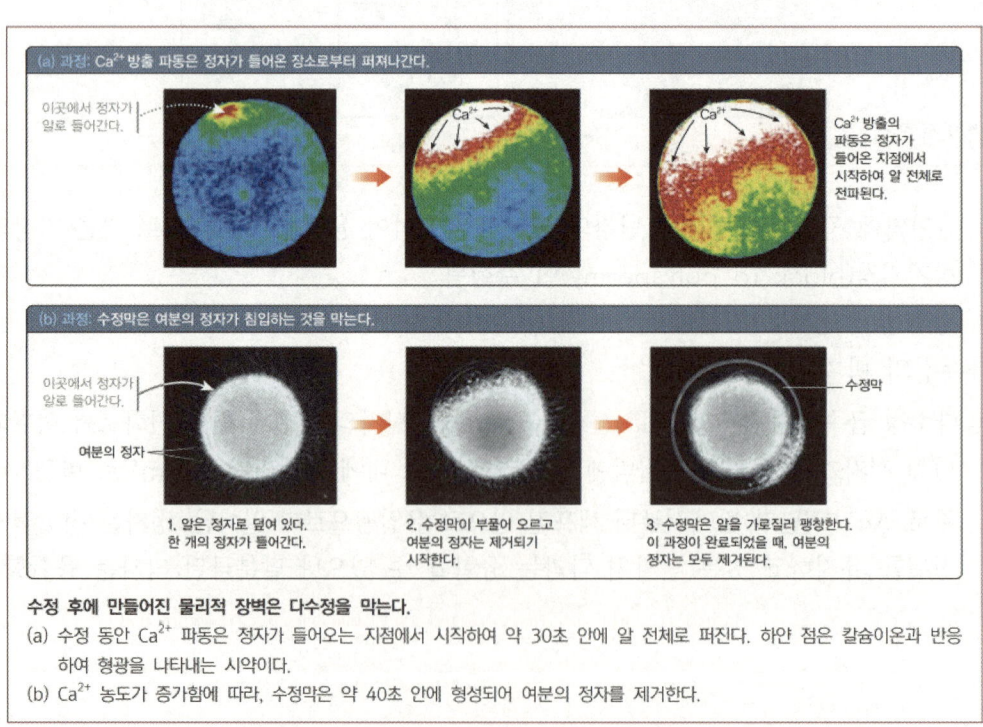

수정 후에 만들어진 물리적 장벽은 다수정을 막는다.
(a) 수정 동안 Ca^{2+} 파동은 정자가 들어오는 지점에서 시작하여 약 30초 안에 알 전체로 퍼진다. 하얀 점은 칼슘이온과 반응하여 형광을 나타내는 시약이다.
(b) Ca^{2+} 농도가 증가함에 따라, 수정막은 약 40초 안에 형성되어 여분의 정자를 제거한다.

2. 피층과립으로부터 난황막과 원형질막 사이의 위란강공간(perivitelline space)으로 내용물 이 방출됨.

3. 피층과립의 물질은 난황막과 원형질막 간의 결합 파괴하며, 점액성 다당류가 삼투압을 높여 위란강으로 수분 흡수하고, 정자 결합 수용체를 제거하고, 난황막이 굳어져 수정막이 형성됨

ㄹ 난자의 활성화(egg activation): 난자 세포질에서 Ca^{2+} 농도가 크게 증가함에 따라 난자의 세포 호흡률, 단백질 합성, DNA 복제가 일어나게 됨. 정자세포의 어떤 물질도 난자의 활성화에 직접 이용되지 않음. 미수정란도 Ca^{2+} 을 주입하거나 온도충격과 같은 적당한 자극을 주면 활성화가 가능한데, 무핵 난자의 활성화가 가능하다는 것은 세포질에 존재하는 단백질과 mRN만으로도 난자 활성화가 충분히 가능하다는 것을 함축하는 것

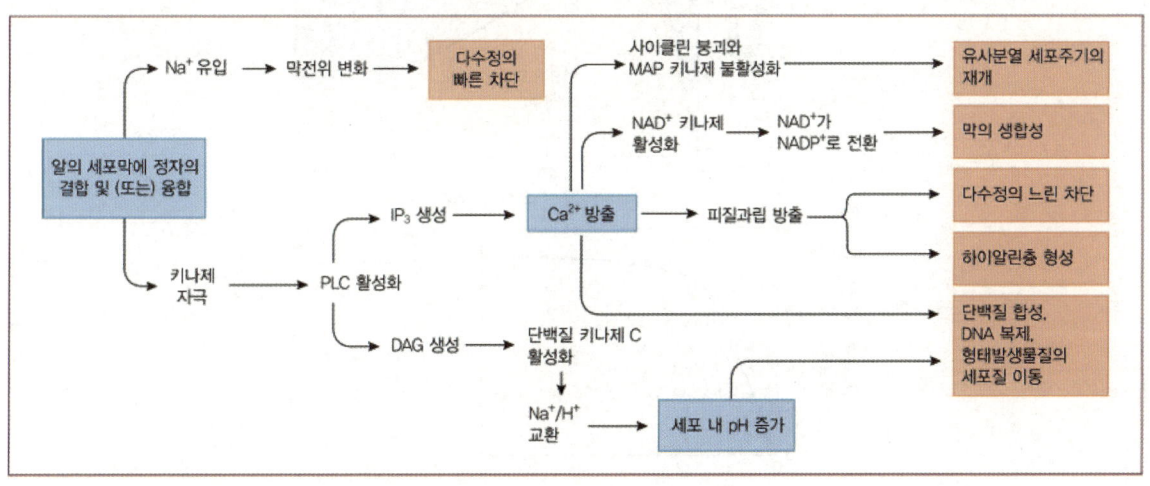

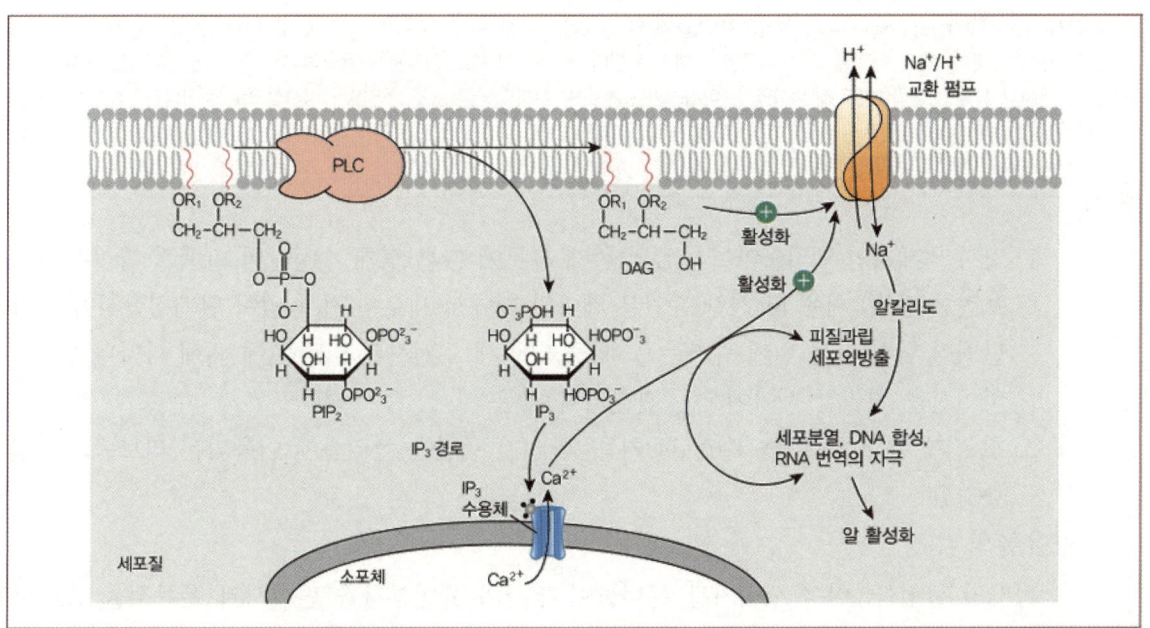

ⓐ 초기 반응: Na^+의 유입에 따라 급속 다수정 방지기작이 진행되고 소포체로부터의 Ca^{2+}방출에 따라 완만 다수정 방지기작이 진행되며 또한 NAD+키나아제가 활성화되어 막의 생합성이 진행되고 MAP 키나아제가 불활성화면서 DNA 복제를 개시하게 됨

ⓑ 후기 반응: 소포체로부터 Ca^{2+}이 방출되고 세포 내 pH가 증가함에 따라 DNA 복제와 단백질 합성이 일어나게 되는데 수정 후 폭발적인 단백질의 합성은 난자 세포질에 저장된 mRNA가 이용되는 것임

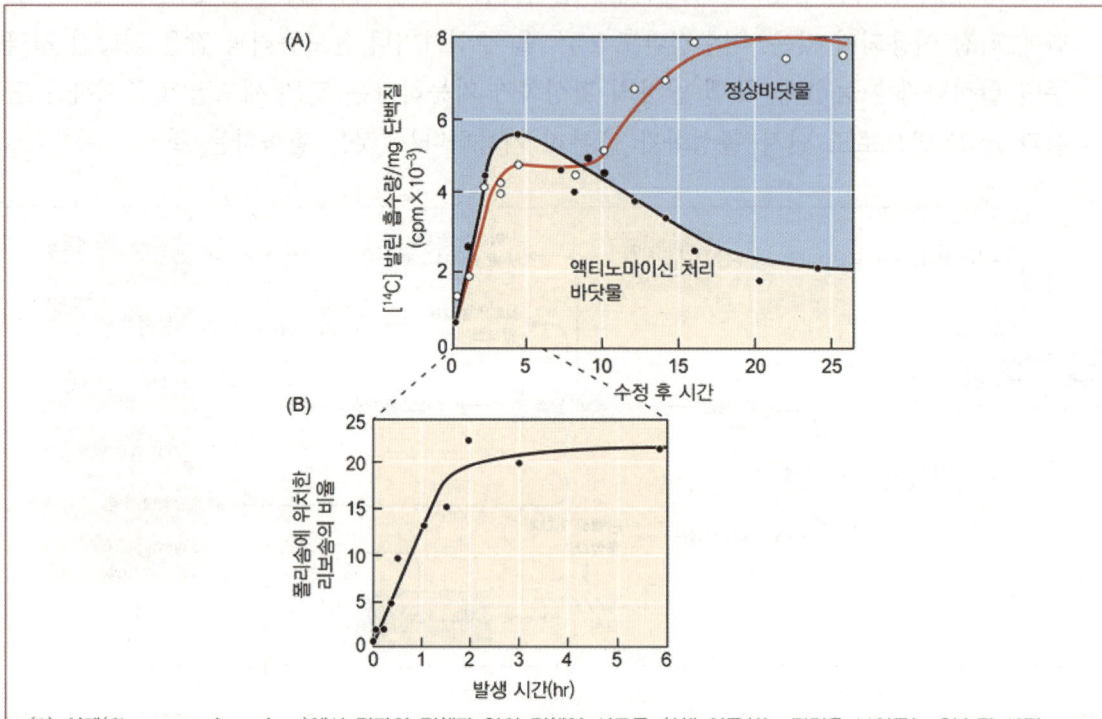

(A) 성게(Clypeaster japonicus)에서 정자의 전핵과 알의 전핵이 서로를 향해 이동하는 장면을 보여주는 연속된 사진
(B) 두 전핵은 미세소관의 돌기를 따라 서로를 향해 이동한다. 전핵은 호체스 염료를 사용하여 청색으로 염색하였고, 미세 소관은 초록색의 튜불린 형광항체로 염색하였다. 미세소관은 수컷의 전핵과 연결된 중심체에서 방사상으로 뻗어나가 암컷 전핵에 도달한다.
(C) 성게 알에서 전핵의 융합

1. 전사 억제제인 액티노마이신 D의 존재 유무에 따른 성게 수정란의 단백질 합성량 차이를 보면 수정 후 처음 몇 시간 동안은 배아의 핵에서 새로운 전사 없이 단백질합성이 일어남. 단백질 합성의 두 번째 증가는 포배 중기에 새로 전사된 mRNA에 의해 나타나며 액티노마이신을 처리한 배아에서는 관찰되지 않음

2. 첫 번째 분열 중에 즉, 수정 후 처음 몇 시간 동안은 폴리솜에 이용되는 리보솜의 비율이 증가함

⑩ 포유류의 수정

ⓐ 정자의 활성화: 여성 생식기관 분비물이 정자의 표면분자를 변화시켜 운동성을 증가시킴

ⓑ 포유류 난자는 여포세포로 둘러싸여 배란되는데 정자는 여포세포층을 지나 투명대에 도달해
   야 함

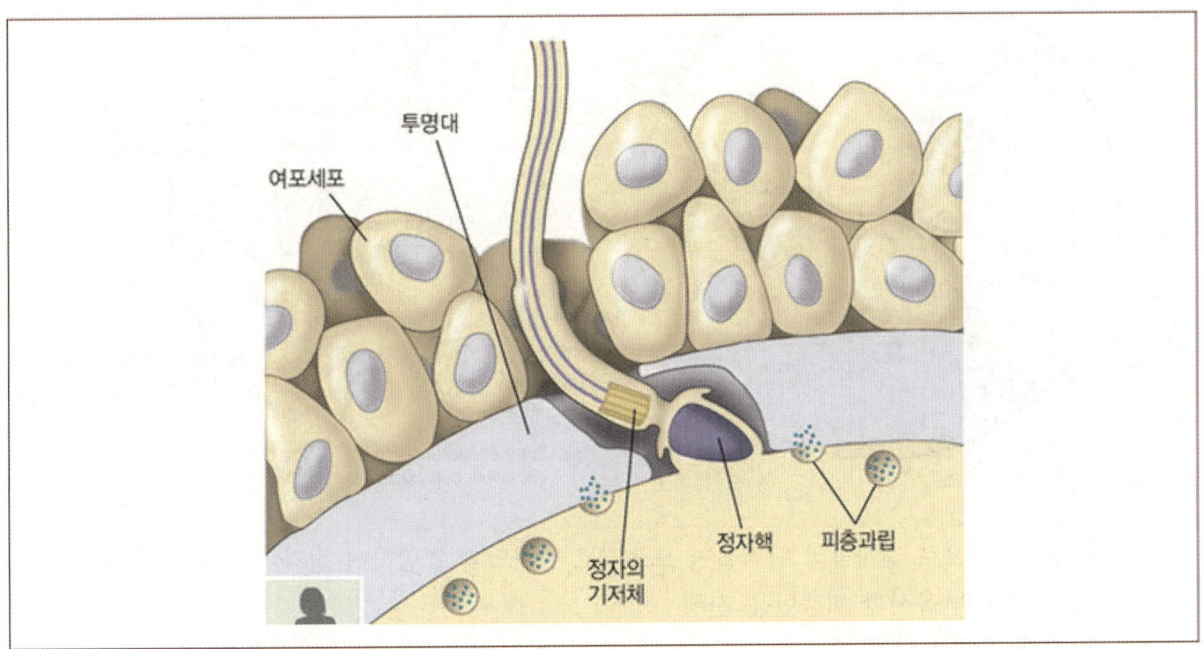

ⓒ 투명대 당단백질과 정자가 결합하면 첨체로부터 나온 가수분해효소는 정자가 투명대를 통과
   할 수 있도록 함. 특히 생쥐의 투명대는 ZP1, ZP2, ZP3라 부르는 세 종류의 주된 당단백질
   과 부속 단백질로 구성되어 있는데 이 당단백질 중 ZP3가 정자와 결합하는 주된 당단백질
   이라는 사실이 밝혀짐. 정자를 먼저 정제된 ZP1, ZP2, ZP3의 농도를 증가시키면서 각각
   섞어 준 후 정자가 난자의 투명대와 결합하는 수를 상대적으로 표시했는데 ZP3의 당 성분
   이 결합 반응에 중요함이 나타남

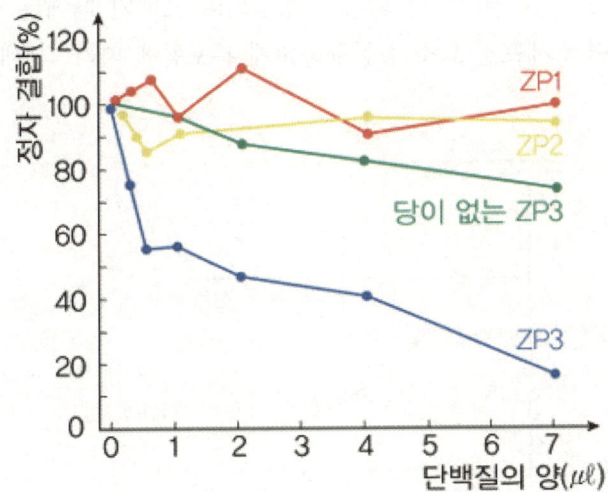

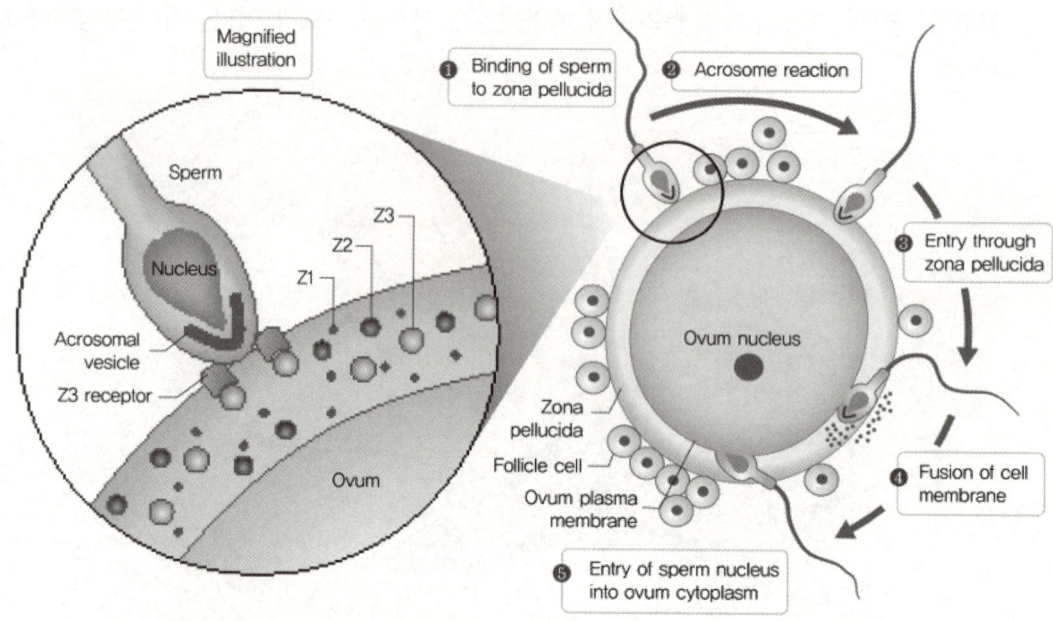

ⓓ 첨체반응으로 정자막의 단백질이 노출되고 난자막과 결합하여 정자와 난자가 융합됨. 성게의 경우와 유사한 피층반응 진행

ⓔ 정자 전체가 난자 속으로 진입하는데 정자 편모 기저체로 작용한 중심립 부위에서 첫번째 세포분열에 필요한 방추사가 형성됨

(3) 난할(cleavage): 수정란의 초기 세포분열

㉠ 난할의 보편적 특징

ⓐ G1기와 G2기가 사실상 없으므로, 세포성장 없이 분열만 지속하여 배아는 난할 동안 크기성장이 이루어지지 않음. 따라서 난할이 지속되면서 할구의 크기는 작아짐

ⓑ 초반 5~7번 세포분열 시기부터 할강이 형성되며 포배기 때에는 할강의 크기가 최대가 됨

ⓒ 난할이 진행되면서 세포질 요소가 불균등하게 분포됨에 따라 각 세포들의 운명도 점차 달라지게 됨

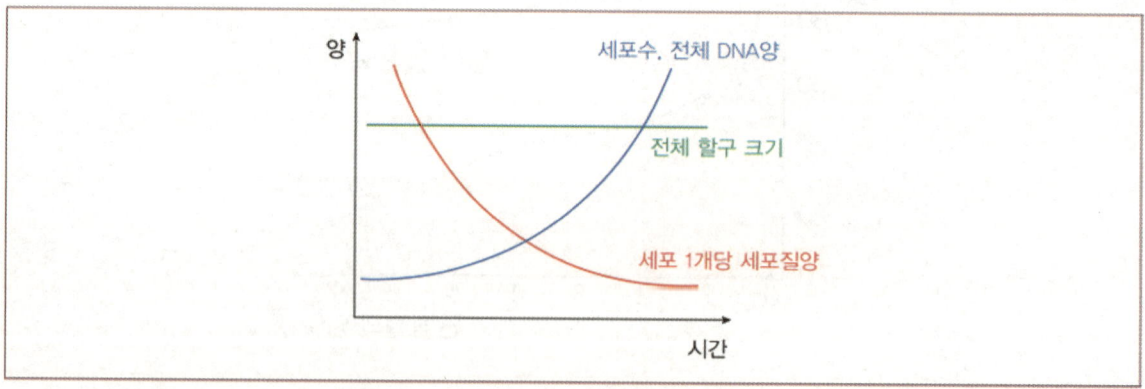

ⓛ 난할의 양상 구분: 난황의 양과 분포에 따라 난할의 양상이 달라짐

　ⓐ 전할(holoblastic cleavage; 완전난할): 난할이 전체적으로 일어남

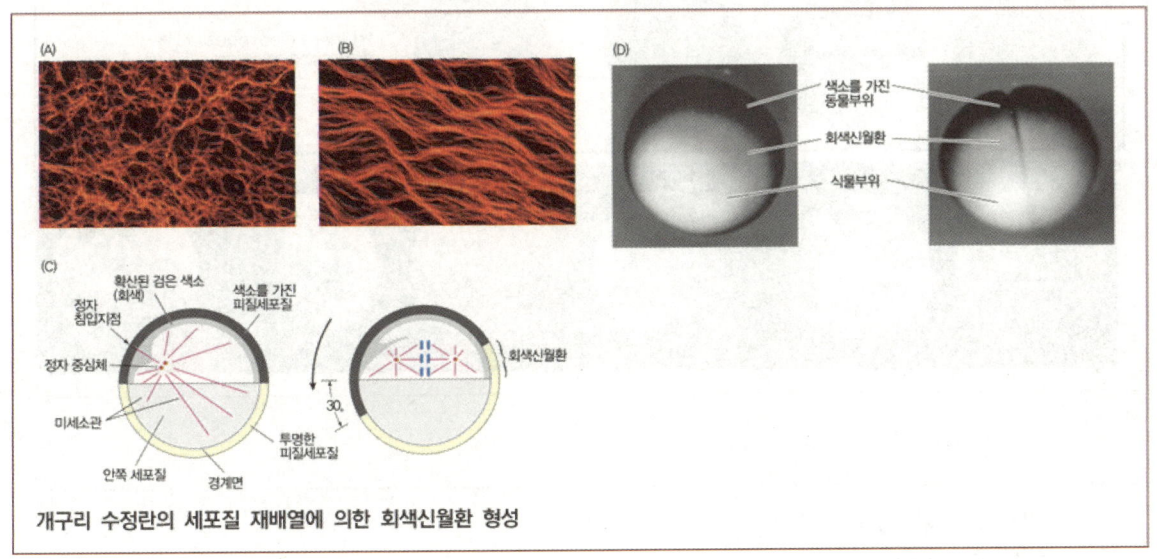

개구리 수정란의 세포질 재배열에 의한 회색신월환 형성

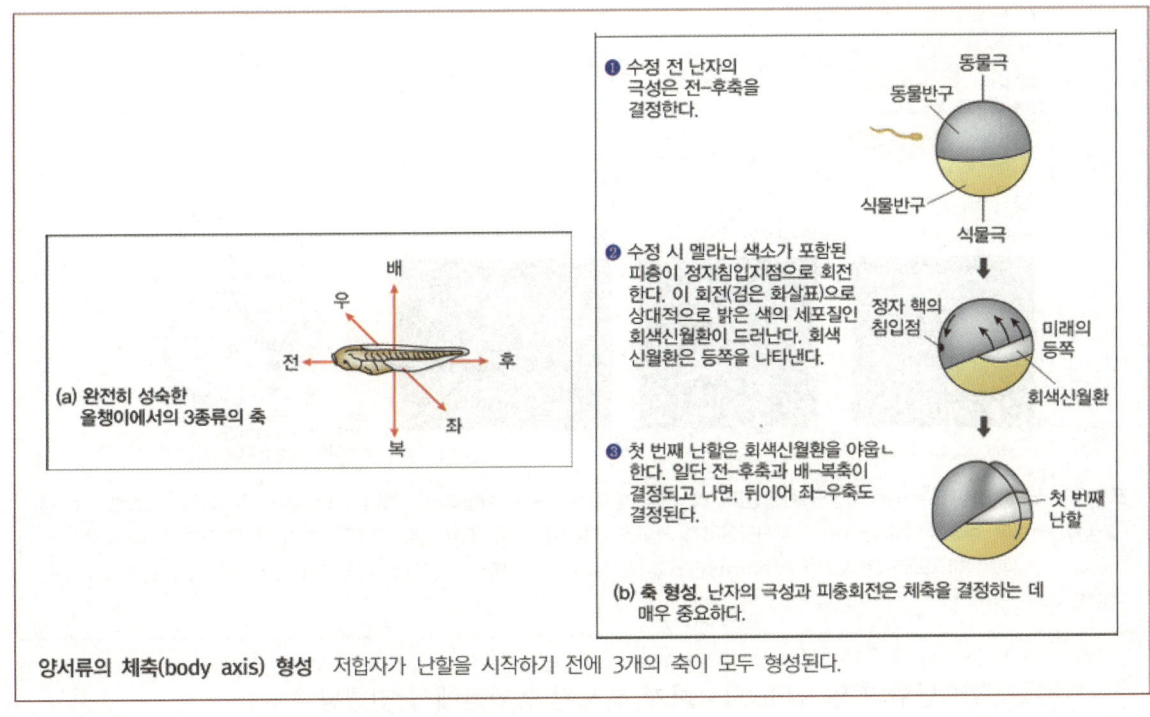

(a) 완전히 성숙한 올챙이에서의 3종류의 축

❶ 수정 전 난자의 극성은 전–후축을 결정한다.

❷ 수정 시 멜라닌 색소가 포함된 피충이 정자침입지점으로 회전한다. 이 회전(검은 화살표)으로 상대적으로 밝은 색의 세포질인 회색신월환이 드러난다. 회색신월환은 등쪽을 나타낸다.

❸ 첫 번째 난할은 회색신월환을 야웁니한다. 일단 전–후축과 배–복축이 결정되고 나면, 뒤이어 좌–우축도 결정된다.

(b) 축 형성. 난자의 극성과 피충회전은 체축을 결정하는 데 매우 중요하다.

양서류의 체축(body axis) 형성　저합자가 난할을 시작하기 전에 3개의 축이 모두 형성된다.

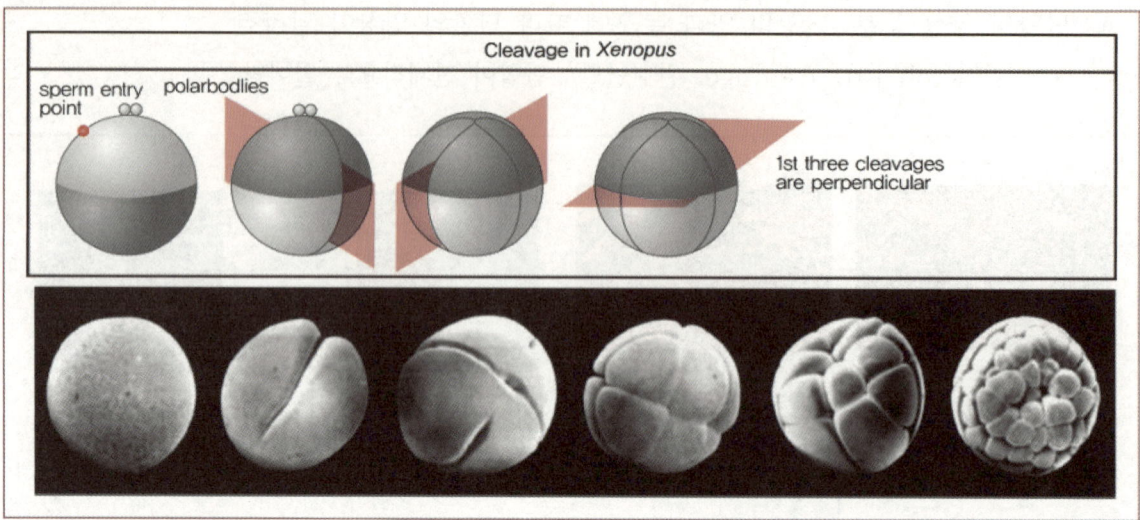

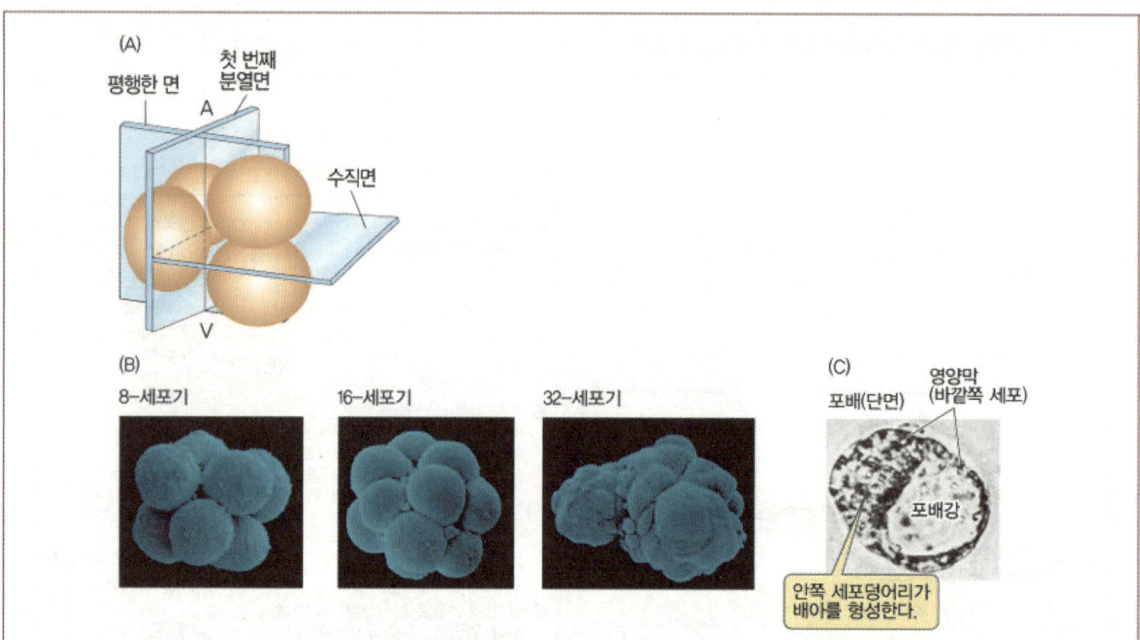

포유류의 난할 (A) 포유류는 회전난할을 한다. 첫 번째 분열면은 동물-식물(A-V) 축에 평행하지만 두 번째 분열면은 두 면 (갈색)이 서로에 대해 직각이다. (B) 주사전자현미경 사진은 비동시적 세포분열이 32-세포기에 비대칭적 포배가 되는 것을 보 여준다. (C) 광학현미경으로 본 포유류 포배의 단면은 액체로 채워진 포배강에 인접한 안쪽 세포덩어리와 이를 둘러싸고 있는 영양막으로 구성된다.

1. 등할: 난황의 양 적고 균등하게 분포된 등황란에서 진행됨
   ex) 극피동물
2. 부등할: 적당히 많은 난황이 식물극을 중심으로 분포된 중황란에서 진행됨 ex) 양서류

ⓑ 부분할(meroblastic cleavage; 불완전난할): 난할이 특정 부위에서만 일어남

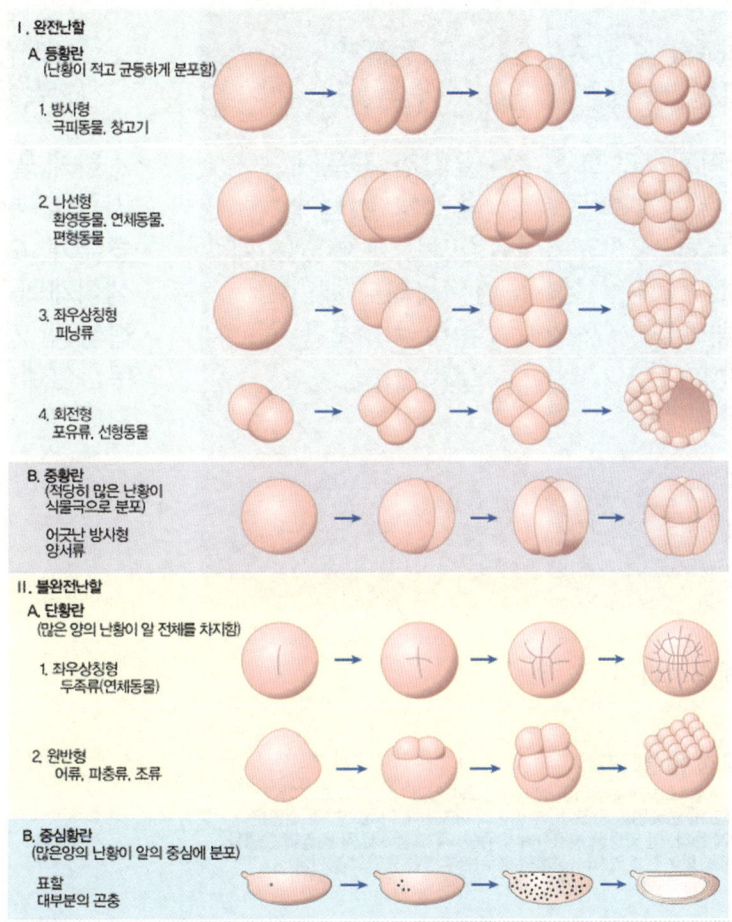

1. 반할: 다량의 난황이 알 전체를 차지하는 단황란에서 진행됨
ex) 조류
2. 표할: 다량의 난황이 알 중심에 분포한 중심황란에서 진행됨
ex) 곤충

(4) 낭배 형성 과정(gastulation)

형태형성과정을 거치면서 세포군이 후에 조직이나 기관형성이 일어날 새로운 위치로 이동함

㉠ 낭배형성과정의 일반적 특징: 세포 운동성의 변화, 세포 형태의 변화, 세포들 간의 세포부착 변화, 세포외 기질 분자의 조성 변화가 일어남

㉡ 낭배형성과정의 결과: 3개의 배엽층(germ layer)이 형성됨

　ⓐ 외배엽(ectoderm): 낭배의 가장 바깥층 형성
　ⓑ 내배엽(endoderm): 배아의 소화관 형성

ⓒ 중배엽(mesoderm): 외배엽과 내배엽 사이의 공간을 부분적으로 채움

외배엽 (바깥층)	중배엽 (중간층)	내배엽 (안쪽층)
• 피부 상피조직과 그 유래 조직(땀샘, 모발 여포세포 등) • 신경계, 감각계 • 뇌하수체, 부신 • 턱과 치아	• 골격계, 근육계 • 순환계, 림프계 • 외분비계 및 생식계 (생식세포 제외) • 피부 진피층 • 부신 피질	• 소화계 및 연관 기관의 내벽 • 호흡계, 외분비계, 생식계의 내벽 • 갑상샘, 가슴샘, 부갑상샘

ⓒ 성게의 낭배형성과정

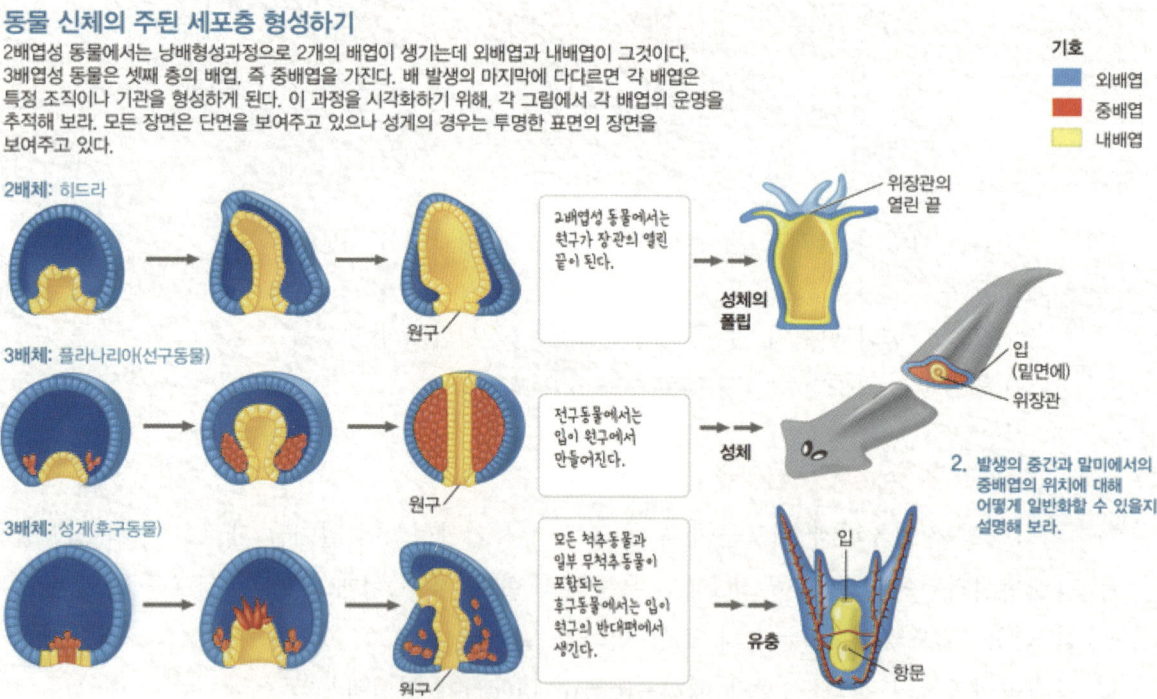

동물 신체의 주된 세포층 형성하기

2배엽성 동물에서는 낭배형성과정으로 2개의 배엽이 생기는데 외배엽과 내배엽이 그것이다. 3배엽성 동물은 셋째 층의 배엽, 즉 중배엽을 가진다. 배 발생의 마지막에 다다르면 각 배엽은 특정 조직이나 기관을 형성하게 된다. 이 과정을 시각화하기 위해, 각 그림에서 각 배엽의 운명을 추적해 보라. 모든 장면은 단면을 보여주고 있으나 성게의 경우는 투명한 표면의 장면을 보여주고 있다.

기호
- 외배엽
- 중배엽
- 내배엽

2배체: 히드라

원구

2배엽성 동물에서는 원구가 장관의 열린 끝이 된다.

성체의 폴립

위장관의 열린 끝

3배체: 플라나리아(선구동물)

원구

전구동물에서는 입이 원구에서 만들어진다.

성체

입 (밑면에)

위장관

3배체: 성게(후구동물)

원구

모든 척추동물과 일부 무척추동물이 포함되는 후구동물에서는 입이 원구의 반대편에서 생긴다.

유충

입

항문

2. 발생의 중간과 말미에서의 중배엽의 위치에 대해 어떻게 일반화할 수 있을지 설명해 보라.

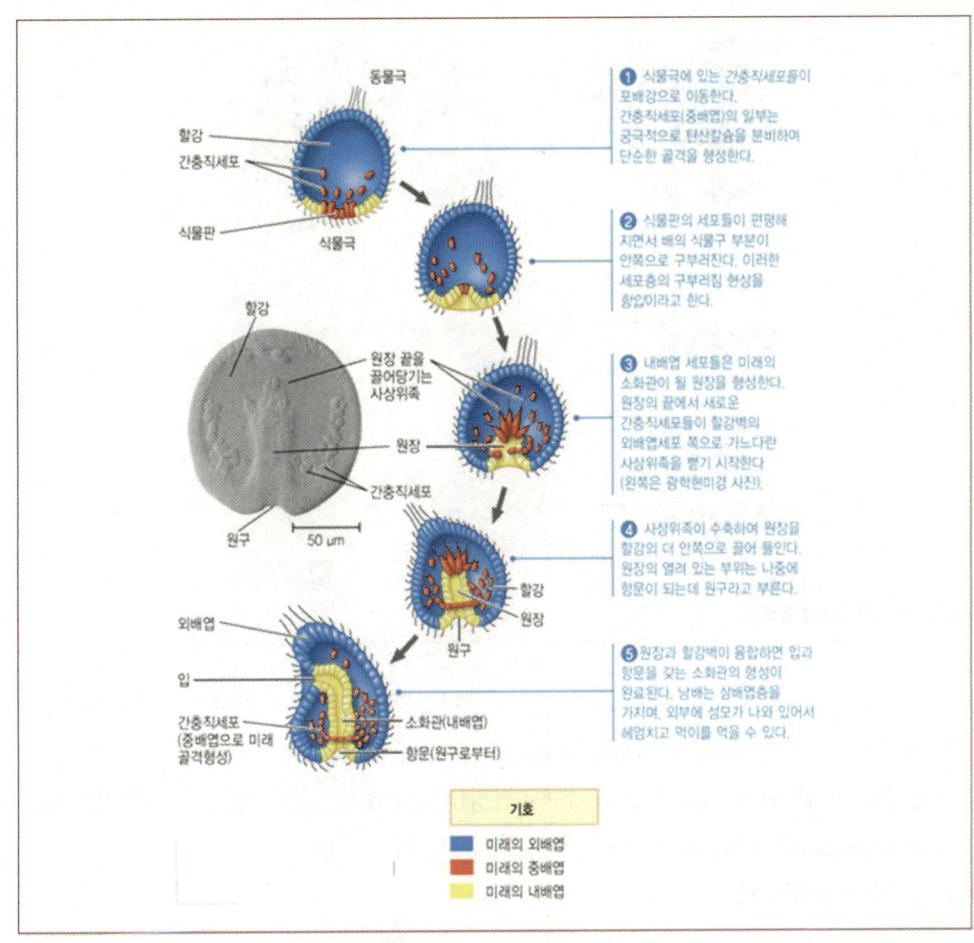

① 식물극에 있는 간충직세포들이
포배강으로 이동한다.
간충직세포(중배엽)의 일부는
궁극적으로 탄산칼슘을 분비하여
단순한 골격을 형성한다.

② 식물판의 세포들이 편평해
지면서 배의 식물구 부분이
안쪽으로 구부러진다. 이러한
세포층의 구부러짐 현상을
함입이라고 한다.

③ 내배엽 세포들은 미래의
소화관이 될 원장을 형성한다.
원장의 끝에서 새로운
간충직세포들이 할강벽의
외배엽세포 쪽으로 가느다란
사상위족을 뻗기 시작한다
(왼쪽은 광학현미경 사진).

④ 사상위족이 수축하여 원장을
할강의 더 안쪽으로 끌어 들인다.
원장의 열려 있는 부위는 나중에
항문이 되는데 원구라고 부른다.

⑤ 원장과 할강벽이 융합하면 입과
항문을 갖는 소화관의 형성이
완료된다. 낭배는 삼배엽층을
가지며, 외부에 섬모가 나와 있어서
헤엄치고 먹이를 먹을 수 있다.

기호

- 미래의 외배엽
- 미래의 중배엽
- 미래의 내배엽

동물극
할강
간충직세포
식물판
식물극
할강
원장 끝을
끌어당기는
사상위족
원장
간충직세포
원구
50 μm
외배엽
입
간충직세포
(중배엽으로 미래
골격형성)
할강
원장
원구
소화관(내배엽)
항문(원구로부터)

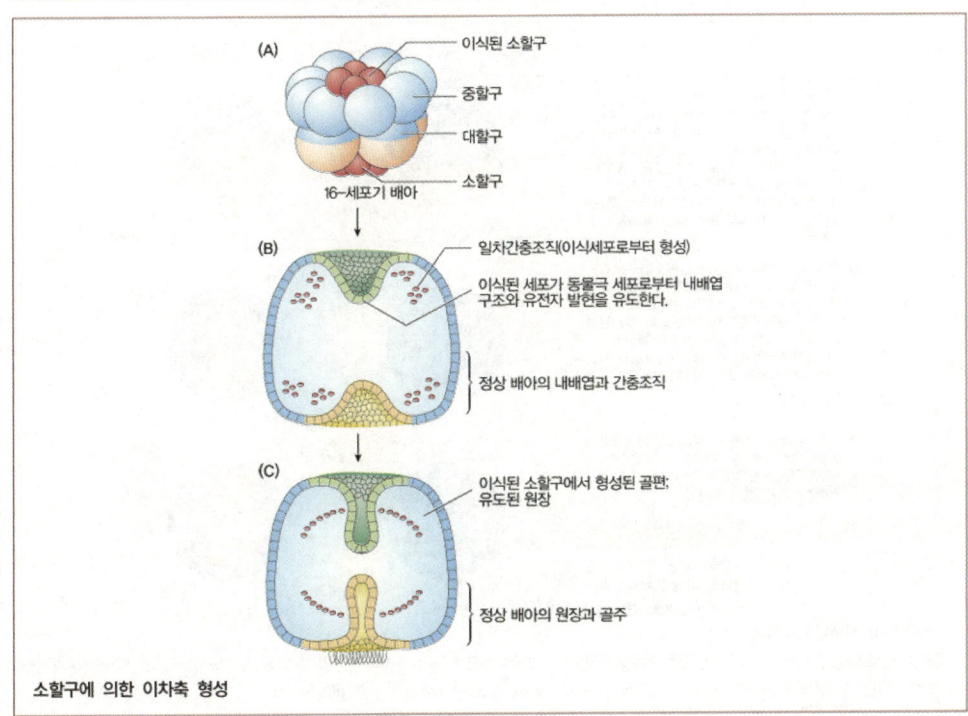

(A)
이식된 소할구
중할구
대할구
소할구
16-세포기 배아

(B)
일차간충조직(이식세포로부터 형성)
이식된 세포가 동물극 세포로부터 내배엽
구조와 유전자 발현을 유도한다.
정상 배아의 내배엽과 간충조직

(C)
이식된 소할구에서 형성된 골편;
유도된 원장
정상 배아의 원장과 골주

소할구에 의한 이차축 형성

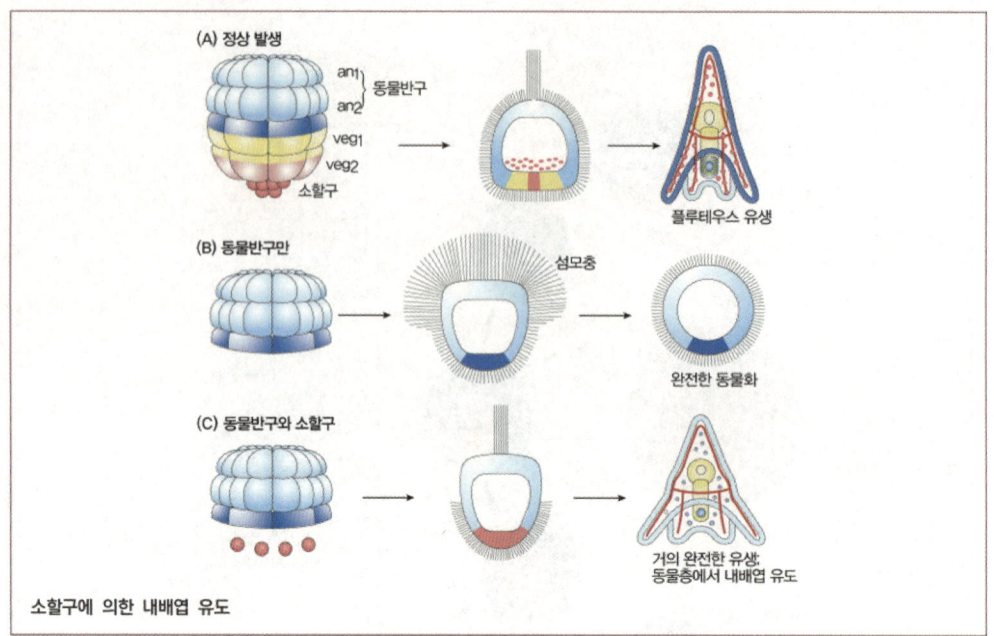

소할구에 의한 내배엽 유도

ⓐ 식물극의 간충직 세포(mesenchyme cell)가 포배강으로 진입하며 식물극 부위의 남아있는 세포들은 약간 편평해져 식물판(vegetal plate)을 형성

ⓑ 식물판의 함입(invagination)을 통해 원장(archenteron)을 형성함. 원장의 열린 쪽을 원구(blastopore)라 하는데, 이곳은 후에 항문이 됨

ㄹ 개구리 낭배형성과정

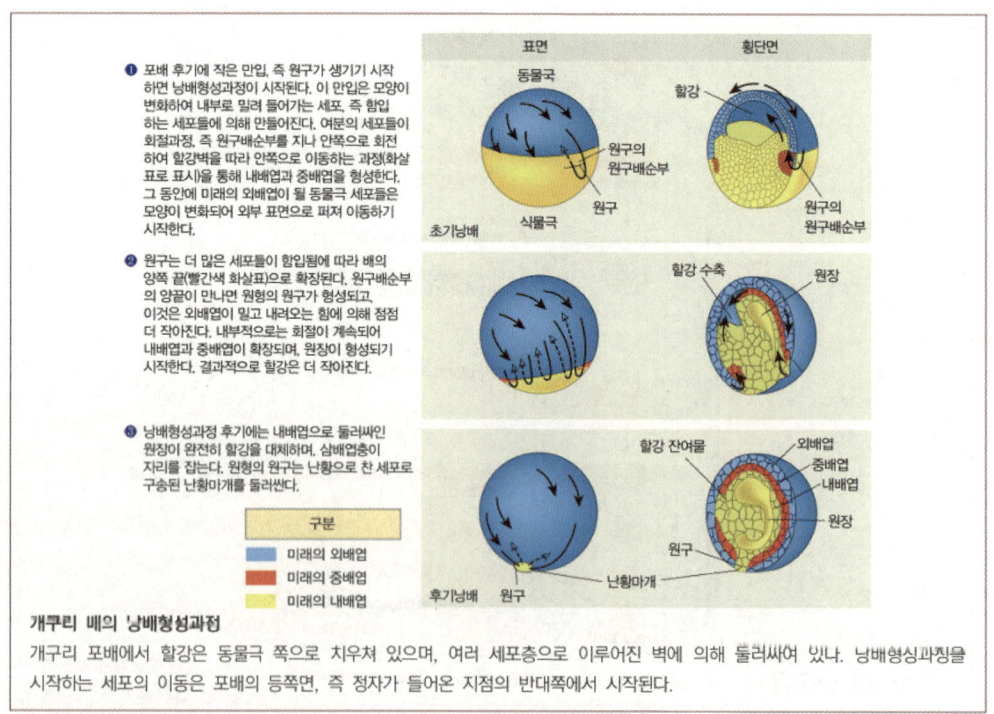

❶ 포배 후기에 작은 만입, 즉 원구가 생기기 시작하면 낭배형성과정이 시작된다. 이 만입은 모양이 변화하여 내부로 밀려 들어가는 세포, 즉 함입하는 세포에 의해 만들어진다. 여분의 세포들이 회절과정, 즉 원구배순부를 지나 안쪽으로 회전하여 할강벽을 따라 안쪽으로 이동하는 과정(화살표로 표시)을 통해 내배엽과 중배엽을 형성한다. 그 동안에 미래의 외배엽이 될 동물극 세포들은 모양이 변화되어 외부 표면으로 펴져 이동하기 시작한다.

❷ 원구는 더 많은 세포들이 함입됨에 따라 배의 양쪽 끝(빨간색 화살표)으로 확장된다. 원구배순부의 양끝이 만나면 원형의 원구가 형성되고, 이것은 외배엽이 밀고 내려오는 힘에 의해 점점 더 작아진다. 내부적으로는 회절이 계속되어 내배엽과 중배엽이 확장되며, 원장이 형성되기 시작한다. 결과적으로 할강은 더 작아진다.

❸ 낭배형성과정 후기에는 내배엽으로 둘러싸인 원장이 완전히 할강을 대체하며, 삼배엽층이 자리를 잡는다. 원형의 원구는 난황으로 찬 세포로 구성된 난황마개를 둘러싼다.

구분	
🟦	미래의 외배엽
🟥	미래의 중배엽
🟨	미래의 내배엽

개구리 배의 낭배형성과정

개구리 포배에서 할강은 동물극 쪽으로 치우쳐 있으며, 여러 세포층으로 이루어진 벽에 의해 둘러싸여 있나. 낭배형성과정을 시작하는 세포의 이동은 포배의 등쪽면, 즉 정자가 들어온 지점의 반대쪽에서 시작된다.

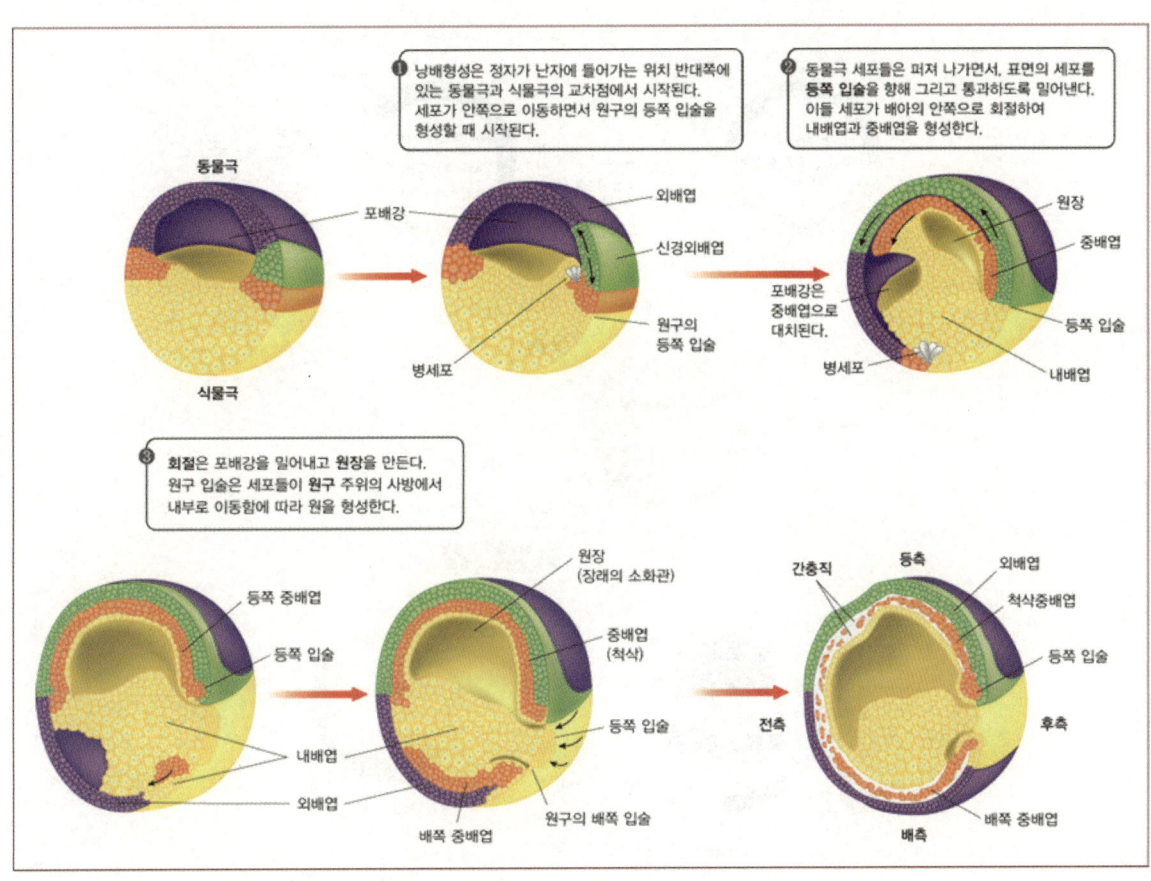

❶ 낭배형성은 정자가 난자에 들어가는 위치 반대쪽에 있는 동물극과 식물극의 교차점에서 시작된다. 세포가 안쪽으로 이동하면서 원구의 등쪽 입술을 형성할 때 시작된다.

❷ 동물극 세포들은 퍼져 나가면서, 표면의 세포를 **등쪽 입술**을 향해 그리고 통과하도록 밀어낸다. 이들 세포가 배아의 안쪽으로 회절하여 내배엽과 중배엽을 형성한다.

동물극

포배강

외배엽

신경외배엽

원장

중배엽

원구의 등쪽 입술

포배강은 중배엽으로 대치된다.

등쪽 입술

병세포

식물극

병세포

내배엽

❸ **회절**은 포배강을 밀어내고 **원장**을 만든다. 원구 입술은 세포들이 **원구** 주위의 사방에서 내부로 이동함에 따라 원을 형성한다.

등쪽 중배엽

등쪽 입술

내배엽

외배엽

배쪽 중배엽

원장 (장래의 소화관)

중배엽 (척삭)

등쪽 입술

원구의 배쪽 입술

간충직

등측

외배엽

척삭중배엽

등쪽 입술

전측

후측

배쪽 중배엽

배측

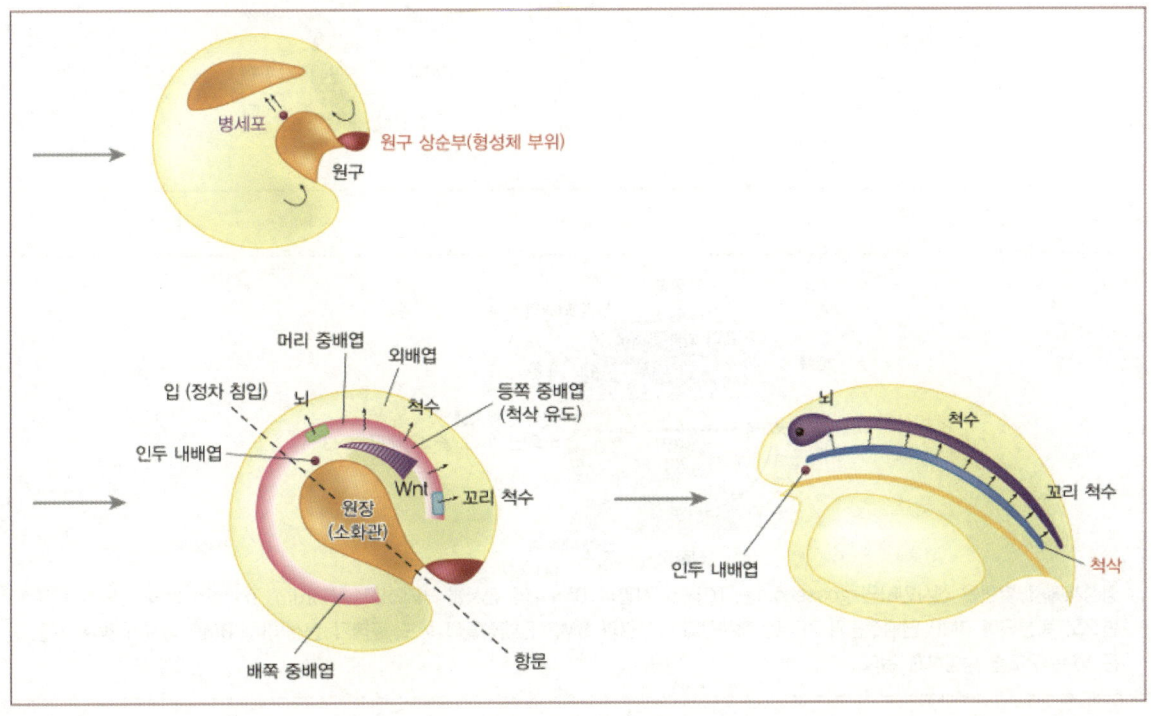

병세포

원구 상순부(형성체 부위)

원구

입 (정차 침입)

머리 중배엽

외배엽

뇌

인두 내배엽

척수

등쪽 중배엽 (척삭 유도)

Wnt

꼬리 척수

원장 (소화관)

배쪽 중배엽

항문

뇌

척수

꼬리 척수

인두 내배엽

척삭

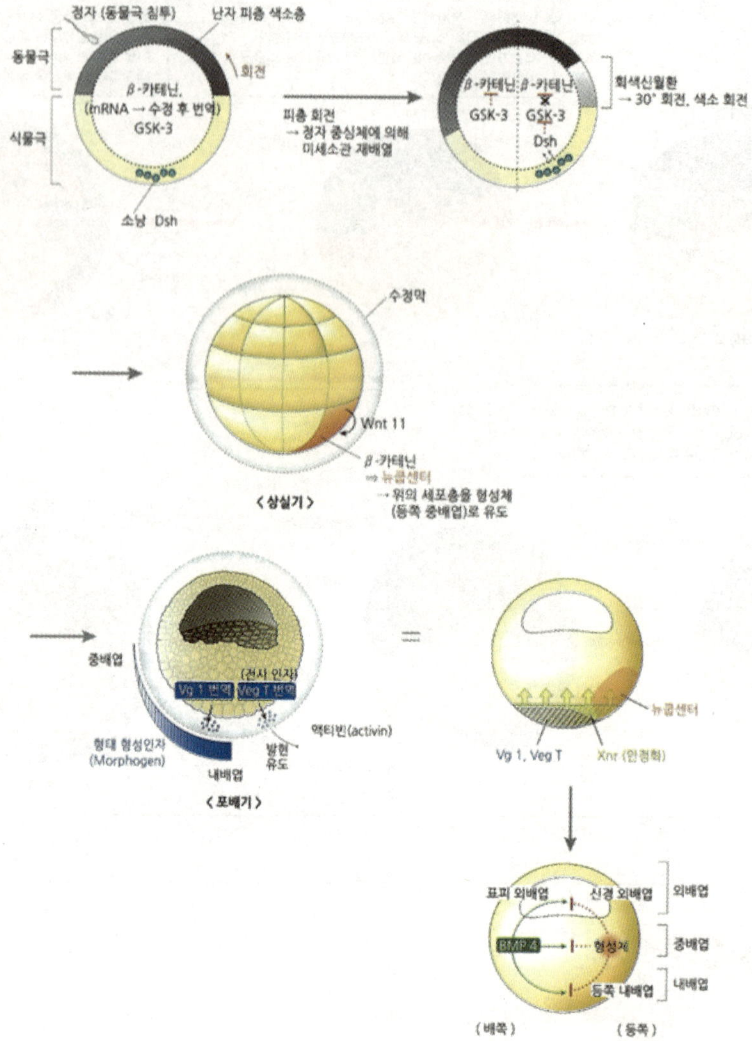

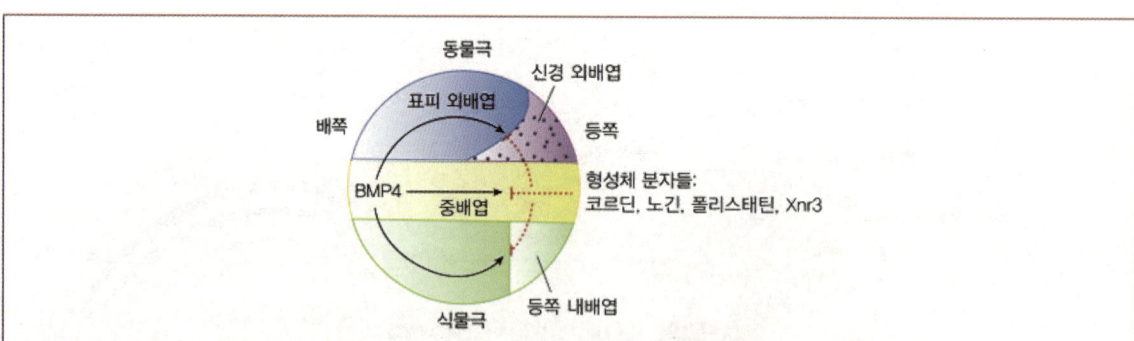

형성체에서 발현된 전사인자인 goosecoid는 TGF-β 계열의 BMP4의 전사를 억제하고, chordin, noggin 등의 단백질은 주변으로 확산되어 BMP 단백질들의 기능을 저해한다. 그 결과 BMP 단백질들의 농도 구배가 형성되며, BMP 농도가 높은 지점은 배쪽 구조를 형성하게 된다.

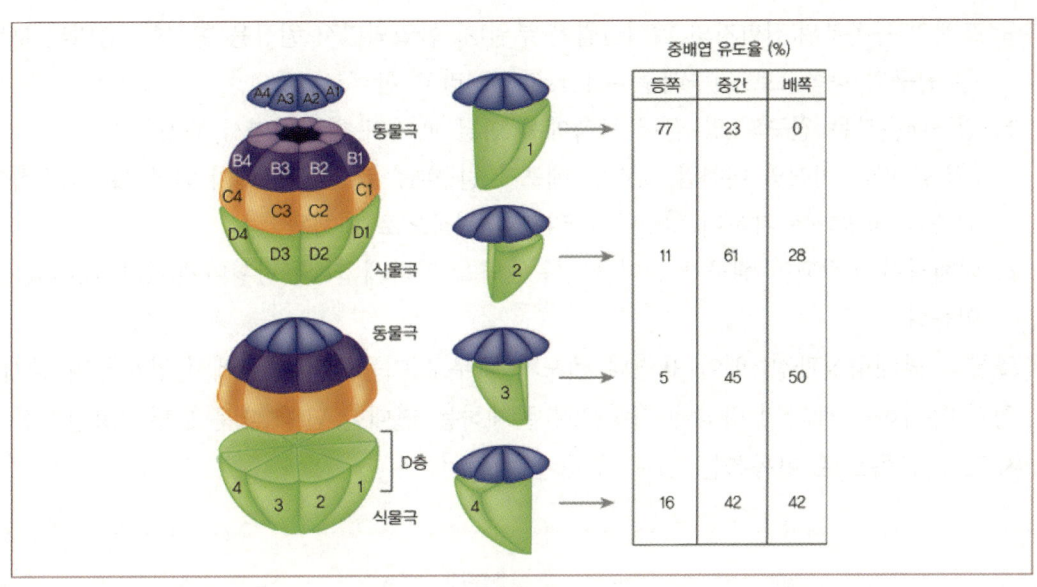

중배엽 유도율 (%)		
등쪽	중간	배쪽
77	23	0
11	61	28
5	45	50
16	42	42

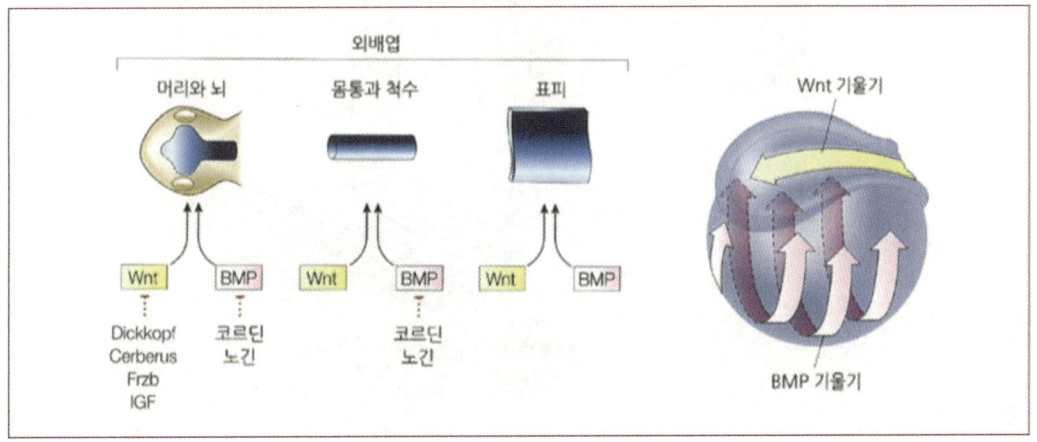

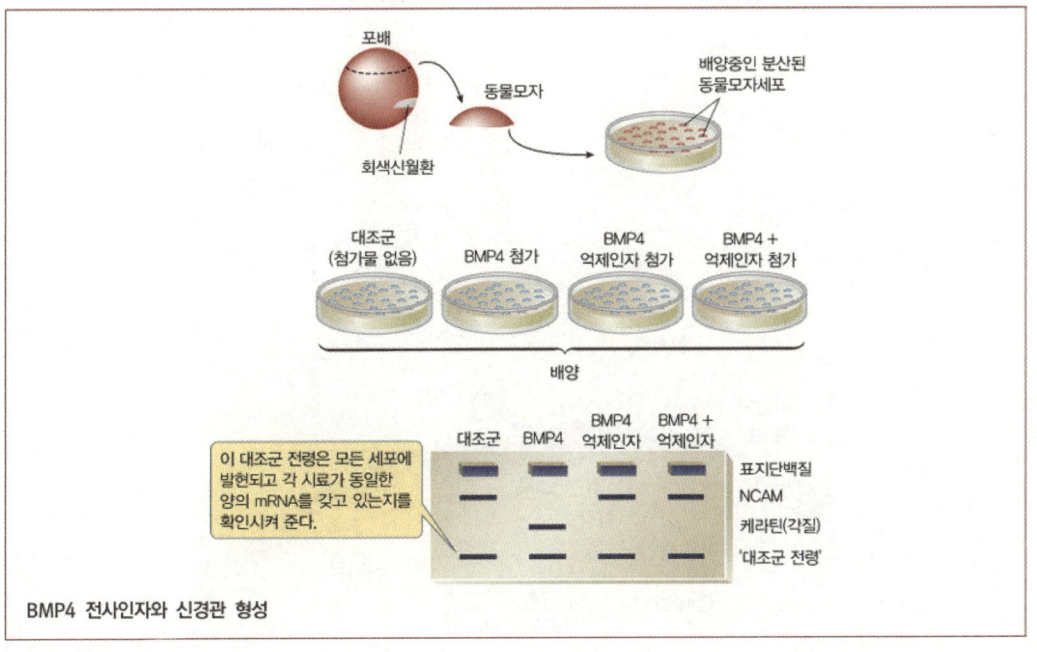

BMP4 전사인자와 신경관 형성

ⓐ 포배의 등쪽부위(접합자의 회색신월환 부위)가 함입되면서 원장을 형성함. 함입된 부위 위쪽은 원구의 등쪽으로 원구배순부(dorsal lip)라고 함

ⓑ 원구배순부는 원구의 양 끝이 복측에서 만날 때까지 함입되면서 확장

ⓒ 원장을 따라 미래의 내배엽, 중배엽 세포가 원구배순부 끝에서 배아 안쪽으로 회절하여 중배엽층을 형성하는 가운데 할강은 사라지며 원장으로 대체됨

ⓓ 외배엽이 확장되어 원구가 줄어들도록 압박을 가하게 되면, 난황마개(yolk plug)는 안으로 이동함

ⓜ 조류의 낭배형성과정: 배아 표면의 세포가 내부로 이동한다는 점에서 양서류의 낭배형성과정과 유사하나 배아의 바닥에 다량으로 존재하는 거대한 난황 때문에 낭배형성과정 동안에 세포가 안쪽으로 이동하는 것에 문제가 생김

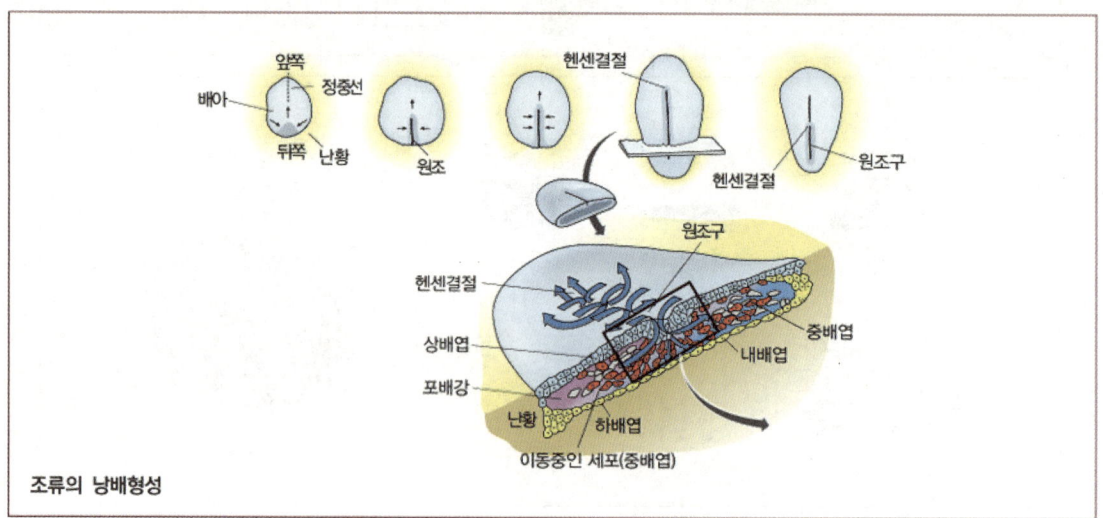

조류의 낭배형성

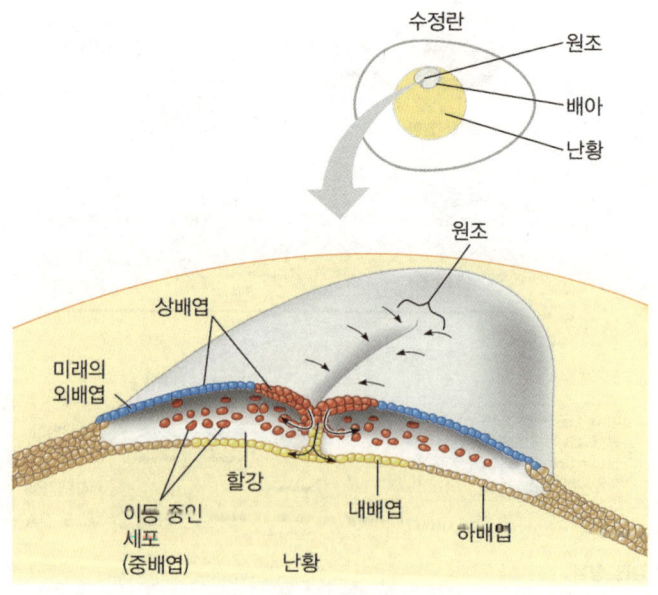

ⓐ 조류는 난할 결과 난황 덩어리 바로 위에 상배엽(bypoblast)과 하배엽(epiblast) 층으로 이루어진 배반엽(blastoderm)이 형성됨

ⓑ 일부 상배엽 세포들이 배반엽의 중앙으로 이동한 후 낱개의 세포들로 떨어져서 난황을 향해 안쪽으로 이동하는데 배반엽의 중앙에서 이동하는 세포들은 쌓여서 원조(primitive streak; 배아의 전-후 축 방향을 따라 형성)라는 두꺼운 구조를 형성함. 상배엽에서 유래된 세포들만이 배아를 구성하게 됨. 조류의 원조는 양서류의 원구배순부와 기능적으로는 동일하지만 서로 다른 위치에 놓임

ⓒ 안으로 들어온 상배엽 세포들의 일부는 하배엽 세포를 밀어내고 내배엽을 형성하며, 또 다른 상배엽 세포는 할강을 따라 옆으로 이동하여 중배엽을 형성함.

ⓓ 하배엽은 낭배형성과정 시작 전에 원조의 형성을 유도하며 정상적인 발생을 도움. 후에 내배엽으로부터 분리되어 난황주머니와 난황을 배아와 연결시키는 끈의 일부를 형성하게 됨

(5) 기관형성과정(organogenesis)

기관의 원기가 형성되는 과정. 낭배형성과정의 주요 특징이 대규모의 세포이동과정이라면 기관형성과정의 주요 특징은 조직과 세포 모양에서 조금 더 지엽적인 형태형성 변화가 나타낸다는 것임

㉠ 개구리의 초기 기관형성과정: 척삭동물에서는 신경관(neural tube; 후에 중추신경계가 됨)과 척삭(notochord; 배아를 지지하는 골격막대로 작용)이 처음으로 모습을 나타냄

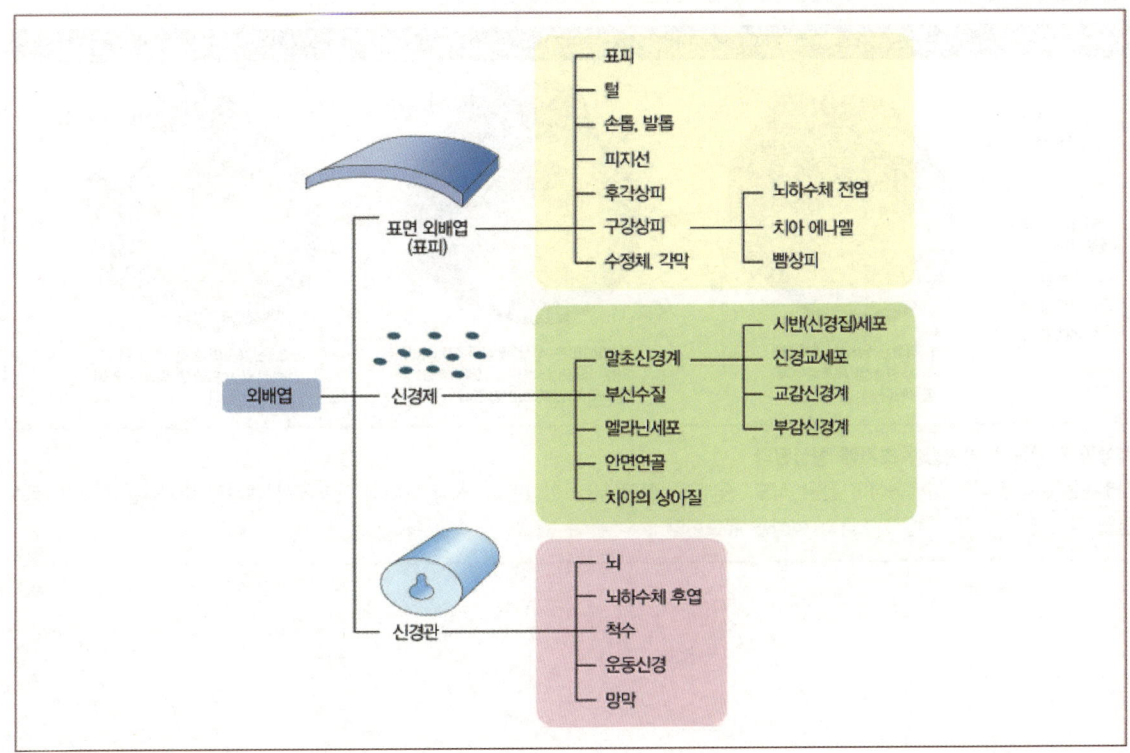

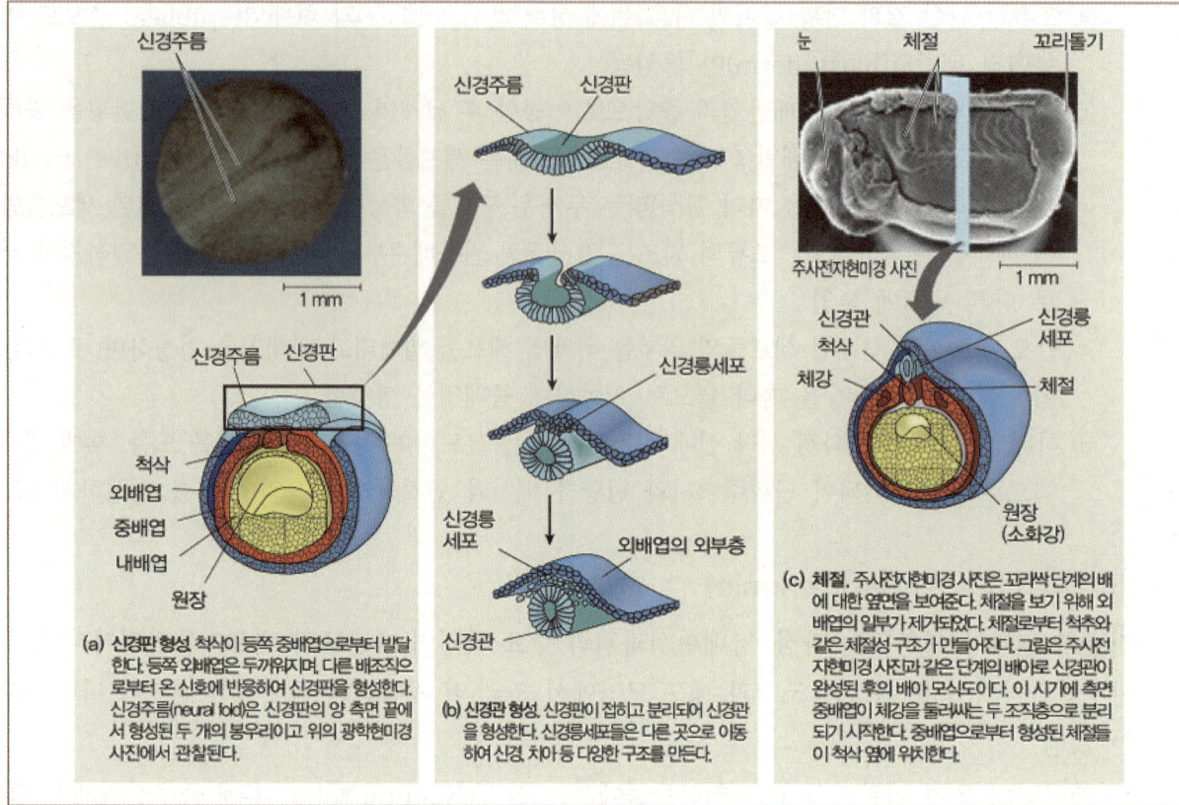

(a) **신경판 형성** 척삭이 등쪽 중배엽으로부터 발달한다. 등쪽 외배엽은 두꺼워지며, 다른 배조직으로부터 온 신호에 반응하여 신경판을 형성한다. 신경주름(neural fold)은 신경판의 양 측면 끝에서 형성된 두 개의 봉우리이고 위의 광학현미경 사진에서 관찰된다.

(b) **신경관 형성** 신경판이 접히고 분리되어 신경관을 형성한다. 신경릉세포들은 다른 곳으로 이동하여 신경, 치아 등 다양한 구조를 만든다.

(c) **체절** 주사전자현미경 사진은 꼬리싹 단계의 배에 대한 옆면을 보여준다. 체절을 보기 위해 외배엽의 일부가 제거되었다. 체절로부터 척추와 같은 체절성 구조가 만들어진다. 그림은 주사전자현미경 사진과 같은 단계의 배아로 신경관이 완성된 후의 배아 모식도이다. 이 시기에 측면 중배엽이 체강을 둘러싸는 두 조직층으로 분리되기 시작한다. 중배엽으로부터 형성된 체절들이 척삭 옆에 위치한다.

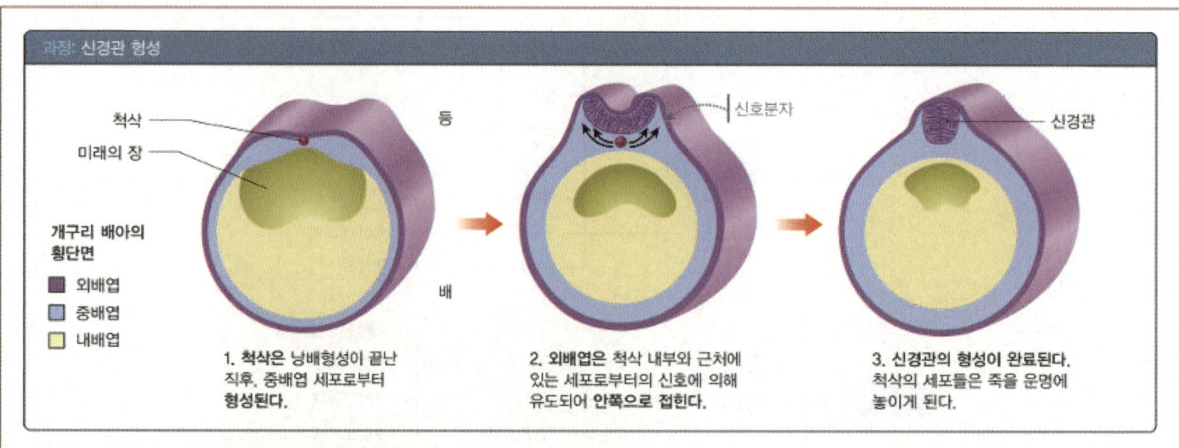

척삭과 신경관은 기관형성 초기에 형성된다.

척추동물에서 척삭은 낭배형성이 끝난 직후, 중배엽 세포로부터 형성된다. 척삭 내부와 근처에서 생산된 분자들은 배아의 등쪽 면을 따라 신경관 및 다른 구조들의 형성을 유도한다.

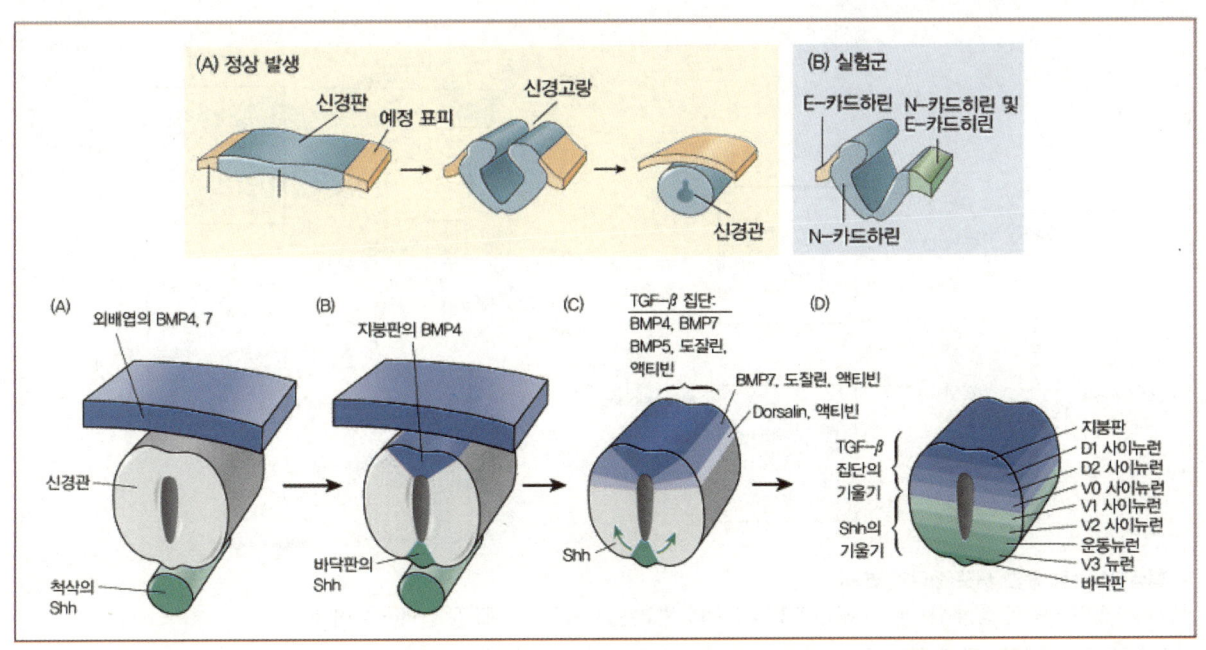

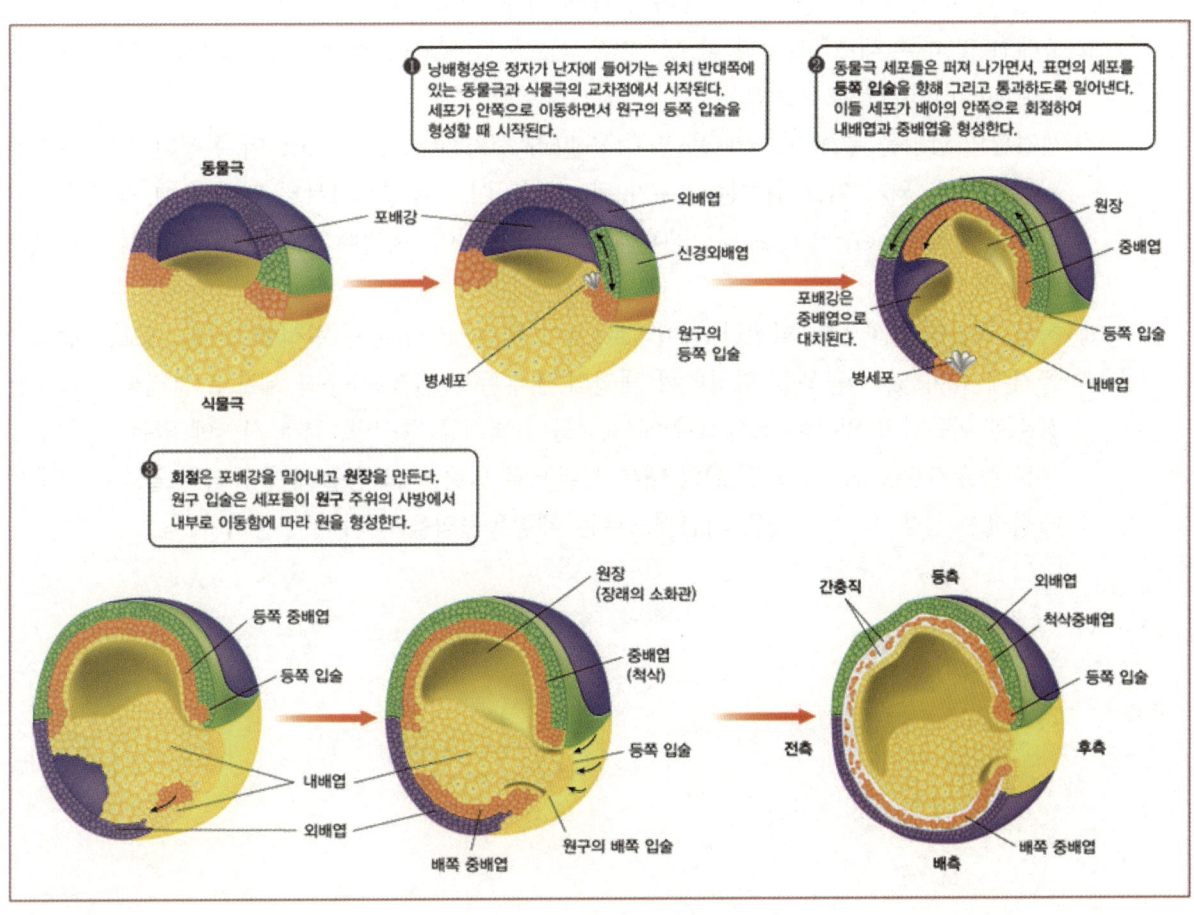

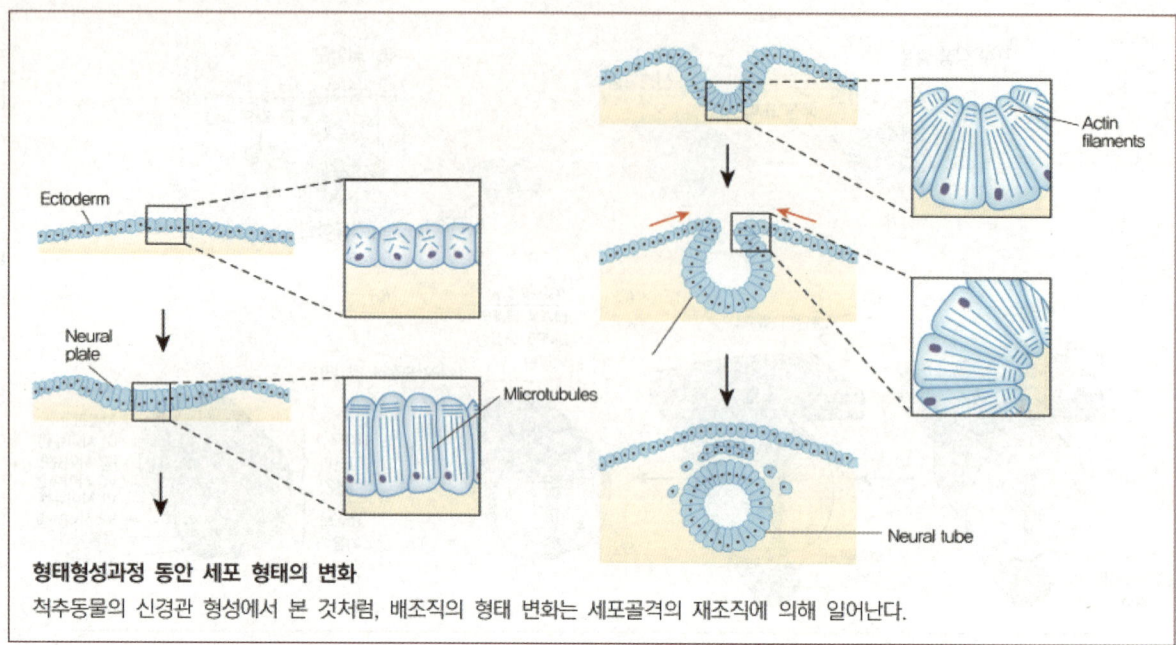

형태형성과정 동안 세포 형태의 변화
척추동물의 신경관 형성에서 본 것처럼, 배조직의 형태 변화는 세포골격의 재조직에 의해 일어난다.

ⓐ 원장 바로 위쪽에서 응축하는 등쪽 중배엽 세포로부터 척삭이 형성됨

ⓑ 중배엽 및 다른 세포들로부터 나오는 많은 신호물질에 의해 척삭 바로 위의 외배엽이 신경판(neural plate)으로 유도됨

ⓒ 신경판의 함입을 통해 배아의 전-후 축을 따라 신경관(neural tube)이 형성되며 후에 신경관의 앞쪽은 뇌가 되고 뒤쪽는 척수가 됨. 신경관이 외배엽으로부터 떨어질 때 경계면을 따라 신경릉세포(neural crest cell; 후에 말초신경, 치아, 머리뼈 등을 구성)라고 불리는 세포띠가 형성됨

ⓓ 척삭 측면의 중배엽이 일정한 덩어리로 모여 체절(somite)을 형성함. 체절 세포는 중심축 골격에 붙어 있는 근육을 형성하며 체절의 일부는 개별적 간충직 세포로 분리되어 새로운 장소로 이동하고 일부는 척삭 주위에 모여들어 척추를 형성함. 척추 사이에 있는 척삭의 일부분은 추간판(vertebral disk)의 내부 부분으로 남음. 척삭동물에서 중심축 골격과 근육이 체절적 특성을 보이는 것은 기본적으로는 체절동물임을 지지하는 증거가 됨

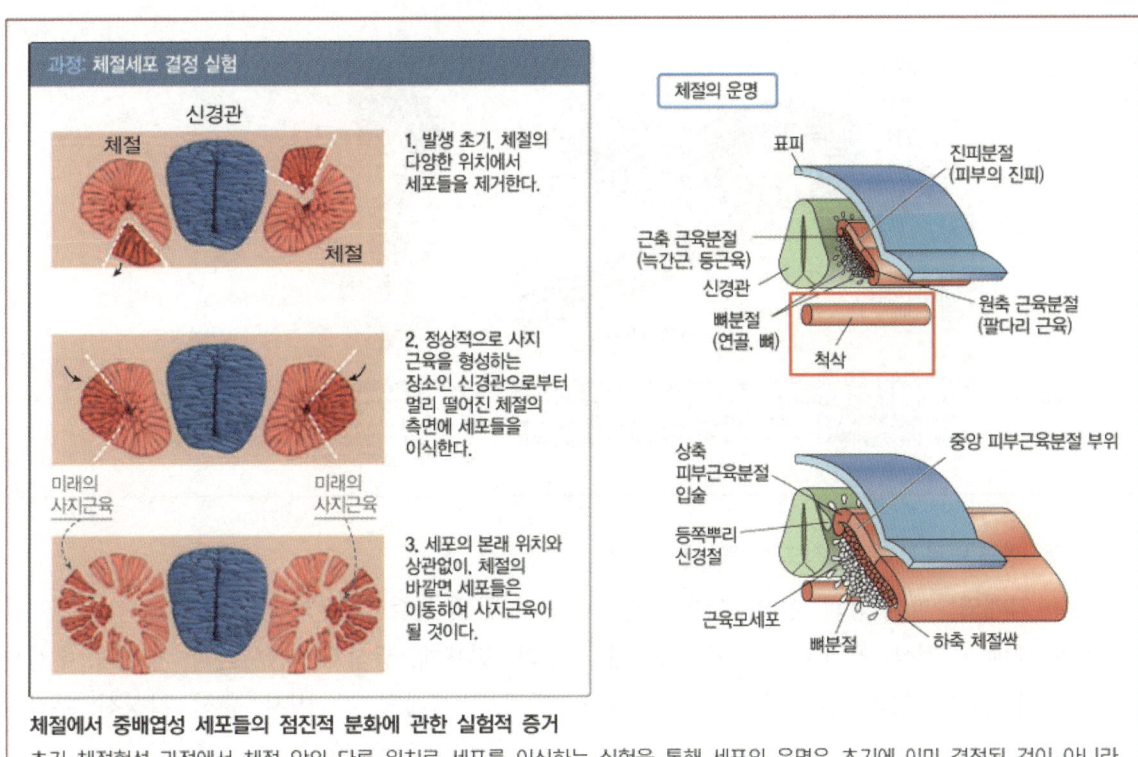

체절에서 중배엽성 세포들의 점진적 분화에 관한 실험적 증거
초기 체절형성 과정에서 체절 안의 다른 위치로 세포를 이식하는 실험을 통해 세포의 운명은 초기에 이미 결정된 것이 아니라는 것을 보여줬다.

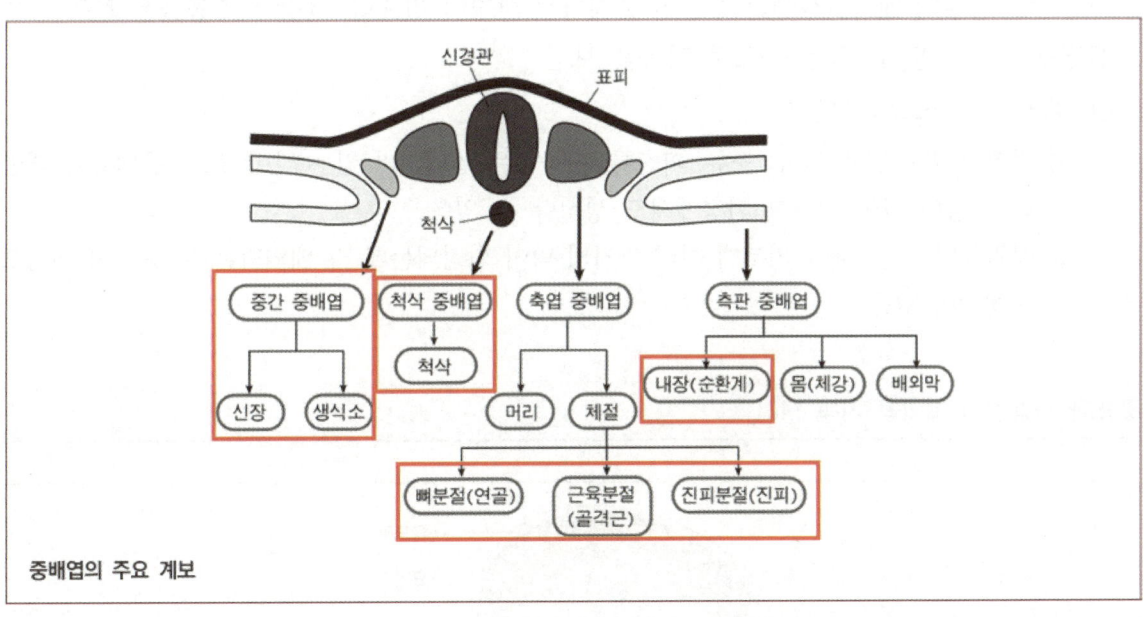

중배엽의 주요 계보

ⓛ 조류의 기관형성과정: 삼배엽층이 형성된 후에 배반엽의 경계면 아래로 접혀 함께 모여 연결됨으로써 배아가 삼배엽층으로 되어 있으며 아래에는 난황 덩어리가 달린 관으로 발달하게 됨. 신경관 형성, 척삭과 체절의 발달, 다른 기관의 형성 과정들 또한 개구리와 유사한 방법으로 진행됨

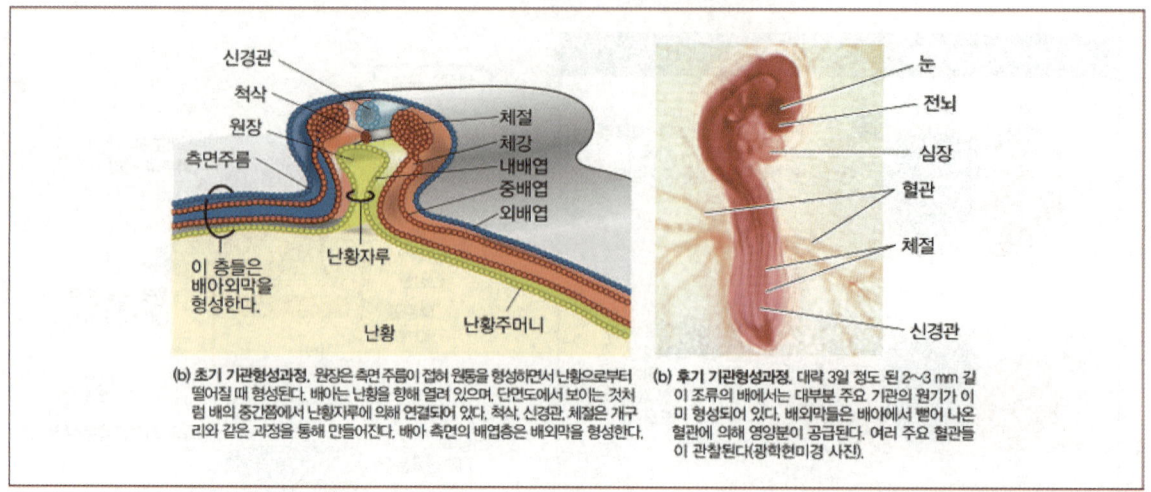

(b) **초기 기관형성과정.** 원장은 측면 주름이 접혀 원통을 형성하면서 난황으로부터 떨어질 때 형성된다. 배아는 난황을 향해 열려 있으며, 단면도에서 보이는 것처럼 배의 중간쯤에서 난황자루에 의해 연결되어 있다. 척삭, 신경관, 체절은 개구리와 같은 과정을 통해 만들어진다. 배아 측면의 배엽층은 배아외막을 형성한다.

(b) **후기 기관형성과정.** 대략 3일 정도 된 2~3 mm 길이 조류의 배에서는 대부분 주요 기관의 원기가 이미 형성되어 있다. 배아외막들은 배아에서 뻗어 나온 혈관에 의해 영양분이 공급된다. 여러 주요 혈관들이 관찰된다(광학현미경 사진).

ⓒ 각 배엽으로부터 형성되는 성체 구조

    ⓐ 외배엽: 피부 상피, 눈의 각막, 수정체, 신경계, 부신수질, 송과선, 뇌하수체

    ⓑ 중배엽: 척삭, 골격계, 근육계, 배설계, 순환계, 림프계, 생식계, 피부 진피, 체강액, 부신피질

    ⓒ 내배엽: 소화관 상피, 호흡계 상피, 요도, 방광, 생식계벽, 간, 이자, 흉선, 갑상선, 부갑상선

(6) 양막류의 발생적응

모든 척추동물의 배아발생에는 수분이 존재하는 환경이 필요함. 육상 척추동물은 건조한 육상 환경에서 생존할 수 있는 구조적 적응을 보임

㉠ 양막류의 구조적 적응

    ⓐ 껍데기 있는 알과 자궁: 조류, 파충류, 단공류는 껍데기가 있는 알이 있고, 유대류와 태반류는 자궁이 있어 건조한 환경에서도 생식할 수 있음

    ⓑ 배외막의 형성: 배아 외부에 여러 가지의 막이 형성되는데 각 배외막은 두 종류의 배엽으로 구성되어 있음

『조류와 파충류의 배외막 기능 정리』

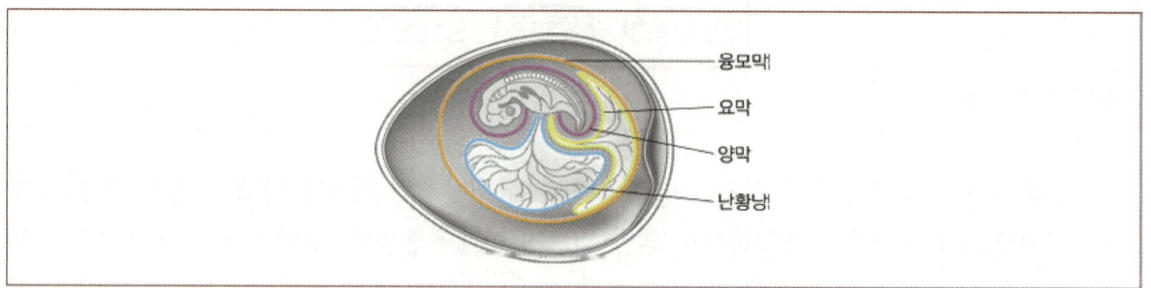

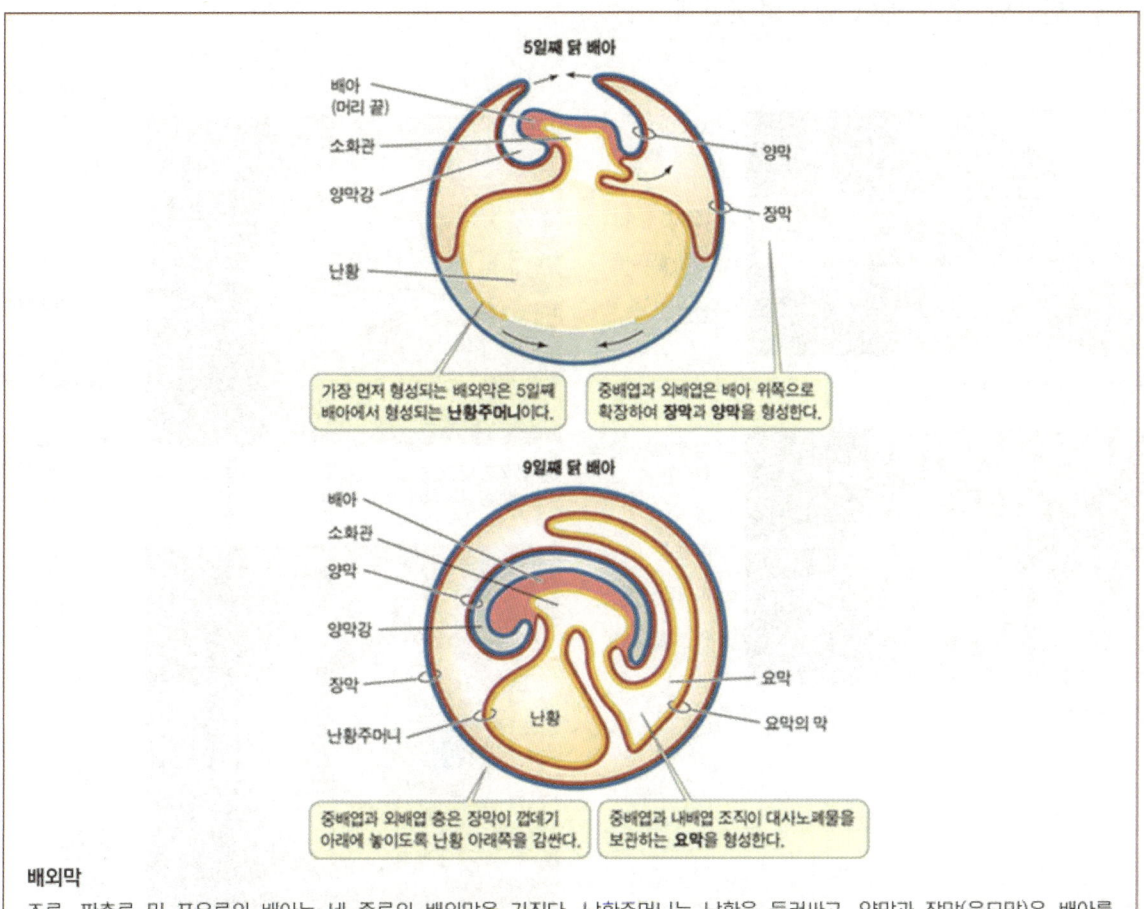

5일째 닭 배아

배아
(머리 끝)
소화관
양막강
난황
양막
장막

> 가장 먼저 형성되는 배외막은 5일째 배아에서 형성되는 **난황주머니**이다.

> 중배엽과 외배엽은 배아 위쪽으로 확장하여 **장막**과 **양막**을 형성한다.

9일째 닭 배아

배아
소화관
양막
양막강
장막
난황주머니
난황
요막
요막의 막

> 중배엽과 외배엽 층은 장막이 껍데기 아래에 놓이도록 난황 아래쪽을 감싼다.

> 중배엽과 내배엽 조직이 대사노폐물을 보관하는 **요막**을 형성한다.

배외막

조류, 파충류 및 포유류의 배아는 네 종류의 배외막을 가진다. 난황주머니는 난황을 둘러싸고, 양막과 장막(융모막)은 배아를 감싼다. 양막에서 분비되는 양수는 양막강을 채워 배아에 수용성 환경을 제공한다. 요막과 함께 장막은 배아와 주변 환경 사이에 기체교환을 매개한다. 요막은 배아의 노폐물을 저장한다.

Ⓐ 융모막(chorion; 외배엽과 중배엽으로 구성됨): 배아와 다른 배외막을 완전하게 둘러싸며, 기체교환을 담당함
Ⓑ 양막(amnion; 외배엽과 중배엽으로 구성됨): 액체로 채워진 공간으로 배아를 둘러싸 보호하며 탈수를 방지하고 기계적인 충격으로부터의 완충 작용을 함
Ⓒ 난황낭(yolk sac; 내배엽과 중배엽으로 구성됨): 난자의 영양분을 저장하는 난황을 둘러쌈. 난황낭 막의 혈관은 난황의 영양분을 배아로 운반하는데, 나머지 영양분은 알부민에 저장됨
Ⓓ 요막(allantois; 내배엽과 중배엽으로 구성됨): 배아의 물질대사로 생성된 노폐물을 처리하는 주머니로 작용하며 융모막과 함께 호흡에 관여함

(7) 포유류 발생의 특징과 인간의 초기 배아 발생

㉠ 포유류 발생의 특징

ⓐ 수란관에서의 수정 이후 난할이 시작되면서 발생과정이 시작됨

ⓑ 포유류의 난자와 접합자는 세포질의 물질과 관련하여 뚜렷하게 나타나는 극성은 없으며 접합자는 난황이 없고 전할이 진행됨

ⓛ 인간의 초기 배아 발생의 4단계

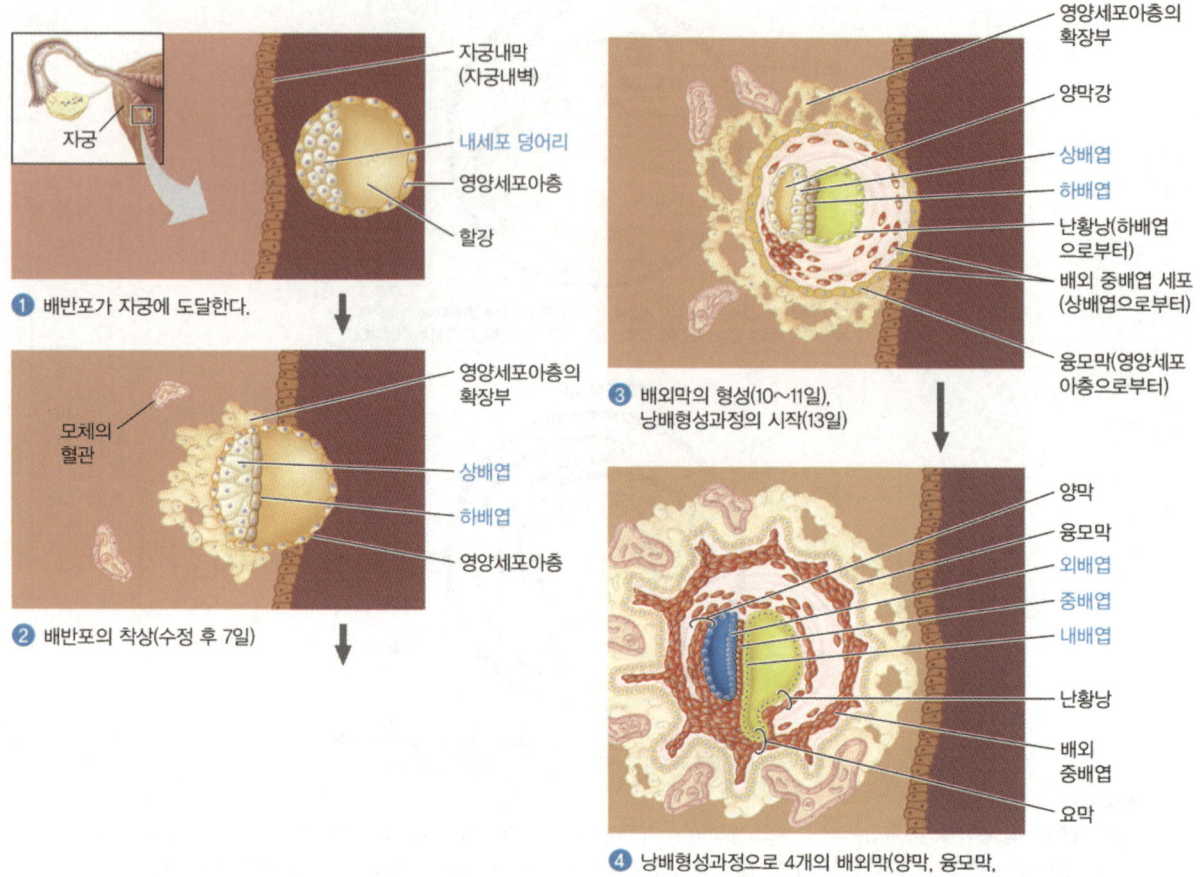

① 배반포가 자궁에 도달한다.

자궁내막
(자궁내벽)

내세포 덩어리
영양세포아층
할강

② 배반포의 착상(수정 후 7일)

모체의
혈관

영양세포아층의
확장부

상배엽
하배엽
영양세포아층

③ 배외막의 형성(10~11일),
낭배형성과정의 시작(13일)

영양세포아층의
확장부

양막강

상배엽
하배엽

난황낭(하배엽
으로부터)

배외 중배엽 세포
(상배엽으로부터)

융모막(영양세포
아층으로부터)

④ 낭배형성과정으로 4개의 배외막(양막, 융모막,

양막
융모막
외배엽
중배엽
내배엽

난황낭

배외
중배엽

요막

① 난할이 완전히 종료되면 배반포(blastocyst; 포배기에 해당함)가 형성됨. 배반포 할강의 한 쪽 끝에 붙어 모여 있는 세포를 내세포괴(inner cell mass; 배아를 형성하며, 요막, 난황낭, 양막을 형성하고 융모막 형성에 일부 기여함)라 함. 매우 이른 시기의 배반포 세포들은 줄기 세포의 원천이 됨

② 영양세포층(trophobalst; 배반포의 외부 상피세포층): 배아형성에 관여하지 않으며 대신에 배아를 지원해주는 역할을 수행함

  1. 자궁내막 분자를 분해하는 효소를 분비하면서 착상을 시작케 함. 영양세포층이 자궁내막 으로 침투하면서 모세혈관이 터져 영양세포층 조직이 모체 혈액에 잠김

  2. 착상이 일어나는 시기에 배반포의 내세포괴는 상배엽층과 하배엽층을 지닌 편평한 원반 형의 배아를 형성함

③ 착상이 끝나면 낭배형성과정이 시작됨. 세포들은 조류와 같이 원조를 통과하여 상배엽으로 부터 안으로 이동하여 중배엽과 내배엽을 형성함. 동시에 배외막이 형성되기 시작하며 영양 세포층은 계속해서 자궁내막으로 확장하게 됨. 자궁내막으로 침투히는 영양세포층과 상배엽 기원 중배엽 및 자궁내막조직이 태반을 형성함

④ 낭배형성 과정 말에 3배엽층 형성되는데, 배외막 중배엽과 네 개의 배외막이 삼배엽층으로 된 배아를 둘러쌈

2 동물의 형태형성 원리

(1) 세포의 형태, 위치 변화

㉠ 세포의 형태변화: 보통 세포골격이 재조직화 됨으로써 일어남. 신경관이 형성될 때 외배엽 세포의 미세섬유와 미세소관 재조직화를 통해 세포가 쐐기모양으로 변함

ⓐ 미세소관이 배아의 배-복 축에 평행하도록 배열되어 있어 세포가 이 배-복 축 방향으로 길어지도록 함

ⓑ 각 세포의 등쪽 끝에는 미세섬유가 평행하게 나란히 배열되어 있으며 미세소관과는 수직을 이루고 있음. 이것이 수축하면 세포가 쐐기 모양이 되면서 외배엽층이 안쪽으로 굽어짐

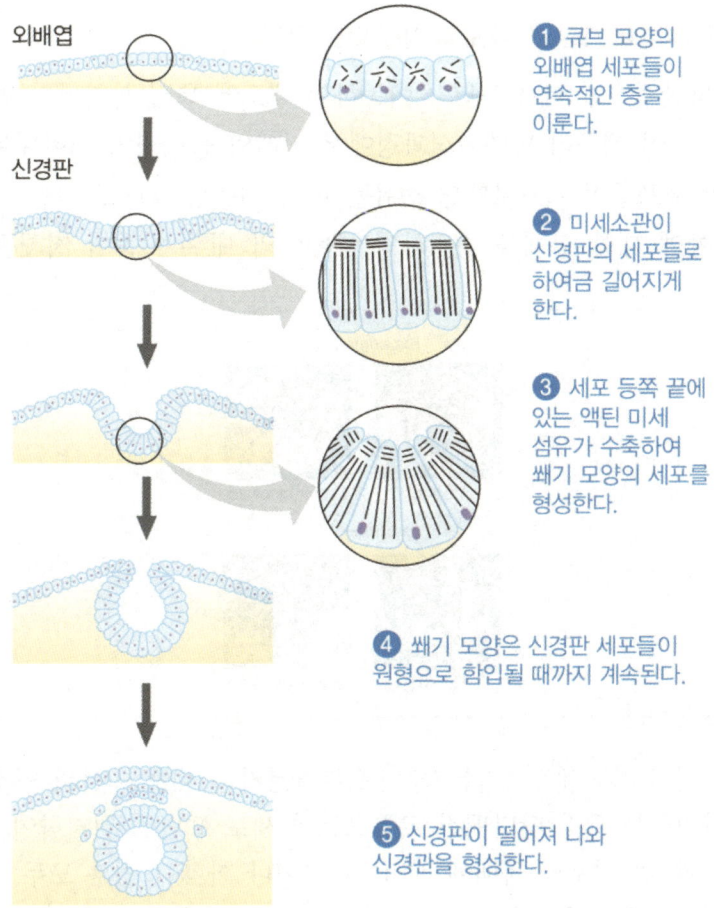

외배엽

신경판

❶ 큐브 모양의 외배엽 세포들이 연속적인 층을 이룬다.

❷ 미세소관이 신경판의 세포들로 하여금 길어지게 한다.

❸ 세포 등쪽 끝에 있는 액틴 미세 섬유가 수축하여 쐐기 모양의 세포를 형성한다.

❹ 쐐기 모양은 신경판 세포들이 원형으로 함입될 때까지 계속된다.

❺ 신경판이 떨어져 나와 신경관을 형성한다.

ⓛ 세포의 위치변화: 세포골격의 재조직화로 인한 형태변화를 통해 기어가기를 수행하거나 세포들의 재배열을 통해 형태형성 운동이 진행됨

ⓐ 낭배형성과정의 회절의 경우처럼 세포들이 집단적으로이동하거나 체절세포나 신경릉 세포처럼 개별적으로 이동하게 됨

ⓑ 수렴확장(convergent extension): 조직층을 이루는 세포들이 재배열하여 세포층이 좁아지면서 이로 인해 길어지는 형태형성 운동 ex. 성게의 원장 확장, 개구리 낭배형성 과정에서의 회절

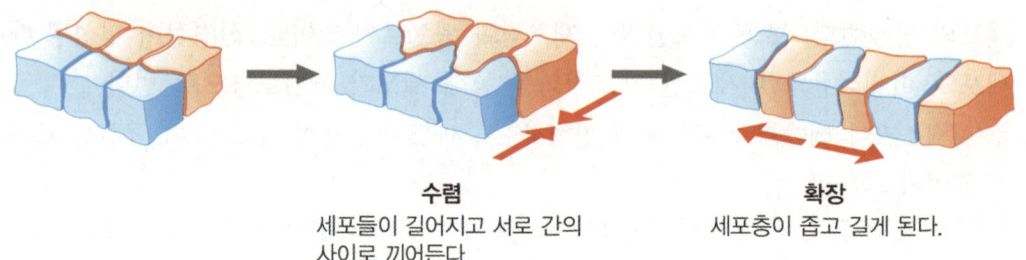

수렴
세포들이 길어지고 서로 간의
사이로 끼어든다.

확장
세포층이 좁고 길게 된다.

(2) 형태형성에서의 세포외기질과 세포부착분자의 역할

㉠ 세포외기질 당단백질인 피브로넥틴: 이동하는 세포에 특정 부착분자 공급하여 세포이동을 촉진함. 예를 들어 개구리 낭배형성과정에서 미래의 중배엽이 배아내부를 이동할 때 회절 중인 가장 앞 세포들이 피브로넥틴 섬유를 따라 이동함. 피브로넥틴이나 피브로넥틴에 결합하는 수용체에 대한 항체를 주입하면 중배엽의 내부 이동이 저해됨

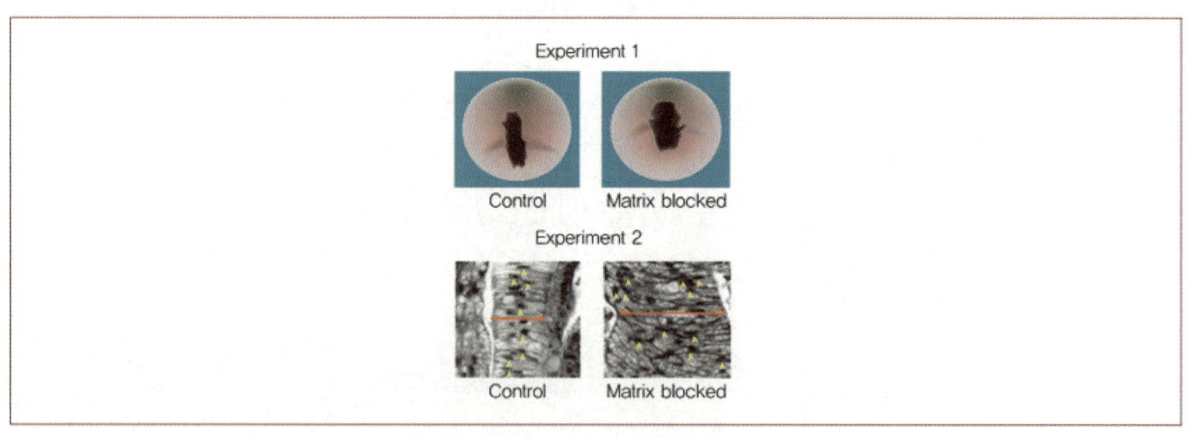

㉡ 선택적 세포 친화력과 세포부착분자: 세포부착분자는 세포 이동과 안정한 조직 구조를 형성하는 데 기여하는 핵심 당단백질 그룹으로서 세포 표면에 위치하여 다른 세포의 세포부착분자와 결합하며 세포의 형태에 따라 그 양이나 화학적 성분 모두 차이가 있음. 이러한 차이가 형태형성 운동과 조직 형성을 조절하는데 관여함

ⓐ 선택적 세포 친화력의 예 – 양서류 신경배 세포들의 재응집: 유색 개구리 배아의 예정 상피 세포와 흰색 개구리 배아의 신경판 세포를 개별 세포로 분리한 후 다시 섞었더니 세포들은 재응집하여 한 종류가 한 종류가 다른 종류를 둘러싸게 됨

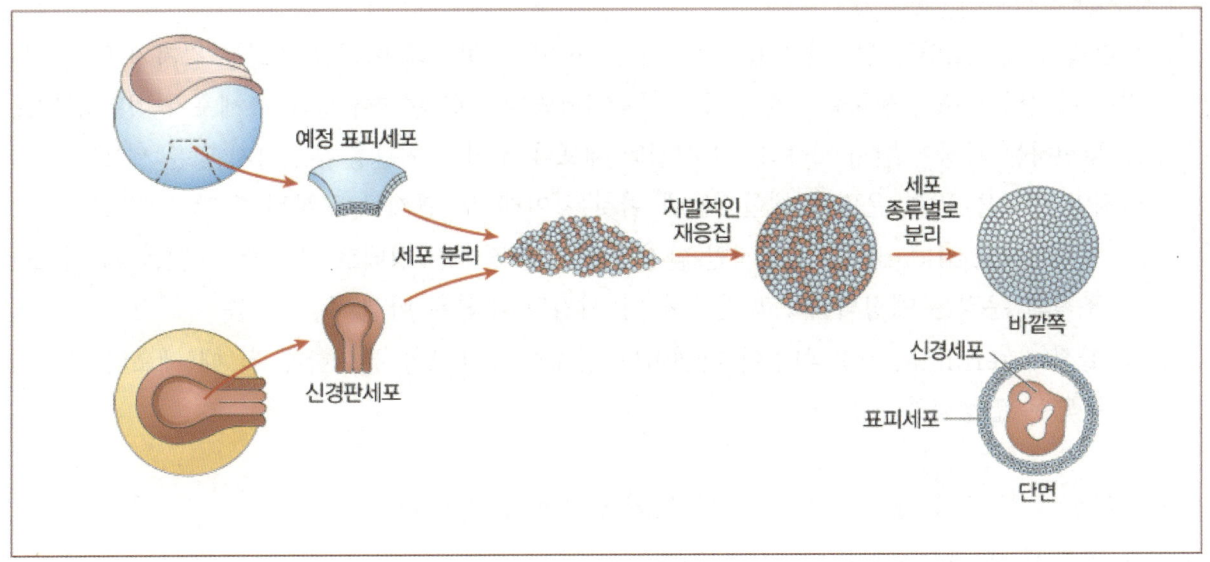

ⓑ 형태형성에서의 카드헤린의 역할: 배아발생의 특정한 시기에 특정 부위에서 발현되며 기능을 수행하기 위해서는 Ca^{2+}이 필요. 개구리의 포배 발생에서 아주 중요한 역할을수행함. EP 카드헤린의 mRNA에 안티센스 RNA를 개구리의 난자에 주입하고 나서 안티센스 RNA를 주입하지 않은 대조군과 안티센스 RNA를 주입한 실험군의 난자에 각각 정자를 넣어주고 배아 발생을 관찰하여 비교하였더니 대조군의 난자는 정상적으로 포배를 형성하였으나 실험군의 난자는 정상적으로 포배를 형성하지 못함

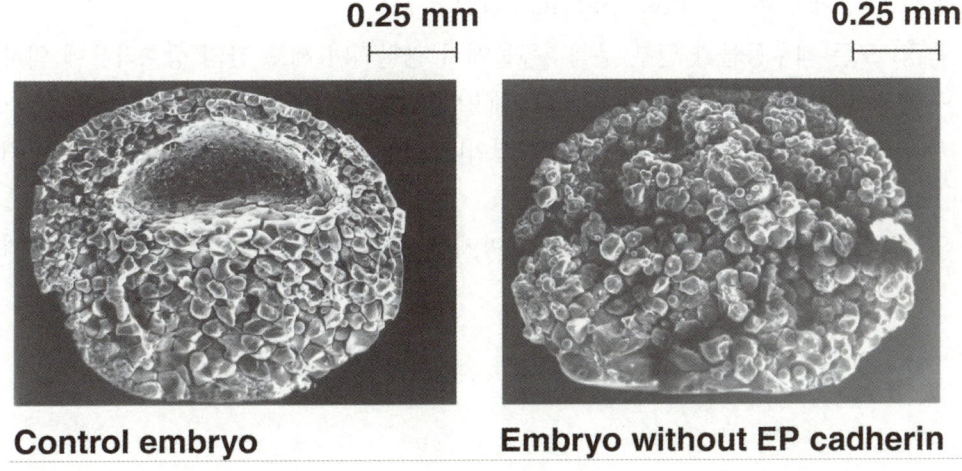

Control embryo   Embryo without EP cadherin

3 세포의 발생학적 운명

(1) 배아발생시기에 일어나는 분화

특수화된 세포로의 발생을 분화(differentiation)라고 하는데 이러한 변화는 갑자기 일어나는 것이 아니라 세포의 생화학적인 구성과 기능에서의 뚜렷한 변화에 앞서서 세포가 어떤 운명으로 투신하는 과정이 먼저 필요함. 이 시점의 세포나 조직은 외관상 투신하지 않은 세포와 동일하지만 이들의 발생 운명은 제한되는데 이것은 아래 두 단계로 구분됨

㉠ 예정화(specification): 중립적인 환경에서 어떤 정해진 형태로 분화할 수 있을 때 세포나 조직의 운명은 예정되었다고 말하며 이 시기의 투신은 바뀔 수가 있음

㉡ 결정(determination): 환경이 바뀌어도 정해진 형태로만 분화하게 될 때 세포와 조직의 운명은 결정되었다고 함

(2) 예정화의 두 가지 방식: 자동적 예정화와 조건부 예정화로 구분함

㉠ 자동적 예정화(autonomous specification)

ⓐ 특징: 대부분 무척추동물에서 관찰되며 알에 분포하는 어떤 세포질 분자의 존재 여부로 결정됨. 각 배아에서 정해진 난할로 인하여 같은 세포계보가 형성되는데 일반적으로 할구의 운명은 바뀌지 않음. 세포 종류는 대규모의 세포 이동에 앞서서 미리 결정되며 모자이크 발생을 함. 즉, 할구를 잃어버리지 않는 한 세포의 운명은 변하지 않음

ⓑ 예 - 피낭류 초기 배아의 자동적 예정화: 8세포기 배아에서 네 쌍의 할구로 분리하면 각각은 원래 배아에서 만들 구조를 형성함

㉡ 조건부 예정화(conditional specfication)

ⓐ 특징: 모든 척추동물과 일부 무척추동물에서 관찰되며 세포 간의 상호작용에 의하여 운명이 결정되는데 상대적인 위치가 중요함. 세포에 정해진 운명은 없으며 세포 분열 와중에 변함. 대규모의 세포 재배열과 이동이 먼저 일어나고 이후에 운명이 정됨. 조절발생 능력을 가지며 세포는 다른 기능을 획득할 수 있음

ⓑ 예 - 양서류 배아의 조건부 예정화: 배아에서 일부 세포를 제거하면 남아 있는 세포들이 잃어버린 부분을 조절하고 보상함

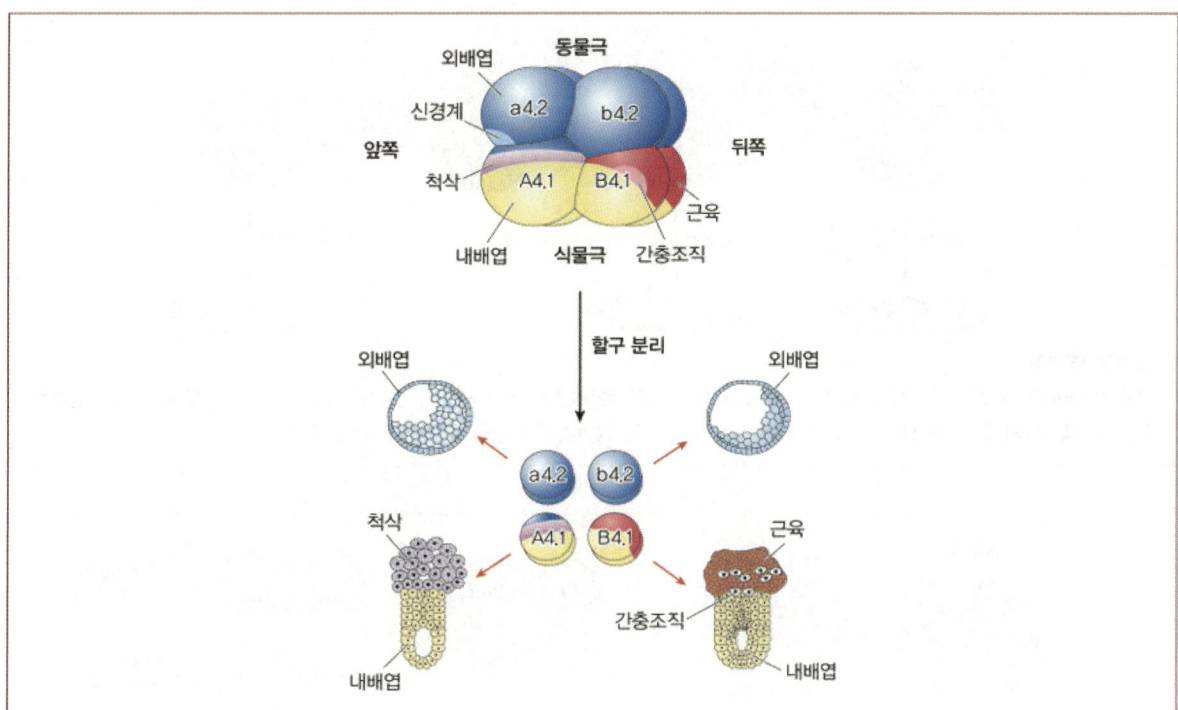

8-세포기 배아에서 네 쌍의 할구로 분리하면 각각은 원래 배아에서 만들 구조를 형성한다. (피낭류의 운명지도는 좌우가 동일한 세포계보를 보여준다).

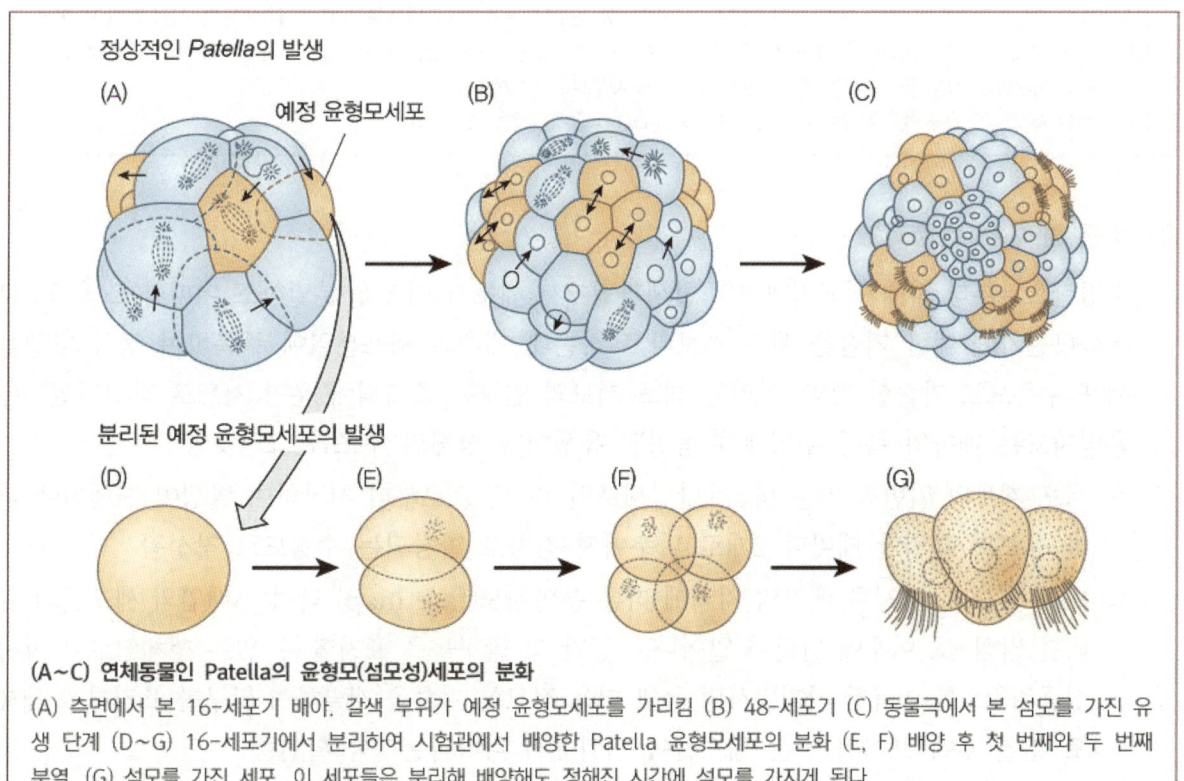

(A~C) 연체동물인 Patella의 윤형모(섬모성)세포의 분화

(A) 측면에서 본 16-세포기 배아. 갈색 부위가 예정 윤형모세포를 가리킴 (B) 48-세포기 (C) 동물극에서 본 섬모를 가진 유생 단계 (D~G) 16-세포기에서 분리하여 시험관에서 배양한 Patella 윤형모세포의 분화 (E, F) 배양 후 첫 번째와 두 번째 분열. (G) 섬모를 가진 세포. 이 세포들은 분리해 배양해도 정해진 시간에 섬모를 가지게 된다.

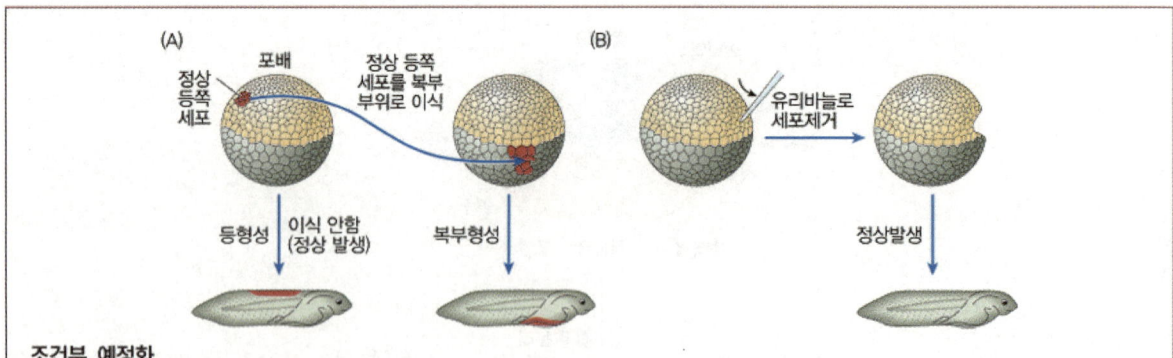

조건부 예정화

(A) 한 세포가 무엇이 될 것인지는 배아 내의 위치에 따라 정해진다. 어떤 세포의 운명은 주변세포와의 상호작용으로 결정된다. (B) 배아에서 일부 세포를 제거하면 남아 있는 세포들이 잃어버린 부분을 조절하고 보상한다.

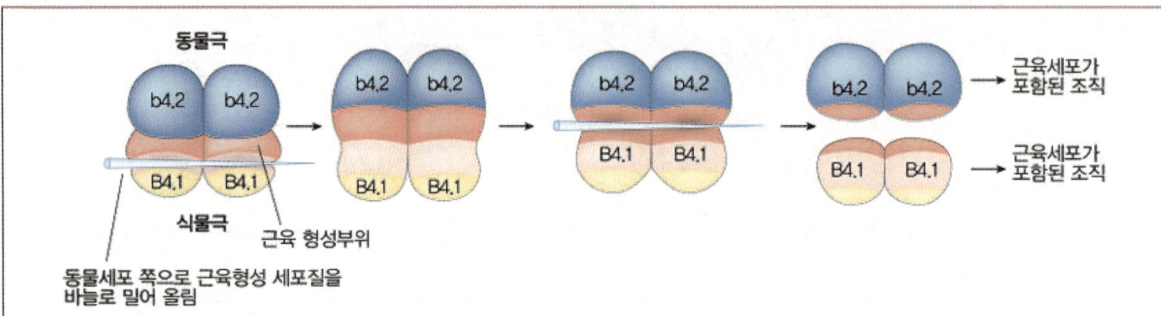

유리바늘로 B4.1 할구를 누르면 분열 홈이 위축된다. 잠시 후 새로운 분열 홈이 바늘로 누른 부위보다 더 식물극 쪽에 형성된다. 이 방식으로 할구가 분열하고 나면, b4.2 할구들은 B4.1 할구로부터 세포질을 일부 받은 결과와 비슷해진다. 이렇게 형성된 b4.2 할구들은 정상적인 외배엽 조직뿐만 아니라 근육세포로도 발달한다.
황색신월환 세포질은 근육 특이적 유전자를 활성화하는 Macho 전사인자를 갖고 있다.

(3) 세포 계보와 운명지도

수정란으로부터 성체가 되기까지의 발생과정에서 세포가 어떻게 분열하고 어떠한 조직세포로 분화하는가에 대한 기술을 세포 계보라고 하는데 개개의 세포분열에 주목하여 정상 발생을 세포 수준으로 기술한 것임. 이러한 세포 계보의 연구는 종합되어 운명 지도로 작성되었는데 운명지도는 배아의 특정 부위에서 형성될 유생이나 성체의 구조를 그린것임

㉠ 세포 계보의 일반적 기술 방식: 단일세포인 수정란으로부터 시작하여 발생이 진행됨에 따라 세포가 분열할 때마다 2개로 나누어져 점차로 확장되는 수형도로 작성됨

㉡ Vogt의 초기 양서류 배아의 지역에 따른 운명지도(fate map) 작성: 3배엽의 세포들의 유래를 밝혀 줌. 이후에 난할이 일어나는 동안 각 할구들을 표지할 수 있는 생체염료나 방사성동위원소를 이용한 자기방사법 등의 더욱 정교한 기술을 개발하여 할구를 표지하고 체세포 분열 후에 표지된 자손 세포들이 어디에서 나타나는지를 확인함

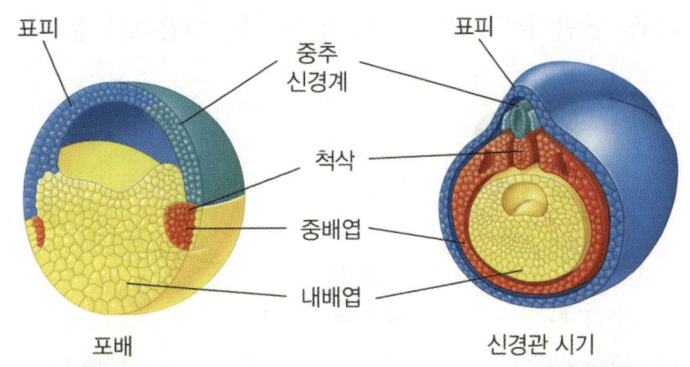

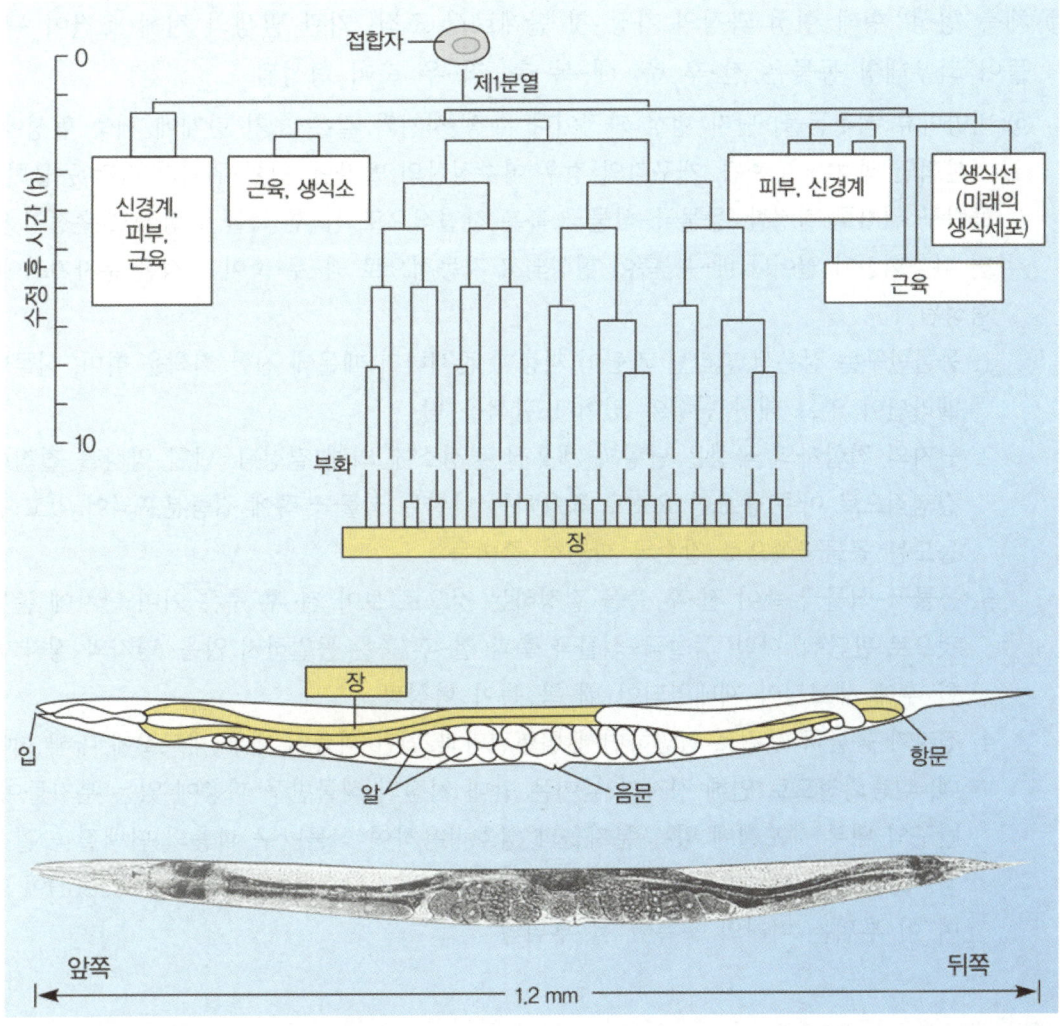

ⓒ 예쁜꼬마선충(C. elegans)의 세포 계보: 특정 세포 혹은 세포 그룹을 파괴하는 실험을 통해 세포 계보를 만듦. 참고로 예쁜꼬마선충의 자웅동체(XX)는 기능적으로 온전한 난자와 정자를 형성하여 한 몸속에서 자체 수정하게 되며 웅성(XO)은 단지 정자만을 형성하여 자웅동체의 난자와 수정하게 됨

㉣ 멍게의 세포 계보: 난할 중인 한 세포에 염색약을 주입하여 운명지도를 작성함

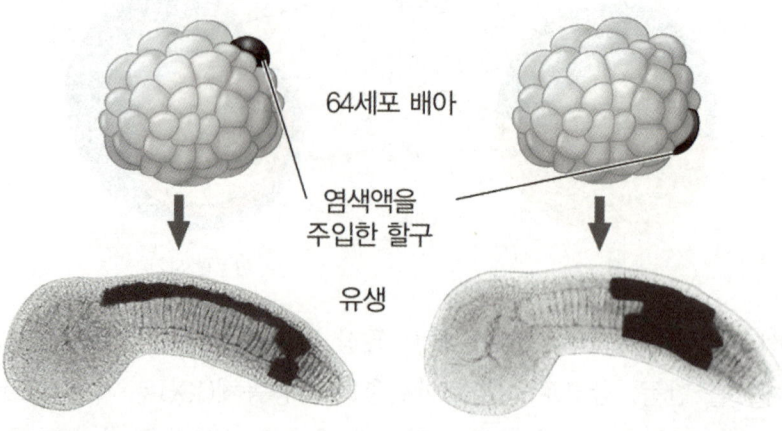

64세포 배아

염색액을
주입한 할구

유생

(4) 세포의 비대칭성 확립

㉠ 체축 형성: 형태 형성 과정의 가장 첫 단계로서 조직, 기관 발생의 전제 조건이 됨 예를 들어 좌우대칭 동물은 전-후 축, 배-복 축, 좌-우 축이 형성됨

ⓐ 비양막류 척추동물: 난자 형성 과정이나 수정 시기와 같은 초기 단계에 체축 형성에 관한 기본적인 정보가 구축됨. 개구리의 경우 미수정란의 멜라닌, 난황 위치가 각각 동물반구, 식물반구 위치를 결정함. 동물극-식물극 축은 간접적으로 전-후 축을 결정하고 수정이 일어나면 피층회전이 일어나 배-복 축이 형성되고 자동적으로 좌-우 축이 특정한 분자기작에 의해 형성됨

1. 동물반구는 검은색 멜라닌 과립이 피층에 존재하기 때문에 진한 회색을 띠며, 식물반구는 멜라닌이 없고 대신 난황이 있어 노란색을 띰

2. 난자와 접합자의 극성은 난황과 세포질 결정소에 의해 결정됨. 난할 양상을 결정하는데 결정적으로 아주 중요한 요소로 작용하는 난황은 식물극 쪽에 집중분포되어 있고 난황의 농도는 동물극쪽으로 갈수록 확연히 줄어듦

3. 동물극-식물극 축이 전-후 축을 결정하는 것으로 보아 전-후 축은 이미 난자에 존재하는 것으로 판단됨. 다만, 동물극-식물극 축과 전-후 축은 동일하지 않음. 난자와 정자가 융합한 후에 세포질이 재배열되어 배-복 축이 형성됨

4. 정자가 동물극 부위로 침입하면서 원형질막과 연관 피층이 내부 세포질에 대해 회전하는데, 피층회전으로 인해 정자가 들어온 반대 지점의 식물반구 피층에 있는 분자들이 동물반구의 내부 세포질에 있는 분자들과 상호작용하여 식물반구 피층의 단백질을 활성화시킴. 일부 종에서는 피층회전 결과 색소 분산부위인 회색신월환(gray crescent)이 나타나며 이 부위는 미래의 등쪽이 될 부위임

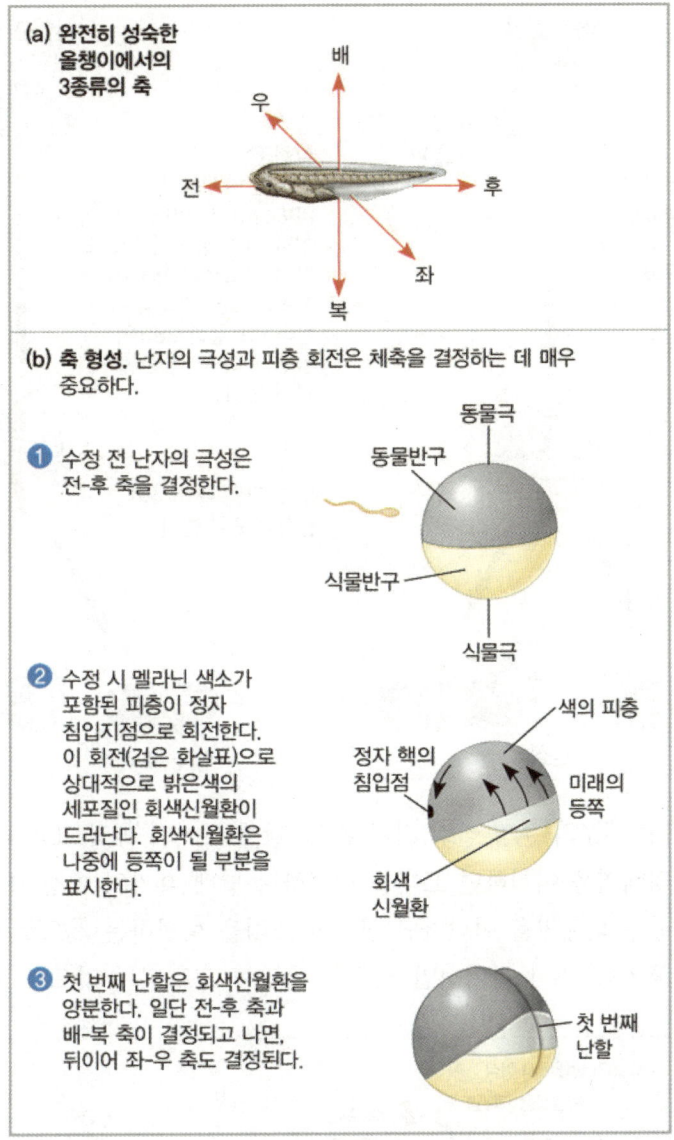

(a) 완전히 성숙한 올챙이에서의 3종류의 축

배
우
전
후
좌
복

(b) 축 형성. 난자의 극성과 피층 회전은 체축을 결정하는 데 매우 중요하다.

❶ 수정 전 난자의 극성은 전-후 축을 결정한다.

동물극
동물반구
식물반구
식물극

❷ 수정 시 멜라닌 색소가 포함된 피층이 정자 침입지점으로 회전한다. 이 회전(검은 화살표)으로 상대적으로 밝은색의 세포질인 회색신월환이 드러난다. 회색신월환은 나중에 등쪽이 될 부분을 표시한다.

색의 피층
정자 핵의 침입점
미래의 등쪽
회색 신월환

❸ 첫 번째 난할은 회색신월환을 양분한다. 일단 전-후 축과 배-복 축이 결정되고 나면, 뒤이어 좌-우 축도 결정된다.

첫 번째 난할

ⓛ 세포운명가능성의 제한: 발생이 진행됨에 따라 발생 범위는 점차적으로 제한됨. 배아 세포의 운명은 세포질 결정인자 뿐만 아니라 접합자의 난할 양상에 의해서도 영향을 받을 수도 있음

ⓐ 회색신월환의 개체 발생에 대한 영향을 분석한 실험: 첫 번째 난할에 의해 형성되는 두 할구의 정상적 개체로의 발생은 회색신월환의 존재 유무에 달려 있는 것을 볼 수 있음. 실로 수정란을 묶어서 첫 번째 난할 후 회색신월환이 한쪽 할구로 분포되도록 한 후 대조군과 비교함. 회색신월환 전부 또는 반을 받은 할구는 정상 배아로 발생하나 회색신월환을 받지 못한 할구는 등쪽 구조가 없는 비정상적 발생을 진행함 따라서 첫 번째 난할에 의해 정상적으로 형성되는 두 할구의 전능성은 회색신월환에 모여 있는 세포질 결정인자에 달려 있다고 추론됨

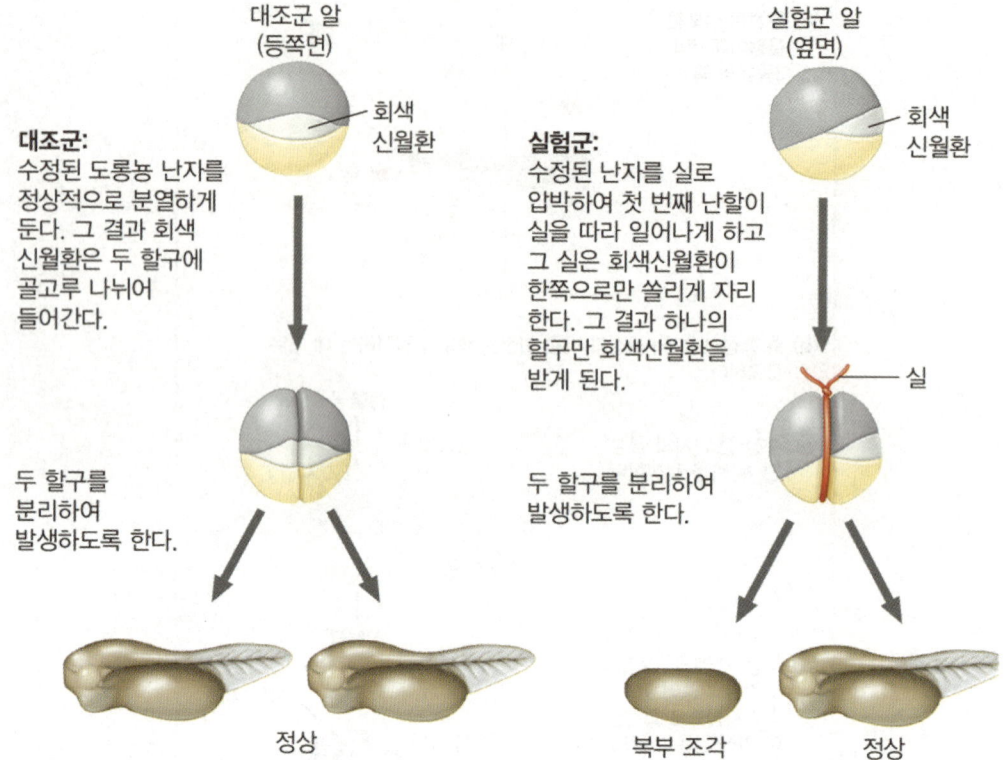

대조군: 수정된 도롱뇽 난자를 정상적으로 분열하게 둔다. 그 결과 회색 신월환은 두 할구에 골고루 나뉘어 들어간다.

대조군 알 (등쪽면)

회색 신월환

실험군 알 (옆면)

회색 신월환

실험군: 수정된 난자를 실로 압박하여 첫 번째 난할이 실을 따라 일어나게 하고 그 실은 회색신월환이 한쪽으로만 쏠리게 자리 한다. 그 결과 하나의 할구만 회색신월환을 받게 된다.

실

두 할구를 분리하여 발생하도록 한다.

두 할구를 분리하여 발생하도록 한다.

정상

복부 조각

정상

ⓑ 양서류의 배아 세포의 운명 결정 시기 분석: 낭배 초기의 예정 표피 외배엽에 동일한 낭배의 예정 신경 외배엽을 이식하면 표피를 형성하나 낭배 후기의 예정 표피 외배엽에 동일한 낭 배의 예정 신경 외배엽을 이식하면 신경판 조직을 형성하는 것으로 미루어 볼 때 양서류의 경우 낭배 후기에 조직 특이적인 세포의 운명이 고정되는 것으로 보임

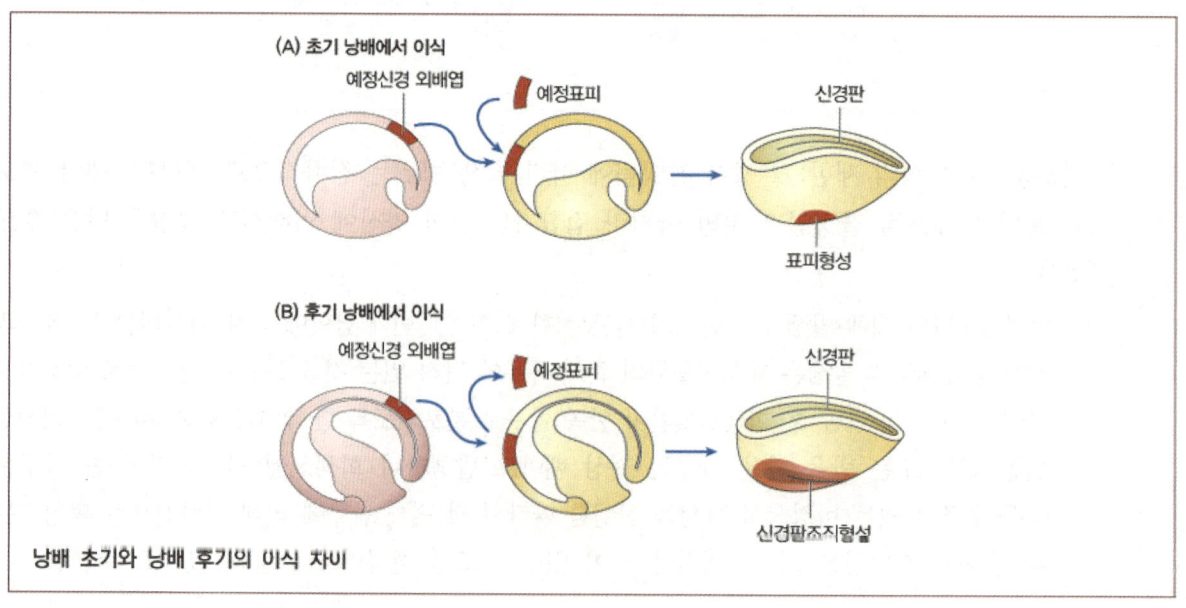

(A) 초기 낭배에서 이식

예정신경 외배엽

예정표피

신경판

표피형성

(B) 후기 낭배에서 이식

예정신경 외배엽

예정표피

신경판

신경판조직형성

낭배 초기와 낭배 후기의 이식 차이

(5) 유도신호에 의한 세포 운명 결정

유도신호에 대한 반응은 보통 신호를 받는 세포들이 특정한 조직으로 분화하도록 해주는 특정한 유전자들의 발현을 일으키는 것임

㉠ 형성체(organizer): 수정란의 발생 초기에 형태형성의 중심이 되는 부위로 양서류의 경우 낭배 초기의 원구배순부가 형성체로 작용하여 특정 부위의 형성을 유도함. Spemann과 Mangold는 흰색 도롱뇽의 낭배의 복면에 정상의 검은색 도롱뇽 낭배의 원구배순부를 이식하여 원구배순부의 유도 능력을 조사했는데 이식을 받은 배아는 이식된 지역에서 제2의 척삭과 신경관을 형성하였으며 궁극적으로 제2의 배아를 대부분 형성함. 두 배아의 내부를 조사함으로써 두 번째 배아에서 만들어진 구조 일부가 이식을 받은 배아의 조직으로부터 형성되었다는 것이 밝혀짐. 즉 이식된 원구배순부는 이식을 받은 배아세포가 이들의 원래 운명이 아닌 새로운 구조를 형성하도록 유도할 수 있었다는 것을 의미함

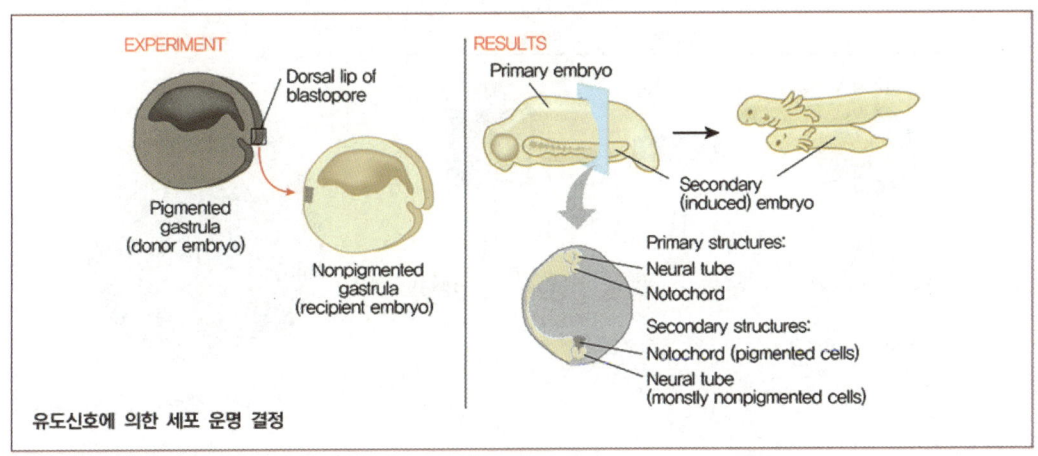

유도신호에 의한 세포 운명 결정

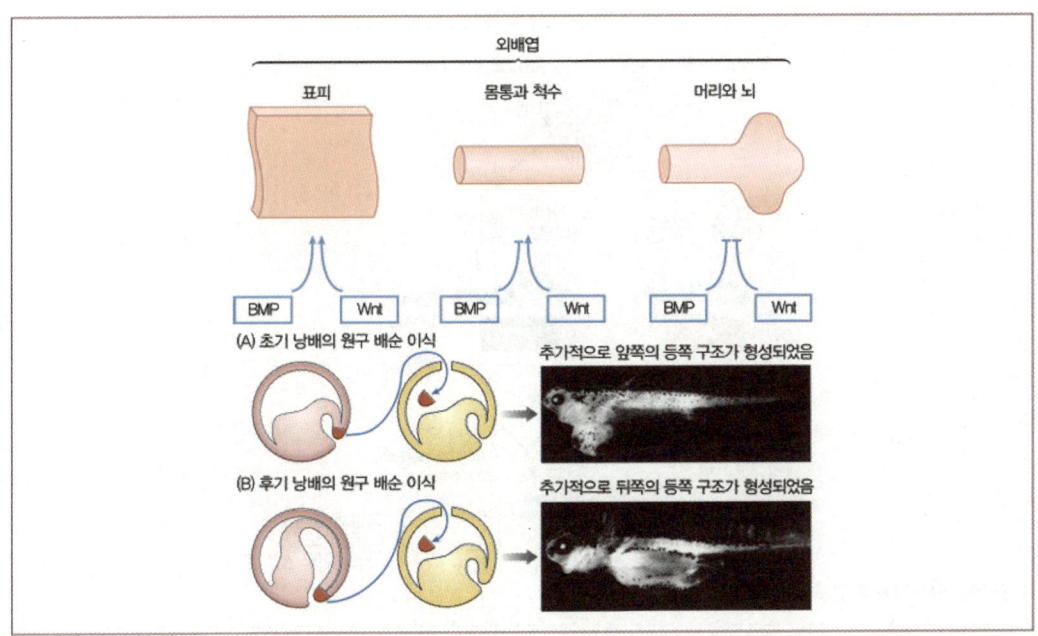

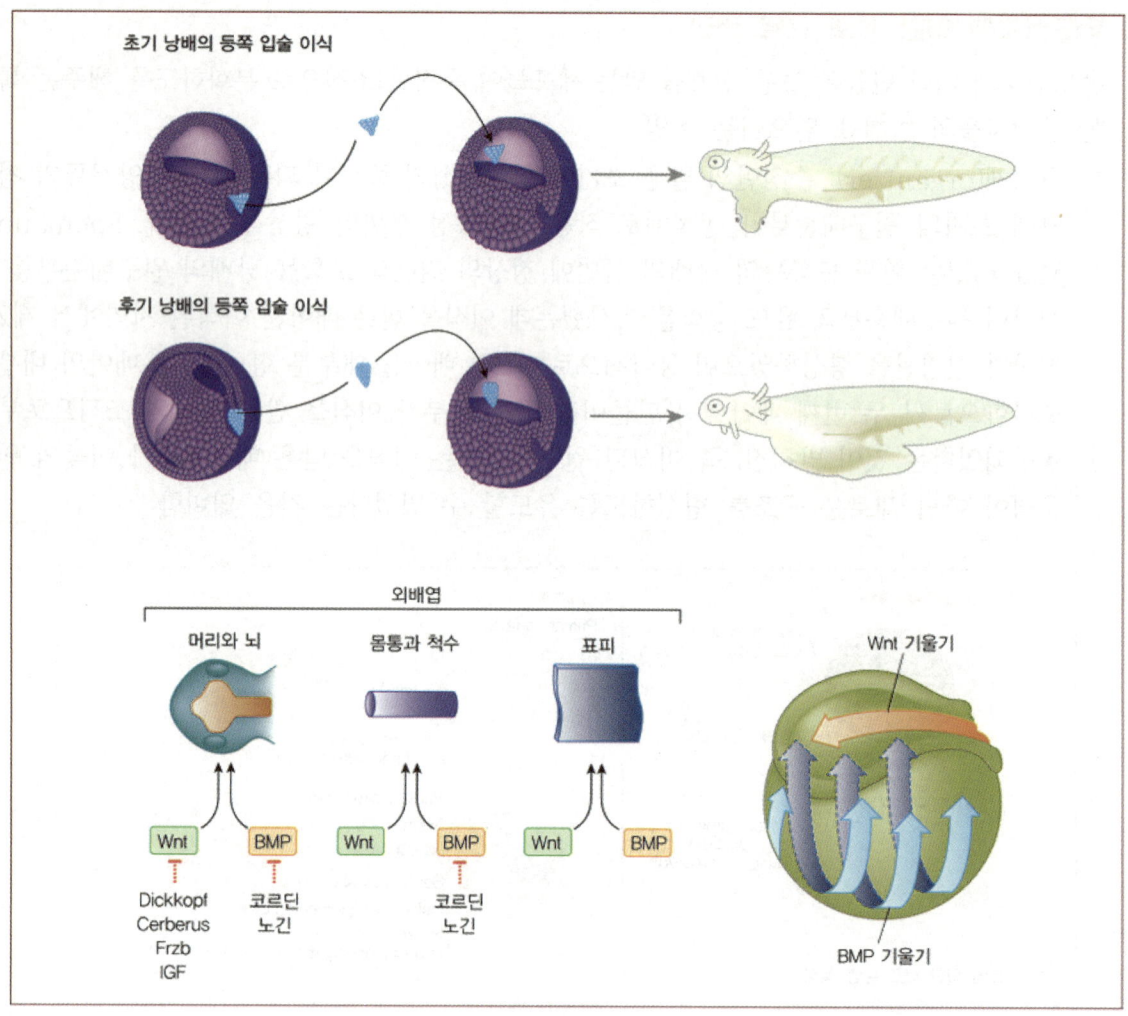

초기 낭배의 등쪽 입술 이식

후기 낭배의 등쪽 입술 이식

외배엽

머리와 뇌

몸통과 척수

표피

| Wnt | BMP |

| Wnt | BMP |

| Wnt | BMP |

Dickkopf
Cerberus
Frzb
IGF

코르딘
노긴

코르딘
노긴

Wnt 기울기

BMP 기울기

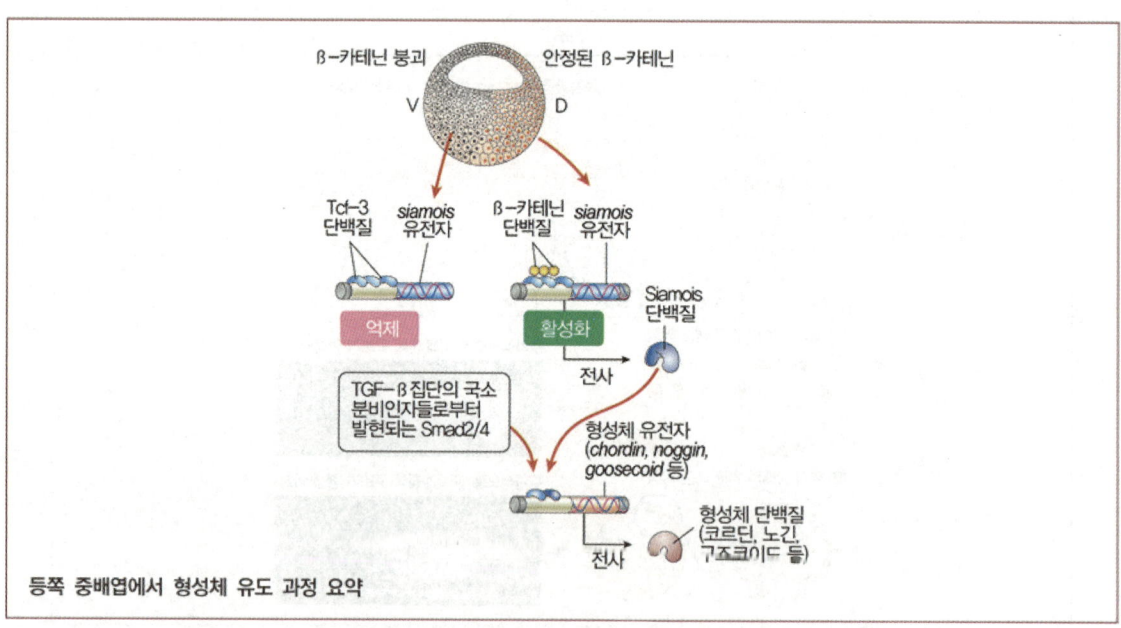

ß-카테닌 붕괴   안정된 ß-카테닌

V   D

Tcf-3
단백질

siamois
유전자

ß-카테닌
단백질

siamois
유전자

억제

활성화

Siamois
단백질

전사

TGF-ß집단의 국소
분비인자들로부터
발현되는 Smad2/4

형성체 유전자
(chordin, noggin,
goosecoid 등)

형성체 단백질
(코르딘, 노긴,
구즈코이드 등)

전사

등쪽 중배엽에서 형성체 유도 과정 요약

ⓛ 눈의 형성 과정에서의 유도 작용: 눈의 형성은 정확하게 예정된 시간에 나오는 유도신호에 의해 가능함

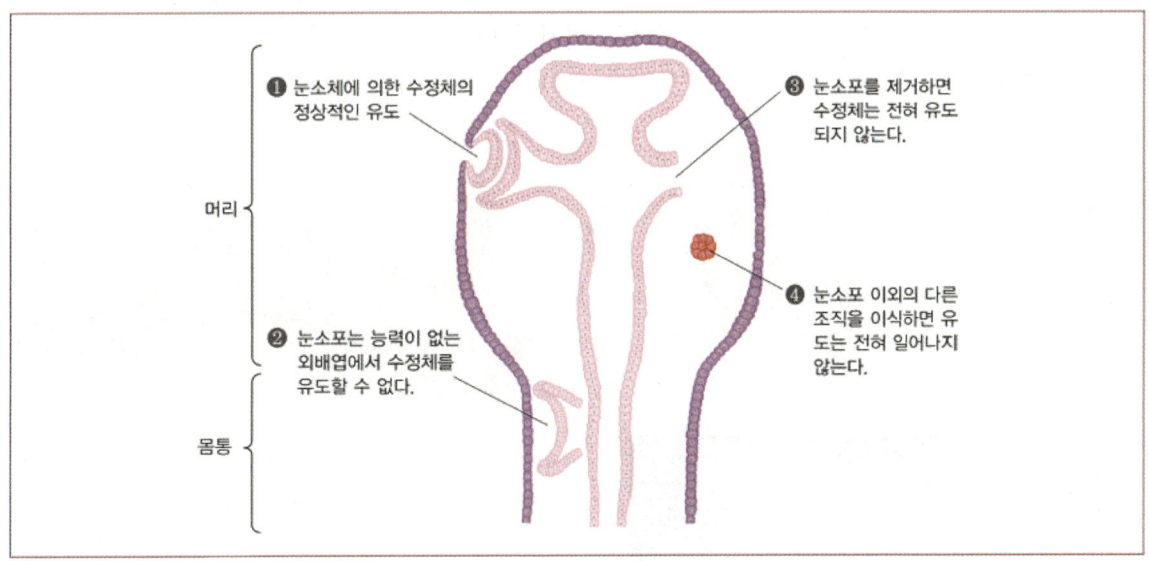

❶ 눈소체에 의한 수정체의 정상적인 유도

❸ 눈소포를 제거하면 수정체는 전혀 유도 되지 않는다.

머리

❷ 눈소포는 능력이 없는 외배엽에서 수정체를 유도할 수 없다.

❹ 눈소포 이외의 다른 조직을 이식하면 유도는 전혀 일어나지 않는다.

몸통

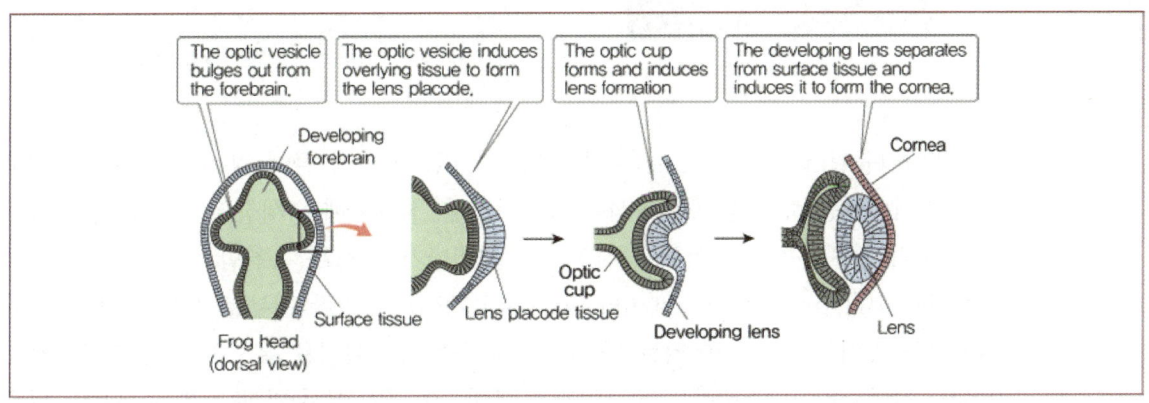

The optic vesicle bulges out from the forebrain.

The optic vesicle induces overlying tissue to form the lens placode.

The optic cup forms and induces lens formation

The developing lens separates from surface tissue and induces it to form the cornea.

Developing forebrain

Cornea

Surface tissue

Optic cup

Developing lens

Lens

Frog head (dorsal view)

Lens placode tissue

① 눈은 발달 중인 안포와 그 주변의 표면에 있는 세포군인 수정체 외배엽이 바깥쪽으로 자라 형태를 갖추기 시작함
② 초기에 일어난 유도의 결과, 안포와 수정체 외배엽의 세포 일부는 안으로 함몰하여 들어가 모양이 변함. 안포는 안배와 안병으로 변형되어 나중에 각각 망막과 안신경이 됨
③ 안배의 세포는 수정체 외배엽을 유도하여 눈의 수정체를 형성함
④ 발달 중인 수정체 세포는 수정체를 덮는 각막의 발달을 유도함
ⓒ 사지의 형성
ⓐ 패턴형성(pattern formation): 동물의 공간적 조직화 발생으로 3차원적 공간에서 기관과 조직이 제자리에 배열되는 것. 패턴형성 조절분자를 위치정보(positional infermation)라 하며, 어떤 세포가 체축에 대해 어느 위치에 있어야 하는지를 알려주며, 세포와 그 자손 세포들이 어떻게 미래의 분자신호에 반응해야 할지를 결정하는데 기여함

ⓑ 사지싹(limb bud): 외배엽층으로 덮여있는 중배엽 조직으로 두 가지의 중요한 형성체 부위가 존재하며, 이 부위의 세포들은 사지싹 내의 다른 세포에 핵심 위치정보를 제공하는 단백질을 분비함. 뼈와 근육과 같은 사지의 각 요소는 이러한 위치정보에 반응하여 근-원 축, 전-후 축, 배-복 축에 대하여 정확한 위치와 방향으로 발달하게 됨

ⓒ 사지싹 형성체의 종류

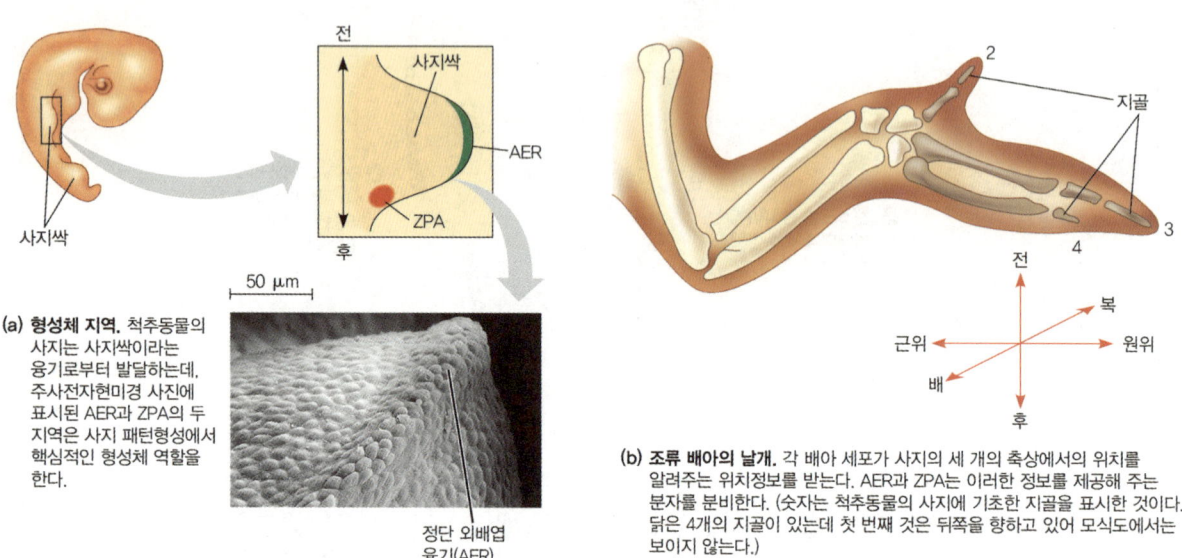

(a) **형성체 지역.** 척추동물의 사지는 사지싹이라는 융기로부터 발달하는데, 주사전자현미경 사진에 표시된 AER과 ZPA의 두 지역은 사지 패턴형성에서 핵심적인 형성체 역할을 한다.

정단 외배엽 융기(AER)

(b) **조류 배아의 날개.** 각 배아 세포가 사지의 세 개의 축상에서의 위치를 알려주는 위치정보를 받는다. AER과 ZPA는 이러한 정보를 제공해 주는 분자를 분비한다. (숫자는 척추동물의 사지에 기초한 지골을 표시한 것이다. 닭은 4개의 지골이 있는데 첫 번째 것은 뒤쪽을 향하고 있어 모식도에서는 보이지 않는다.)

1. 정단외배엽융기(apical ectodermal ridge; AER): 사지싹 끝에 있는 두꺼운 외배엽부위로 다리의 근-원 축 생장 패턴형성을 유도하는데, 섬유아세포 성장인자(FGF)군에 속하는 여러 분비 단백질을 만들어내서 사지싹이 뻗어나가는 것을 촉진함

2. 극성화활성대(zone of polarizing activity; ZPA): 사지싹 뒷부분이 몸에 붙은 부위의 외배엽하 중배엽 조직 덩어리로 다리의 전-후 축 패턴형성을 유도하는데, 소닉헤지호그(Sonic hedgehog; Shh)라는 성장인자를 분비하여 ZPA에서 가장 가까운 부분이 뒤쪽으로 되도록 유도함

ⓓ 사지싹 패턴형성에서의 ZPA의 역할: 공여체 조류 배아로부터 ZPA 조직을 떼어서 수여체 배아 사지싹의 앞쪽 가장자리에 있는 외배엽 아래에 이식하였더니 이식된 수여체 사지싹에서 여분의 지골이 정상 지골에 대하여 거울상으로 수여체 조직으로부터 발달하게 됨. 거울상의 여분의 지골이 만들어졌다는 것은 ZPA 세포로부터 물질이 분비되어확산되며, 이 물질은 뒤쪽 구조를 결정하는 위치 정보로 작용한다는 것을 알 수 있음. ZPA로부터 거리가 멀어질수록 신호물질의 농도는 감소하므로 더 앞쪽의 지골이 발달하게 됨

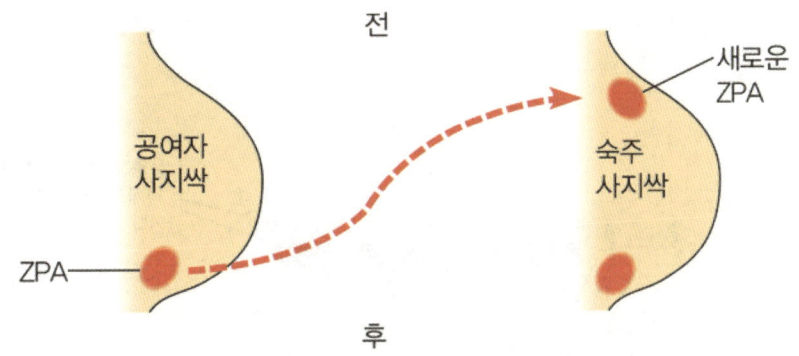

전

후

결과 ZPA를 받아들인 사지싹 부위에서 추가적인 손가락이 거울상 모양으로 만들어졌다(비교를 위해 그림 46.25b의 정상적 날개를 참조하라).

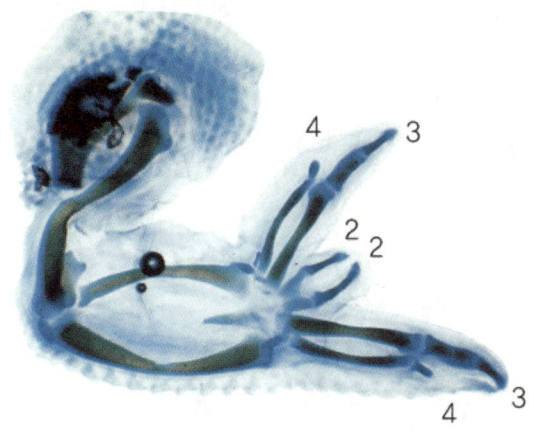

4 발생의 유전적 조절

(1) 초파리 축 형성의 유전적 조절

㉠ 초파리 배아의 난할 과정: 초파리의 경우 표할을 진행하는데 표할의 가장 중요한 특징 중 하나는 난자의 중앙에 위치한 많은 양의 난황이 주변에 분포한 세포질의 분열을 제한하기 때문에 7번째의 핵분열까지는 세포가 형성되는 않는다는 점임

ⓐ 핵분열이 약10회 일어난 뒤 세포 표면으로 이동하여 합포체 배반엽(syncytial blastoderm)을 형성하고 후면으로 극세포(pole cell)가 10개 정도 위치하여 생식선을 형성함

ⓑ 4회의 핵분열 후 각 핵은 세포막으로 둘러싸여 합포체 배반엽이 세포성 배반엽(cellular blastoderm; 약 5000~6000개의 세포로 구성되며 전체적으로 편평하면서도 속이 텅빈 공 모양의 세포 덩어리)으로 전환됨

ⓛ 배아의 패턴 형성 개요

ⓐ 배아의 구조

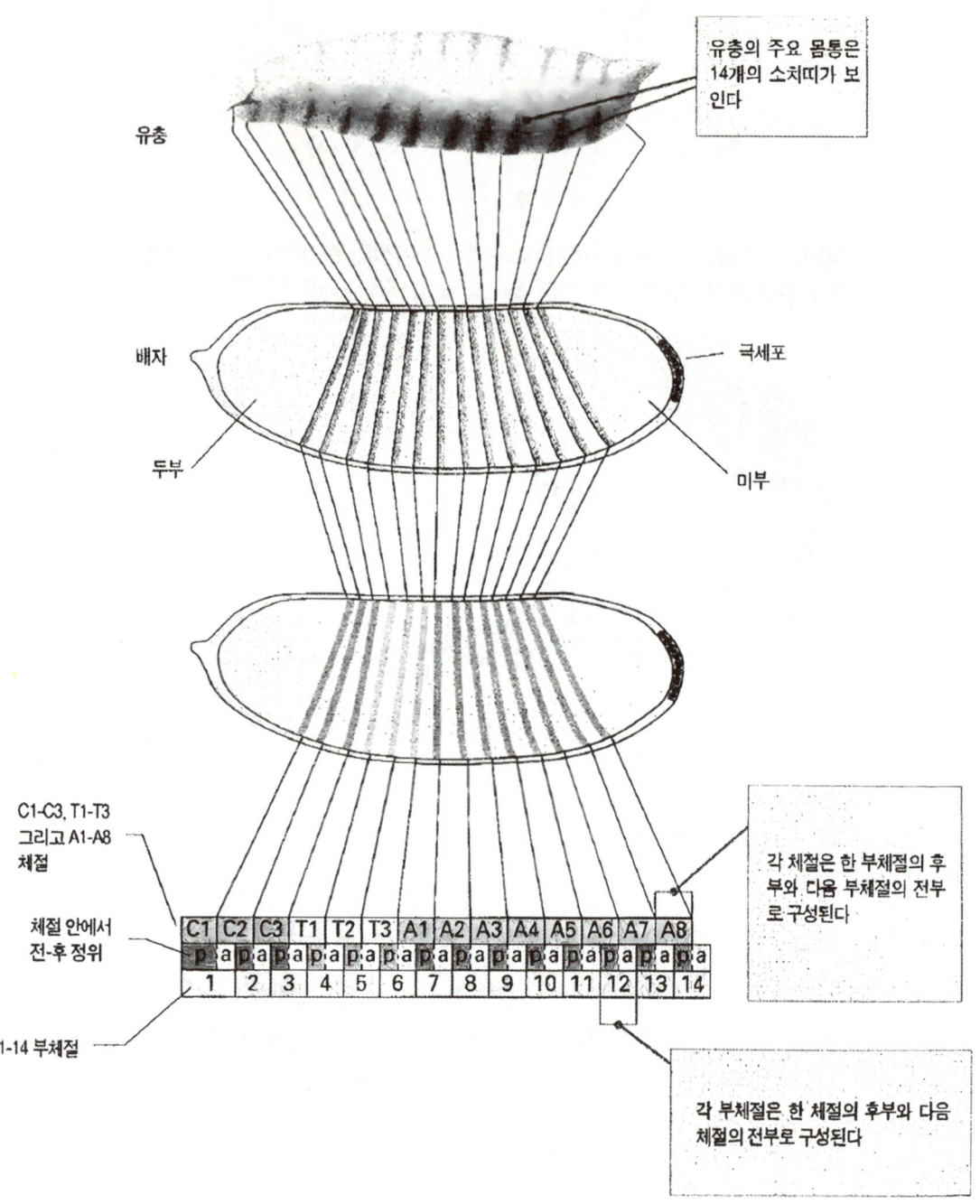

유충

유충의 주요 몸통은 14개의 소치띠가 보인다

배자

극세포

두부

미부

C1-C3, T1-T3 그리고 A1-A8 체절

체절 안에서 전-후 정위

1-14 부체절

각 체절은 한 부체절의 후부와 다음 부체절의 전부로 구성된다

각 부체절은 한 체절의 후부와 다음 체절의 전부로 구성된다

C1	C2	C3	T1	T2	T3	A1	A2	A3	A4	A5	A6	A7	A8
p a	p a	p a	p a	p a	p a	p a	p a	p a	p a	p a	p a	p a	p a
1	2	3	4	5	6	7	8	9	10	11	12	13	14

1. 체절(segment): 형태학적으로 애벌레 각질에 근육이 붙어 있는 자리 때문에 생긴 함입. 두부체절(C1~C3), 흉부체절(T1~T3), 복부체절(A1~A8)로 구분됨

2. 부체절(parasegment): 앞체절의 뒷부분과 뒷체절의 앞부분을 합해서 부르는 명칭. 배아 가 발생할 때 잠시 나타났다가 사라지는 구조. 외관상으로는 보이지 않지만 부체절 간의

경계가 발생에 관여하는 유전자들이 다량 발현되는 부분임

ⓑ 전-후 축 형성에 필요한 유전자와 그 작용

1. 모계 영향 유전자(maternal effec gene): 간극 유전자의 발현을 조절하며 전-후 축 형성에 관여함

2. 체절 형성 유전자(segmentation gene): 간극 유전자(gap gene)는 접합자에서 발현되는 유전자로서 체절을 크게 앞부분, 중간부분, 뒷부분으로 결정함. 쌍지배 유전자(pair-rule gene)는 체절 형성의 틀을 제공하는 부체절로 배아를 구획화하는데 간극 단백질의 조절을 받아 7개의 얼룩 무늬띠로 발현됨. 체절 극성 유전자(segment polarity gene)는 배아의 각 체절 내에 전-후 구획을 설정함으로써 체절형성을 완성함

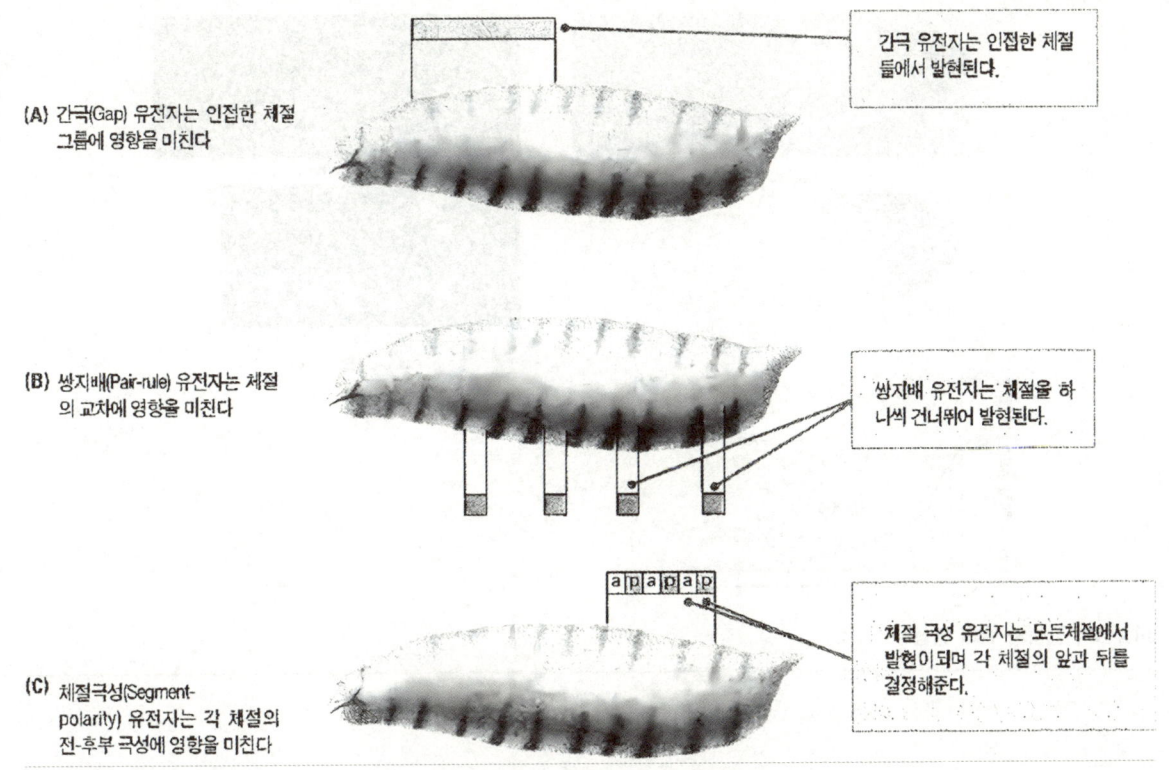

(A) 간극(Gap) 유전자는 인접한 체절 그룹에 영향을 미친다
간극 유전자는 인접한 체절들에서 발현된다.

(B) 쌍지배(Pair-rule) 유전자는 체절의 교차에 영향을 미친다
쌍지배 유전자는 체절을 하나씩 건너뛰어 발현된다.

(C) 체절극성(Segment-polarity) 유전자는 각 체절의 전-후부 극성에 영향을 미친다
체절 극성 유전자는 모든체절에서 발현이되며 각 체절의 앞과 뒤를 결정해준다.

3. 호메오틱 유전자(homeotic gene): 체절형성 유전자에 의해 발현이 결정되며, 각 체절이 미래에 어떠한 구조가 될 것인지를 결정함

ⓒ 모계 영향 유전자: 전-후 축 농도구배를 따라 인접한 다른 유전자들의 발현을 조절함

ⓐ bicoid와 nanos의 기능: bicoid는 두부, 흉부 등의 전방 결정 센터의 형태 형성 요소이며 hunchback 유전자를 발현을 촉진시키고 caudal 유전자 발현을 억제함. bicoid 유전자에 돌연변이가 발생하면 두부와 흉부가 사라지게 됨. 반면 nanos는 복부와 같은 후방 결정 센터의 형태형성요소이며 hunchback 유전자의 발현을 억제함

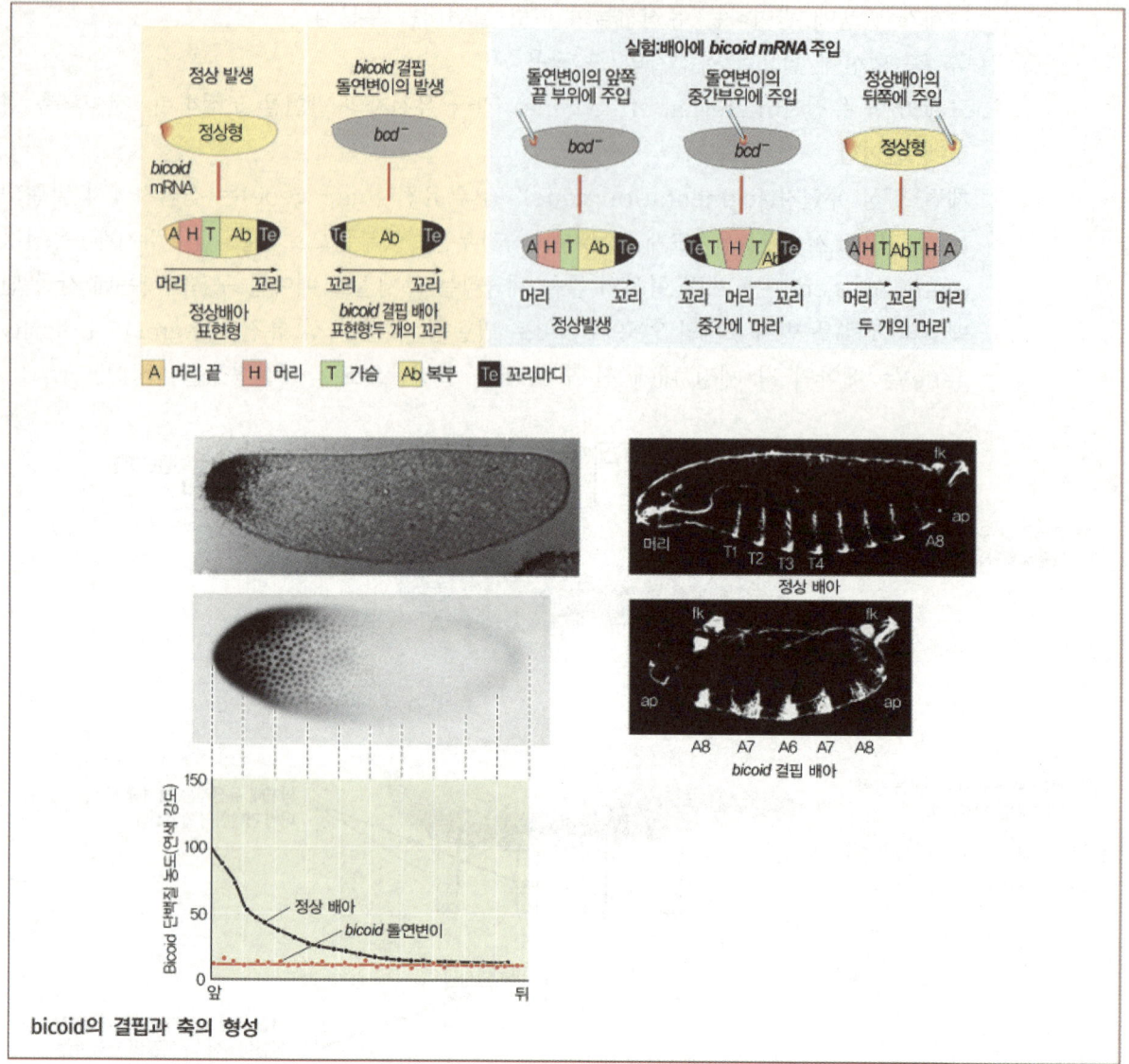

bicoid의 결핍과 축의 형성

ⓑ 전-후 축 형성 관련 물질의 분포 양상

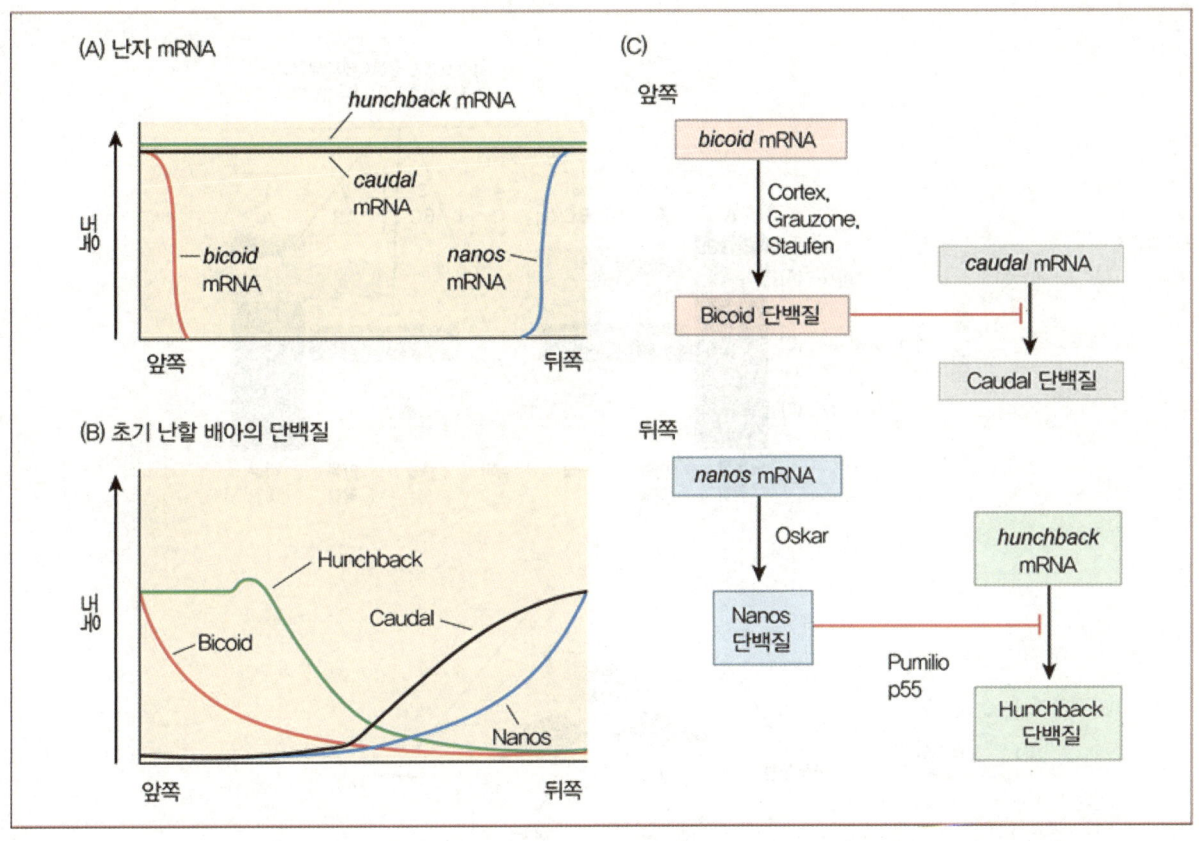

(2) 애기장대 돌연변이에서의 꽃의 발생 패턴 연구

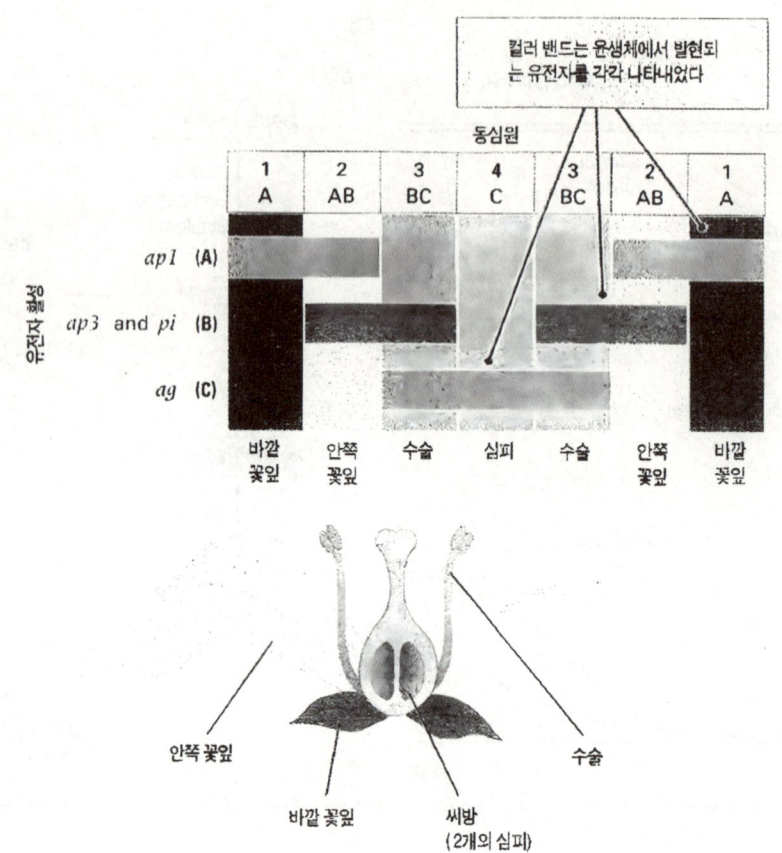

구분	1	2	3	4
야생형	바깥꽃잎	안쪽꽃잎	수술	심피
ap_1/ap_1	심피	수술	수술	심피
ap_3/ap_3	바깥꽃잎	바깥꽃잎	심피	심피
p_1/p_1	바깥꽃잎	바깥꽃잎	심피	심피
ag/ag	바깥꽃잎	안쪽꽃잎	안쪽꽃잎	바깥꽃잎

편입생물 비밀병기 **심화편 3권**

2024년 9월 2일 초판 발행

저   자   노용관
발 행 인   김은영
발 행 처   오스틴북스
주   소   경기도 고양시 일산동구 백석동 1351번지
전   화   070)4123-5716
팩   스   031)902-5716
등 록 번 호   제396-2010-000009호
e - m a i l   ssung7805@hanmail.net
홈 페 이 지   www.austinbooks.co.kr

ISBN   979-11-93806-24-1(13470)
정   가   34,000원